广西农作物种质资源

丛书主编　邓国富

大豆卷

陈怀珠　梁　江　曾维英 等　著

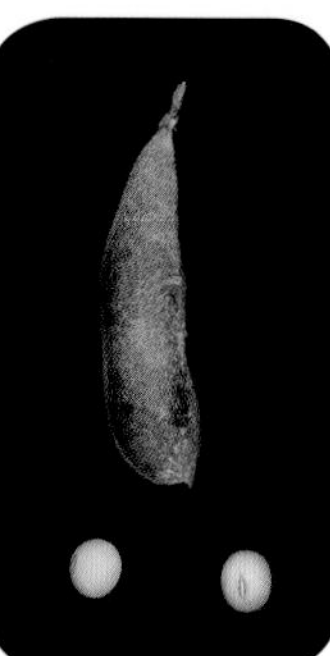

科 学 出 版 社

北　京

内 容 简 介

在“第三次全国农作物种质资源普查与收集行动”基础上，结合以往考察调研工作，本书概述了广西栽培大豆的历史、种植模式、分布和类型，广西野生大豆资源概况，以及广西大豆种质资源收集、保存情况；同时，选录了205份栽培大豆品种和20份野生大豆资源，介绍了它们的采集地、类型及分布、主要特征特性和利用价值，并展示了相应种质资源的代表性图片。

本书主要面向从事大豆种质资源保护、研究和利用的科技工作者，大专院校师生，农业管理部门工作者，大豆种植及加工从业人员，旨在提供广西大豆种质资源的有关信息，促进大豆种质资源的有效保护和可持续利用。

图书在版编目（CIP）数据

广西农作物种质资源．大豆卷 / 陈怀珠等著．—北京：科学出版社，2020.6

ISBN 978-7-03-064977-5

Ⅰ．①广…　Ⅱ．①陈…　Ⅲ．①大豆－种质资源－广西　Ⅳ．①S32

中国版本图书馆CIP数据核字（2020）第072469号

责任编辑：陈　新　赵小林 / 责任校对：郑金红
责任印制：肖　兴 / 封面设计：金舵手世纪

科学出版社 出版
北京东黄城根北街16号
邮政编码：100717
http://www.sciencep.com
北京九天鸿程印刷有限责任公司 印刷
科学出版社发行　各地新华书店经销

*

2020年6月第　一　版　开本：787×1092　1/16
2020年6月第一次印刷　印张：15 1/2
字数：367 000

定价：248.00元

（如有印装质量问题，我社负责调换）

“广西农作物种质资源”丛书编委会

本书著者名单

主要著者

陈怀珠

其他著者

梁　江　曾维英　陈文杰　郭小红

Foreword 丛书序

农作物种质资源是农业科技原始创新、现代种业发展的物质基础，是保障粮食安全、建设生态文明、支撑农业可持续发展的战略性资源。近年来，随着自然环境、种植业结构和土地经营方式等的变化，大量地方品种迅速消失，作物野生近缘植物资源急剧减少。因此，农业部（现称农业农村部）于2015年启动了“第三次全国农作物种质资源普查与收集行动”，以查清我国农作物种质资源本底，并开展种质资源的抢救性收集。

广西壮族自治区（后简称广西）是首批启动“第三次全国农作物种质资源普查与收集行动”的省（区、市）之一，完成了75个县（市）农作物种质资源的全面普查，以及22个县（市、区）农作物种质资源的系统调查和抢救性收集，基本查清了广西农作物种质资源的基本情况，结合广西创新驱动发展专项“广西农作物种质资源收集鉴定与保存”，收集各类农作物种质资源2万余份，开展了系统的鉴定评价，筛选出一批优异的农作物种质资源，进一步丰富了我国农作物种质资源的战略储备。

在此基础上，广西农业科学院系统梳理和总结了广西农作物种质资源工作，组织全院科技人员编撰了“广西农作物种质资源”丛书。丛书详细介绍了广西农作物种质资源的基本情况、优异资源及创新利用等情况，是广西开展“第三次全国农作物种质资源普查与收集行动”和实施广西创新驱动发展专项“广西农作物种质资源收集鉴定与保存”的重要成果，对于更好地保护与利用广西的农作物种质资源具有重要意义。

值此丛书脱稿之际，作此序，表示祝贺，希望广西进一步加强农作物种质资源保护，深入推动种质资源共享利用，为广西现代种业发展和乡村振兴做出更大的贡献。

中国工程院院士 刘旭

2019年9月

Preface 丛书前言

广西地处我国南疆，属亚热带季风气候区，雨水丰沛，光照充足，自然条件优越，生物多样性水平居全国前列，其生物资源具有数量多、分布广、特异性突出等特点，是水稻、玉米、甘蔗、大豆、热带果树、蔬菜、食用菌、花卉等种质资源的重要分布地和区域多样性中心。

为全面、系统地保护优异的农作物种质资源，广西积极开展农作物种质资源普查与收集工作。在国家有关部门的统筹安排下，广西先后于1955～1958年、1983～1985年、2015～2019年开展了第一次、第二次、第三次全国农作物种质资源普查与收集行动，还于1978～1980年、1991～1995年、2008～2010年分别开展了广西野生稻、桂西山区、沿海地区等单一作物或区域性的农作物种质资源考察与收集行动。

广西农业科学院是广西农作物种质资源收集、保护与创新利用工作的牵头单位，种质资源收集与保存工作成效显著，为国家农作物种质资源的保护和创新利用做出了重要贡献。经过一代又一代种质资源科技工作者的不懈努力，全院目前拥有野生稻、花生等国家种质资源圃2个，甘蔗、龙眼、荔枝、淮山、火龙果、番石榴、杨桃等省部级种质资源圃7个，保存农作物种质资源及相关材料8万余份，其中野生稻种质资源约占全国保存总量的1/2、栽培稻种质资源约占全国保存总量的1/6、甘蔗种质资源约占全国保存总量的1/2、糯玉米种质资源约占全国保存总量的1/3。通过创新利用这些珍贵的种质资源，广西农业科学院创制了一批在科研、生产上发挥了巨大作用的新材料、新品种，例如：利用广西农家品种“矮仔占”培育了第一个以杂交育种方法育成的矮秆水稻品种，引发了水稻的第一次绿色革命——矮秆育种；广西选育的桂99是我国第一个利用广西田东普通野生稻育成的恢复系，是国内应用面积最大的水稻恢复系之一；创制了广西首个被农业部列为玉米生产主导品种的桂单0810、广西第一个通过国家审定的糯玉米品种——桂糯518，桂糯518现已成为广西乃至我国糯玉米育种史上的标志性品种；利用收集引进的资源还创制了我国种植比例和累计推广面积最大的自育甘蔗品种——桂糖11号、桂糖42号（当前种植面积最大）；培育了一大批深受市场欢迎的水果、蔬菜特色品种，从钦州荔枝实生资源中选育出了我国第一个国审荔枝新品种——贵妃红，利用梧州青皮冬瓜、北海粉皮冬瓜等育成了“桂蔬”系列黑皮冬瓜（在华南地区市场占有率达60%以上）。1981年建成的广西农业科学院种质资源库是我国第一座现代化农作物种质资源库，是广西乃至我国农作物种质资源保护和创新利用的重要平台。这些珍贵的种质资源和重要的种质创新平台为推动我国种质创新、提高生物育种效率发挥了重要作用。

广西是2015年首批启动“第三次全国农作物种质资源普查与收集行动”的4个省（区、市）之一，圆满完成了75个县（市）主要农作物种质资源的普查征集，全面完成了22个县（市、区）农作物种质资源的系统调查和抢救性收集。在此基础上，广西壮族自治区人民政府于2017年启动广西创新驱动发展专项“广西农作物种质资源收集鉴定与保存”（桂科AA17204045），首次实现广西农作物种质资源收集区域、收集种类和生态类型的3个全覆盖，是广西目前最全面、最系统、最深入的农作物种质资源收集与保护行动。通过普查行动和专项的实施，广西农业科学院收集水稻、玉米、甘蔗、大豆、果树、蔬菜、食用菌、花卉等涵盖22科51属80种的种质资源2万余份，发现了1个兰花新种和3个兰花新记录种，明确了贵州地宝兰、华东葡萄、灌阳野生大豆、弄岗野生龙眼等新的分布区，这些资源对研究物种起源与进化具有重要意义，为种质资源的挖掘利用和新材料、新品种的精准创制奠定了坚实的基础。

为系统梳理“第三次全国农作物种质资源普查与收集行动”和“广西农作物种质资源收集鉴定与保存”的项目成果，全面总结广西农作物种质资源收集、鉴定和评价工作，为种质资源创新和农作物育种工作者提供翔实的优异农作物种质资源基础信息，推动农作物种质资源的收集保护和共享利用，广西农业科学院组织全院20个专业研究所200余名专家编写了“广西农作物种质资源”丛书。丛书全套共12卷，分别是《水稻卷》《玉米卷》《甘蔗卷》《果树卷》《蔬菜卷》《花生卷》《大豆卷》《薯类作物卷》《杂粮卷》《食用豆类作物卷》《花卉卷》《食用菌卷》。丛书系统总结了广西农业科学院在农作物种质资源收集、保存、鉴定和评价等方面的工作，分别概述了水稻、玉米、甘蔗等广西主要农作物种质资源的分布、类型、特色、演变规律等，图文并茂地展示了主要农作物种质资源，并详细描述了它们的采集地、主要特征特性、优异性状及利用价值，是一套综合性的种质资源图书。

在种质资源收集、鉴定、入库和丛书编撰过程中，农业农村部特别是中国农业科学院等单位领导和专家给予了大力支持和指导。丛书出版得到了“第三次全国农作物种质资源普查与收集行动”和“广西农作物种质资源收集鉴定与保存”的经费支持。中国工程院院士、著名植物种质资源学家刘旭先生还专门为丛书作序。在此，一并致以诚挚的谢意。

广西农业科学院院长 

2019年9月

Contents 目 录

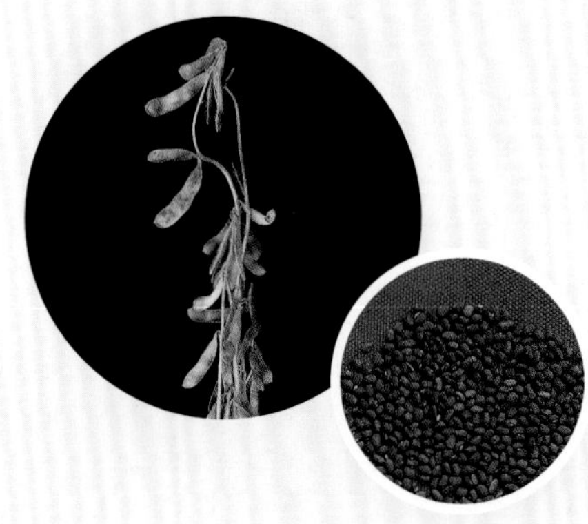

第一章
广西大豆种质资源概述

广西位于北纬20°54′～26°24′、东经104°28′～112°04′，经纬度跨度分别约达8°和6°，其地形复杂，有山地、丘陵、台地、平原等，山地气候和海洋气候特征明显。广西有壮族、汉族、瑶族、苗族、侗族、仫佬族、毛南族、回族、京族、彝族、水族、仡佬族等12个世居民族，另有满族、蒙古族、朝鲜族、白族、藏族、黎族、土家族等44个其他民族成分（广西壮族自治区地方志编纂委员会，2016）。大豆在广西是传统栽种的主要旱地作物，全年四季均可种植，有单作、间作和套作等多种种植模式；2017年广西大豆种植面积为10.04万hm^2，总产16.3万t（广西壮族自治区统计局，2018）。广西多样性的生态条件，多民族世居形成的民族融合的独特传统文化，悠久的种植历史和多种耕作模式，孕育了丰富的大豆种质资源。

自20世纪50年代以来，广西开展了5次不同规模的大豆种质资源调查与收集工作，即1955～1958年在全区范围开展的第一次大规模农家品种征集与评选工作（梁耀懋，1984）；1981～1982年广西野生大豆考察收集（徐昌，1982；广西野生大豆资源考察组，1983）；1983～1985年第二次全国农作物种质资源补充征集（梁耀懋，1984）；1991～1995年桂西山区农作物资源考察收集（覃初贤等，1996）；2015～2018年"第三次全国农作物种质资源普查与收集行动"和"广西农作物种质资源收集鉴定与保存"。其中，前4次调查与收集共征集到栽培大豆资源665份、野生大豆资源112份；后1次调查与收集，完成了广西区域内14个地级市111个县（市、区）的大豆种质资源系统调查，收集栽培大豆资源318份、野生大豆资源47份。截至2018年12月，入库保存栽培大豆种质资源983份，野生大豆种质资源159份。

经过鉴定评价，综合鉴定结果，本书选录了205份栽培大豆种质资源和20份野生大豆种质资源。

第一节　广西栽培大豆种质资源类型与分布

广西栽培大豆的历史久远，据史料记载，汉代已有种植，唐宋已很普遍，明清时期栽种大豆的品种已很多。历史上，大豆曾是广西主要外销农产品之一，20世纪40年代常年外销量在0.695万t左右，运销广州、澳门等地，平果珍珠黄豆还远销东南亚。现保存的广西栽培大豆资源遗传多样性丰富，从豆粒种皮颜色上分类，有黄豆、青豆、黑豆、褐豆、双色豆等，其中以黄豆为主；从栽培季节上划分，有春大豆、夏大豆、秋大豆和冬大豆，其中，以夏大豆和秋大豆为主（约占72%）、春大豆次之（约占28%）、冬大豆极少。

根据2015～2018年的调查结果，广西春大豆在全区均有分布，主要产区在柳州市的柳江区、柳城县、融安县、三江侗族自治县，来宾市的兴宾区、合山市、武宣县和象州县，南宁市的武鸣区、上林县、宾阳县和横县，河池市的大部分县，贵港市，贺州市，梧州市的苍梧县和岑溪市。栽培的农家品种主要是对短日照要求不高、光温综合反应钝感的品种，农民俗称早黄豆、五月黄、六月黄等。上述这些区域是广西传统的春大豆生产区域，20 世纪 80 年代，这些区域利用旱地和水利条件差的水田种植春大豆，旱地耕作制度为春大豆—翻秋大豆（春大豆秋种）或蔬菜—春大豆—翻秋大豆（春大豆秋种），水田耕作制度为春大豆—晚稻秧—晚稻。近 30 多年来，甘蔗种植面积的扩大挤占了旱地及水稻秧盘育秧的普及，大豆单作逐渐减少而以间作套种为主，主要耕作制度如下：①甘蔗 ‖ 春大豆，在甘蔗行间间种大豆，一般在 2 月下旬至 3 月初播种，6 月中旬甘蔗大培土前收获；②木薯 ‖ 春大豆，3 月前后种植木薯，同时将大豆播种在木薯株间或行间，6～7 月收获大豆；③果树 ‖ 春大豆，2～3 月将大豆播种在果树行间，6～7 月收获大豆。

广西夏大豆主要产区在百色市，河池市，南宁市的武鸣区、隆安县和上林县，崇左市的龙州县、大新县和天等县，来宾市的忻城县。这些区域水田少、旱地多，是广西夏大豆的最大产区，栽培的农家品种主要是对短日照要求高的光温综合反应较敏感的品种，主要品种有平果珍珠黄豆、巴马本地青皮豆、马山土黄豆、忻城本地蜂窝豆、宜州八月黄、大化本地土黄豆等。主要耕作制度如下：①春玉米 / 夏大豆，在玉米成熟前 25 天左右在玉米植株间开穴点播或在行间开沟播种大豆，玉米成熟后，进行中耕除草，10 月中旬前后收获大豆；②春玉米—夏大豆，在玉米成熟收获后，在玉米植株间开穴点播或在行间开沟播种大豆，10 月中旬以后收获大豆。

广西秋大豆主要产区在桂林市，贺州市的钟山县、八步区、昭平县、富川瑶族自治县及柳州市的三江侗族自治县、融安县、融水苗族自治县等地。这些产区秋季“寒露风”来得较早，对晚稻影响很大，农民有利用稻田种植大豆的习惯，秋大豆的栽培历史悠久，新中国成立初期桂林地区种植大豆 18.8 万亩[①]，其中秋大豆占 12 万亩，占水田总面积的 3.8%。其耕作制度主要是稻、豆水旱轮作，即早稻—秋大豆、早稻—秋大豆 / 绿肥、中稻—秋大豆、中稻—秋大豆 / 绿肥；秋大豆一般在 7 月中下旬或 8 月上中旬于早稻或中稻收获后的稻根边点播，11 月下旬成熟收获；除了水旱轮作，这些产区还有少部分田埂豆，即在田埂上种植大豆。秋大豆产区种植的农家品种主要有恭城青皮豆、灵川黄豆、平乐秋黄豆、十月黄、荔浦本地黄豆、鸡窝豆等，这类品种对短日照要求高、对光温综合反应很敏感。

广西冬大豆种植面积极小。20 世纪有少量种植，面积为 333.3～666.7hm^2，主要分布在合浦县的公馆镇和博白县的龙潭镇、沙河镇一带；主要种植模式是利用冬闲田种

---

① 1 亩≈ 666.7m^2，后文同

植大豆，在晚稻收获后，即在12月至翌年1月上旬播种，4月中旬至5月上旬成熟；品种有冬黄豆、黑鼻青等。近年来，由于农村劳动力减少和冬大豆效益低下，合浦县已无冬大豆，博白县冬大豆只有零星种植。

第二节　广西野生大豆地理分布及种质资源类型

广西野生大豆资源丰富。1981～1982年，对广西的桂林、河池、南宁、梧州、百色等5个地区的42个县1个市的329个人民公社进行野生大豆资源考察，考察范围北起与湖南交界的全州县，南至中越边境的龙州县、宁明县，东起与广东相邻的八步区，西至与云南、贵州相连的隆林各族自治县，考察发现，广西境内18个县1个市有野生大豆分布，分布的地理范围为北纬24°04′～26°07′、东经107°30′～111°30′，垂直分布海拔为83～890m，野生大豆分布的最南界是北纬24°04′（徐昌，1982；广西野生大豆资源考察组，1983）。1991～1995年桂西山区农作物资源考察收集，在北纬24°04′以北高海拔的乐业县发现有野生大豆分布（覃初贤等，1996）。2015～2018年，对广西有野生大豆分布的县域开展全面调查，但在桂西北原来有野生大豆分布的南丹县、乐业县找不到野生大豆，野生大豆可能已灭绝；其余县域的野生大豆受城镇建设、开垦、生态环境等诸多因素的影响，其分布点、分布面积等也在发生变化。由于广西没有建立野生大豆原生境保护机制，野生大豆资源极易濒危。

根据调查结果，广西野生大豆有以下3种类型。①普通野生大豆。一年生草本，茎细弱，缠绕性强，叶具3小叶，叶片小，顶生小叶披针形，长1.0～5.0cm，宽1.0～2.5cm，总状花序腋生，荚成熟后为灰褐色、褐色或深褐色，呈弯镰形或弓形或直形，荚比栽培大豆小，一般长2.0cm、宽0.5cm左右，每荚粒数2～3粒，种皮黑色，有泥膜，百粒重1.0g左右。②狭叶野生大豆。一年生草本，叶片较普通野生大豆长，顶生小叶长度一般为2.5～6.0cm，其他形态与普通野生大豆一致。③宽叶野生大豆（也称宽叶蔓豆）。一年生草本，又可分为两类：一类是茎缠绕，主茎明显，较粗，一般茎粗0.8cm，叶披针形或椭圆形，小叶长15.0～22.0cm，宽6.5～7.0cm，荚较大，为（2.1～2.8）cm×（0.5～0.6）cm，籽粒黄绿色，百粒重3.8～5.0g，有泥膜；另一类茎丛生，半直立，有限型结荚习性，主茎粗0.8～1.2cm，叶披针形、椭圆形，荚大小为（2.0～2.5）cm×（0.5～0.6）cm，籽粒黄绿色，百粒重2.4～3.5g（徐昌，1982；广西野生大豆资源考察组，1983；曾维英，2010）。

第二章
广西栽培大豆种质资源

第一节 春 大 豆

1. 显里本地黄豆

【采集地】广西桂林市兴安县溶川乡显里村带脚屯。

【类型及分布】南方春大豆类型，农家品种，分布于桂林市兴安县溶川乡及周边地区。

【主要特征特性】① 在南宁种植，生育期 102 天，有限结荚习性，株型收敛，株高 46.8cm，底荚高 11.2cm，主茎节数 11.3 个，有效分枝数 2.6 个，叶椭圆形，紫花，灰毛，荚褐色，单株荚数 34.9 个，单株粒数 66.8 粒，单株粒重 7.8g，籽粒椭圆形，种皮黄色，有微光泽，种脐淡褐色，百粒重 18.6g，籽粒蛋白质含量为 40.91%、脂肪含量为 22.02%。该品种籽粒小，早熟，脂肪含量高；田间表现抗霜霉病，抗食叶性害虫，抗旱，耐贫瘠，抗倒伏，不裂荚，落叶性好。

【利用价值】可直接应用于生产，或做小粒、抗倒伏、抗霜霉病、高油育种亲本。

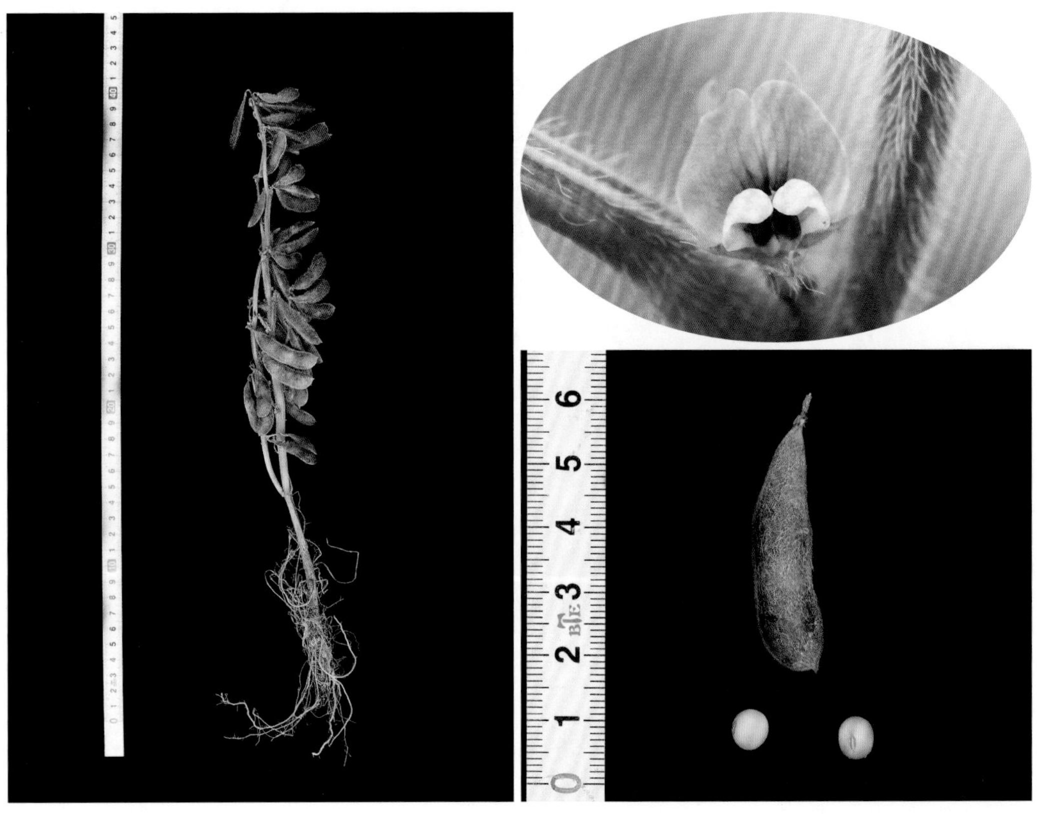

① 【主要特征特性】所列春大豆、夏大豆、秋大豆种质资源的农艺性状数据均为 2016～2018 年田间鉴定数据的平均值

2. 甲坪大豆

【采集地】广西河池市南丹县八圩瑶族乡甲坪村三牡屯。

【类型及分布】南方春大豆类型，农家品种，分布于南丹县八圩瑶族乡及周边地区。

【主要特征特性】在南宁种植，生育期88天，有限结荚习性，株型收敛，株高54.1cm，底荚高14.8cm，主茎节数10.8个，有效分枝数2.7个，叶椭圆形，白花，棕毛，荚褐色，单株荚数32.1个，单株粒数67.4粒，单株粒重9.7g，籽粒椭圆形，种皮黄色，有微光泽，种脐褐色，百粒重15.3g，籽粒蛋白质含量为44.34%、脂肪含量为19.49%。该品种田间表现抗霜霉病，抗旱，耐贫瘠，抗倒伏，不裂荚，落叶性好。

【利用价值】可直接应用于生产，或做早熟、抗霜霉病、抗倒伏育种亲本。

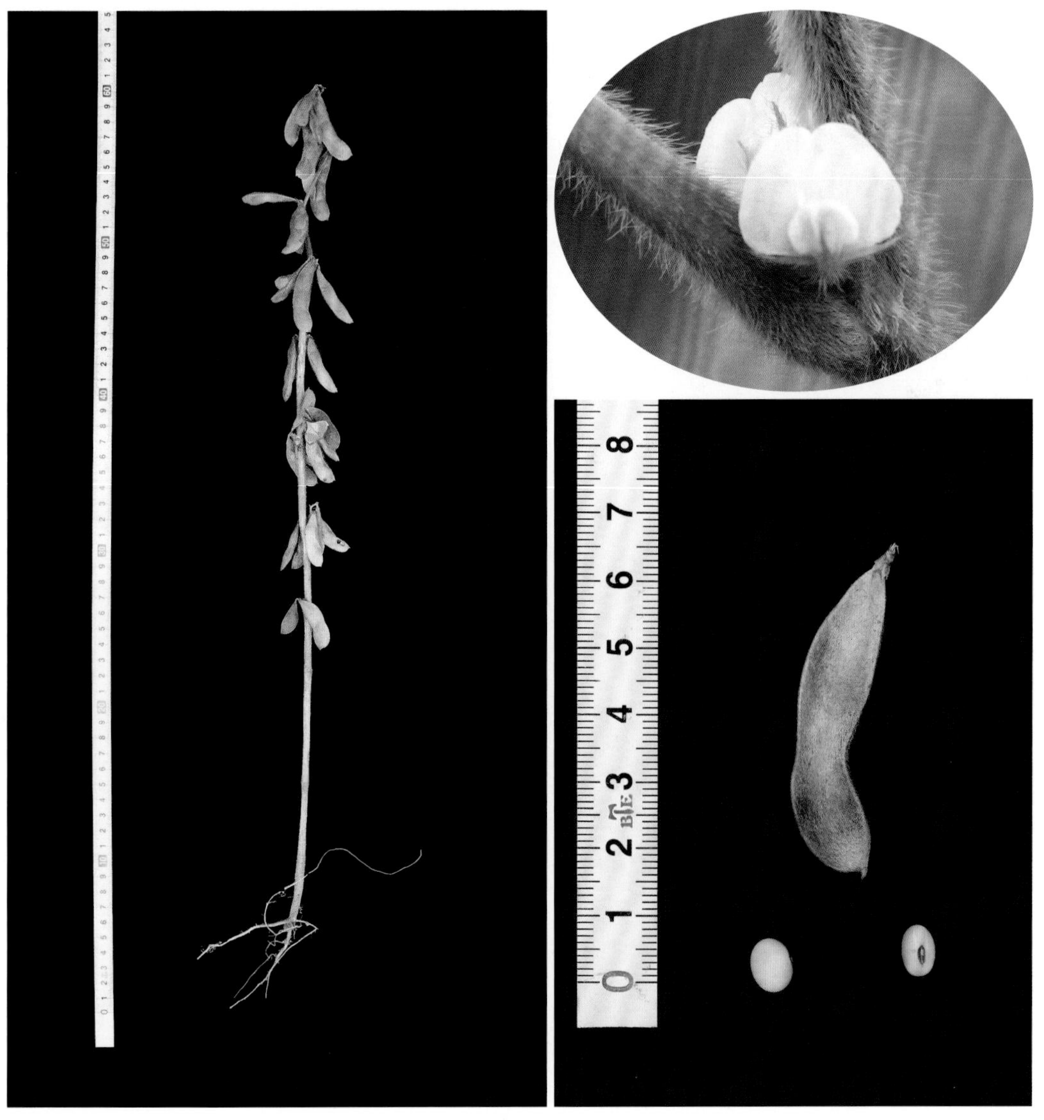

3. 井湾黄豆

【采集地】广西贺州市富川瑶族自治县新华乡井湾村木龙屯。

【类型及分布】南方春大豆类型，农家品种，分布于贺州市富川瑶族自治县新华乡及周边地区。

【主要特征特性】在南宁种植，生育期 81 天，有限结荚习性，株型半开张，株高 53.4cm，底荚高 10.6cm，主茎节数 11.2 个，有效分枝数 3.3 个，叶椭圆形，白花，棕毛，荚黄褐色，单株荚数 37.7 个，单株粒数 76.5 粒，单株粒重 10.8g，籽粒扁椭圆形，种皮黄色，有微光泽，种脐淡褐色，百粒重 15.4g，籽粒蛋白质含量为 42.59%、脂肪含量为 20.20%。该品种田间表现高抗花叶病毒病，高抗霜霉病，高感细菌性斑点病，抗倒伏，轻度裂荚，落叶性较好。

【利用价值】可直接应用于生产，或做早熟、抗花叶病毒病、抗倒伏育种亲本。

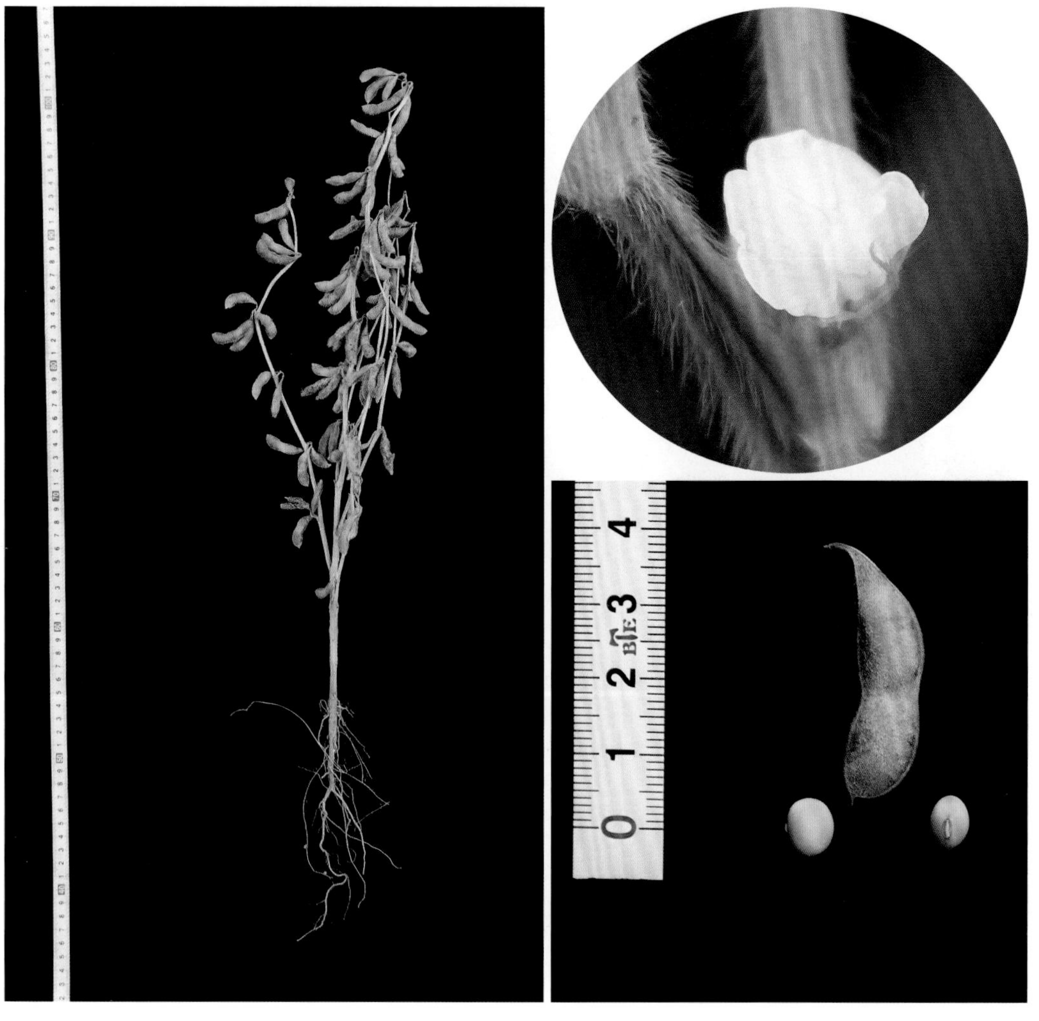

4. 宜山六月黄

【采集地】广西河池市宜州区安马乡木寨村。

【类型及分布】南方春大豆类型，农家品种，分布于河池市宜州区安马乡及周边地区。

【主要特征特性】在南宁种植，生育期81天，有限结荚习性，株型收敛，株高46.5cm，底荚高10.8cm，主茎节数11.3个，有效分枝数2.9个，叶椭圆形，白花，灰毛，单株荚数37.1个，荚褐色，单株粒数74.9粒，单株粒重9.4g，籽粒椭圆形，种皮黄色，有微光泽，种脐褐色，百粒重12.9g，籽粒蛋白质含量为46.23%、脂肪含量为18.72%。该品种蛋白质含量高；田间表现抗霜霉病，抗倒伏，不裂荚，落叶性好。

【利用价值】可直接应用于生产，或做早熟、高蛋白、抗霜霉病、抗倒伏育种亲本。

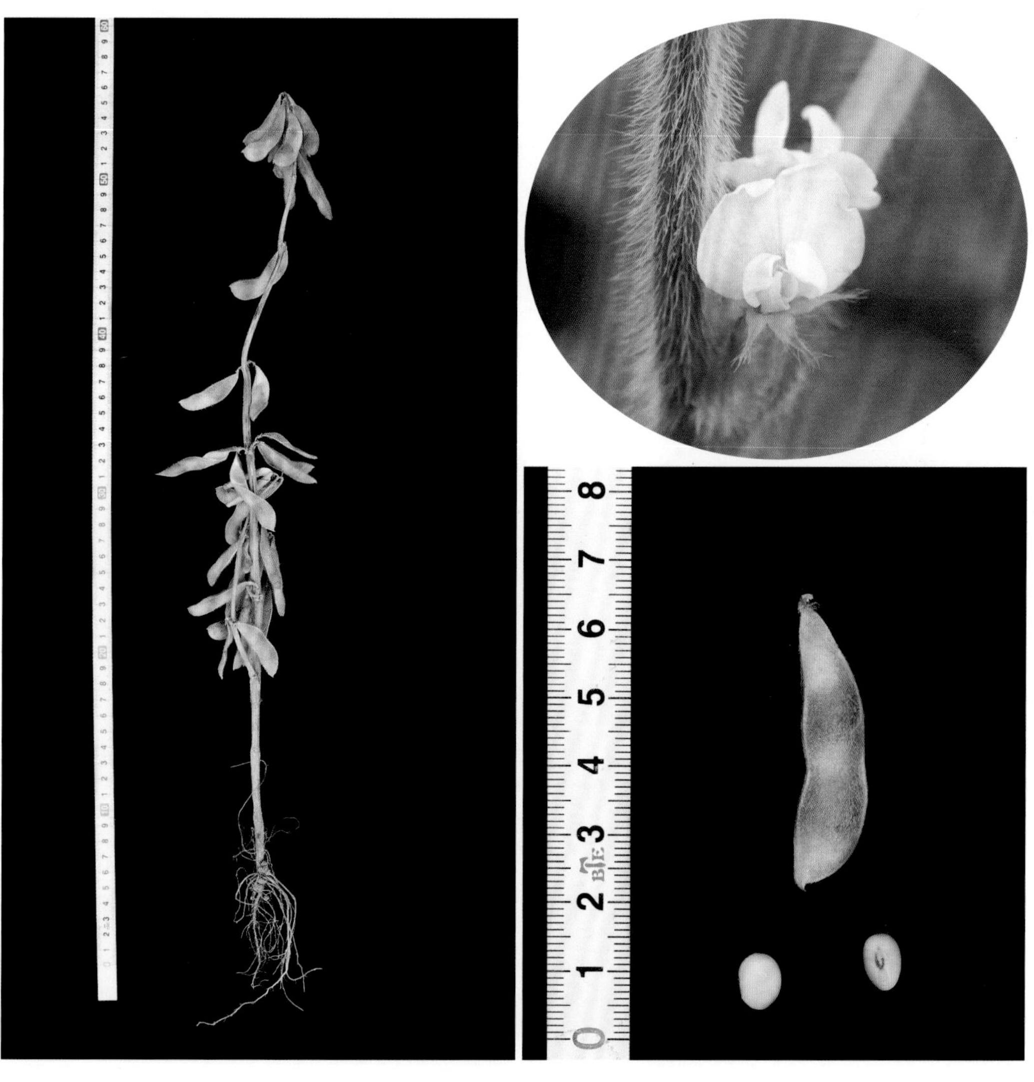

5. 牛白黄豆

【采集地】广西桂林市荔浦市蒲芦瑶族乡黎村牛白屯。

【类型及分布】南方春大豆类型，农家品种，分布于桂林市荔浦市蒲芦瑶族乡及周边地区。

【主要特征特性】在南宁种植，生育期76天，有限结荚习性，株型收敛，株高63.7cm，底荚高25.8cm，主茎节数12.5个，有效分枝数1.2个，叶椭圆形，紫花，棕毛，荚褐色，单株荚数38.1个，单株粒数60.2粒，单株粒重7.1g，籽粒扁圆形，种皮黄色，有微光泽，种脐淡褐色，百粒重13.0g，籽粒蛋白质含量为45.20%、脂肪含量为19.88%。该品种田间表现抗花叶病毒病，抗霜霉病，不倒伏，轻度裂荚。

【利用价值】可直接应用于生产，或做高底荚、抗花叶病毒病、抗霜霉病、高蛋白育种亲本。

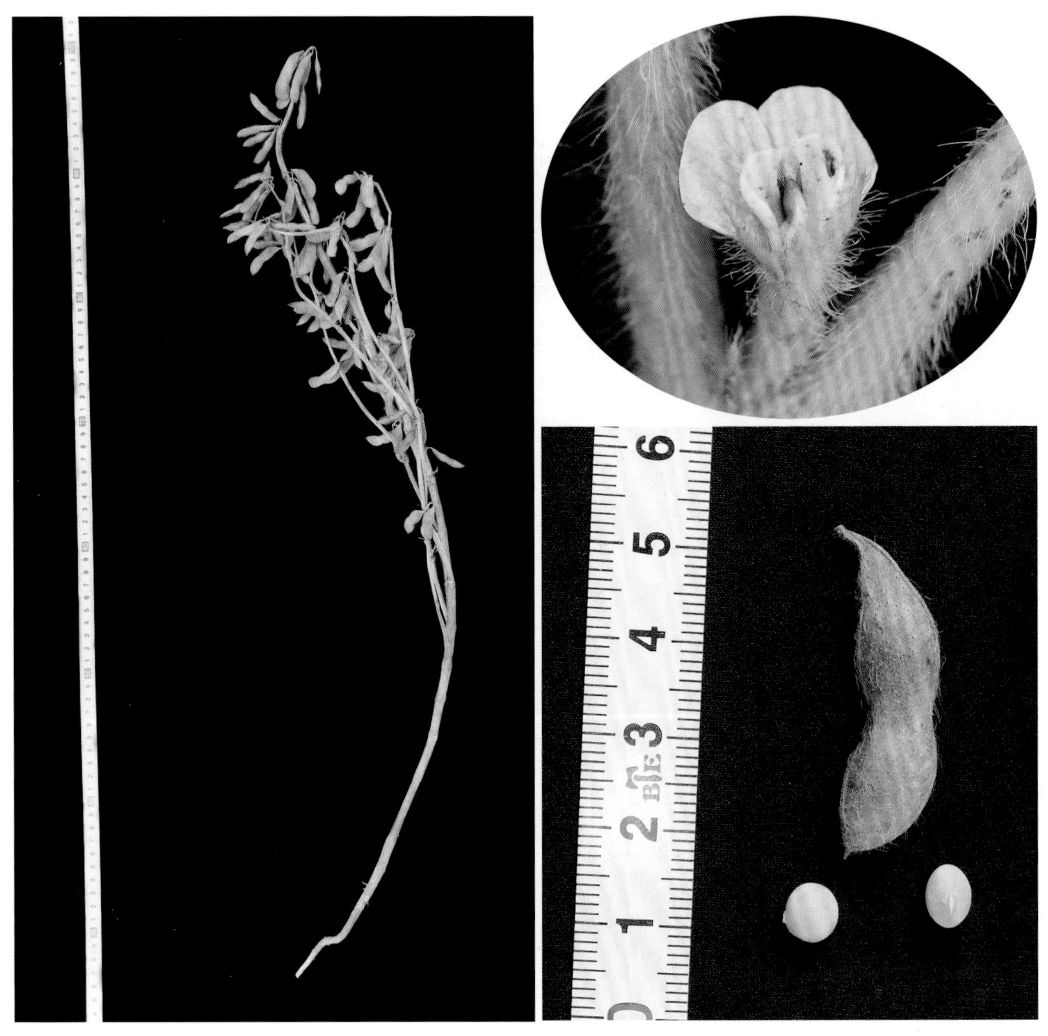

6. 文德黄豆

【采集地】广西贺州市八步区桂岭镇文德村。

【类型及分布】南方春大豆类型，农家品种，分布于贺州市八步区桂岭镇及周边地区。

【主要特征特性】在南宁种植，生育期 83 天，有限结荚习性，株型收敛，株高 52.5cm，底荚高 12.5cm，主茎节数 10.6 个，有效分枝数 2.3 个，叶椭圆形，紫花，棕毛，荚黄褐色，单株荚数 23.8 个，单株粒数 48.0 粒，单株粒重 11.7g，籽粒扁圆形，种皮黄色，无光泽，种脐褐色，百粒重 26.1g，籽粒蛋白质含量为 43.03%、脂肪含量为 20.65%。该品种田间表现抗花叶病毒病，抗霜霉病，不倒伏，高抗细菌性斑点病，轻度裂荚，落叶性较好。

【利用价值】可直接应用于生产，或做早熟、抗倒伏、抗花叶病毒病、抗霜霉病、抗细菌性斑点病育种亲本。

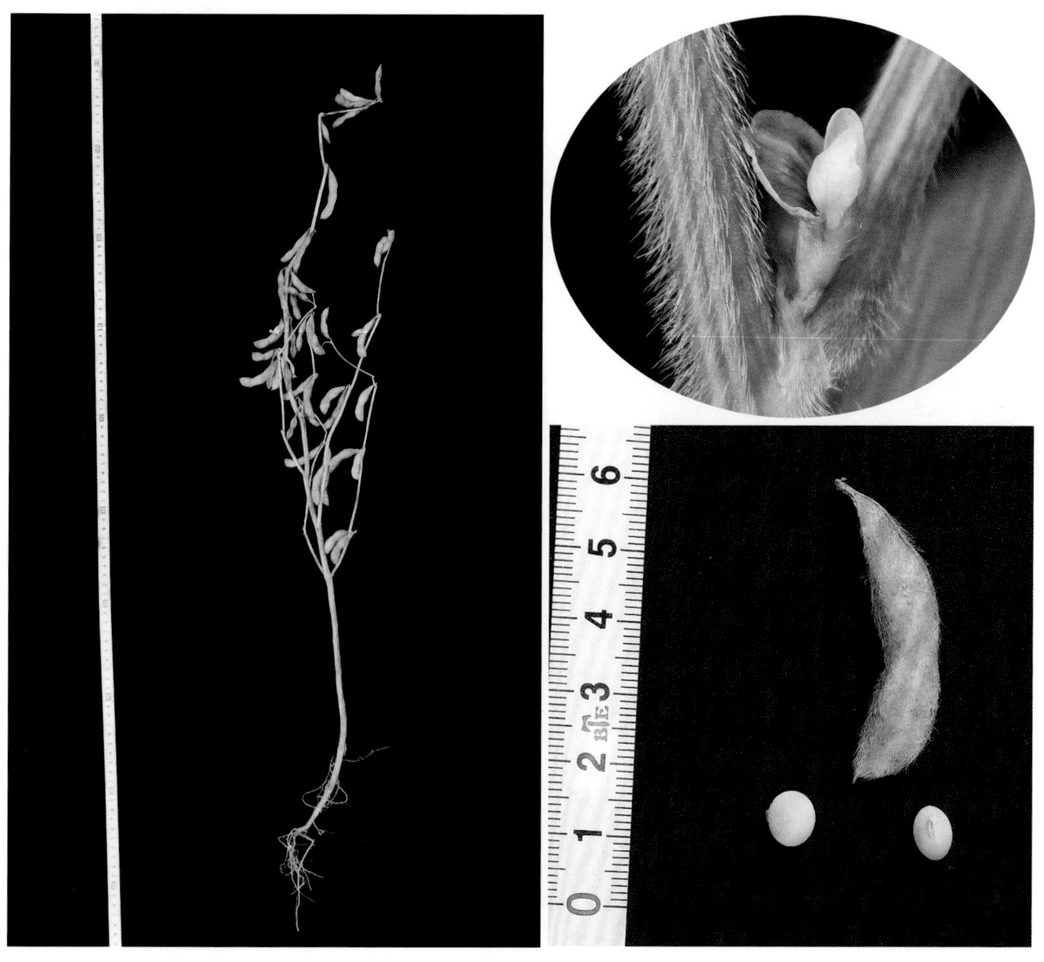

7. 介福黄豆 1

【采集地】广西百色市凌云县逻楼镇介福村。

【类型及分布】南方春大豆类型，农家品种，分布于百色市凌云县逻楼镇及周边地区。

【主要特征特性】在南宁种植，生育期 82 天，有限结荚习性，株型收敛，株高 57.2cm，底荚高 16.8cm，主茎节数 10.7 个，有效分枝数 3.1 个，叶椭圆形，白花，棕毛，荚褐色，单株荚数 26.7 个，单株粒数 62.0 粒，单株粒重 11.9g，籽粒长椭圆形，种皮黄色，有微光泽，种脐深褐色，百粒重 21.5g，籽粒蛋白质含量为 42.17%、脂肪含量为 20.87%。该品种田间表现高抗花叶病毒病，感霜霉病，轻度倒伏，轻度裂荚。

【利用价值】可直接应用于生产，或做早熟、抗花叶病毒病育种亲本。

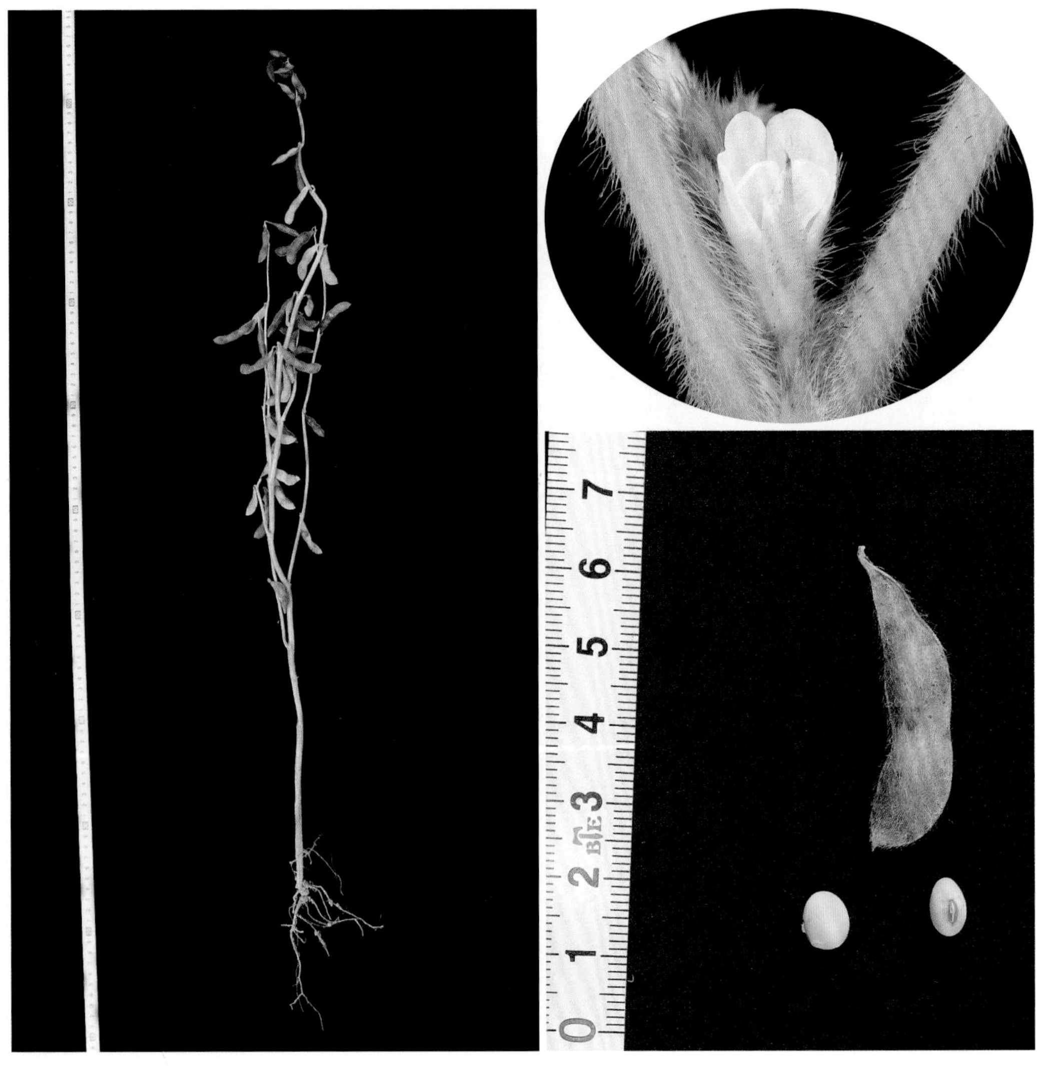

8. 黄姚黑豆

【采集地】广西贺州市昭平县黄姚镇。

【类型及分布】南方春大豆类型，农家品种，分布于贺州市昭平县黄姚镇及周边地区。

【主要特征特性】在南宁种植，生育期 79 天，有限结荚习性，株型收敛，株高 52.5cm，底荚高 12.4cm，主茎节数 11.2 个，有效分枝数 3.3 个，叶椭圆形，紫花，棕毛，荚黑色，单株荚数 30.6 个，单株粒数 73.3 粒，单株粒重 9.1g，籽粒扁圆形，种皮黑色，有强光泽，种脐黑色，百粒重 12.6g，籽粒蛋白质含量为 43.91%、脂肪含量为 20.65%。该品种田间表现抗花叶病毒病，抗霜霉病，中度倒伏，中度裂荚，落叶性较好。

【利用价值】可直接应用于生产，或做早熟、抗花叶病毒病、抗霜霉病、高产黑豆豉加工型育种亲本。

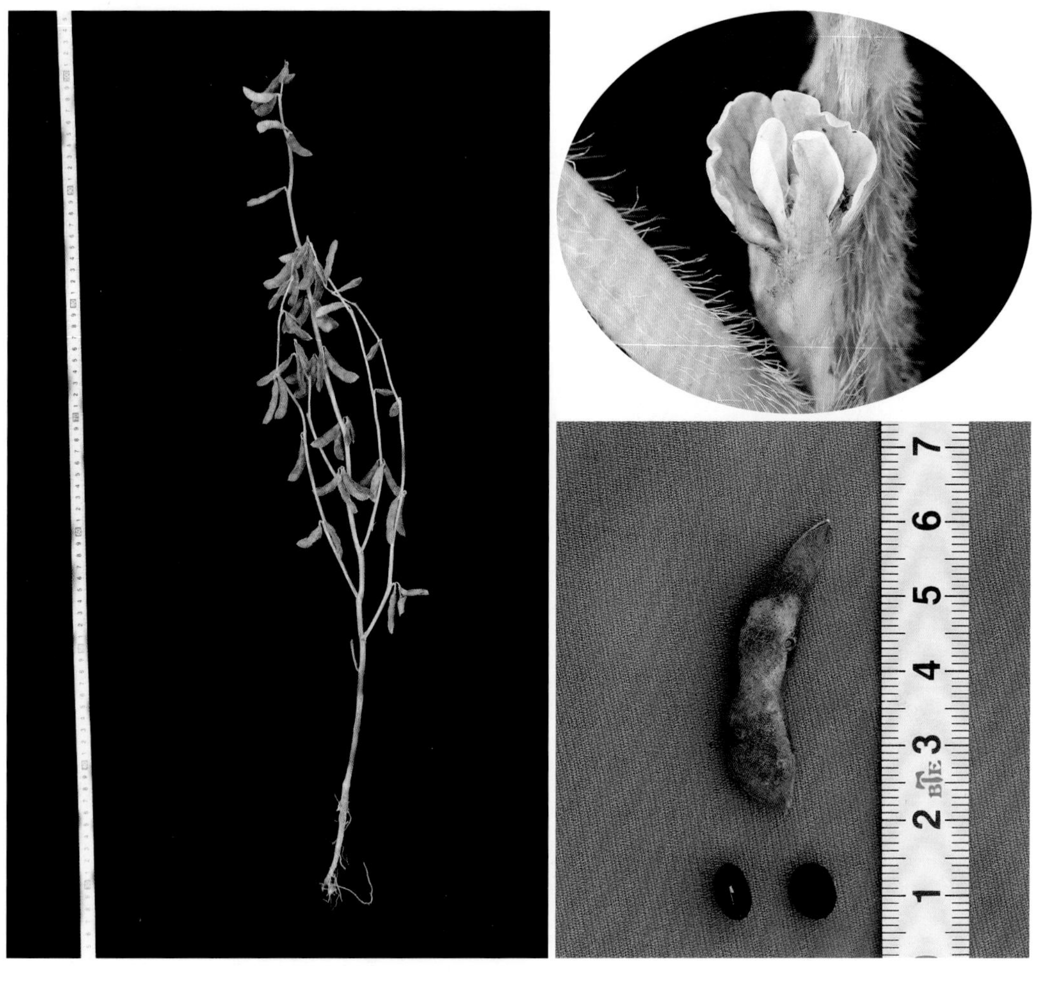

9. 黄姚春豆

【采集地】广西贺州市昭平县黄姚镇笔头村。

【类型及分布】南方春大豆类型，农家品种，分布于贺州市昭平县黄姚镇及周边地区。

【主要特征特性】在南宁种植，生育期83天，有限结荚习性，株型收敛，株高45.0cm，底荚高11.3cm，主茎节数10.7个，有效分枝数3.1个，叶椭圆形，紫花，棕毛，荚黄褐色，单株荚数29.1个，单株粒数66.8粒，单株粒重12.2g，籽粒扁圆形，种皮黄色，无光泽，种脐深褐色，百粒重19.3g，籽粒蛋白质含量为41.50%、脂肪含量为20.83%。该品种田间表现抗花叶病毒病，抗霜霉病，中度倒伏，不裂荚，落叶性较好。

【利用价值】可直接应用于生产，或做早熟、抗花叶病毒病、抗霜霉病育种亲本。

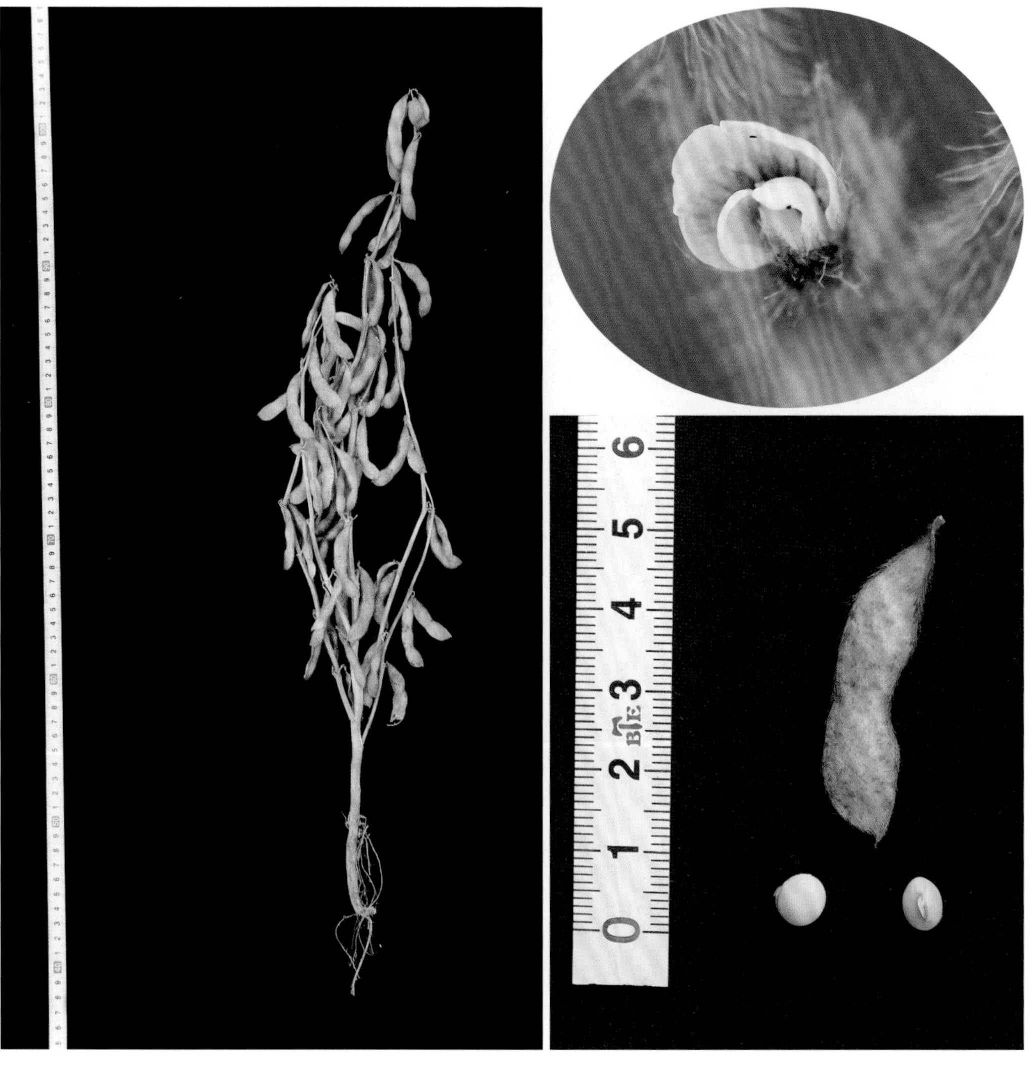

10. 建高黄豆

【采集地】广西河池市都安瑶族自治县三只羊乡建高村。

【类型及分布】南方春大豆类型，农家品种，分布于河池市都安瑶族自治县三只羊乡及周边地区。

【主要特征特性】在南宁种植，生育期 89 天，有限结荚习性，株型收敛，株高 44.9cm，底荚高 14.5cm，主茎节数 10.2 个，有效分枝数 2.3 个，叶椭圆形，白花，灰毛，荚深褐色，单株荚数 25.2 个，单株粒数 48.9 粒，单株粒重 8.4g，籽粒圆形，种皮绿色，有强光泽，种脐淡褐色，百粒重 18.8g，籽粒蛋白质含量为 43.20%、脂肪含量为 19.50%。该品种田间表现抗霜霉病，抗旱，耐贫瘠，抗倒伏，不裂荚，落叶性好。

【利用价值】可直接应用于生产，或做抗倒伏、抗霜霉病、高产育种亲本。

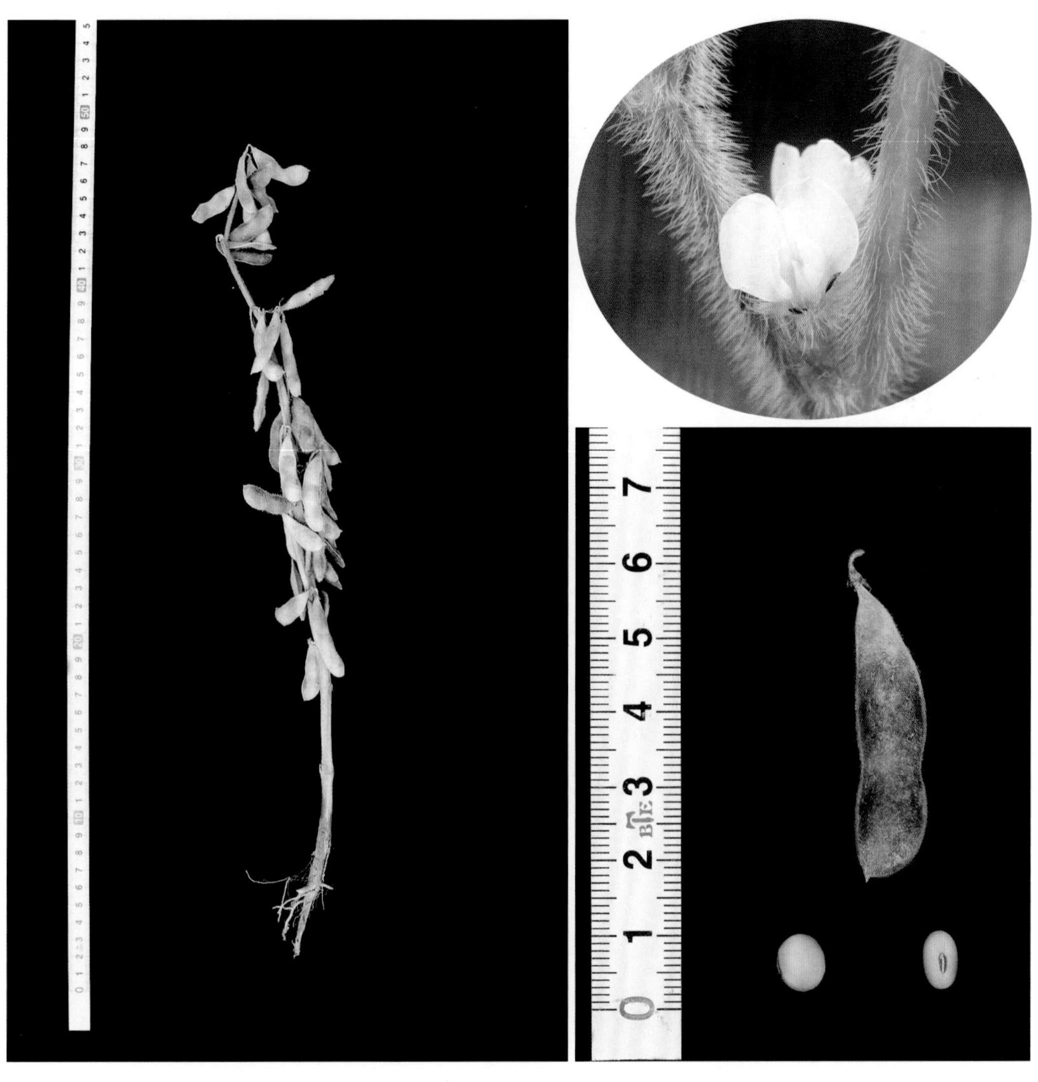

11. 仁义本地黄豆

【采集地】广西合山市河里镇仁义村上里屯。

【类型及分布】南方春大豆类型，农家品种，分布于合山市河里镇及周边地区。

【主要特征特性】在南宁种植，生育期85天，有限结荚习性，株型收敛，株高37.3cm，主茎节数11.5个，有效分枝数2.1个，叶椭圆形，白花，灰毛，荚灰褐色，单株荚数36.3个，单株粒数68.1粒，单株粒重8.4g，籽粒椭圆形，种皮黄色，有微光泽，种脐褐色，百粒重11.7g，籽粒蛋白质含量为42.98%、脂肪含量为19.54%。该品种早熟，籽粒小；田间表现抗霜霉病，抗食叶性害虫，抗倒伏，不裂荚，落叶性好。

【利用价值】可直接应用于生产，或做小粒、抗倒伏、抗霜霉病育种亲本。

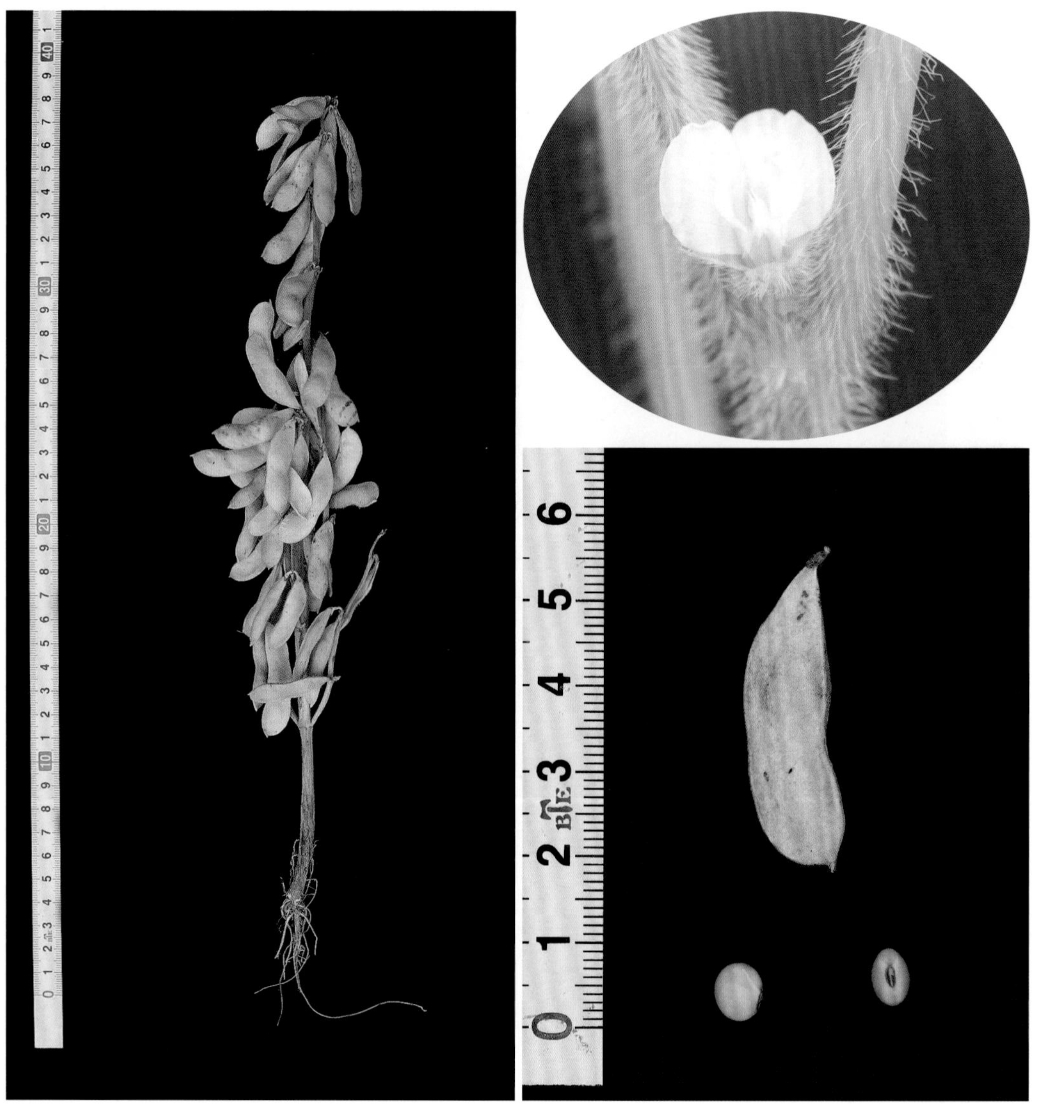

12. 大平春豆

【采集地】广西贵港市平南县大新镇大平村。

【类型及分布】南方春大豆类型，农家品种，分布于贵港市平南县大新镇及周边地区。

【主要特征特性】在南宁种植，生育期83天，有限结荚习性，株型收敛，株高49.5cm，底荚高12.2cm，主茎节数10.9个，有效分枝数3.0个，叶椭圆形，白花，灰毛，荚深褐色，单株荚数27.3个，单株粒数62.6粒，单株粒重13.3g，籽粒长椭圆形，种皮黄色，有微光泽，种脐褐色，百粒重21.9g，籽粒蛋白质含量为43.98%、脂肪含量为20.11%。该品种田间表现抗花叶病毒病，抗霜霉病，不倒伏，不裂荚。

【利用价值】可直接应用于生产，或做早熟、抗花叶病毒病、抗霜霉病、抗倒伏育种亲本。

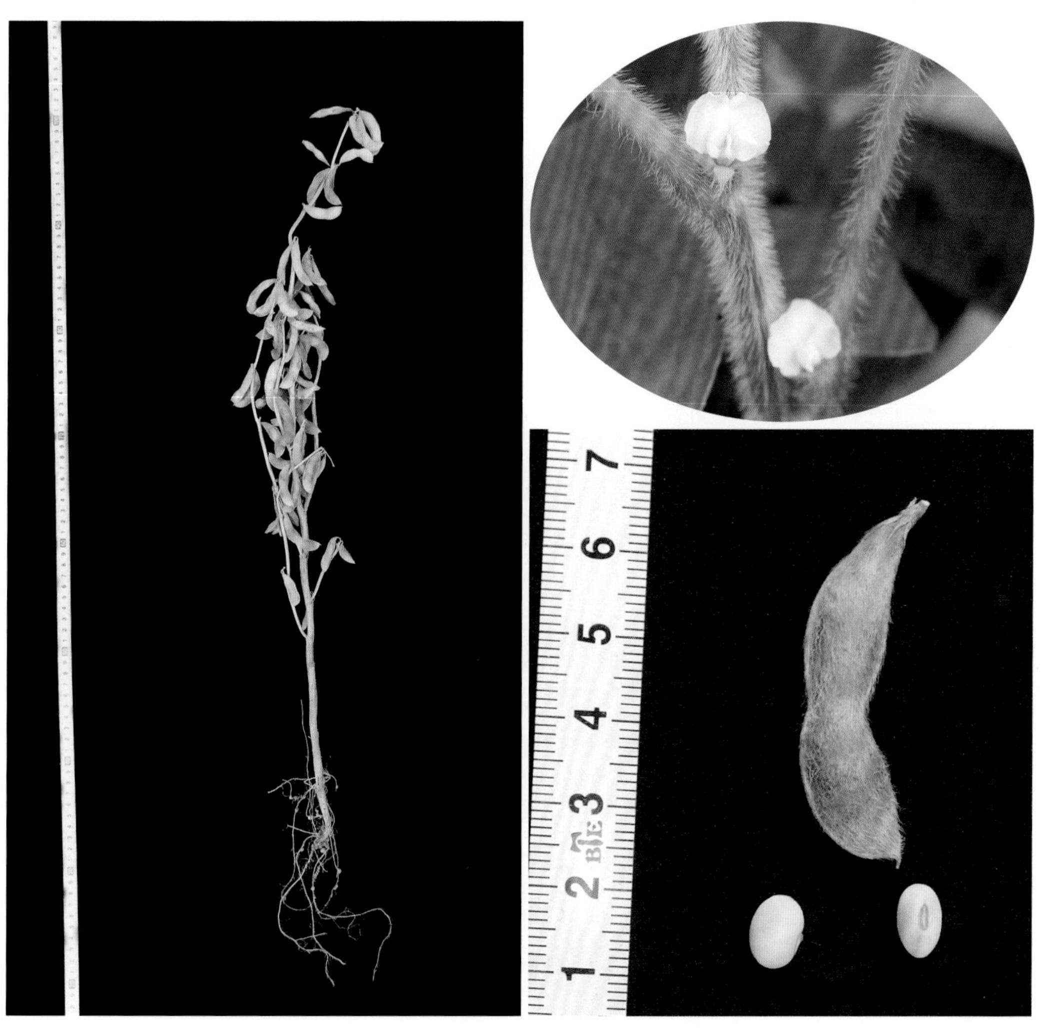

13. 古令春黑豆

【采集地】广西梧州市龙圩区新地镇古令村。

【类型及分布】南方春大豆类型，农家品种，分布于梧州市龙圩区新地镇及周边地区。

【主要特征特性】在南宁种植，生育期82天，有限结荚习性，株型半开张，株高54.4cm，底荚高16.5cm，主茎节数12.5个，有效分枝数2.7个，叶椭圆形，紫花，棕毛，荚褐色，单株荚数36.6个，单株粒数72.6粒，单株粒重11.1g，籽粒扁椭圆形，种皮黑色，有强光泽，种脐黑色，百粒重16.3g，籽粒蛋白质含量为44.17%、脂肪含量为20.62%。该品种田间表现抗花叶病毒病，抗霜霉病，重度倒伏，中度裂荚，半落叶。

【利用价值】可直接应用于生产，或做早熟、抗花叶病毒病、抗霜霉病育种亲本。

14. 平坛黄豆

【**采集地**】广西百色市那坡县百合乡平坛村外陇屯。

【**类型及分布**】南方春大豆类型，农家品种，分布于百色市那坡县百合乡及周边地区。

【**主要特征特性**】在南宁种植，生育期90天，有限结荚习性，株型收敛，株高65.0cm，底荚高13.4cm，主茎节数12.1个，有效分枝数3.1个，叶椭圆形，紫花，棕毛，荚褐色，单株荚数33.8个，单株粒数67.3粒，单株粒重10.5g，籽粒椭圆形，种皮黄色，有微光泽，种脐褐色，百粒重17.8g，籽粒蛋白质含量为46.72%、脂肪含量为17.95%。该品种蛋白质含量高；田间表现抗霜霉病，耐贫瘠，抗倒伏，不裂荚，落叶性好。

【**利用价值**】可直接应用于生产，或做高蛋白、抗霜霉病、抗倒伏育种亲本。

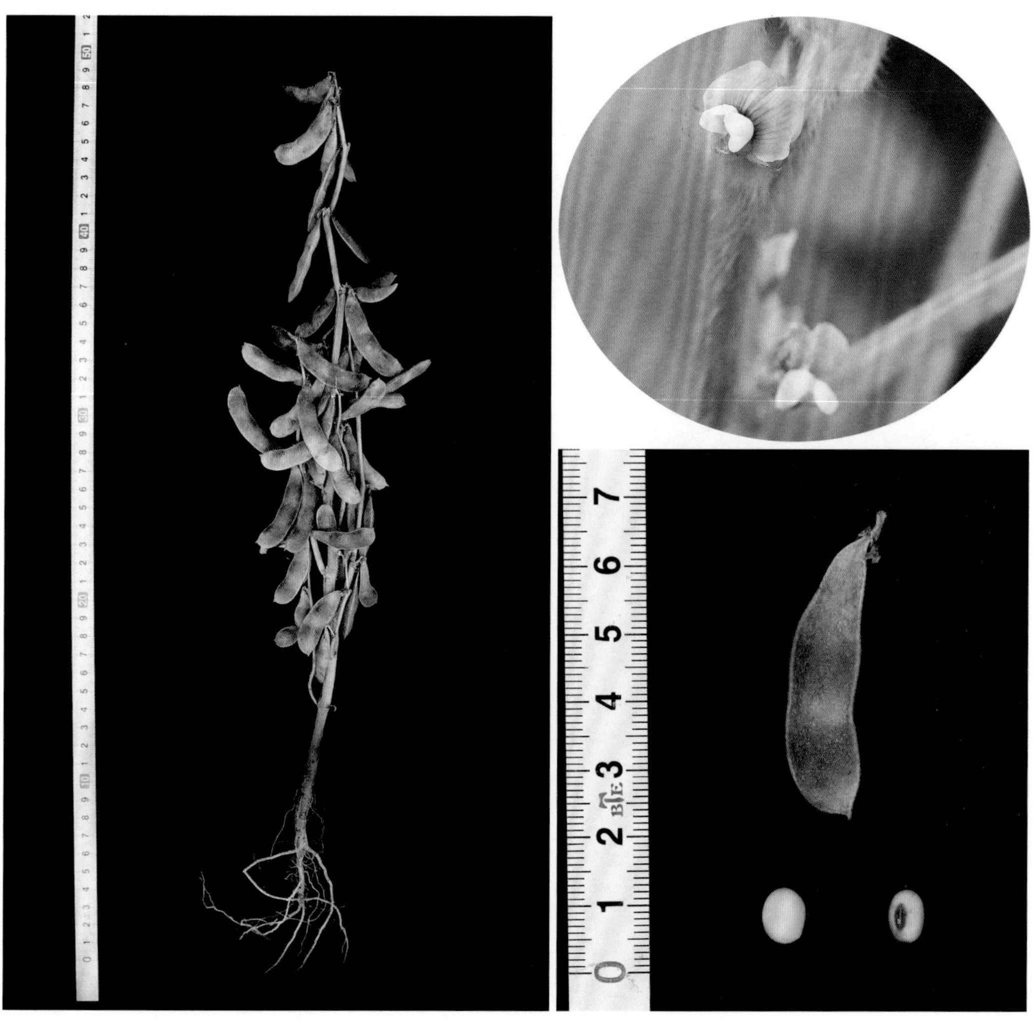

15. 平坛黑豆

【采集地】广西百色市那坡县百合乡平坛村外陇屯。

【类型及分布】南方春大豆类型，农家品种，分布于百色市那坡县百合乡及周边地区。

【主要特征特性】在南宁种植，生育期85天，有限结荚习性，株型收敛，株高63.7cm，底荚高15.6cm，主茎节数13.2个，有效分枝数3.3个，叶椭圆形，白花，棕毛，荚黑色，单株荚数31.3个，单株粒数66.4粒，单株粒重10.9g，籽粒椭圆形，种皮黑色，有微光泽，种脐黑色，百粒重17.0g，籽粒蛋白质含量为46.31%、脂肪含量为20.37%。该品种蛋白质含量高；田间表现抗霜霉病，耐贫瘠，抗倒伏，不裂荚，落叶性好。

【利用价值】可直接应用于生产，或做早熟、抗倒伏、抗霜霉病、黑种皮、高蛋白育种亲本。

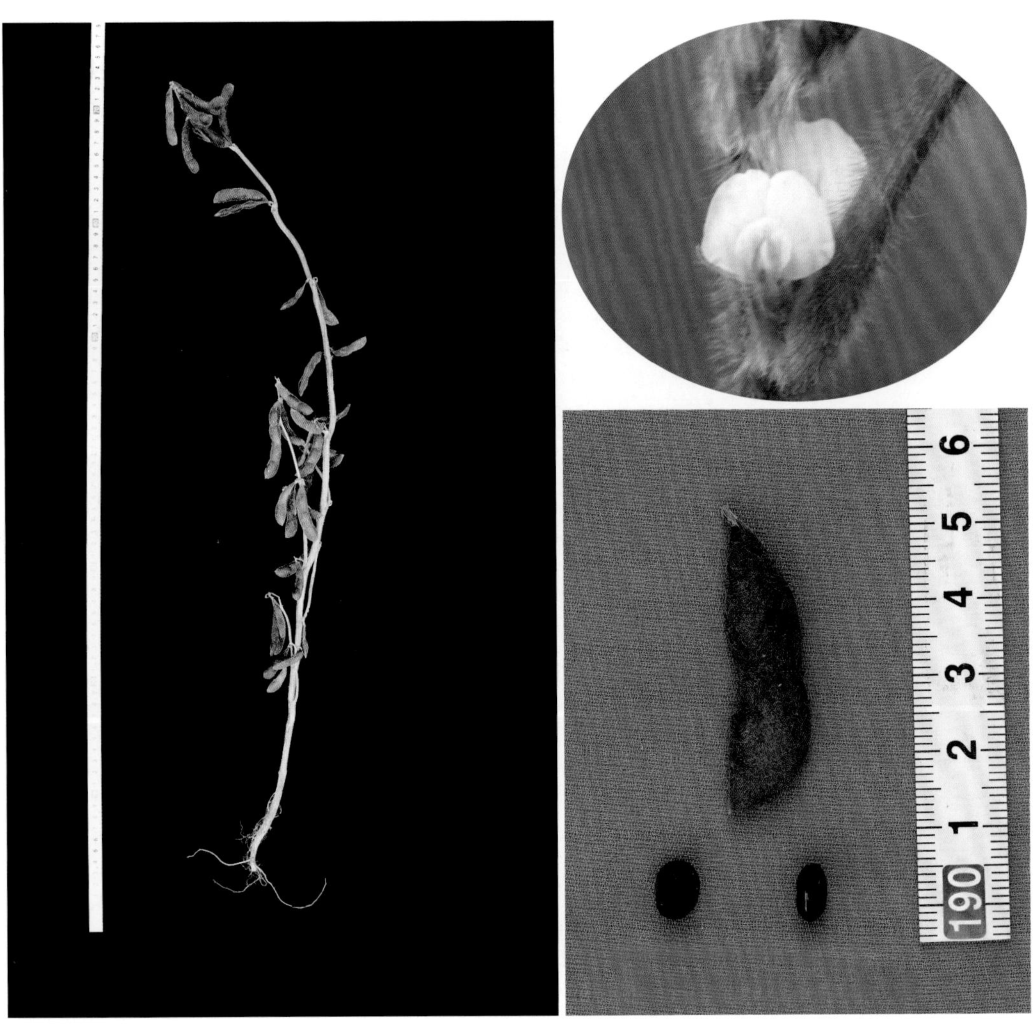

16. 民兴本地黄豆

【采集地】广西百色市那坡县百合乡民兴村那怒屯。

【类型及分布】南方春大豆类型，农家品种，分布于百色市那坡县百合乡及周边地区。

【主要特征特性】在南宁种植，生育期88天，有限结荚习性，株型收敛，株高59.1cm，底荚高13.2cm，主茎节数11.6个，有效分枝数2.9个，叶椭圆形，紫花，灰毛，荚褐色，单株荚数33.5个，单株粒数67.0粒，单株粒重11.7g，籽粒椭圆形，种皮黄色，有微光泽，种脐深褐色，百粒重17.0g，籽粒蛋白质含量为44.99%、脂肪含量为19.57%。该品种田间表现抗霜霉病，抗食叶性害虫，耐贫瘠，抗倒伏，不裂荚，落叶性好。

【利用价值】可直接应用于生产，或做早熟、高产、抗倒伏、抗霜霉病育种亲本。

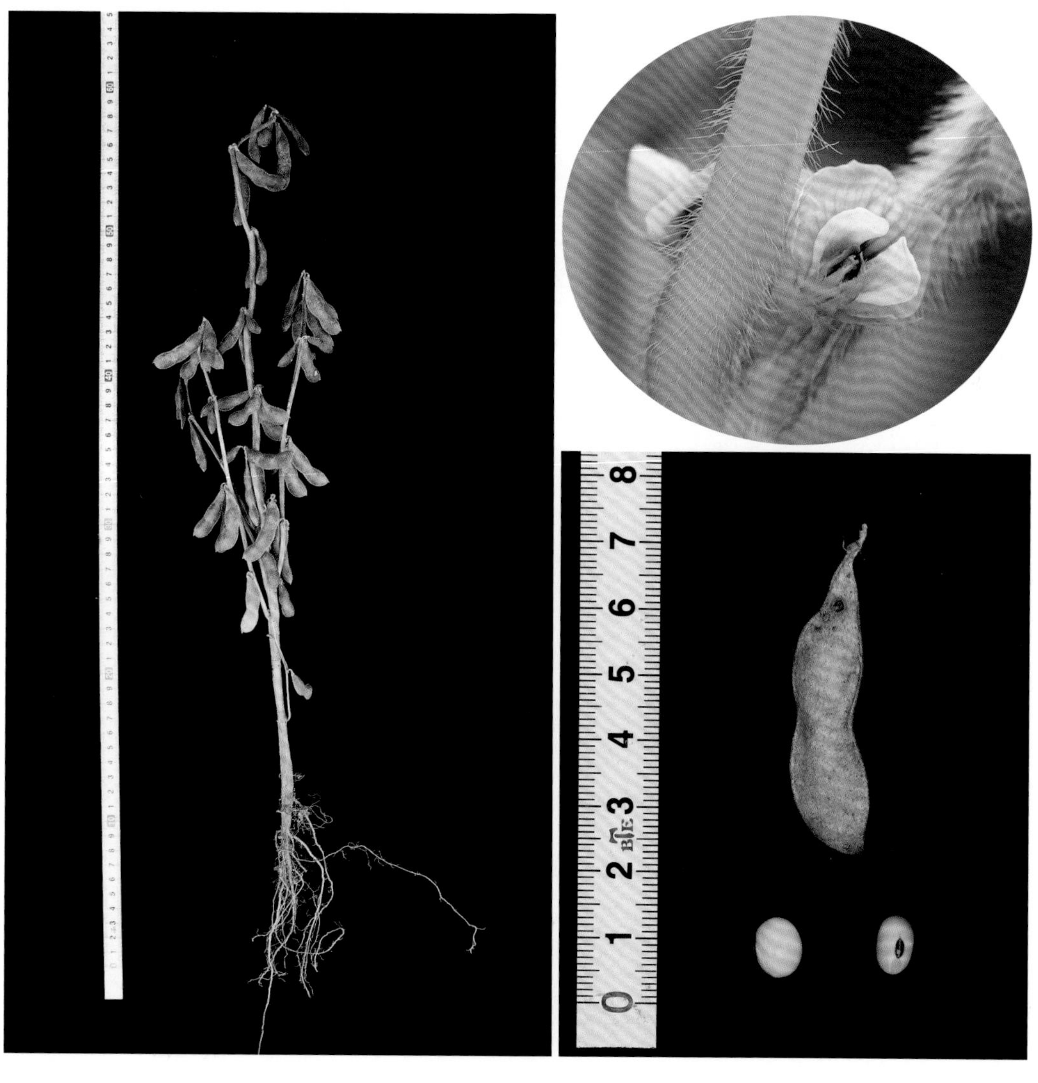

17. 石咀黄豆

【采集地】广西贵港市桂平市石咀镇平安村。

【类型及分布】南方春大豆类型，农家品种，分布于贵港市桂平市石咀镇及周边地区。

【主要特征特性】在南宁种植，生育期83天，有限结荚习性，株型收敛，株高44.5cm，底荚高11.1cm，主茎节数10.4个，有效分枝数2.6个，叶卵圆形，紫花，灰毛，荚黄褐色，单株荚数29.8个，单株粒数63.6粒，单株粒重14.1g，籽粒扁圆形，种皮黄色，有微光泽，种脐黄色，百粒重23.6g，籽粒蛋白质含量为43.65%、脂肪含量为19.67%。该品种田间表现抗花叶病毒病，抗霜霉病，中度倒伏，不裂荚。

【利用价值】可直接应用于生产，或做早熟、高底荚、抗花叶病毒病、抗霜霉病育种亲本。

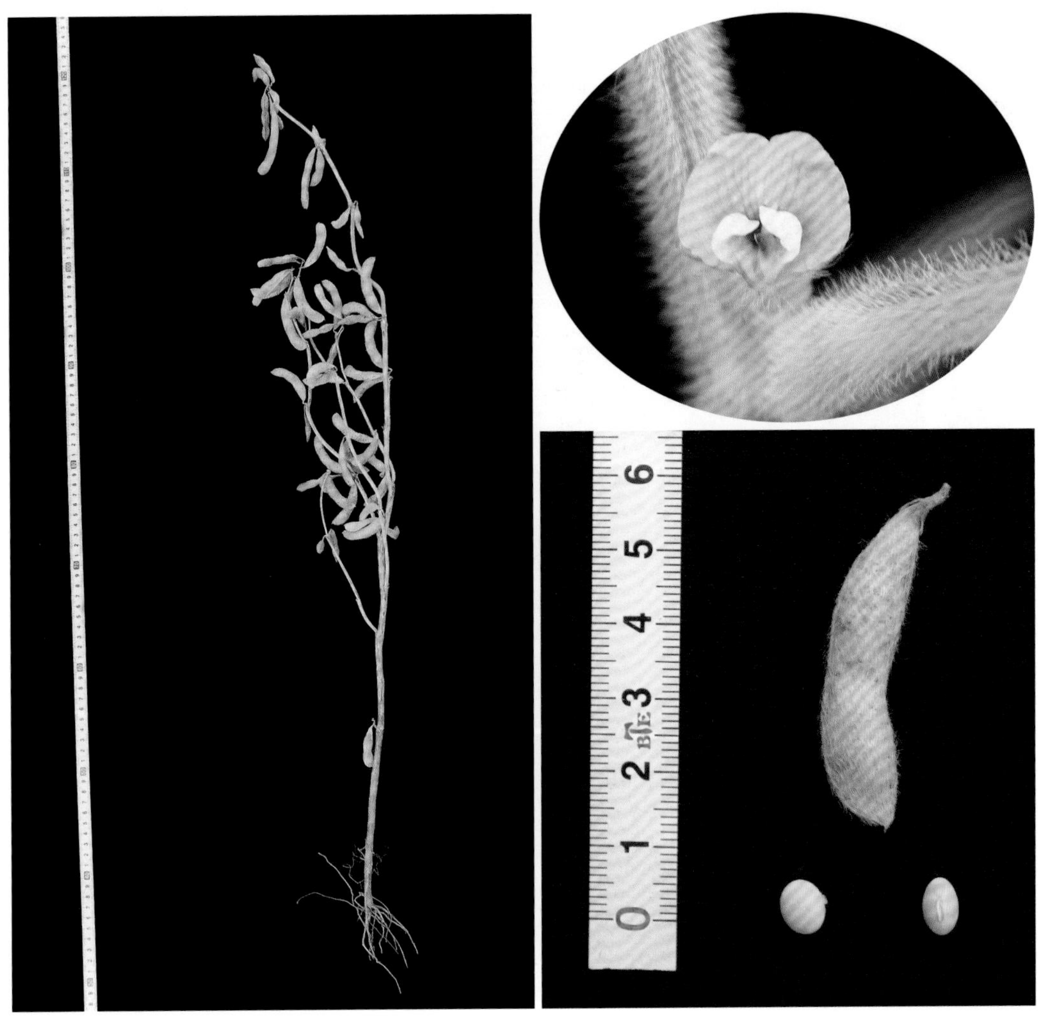

18. 上瑶黄豆

【采集地】广西贵港市桂平市垌心乡上瑶村。

【类型及分布】南方春大豆类型，农家品种，分布于贵港市桂平市垌心乡及周边地区。

【主要特征特性】在南宁种植，生育期 83 天，有限结荚习性，株型收敛，株高 42.4cm，底荚高 10.1cm，主茎节数 10.2 个，有效分枝数 3.1 个，叶椭圆形，白花，灰毛，荚褐色，单株荚数 24.3 个，单株粒数 56.0 粒，单株粒重 11.3g，籽粒扁椭圆形，种皮黄色，有微光泽，种脐淡褐色，百粒重 21.3g，籽粒蛋白质含量为 43.42%、脂肪含量为 20.35%。该品种田间表现抗花叶病毒病，抗霜霉病，轻度倒伏，不裂荚，落叶性较好。

【利用价值】可直接应用于生产，或做早熟、抗花叶病毒病、抗霜霉病育种亲本。

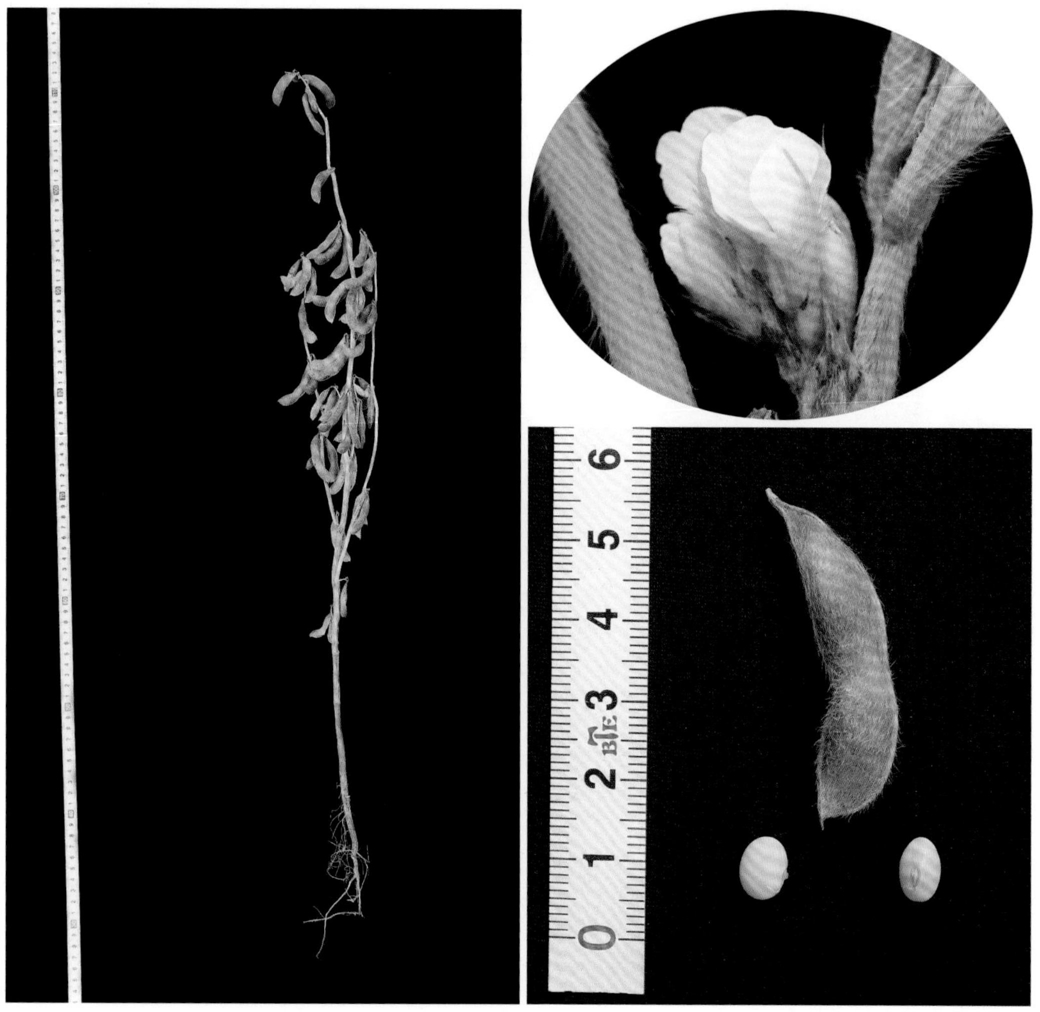

19. 达腊本地黄豆

【采集地】广西百色市靖西市南坡乡达腊村达栋屯。

【类型及分布】南方春大豆类型，农家品种，分布于百色市靖西市南坡乡及周边地区。

【主要特征特性】在南宁种植，生育期95天，有限结荚习性，株型收敛，株高46.4cm，底荚高12.5cm，主茎节数10.5个，有效分枝数3.1个，叶椭圆形，白花，棕毛，荚褐色，单株荚数29.4个，单株粒数57.4粒，单株粒重10.0g，籽粒椭圆形，种皮黄色，有微光泽，种脐褐色，百粒重19.3g，籽粒蛋白质含量为41.73%、脂肪含量为20.09%。该品种田间表现抗霜霉病，抗倒伏，抗旱，不裂荚，落叶性好且结荚多。

【利用价值】可直接应用于生产，或做抗倒伏、抗霜霉病、高产育种亲本。

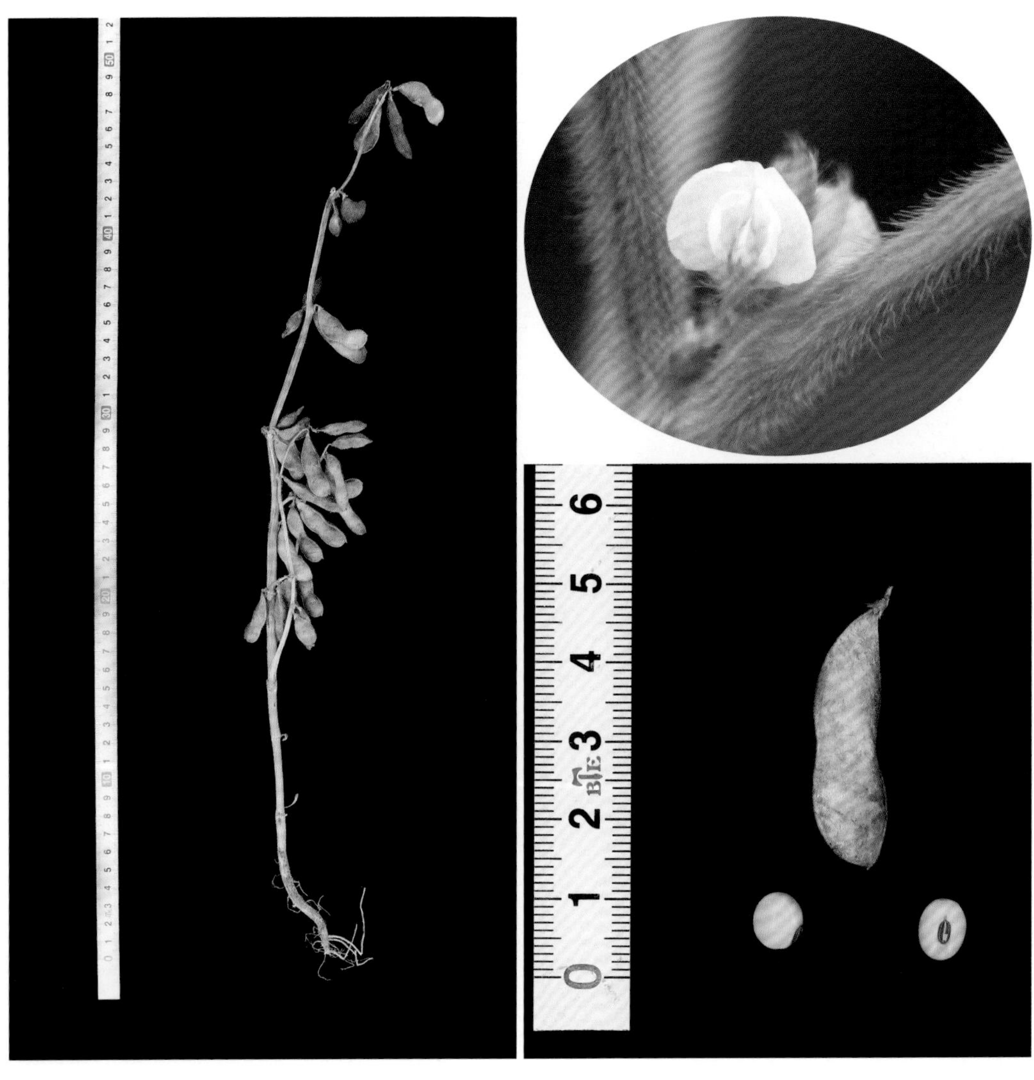

20. 安平春黑豆

【采集地】广西梧州市岑溪市安平镇太平社区利群屯。

【类型及分布】南方春大豆类型，农家品种，分布于梧州市岑溪市安平镇及周边地区。

【主要特征特性】在南宁种植，生育期 79 天，有限结荚习性，株型收敛，株高 80.2cm，底荚高 19.8cm，主茎节数 13.3 个，有效分枝数 2.0 个，叶椭圆形，紫花，棕毛，荚褐色，单株荚数 39.1 个，单株粒数 74.2 粒，单株粒重 7.2g，籽粒扁圆形，种皮黑色，有微光泽，种脐黑色，百粒重 18.8g，籽粒蛋白质含量为 44.46%、脂肪含量为 21.60%。该品种田间表现免疫花叶病毒病和霜霉病，高抗细菌性斑点病，不倒伏，不裂荚，落叶性较好。

【利用价值】可直接应用于生产，或做早熟、抗花叶病毒病、抗霜霉病、抗细菌性斑点病、抗倒伏、高产育种亲本。

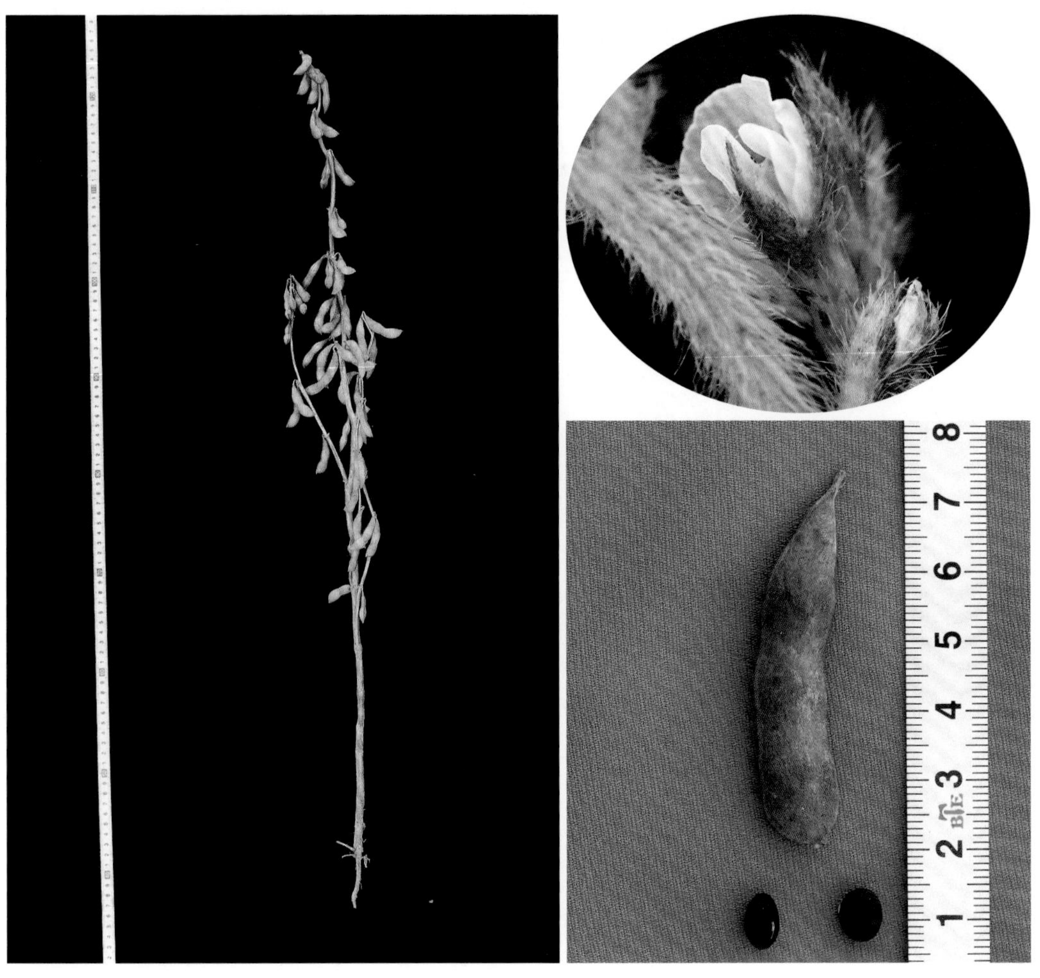

21. 六云春豆

【采集地】广西梧州市岑溪市糯垌镇绿云村。

【类型及分布】南方春大豆类型，农家品种，分布于梧州市岑溪市糯垌镇及周边地区。

【主要特征特性】在南宁种植，生育期82天，有限结荚习性，株型收敛，株高47.2cm，底荚高11.6cm，主茎节数10.7个，有效分枝数2.9个，叶椭圆形，白花，灰毛，荚褐色，单株荚数25.3个，单株粒数58.8粒，单株粒重11.9g，籽粒扁椭圆形，种皮黄色，有微光泽，种脐褐色，百粒重20.6g，籽粒蛋白质含量为44.08%、脂肪含量为20.32%。该品种田间表现抗花叶病毒病，抗霜霉病，轻度倒伏，不裂荚。

【利用价值】可直接应用于生产，或做早熟、抗花叶病毒病、抗霜霉病育种亲本。

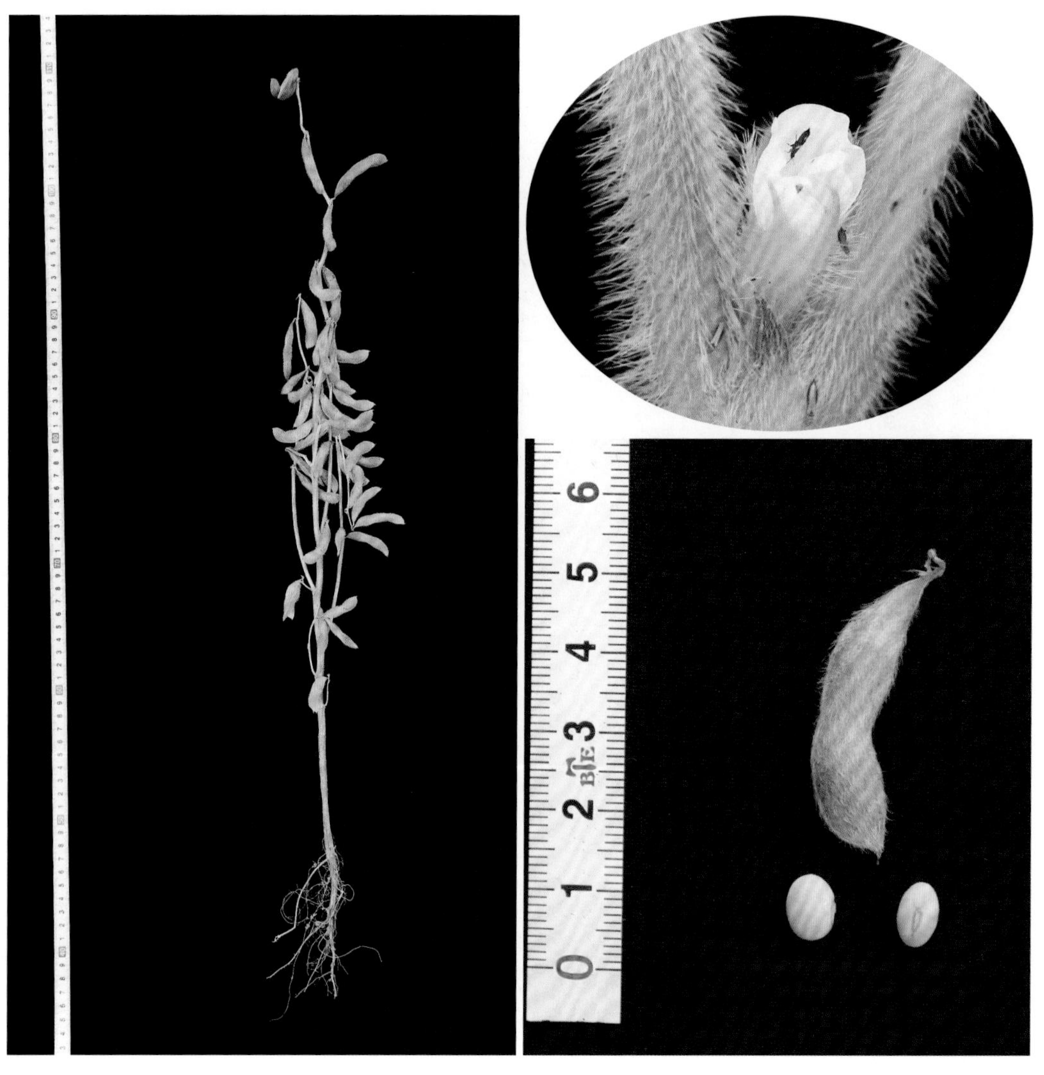

22. 安平春黄豆

【采集地】广西梧州市岑溪市安平镇太平社区利群屯。

【类型及分布】南方春大豆类型，农家品种，分布于梧州市岑溪市安平镇及周边地区。

【主要特征特性】在南宁种植，生育期 83 天，有限结荚习性，株型收敛，株高 39.8cm，底荚高 11.6cm，主茎节数 9.2 个，有效分枝数 3.2 个，叶椭圆形，紫花，灰毛，荚褐色，单株荚数 29.4 个，单株粒数 55.5 粒，单株粒重 11.1g，籽粒扁圆形，种皮黄色，有微光泽，种脐黄色，百粒重 21.3g，籽粒蛋白质含量为 40.40%、脂肪含量为 20.11%。该品种田间表现抗花叶病毒病，抗霜霉病，感细菌性斑点病，不倒伏，轻度裂荚。

【利用价值】可直接应用于生产，或做抗倒伏、抗花叶病毒病、抗霜霉病育种亲本。

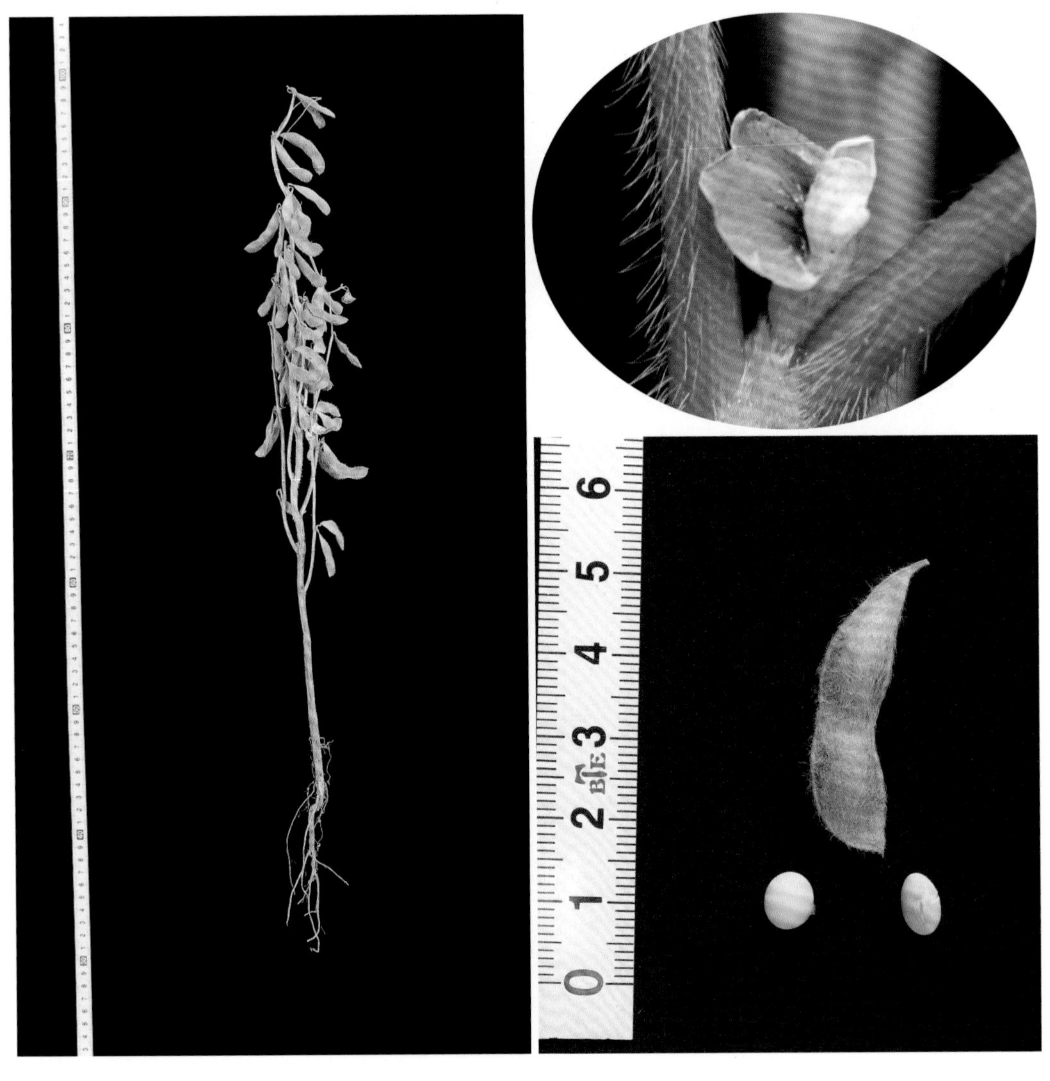

23. 黄豆（蚁卜）

【**采集地**】广西玉林市北流市扶新镇上林村。

【**类型及分布**】南方春大豆类型，农家品种，分布于北流市扶新镇及周边地区。

【**主要特征特性**】在南宁种植，生育期79天，有限结荚习性，株型收敛，株高46.5cm，底荚高10.8cm，主茎节数11.3个，有效分枝数2.9个，叶椭圆形，紫花，棕毛，荚黄褐色，单株荚数37.1个，单株粒数74.9粒，单株粒重9.4g，籽粒圆形，种皮黄色，有微光泽，种脐褐色，百粒重12.9g，籽粒蛋白质含量为44.66%、脂肪含量为17.42%。该品种田间表现抗霜霉病，抗食叶性害虫，抗倒伏，不裂荚，落叶性好。

【**利用价值**】可直接应用于生产，或做早熟、抗倒伏、抗霜霉病育种亲本。

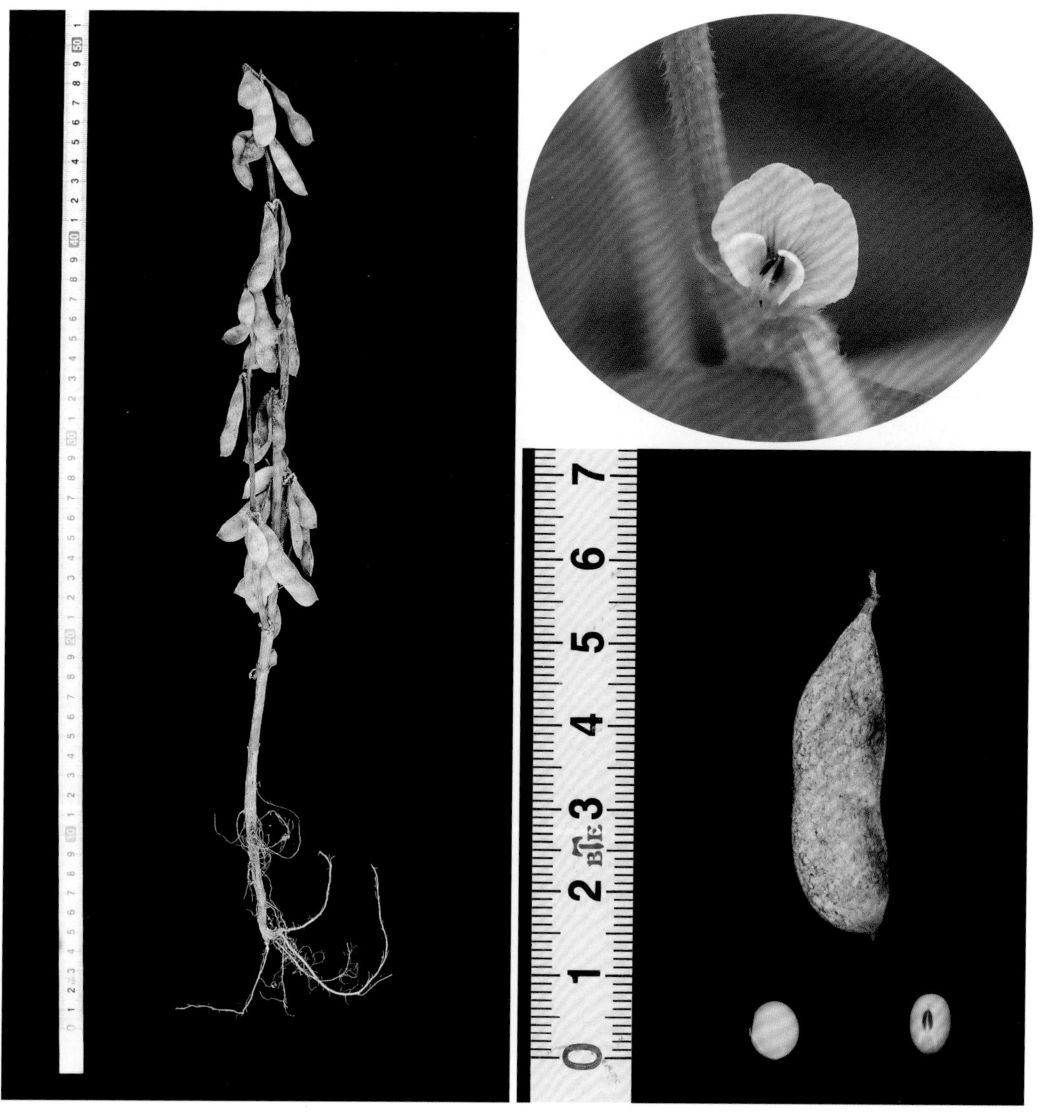

24. 大黄豆

【采集地】广西钦州市灵山县太平镇那驮村。

【类型及分布】南方春大豆类型，农家品种，分布于钦州市灵山县太平镇及周边地区。

【主要特征特性】在南宁种植，生育期 79 天，有限结荚习性，株型收敛，株高 51.1cm，底荚高 12.4cm，主茎节数 11.0 个，有效分枝数 3.4 个，叶椭圆形，紫花，棕毛，荚黄褐色，单株荚数 36.4 个，单株粒数 68.2 粒，单株粒重 8.4g，籽粒椭圆形，种皮黄色，有微光泽，种脐褐色，百粒重 13.2g，籽粒蛋白质含量为 43.31%、脂肪含量为 19.75%。该品种早熟，单株荚数、粒数多，结荚密集；田间表现抗霜霉病，抗倒伏，落叶性好。

【利用价值】可直接应用于生产，或做早熟、抗霜霉病、抗倒伏育种亲本。

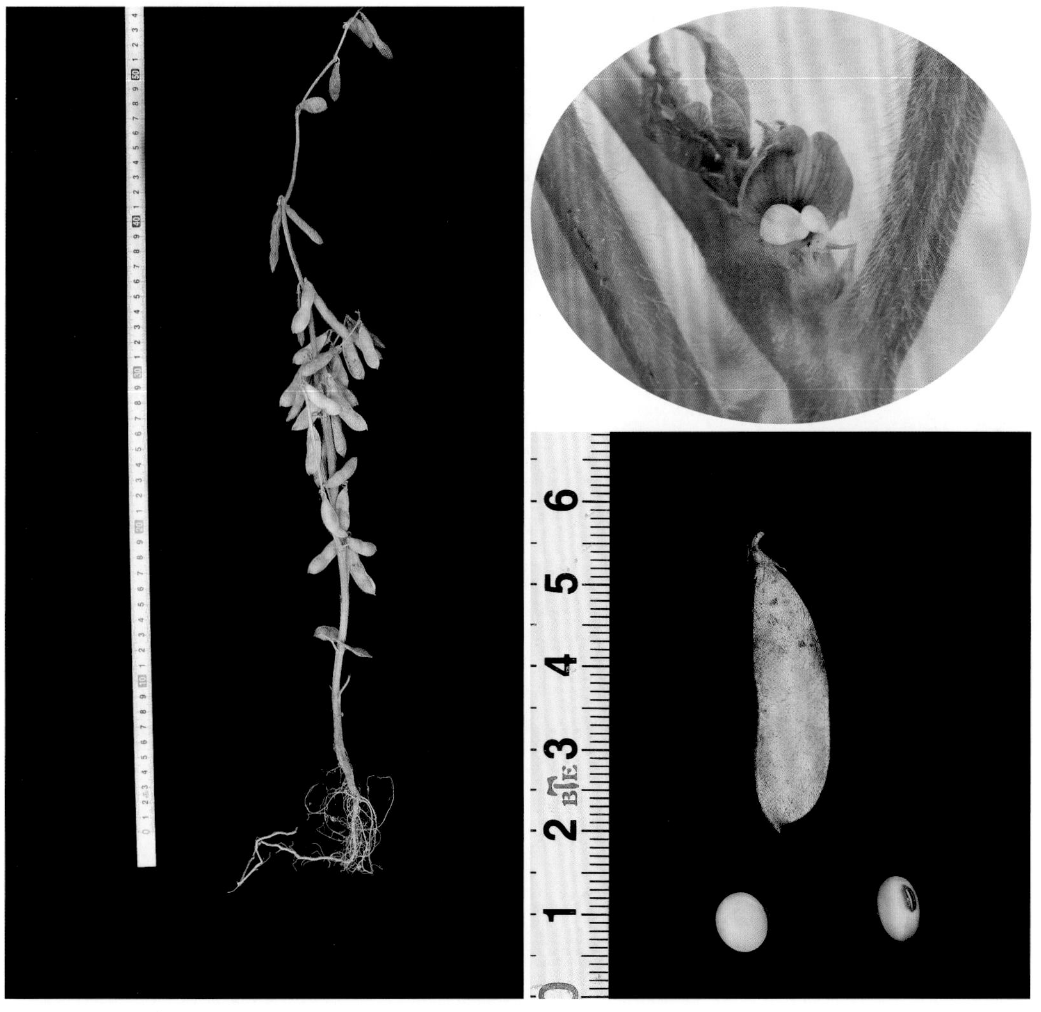

25. 江宁黄豆

【采集地】广西玉林市博白县江宁镇长江村。

【类型及分布】南方春大豆类型，农家品种，分布于玉林市博白县江宁镇及周边地区。

【主要特征特性】在南宁种植，生育期 90 天，有限结荚习性，株型收敛，株高 74.5cm，底荚高 12.4cm，主茎节数 14.5 个，有效分枝数 1.5 个，叶椭圆形，紫花，棕毛，荚黄褐色，单株荚数 62.9 个，单株粒数 133.2 粒，单株粒重 9.1g，籽粒椭圆形，种皮黄色，有微光泽，种脐褐色，百粒重 15.14g，籽粒蛋白质含量为 43.44%、脂肪含量为 20.26%。该品种田间表现高抗霜霉病，落叶性较好，但易倒伏。

【利用价值】可直接应用于生产，或做抗霜霉病育种亲本。

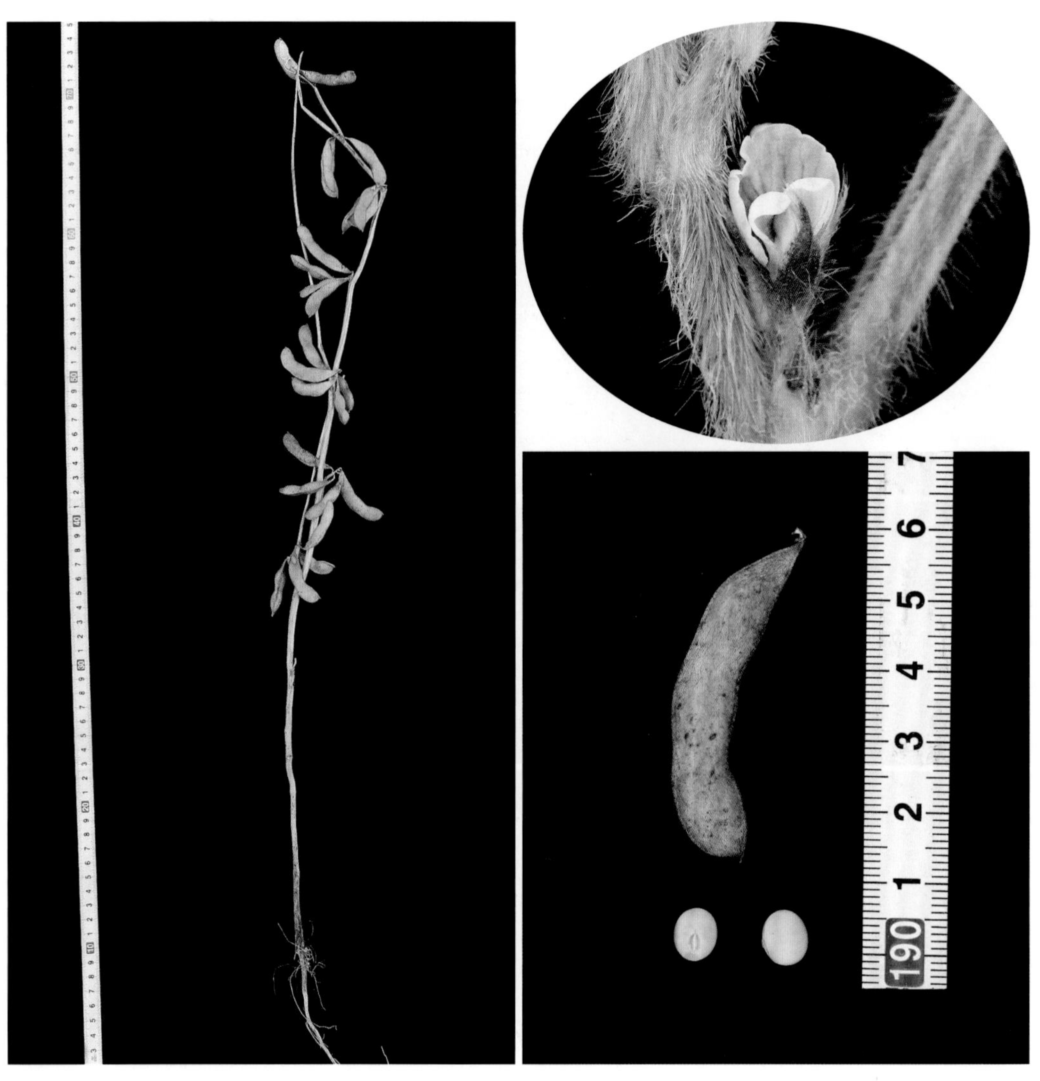

26. 坡头黄豆

【采集地】广西玉林市博白县双旺镇周旺村坡头屯。

【类型及分布】南方春大豆类型，农家品种，分布于玉林市博白县双旺镇及周边地区。

【主要特征特性】在南宁种植，生育期 83 天，有限结荚习性，株型收敛，株高 50.3cm，底荚高 11.9cm，主茎节数 10.8 个，有效分枝数 3.1 个，叶椭圆形，白花，棕毛，荚褐色，单株荚数 40.8 个，单株粒数 82.5 粒，单株粒重 12.2g，籽粒椭圆形，种皮黄色，有微光泽，种脐淡褐色，百粒重 15.7g，籽粒蛋白质含量为 43.91%、脂肪含量为 20.03%。该品种田间表现感花叶病毒病，高抗霜霉病，落叶性较好。

【利用价值】可直接应用于生产，或做早熟、抗霜霉病育种亲本。

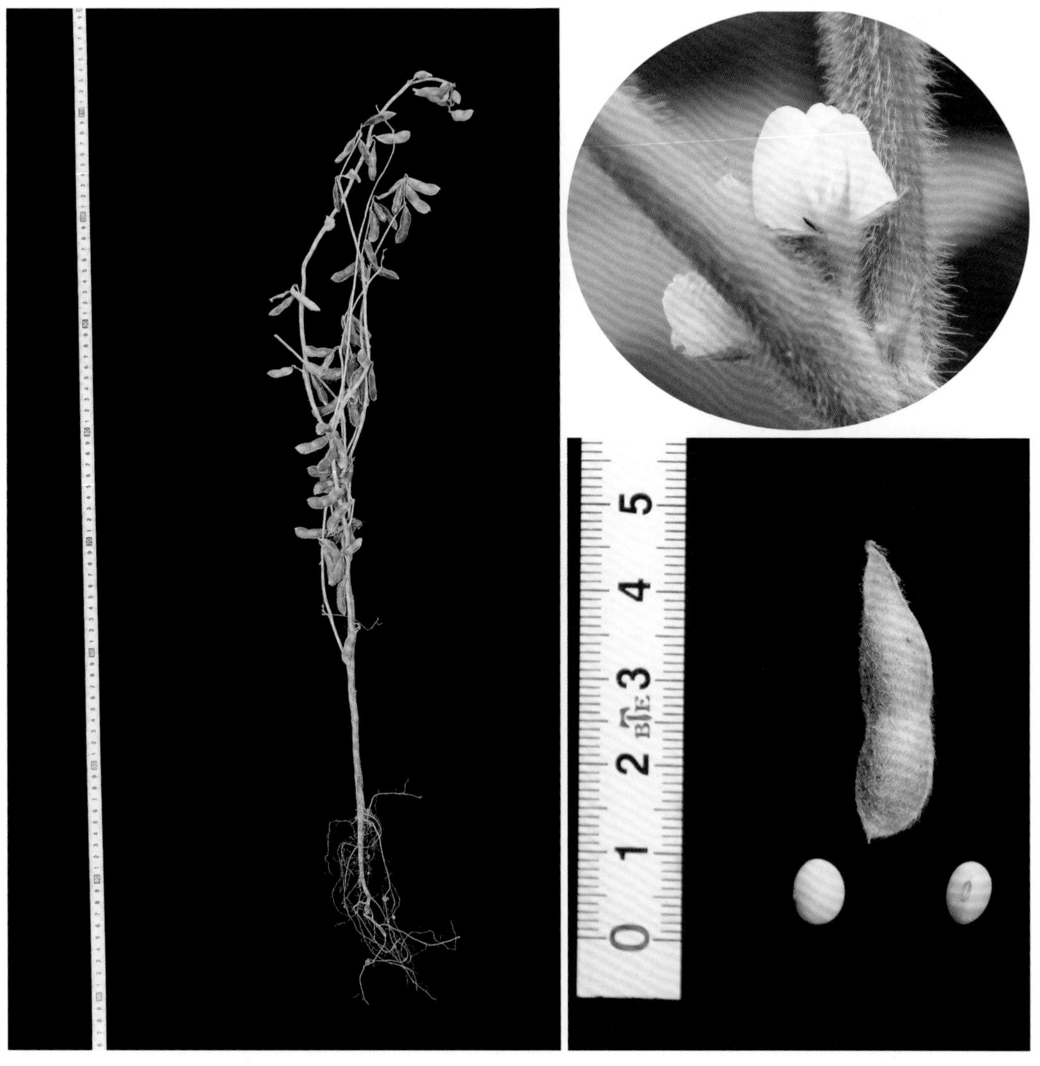

27. 暗江春豆

【采集地】广西钦州市钦南区那丽镇那务塘村委暗江村。

【类型及分布】南方春大豆类型，农家品种，分布于钦州市钦南区那丽镇及周边地区。

【主要特征特性】在南宁种植，生育期 82 天，有限结荚习性，株型收敛，株高 50.3cm，底荚高 13.6cm，主茎节数 11.9 个，有效分枝数 2.9 个，叶椭圆形，紫花，棕毛，荚褐色，单株荚数 26.3 个，单株粒数 59.5 粒，单株粒重 11.4g，籽粒扁圆形，种皮黄色，有微光泽，种脐淡褐色，百粒重 19.0g，籽粒蛋白质含量为 43.18%、脂肪含量为 20.59%。该品种田间表现抗花叶病毒病，抗霜霉病，高抗细菌性斑点病，轻度倒伏，不裂荚。

【利用价值】可直接应用于生产，或做早熟、抗花叶病毒病、抗霜霉病、抗细菌性斑点病育种亲本。

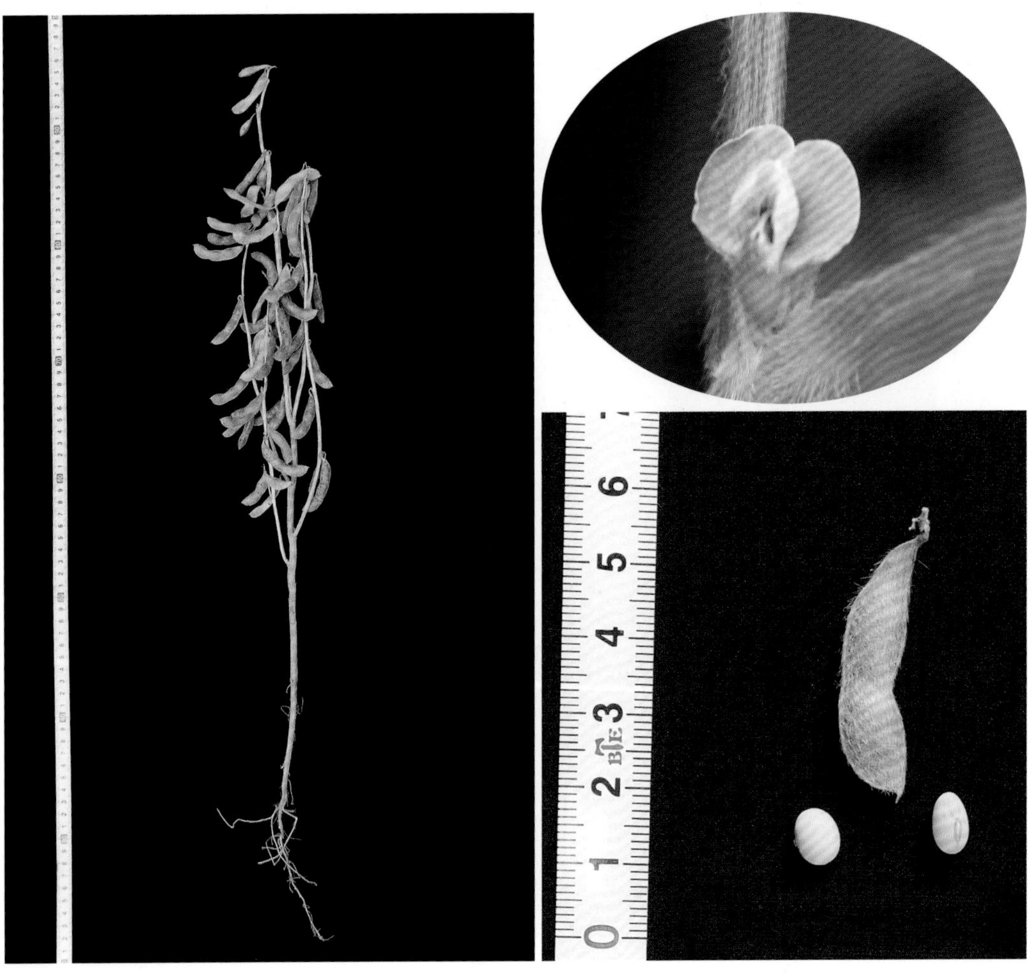

28. 镇南春豆

【采集地】广西钦州市钦北区板城镇新城村。

【类型及分布】南方春大豆类型，农家品种，分布于钦州市钦北区板城镇及周边地区。

【主要特征特性】在南宁种植，生育期 79 天，有限结荚习性，株型半开张，株高 51.6cm，底荚高 11.6cm，主茎节数 10.6 个，有效分枝数 3.8 个，叶椭圆形，紫花，棕毛，荚褐色，单株荚数 41.6 个，单株粒数 83.8 粒，单株粒重 9.3g，籽粒扁圆形，种皮淡绿色，有微光泽，种脐褐色，百粒重 11.7g，籽粒蛋白质含量为 40.09%、脂肪含量为 19.96%。该品种田间表现抗花叶病毒病，抗霜霉病，中度倒伏，中度裂荚。

【利用价值】可直接应用于生产，或做早熟、抗花叶病毒病、抗霜霉病育种亲本。

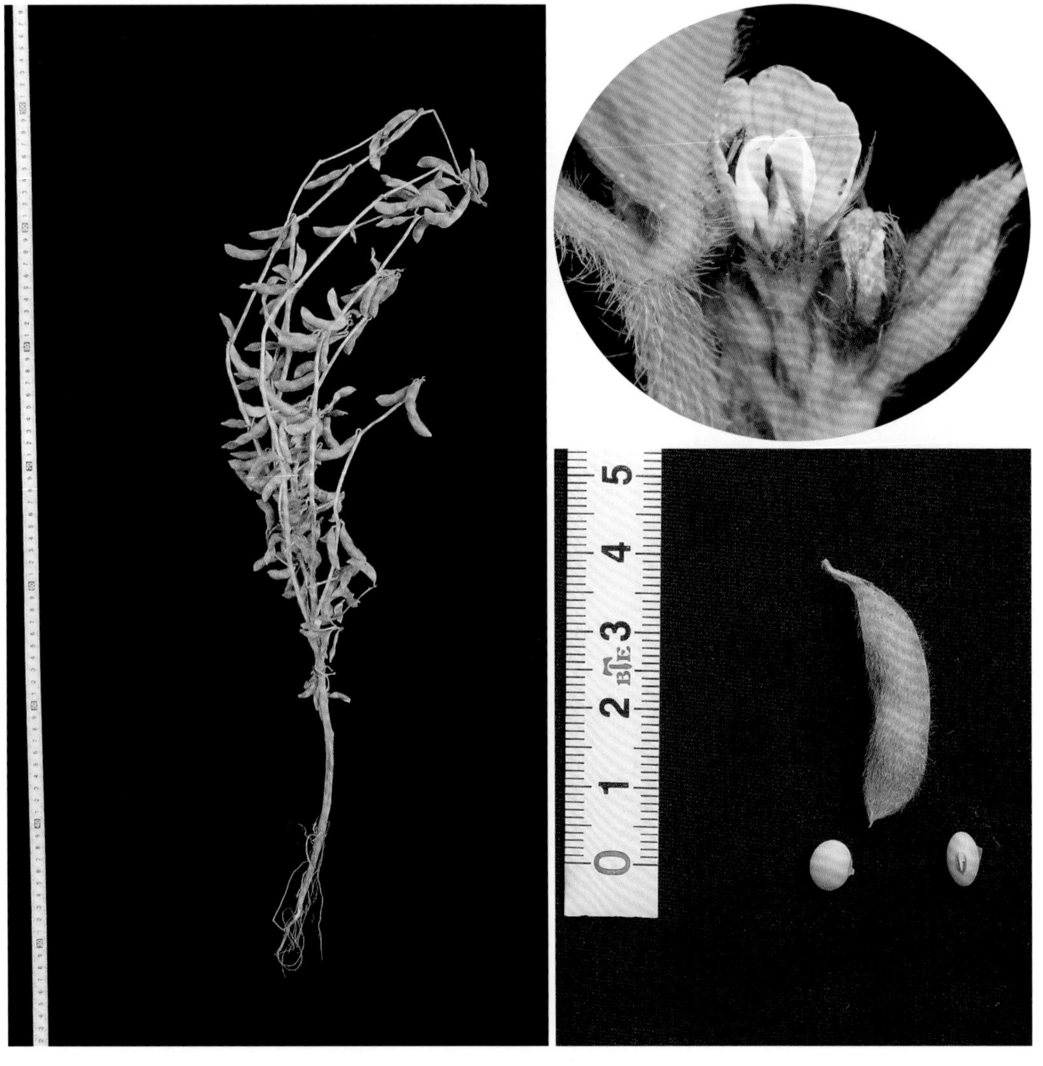

29. 那庚春豆

【采集地】广西钦州市钦北区板城镇牛寮村委那庚村二队。

【类型及分布】南方春大豆类型，农家品种，分布于钦州市钦北区板城镇及周边地区。

【主要特征特性】在南宁种植，生育期79天，有限结荚习性，株型收敛，株高47.7cm，底荚高13.1cm，主茎节数11.0个，有效分枝数3.1个，叶椭圆形，白花，灰毛，荚黄褐色，单株荚数25.7个，单株粒数52.8粒，单株粒重8.8g，籽粒扁圆形，种皮淡绿色，有微光泽，种脐褐色，百粒重18.1g，籽粒蛋白质含量为39.72%、脂肪含量为20.13%。该品种田间表现抗花叶病毒病，抗霜霉病，重度倒伏，轻度裂荚，落叶性较差。

【利用价值】可直接应用于生产，或做早熟、抗花叶病毒病、抗霜霉病育种亲本。

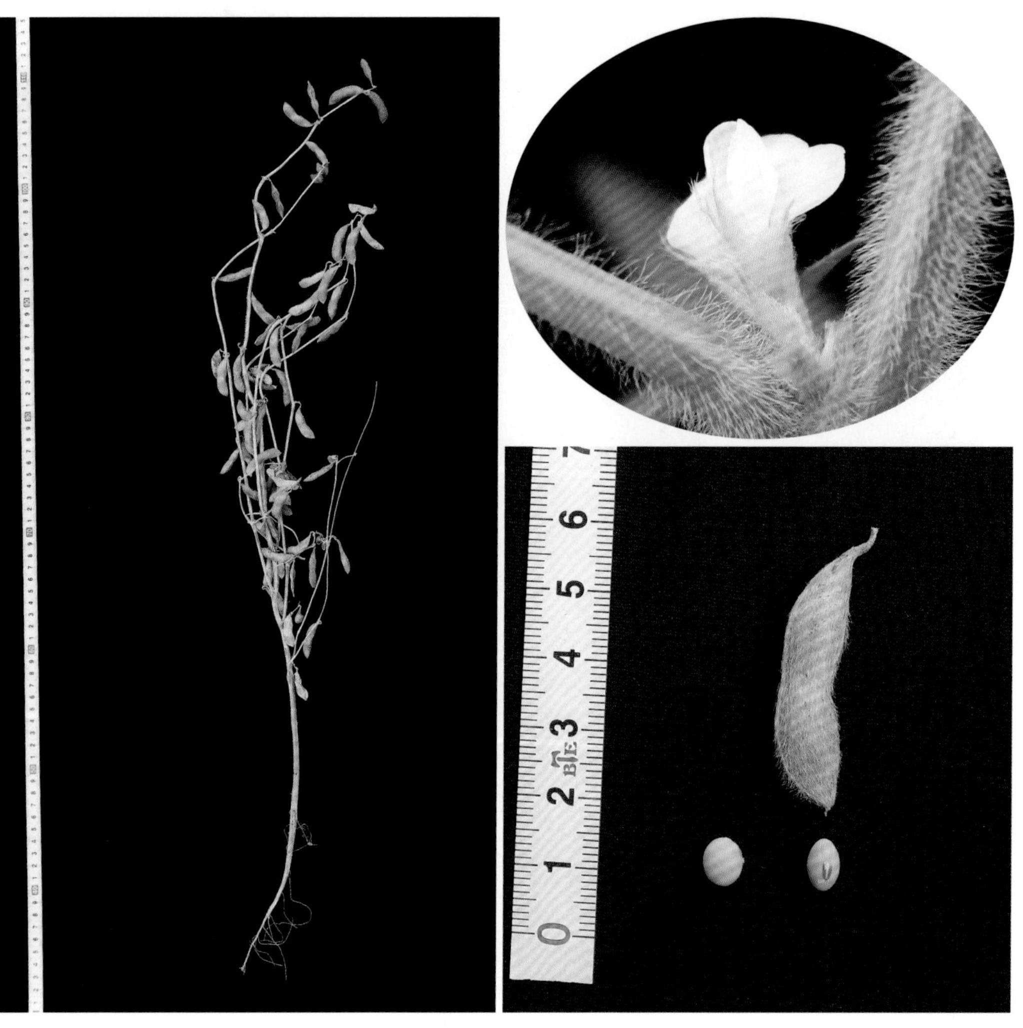

30. 那怀春豆

【采集地】广西钦州市钦北区大寺镇那葛村委那怀村。

【类型及分布】南方春大豆类型，农家品种，分布于钦州市钦北区大寺镇及周边地区。

【主要特征特性】在南宁种植，生育期79天，有限结荚习性，株型收敛，株高43.4cm，底荚高12.1cm，主茎节数10.4个，有效分枝数2.8个，叶卵圆形，白花，棕毛，荚褐色，单株荚数22.8个，单株粒数51.8粒，单株粒重10.5g，籽粒扁椭圆形，种皮黄色，有微光泽，种脐淡褐色，百粒重21.1g，籽粒蛋白质含量为43.19%、脂肪含量为20.41%。该品种田间表现抗花叶病毒病，抗霜霉病，轻度倒伏，轻度裂荚。

【利用价值】可直接应用于生产，或做抗花叶病毒病、抗霜霉病育种亲本。

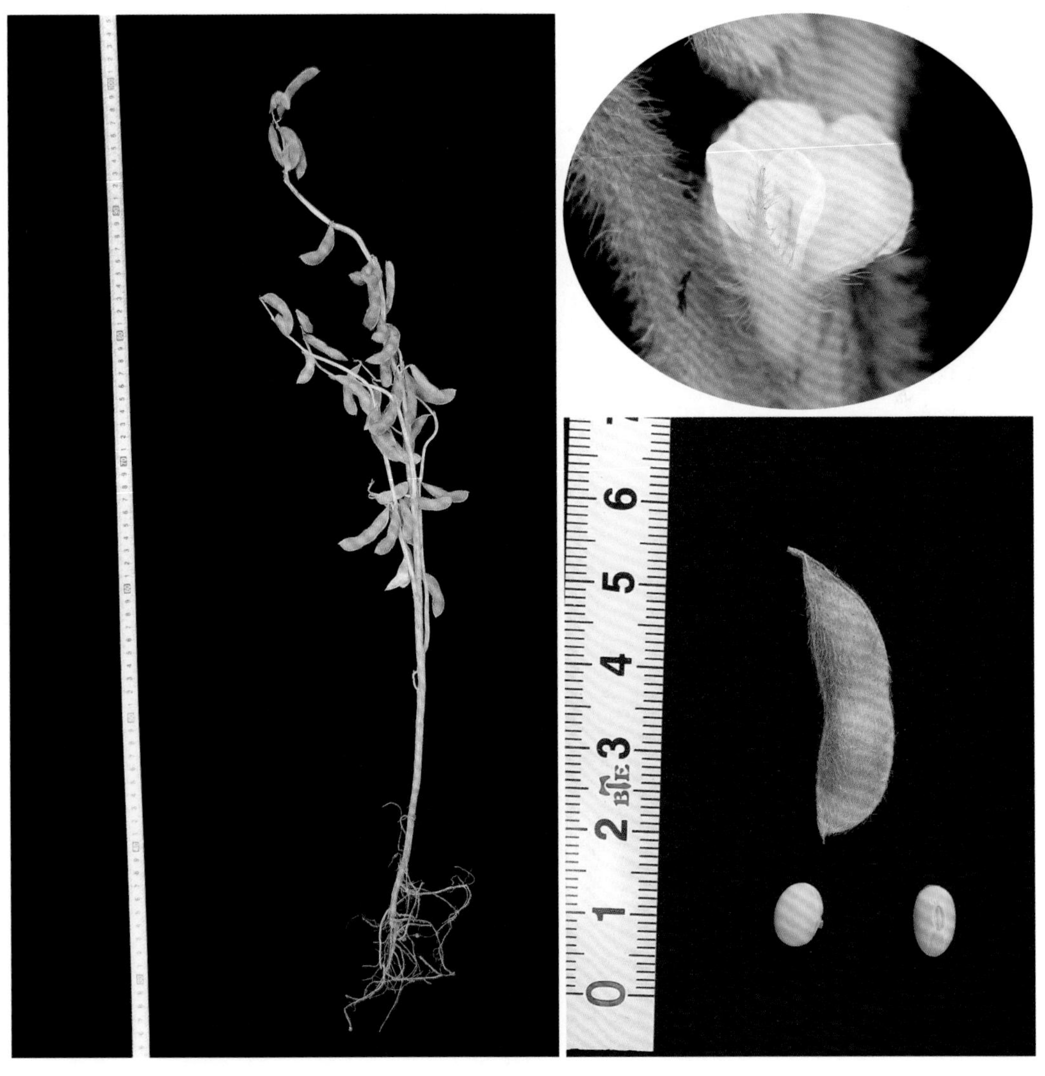

31. 那勉春豆

【采集地】广西钦州市钦南区那彭镇那勉村。

【类型及分布】南方春大豆类型，农家品种，分布于钦州市钦南区那彭镇及周边地区。

【主要特征特性】在南宁种植，生育期81天，有限结荚习性，株型收敛，株高51.9cm，底荚高13.0cm，主茎节数11.2个，有效分枝数3.8个，叶椭圆形，紫花，棕毛，荚褐色，单株荚数48.2个，单株粒数96.8粒，单株粒重11.6g，籽粒扁圆形，种皮黄色，有微光泽，种脐黄色，百粒重13.1g，籽粒蛋白质含量为41.32%、脂肪含量为19.41%。该品种田间表现抗花叶病毒病，抗霜霉病，抗细菌性斑点病，轻度倒伏，轻度裂荚。

【利用价值】可直接应用于生产，或做早熟、抗花叶病毒病、抗霜霉病、抗细菌性斑点病育种亲本。

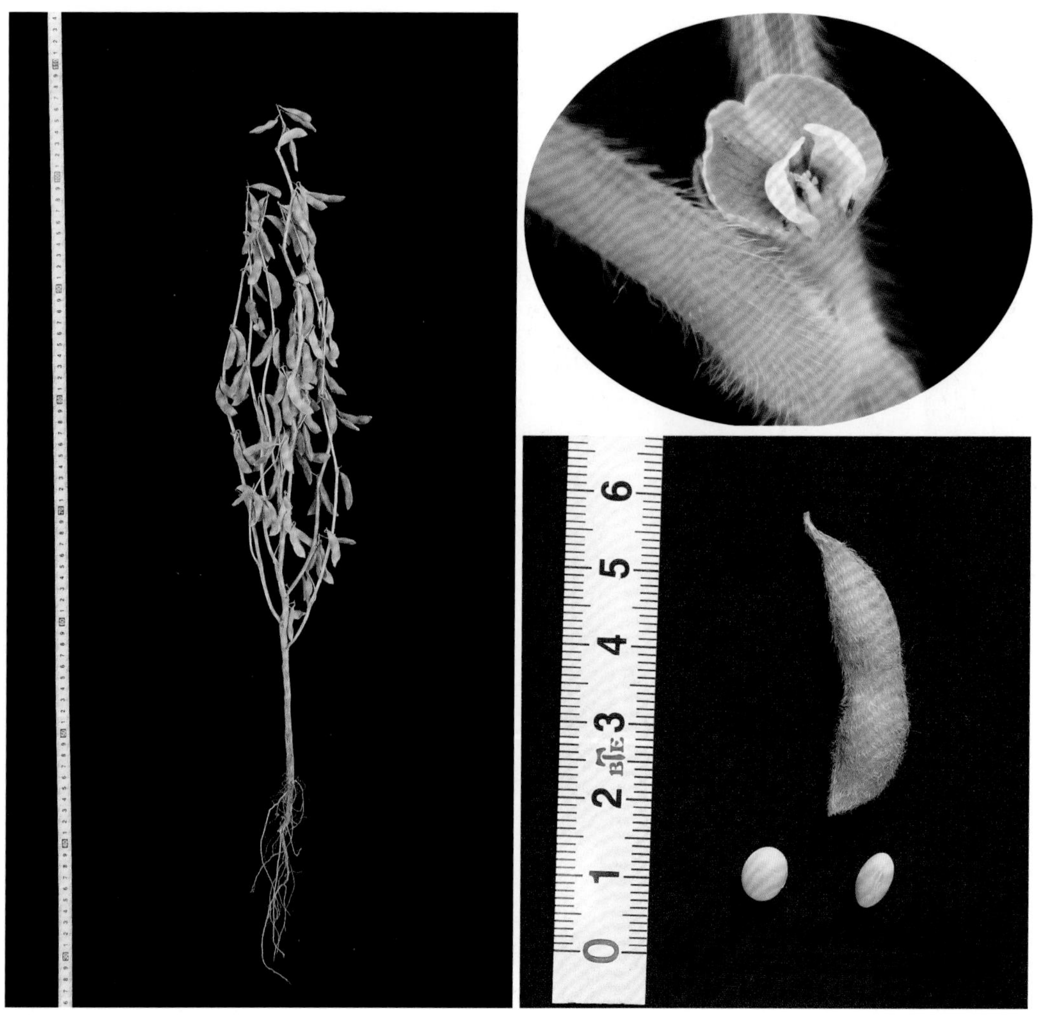

32. 上那婆垌春豆

【采集地】广西钦州市钦南区那彭镇那勉村委上那婆垌村。

【类型及分布】南方春大豆类型，农家品种，分布于钦州市钦南区那彭镇及周边地区。

【主要特征特性】在南宁种植，生育期82天，有限结荚习性，株型收敛，株高53.1cm，底荚高15.1cm，主茎节数11.5个，有效分枝数3.0个，叶椭圆形，紫花，灰毛，荚深褐色，单株荚数27.8个，单株粒数62.2粒，单株粒重11.2g，籽粒圆形，种皮绿色，有微光泽，种脐淡褐色，百粒重18.9g，籽粒蛋白质含量为42.46%、脂肪含量为20.86%。该品种田间表现抗花叶病毒病，抗霜霉病，感细菌性斑点病，中度倒伏，不裂荚，落叶性较好。

【利用价值】可直接应用于生产，或做早熟、抗花叶病毒病、抗霜霉病育种亲本。

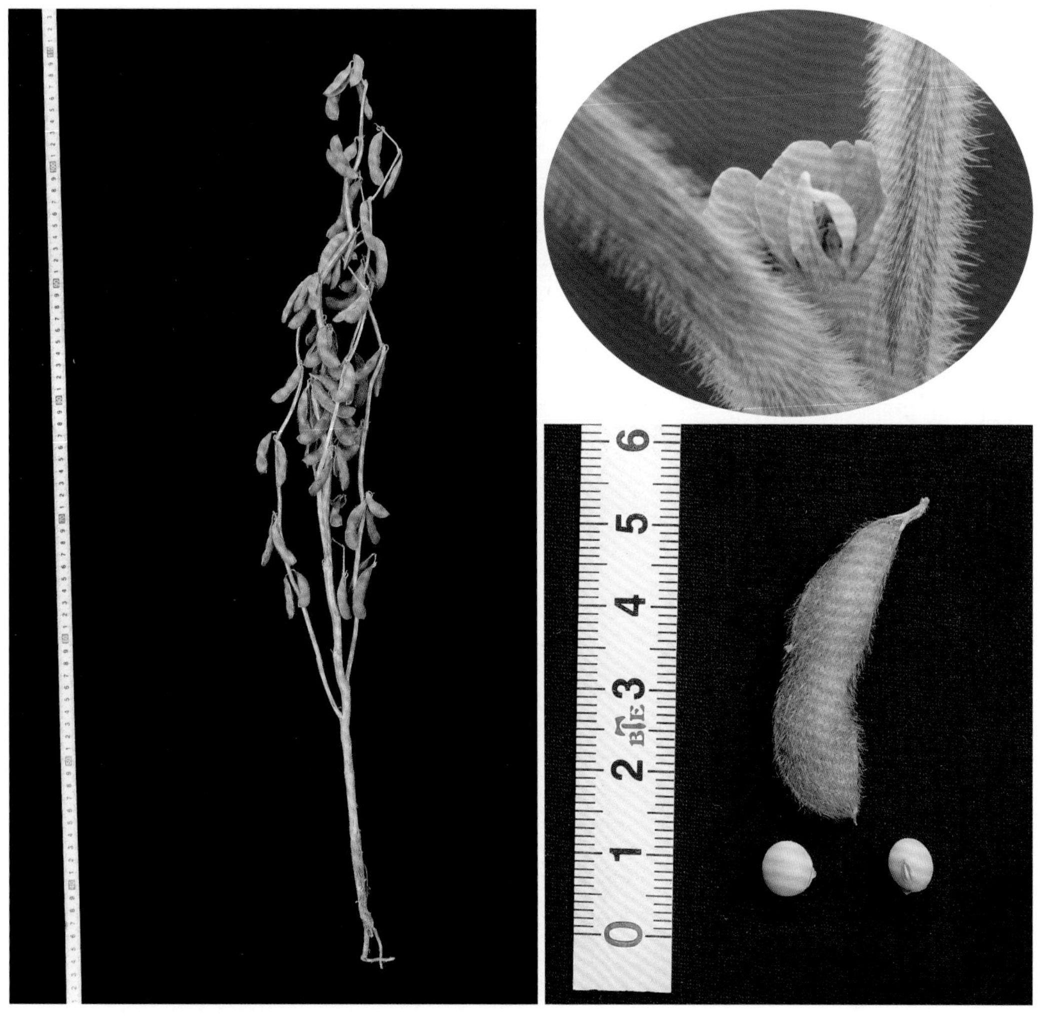

33. 江角春豆

【采集地】广西钦州市钦北区板城镇屯茂村委江角村。

【类型及分布】南方春大豆类型，农家品种，分布于钦州市钦北区板城镇及周边地区。

【主要特征特性】在南宁种植，生育期79天，有限结荚习性，株型收敛，株高51.5cm，底荚高12.4cm，主茎节数11.4个，有效分枝数4.5个，叶椭圆形，白花，棕毛，荚黄褐色，单株荚数36.8个，单株粒数72.6粒，单株粒重11.2g，籽粒扁圆形，种皮绿色，有微光泽，种脐淡褐色，百粒重16.0g，籽粒蛋白质含量为44.31%、脂肪含量为19.05%。该品种田间表现抗花叶病毒病，抗霜霉病，重度倒伏，中度裂荚，落叶性较好。

【利用价值】可直接应用于生产，或做早熟、抗花叶病毒病、抗霜霉病育种亲本。

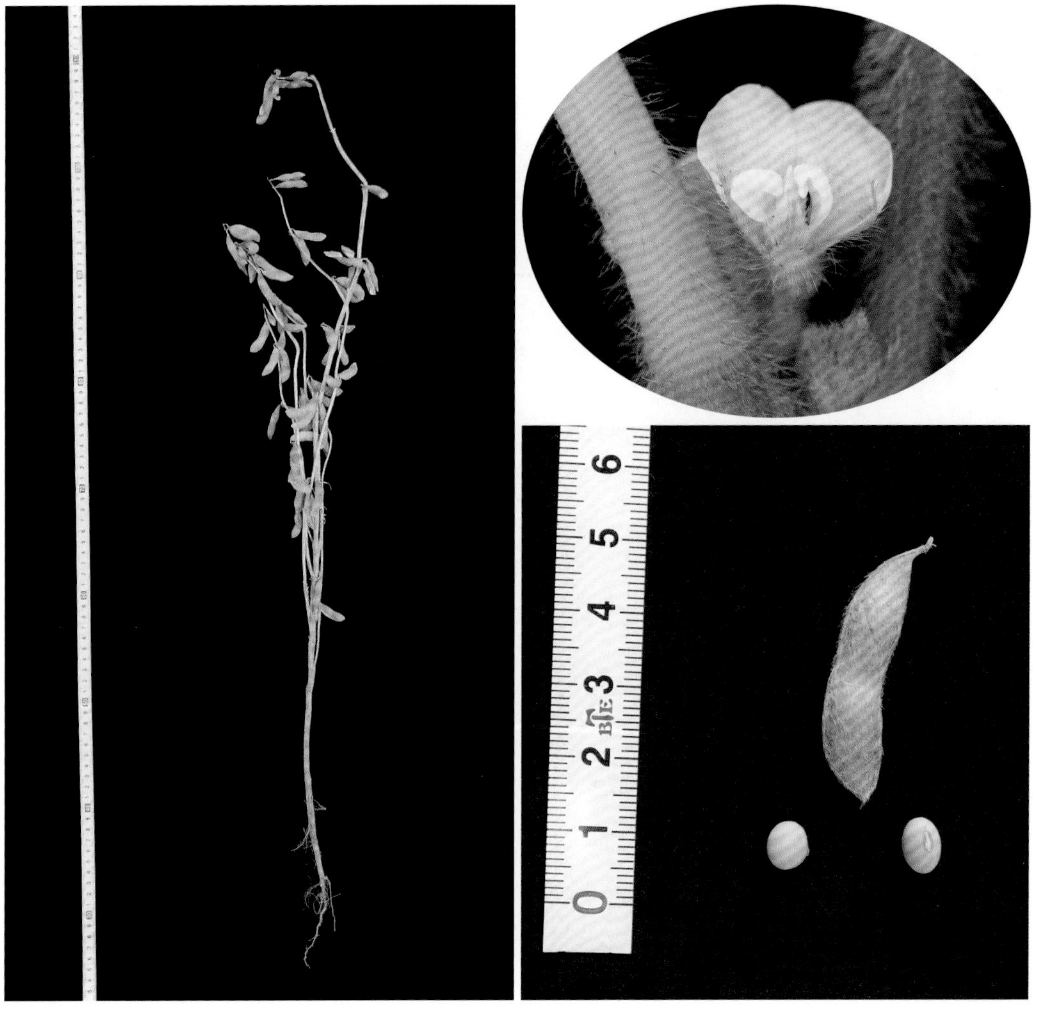

34. 那勤春豆

【采集地】广西防城港市防城区扶隆镇那勤村。

【类型及分布】南方春大豆类型，农家品种，分布于防城港市防城区扶隆镇及周边地区。

【主要特征特性】在南宁种植，生育期81天，有限结荚习性，株型收敛，株高51.9cm，底荚高13.0cm，主茎节数11.2个，有效分枝数3.8个，叶椭圆形，紫花，灰毛，荚黄褐色，单株荚数48.2个，单株粒数96.8粒，单株粒重11.6g，籽粒扁圆形，种皮黄色，有微光泽，种脐淡褐色，百粒重13.1g，籽粒蛋白质含量为42.04%、脂肪含量为21.06%。该品种田间表现抗花叶病毒病，抗霜霉病，高抗细菌性斑点病，轻度倒伏，裂荚。

【利用价值】可直接应用于生产，或做早熟、抗花叶病毒病、抗霜霉病、抗细菌性斑点病育种亲本。

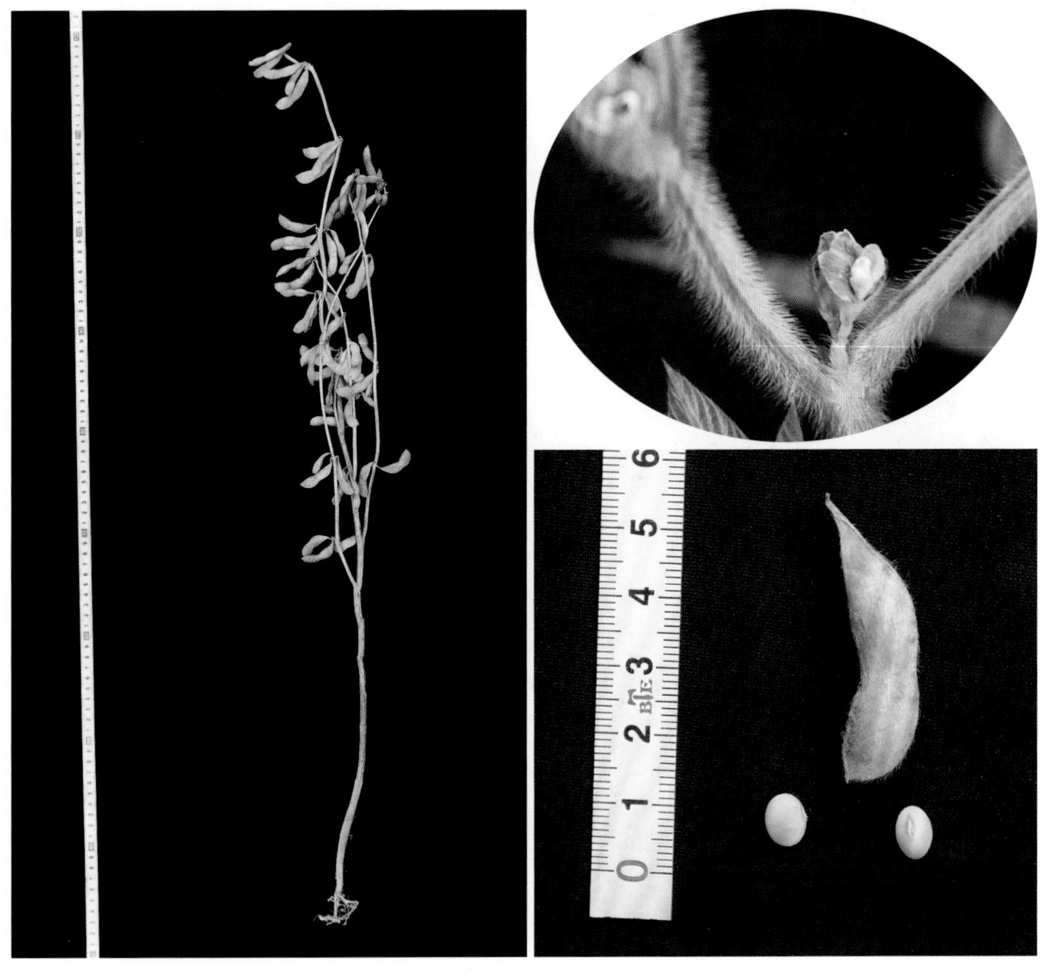

35. 白屋春豆

【采集地】广西防城港市防城区扶隆镇那果村白屋组。

【类型及分布】南方春大豆类型，农家品种，分布于防城港市防城区扶隆镇及周边地区。

【主要特征特性】在南宁种植，生育期89天，有限结荚习性，株型收敛，株高42.2cm，底荚高11.9cm，主茎节数9.7个，有效分枝数2.6个，叶椭圆形，紫花，棕毛，荚黄褐色，单株荚数29.6个，单株粒数61.1粒，单株粒重11.7g，籽粒扁圆形，种皮黄色，有微光泽，种脐褐色，百粒重21.1g，籽粒蛋白质含量为43.52%、脂肪含量为20.12%。该品种田间表现抗花叶病毒病，抗霜霉病，中度倒伏，中度裂荚，落叶性较好。

【利用价值】可直接应用于生产，或做抗花叶病毒病、抗霜霉病育种亲本。

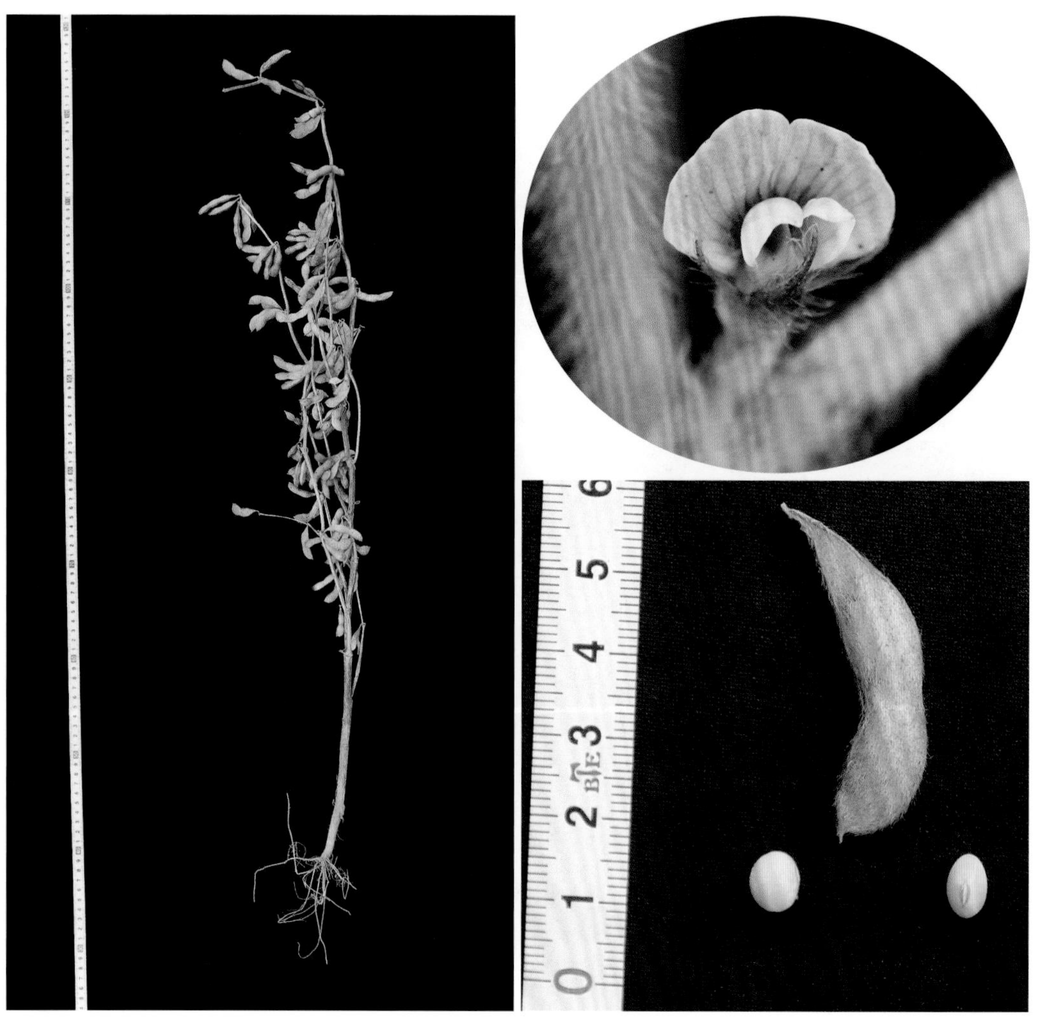

36. 滩浪春豆

【采集地】广西防城港市防城区那梭镇滩浪村。

【类型及分布】南方春大豆类型，农家品种，分布于防城港市防城区那梭镇及周边地区。

【主要特征特性】在南宁种植，生育期87天，有限结荚习性，株型收敛，株高46.7cm，底荚高12.0cm，主茎节数10.7个，有效分枝数2.8个，叶椭圆形，紫花，棕毛，荚黄褐色，单株荚数34.9个，单株粒数75.4粒，单株粒重14.6g，籽粒扁圆形，种皮黄色，有微光泽，种脐淡褐色，百粒重21.4g，籽粒蛋白质含量为42.78%、脂肪含量为20.76%。该品种田间表现抗花叶病毒病，抗霜霉病，轻度倒伏，中度裂荚，落叶性较好。

【利用价值】可直接应用于生产，或做高产、抗花叶病毒病、抗霜霉病育种亲本。

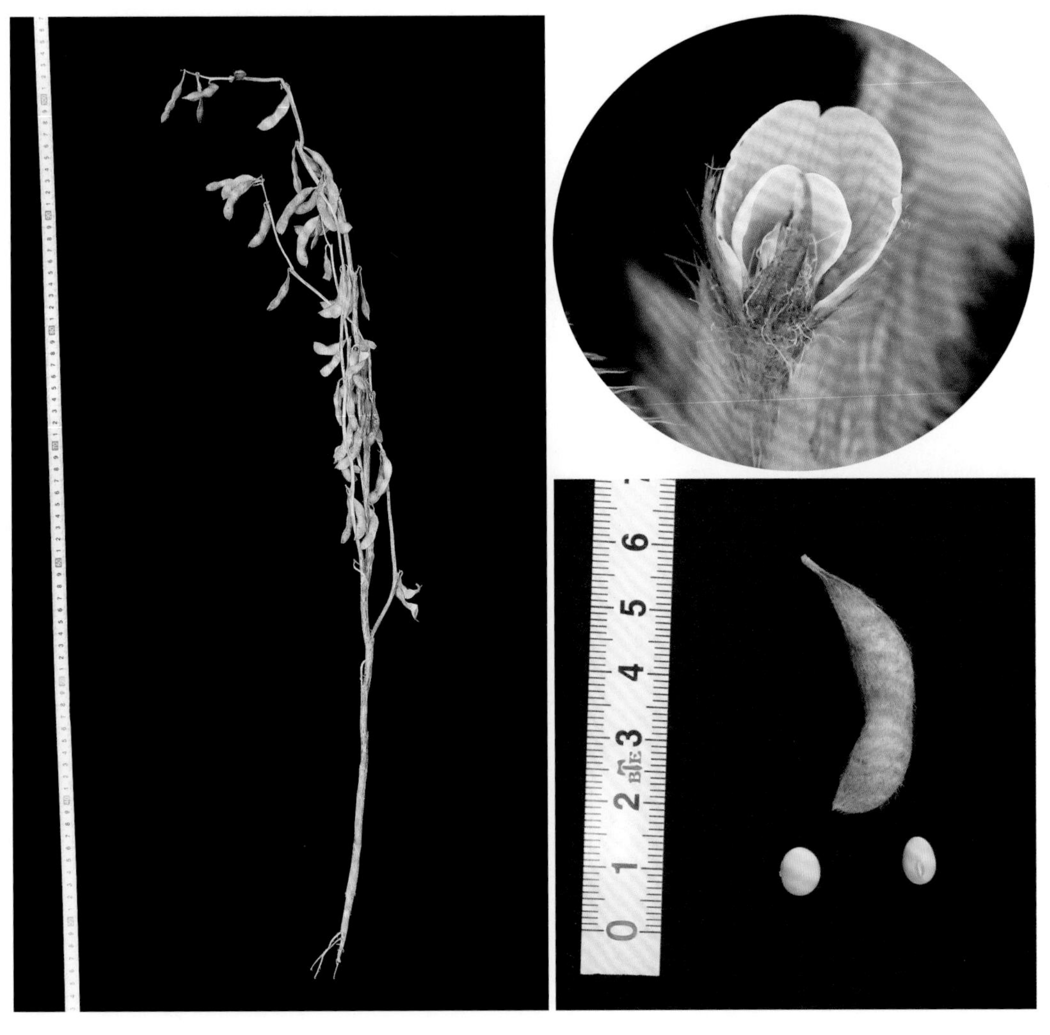

37. 冲敏春豆

【采集地】广西防城港市防城区华石镇冲敏村。

【类型及分布】南方春大豆类型，农家品种，分布于防城港市防城区华石镇及周边地区。

【主要特征特性】在南宁种植，生育期 87 天，有限结荚习性，株型收敛，株高 50.0cm，底荚高 11.2cm，主茎节数 10.9 个，有效分枝数 2.6 个，叶卵圆形，紫花，棕毛，荚黄褐色，单株荚数 34.5 个，单株粒数 71.4 粒，单株粒重 15.2g，籽粒扁圆形，种皮黄色，有微光泽，种脐淡褐色，百粒重 22.8g，籽粒蛋白质含量为 42.54%、脂肪含量为 20.75%。该品种田间表现抗花叶病毒病，抗霜霉病，轻度倒伏，中度裂荚。

【利用价值】可直接应用于生产，或做高产、抗花叶病毒病、抗霜霉病育种亲本。

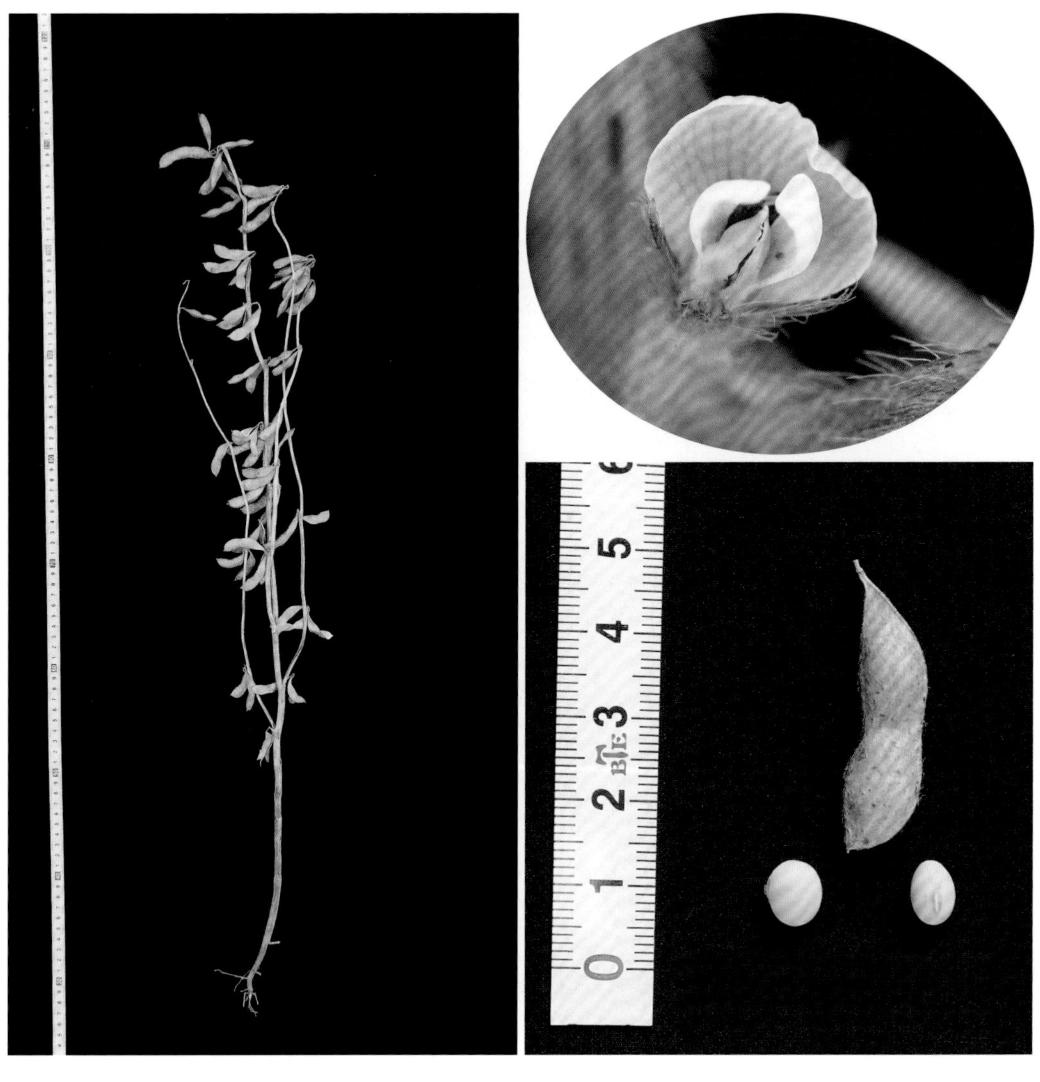

第二节　夏　大　豆

1. 南坳黄豆

【采集地】广西桂林市灵川县兰田瑶族乡南坳行政村下黄皮江自然村。

【类型及分布】南方夏大豆类型，农家品种，分布于桂林市灵川县兰田瑶族乡及周边地区。

【主要特征特性】在南宁种植，生育期93天，有限结荚习性，株型收敛，株高70.2cm，底荚高16.0cm，主茎节数10.3个，无有效分枝，叶卵圆形，紫花，灰毛，荚灰褐色，单株荚数20.4个，单株粒数46.8粒，单株粒重15.6g，籽粒扁椭圆形，种皮黄色，有微光泽，种脐淡褐色，百粒重37.1g，籽粒蛋白质含量为42.99%、脂肪含量为20.90%。该品种分枝少，籽粒大；田间表现免疫花叶病毒病，高感霜霉病，免疫细菌性斑点病，中度倒伏，轻度裂荚。

【利用价值】可直接应用于生产，或做大粒、抗花叶病毒病、主茎型育种亲本。

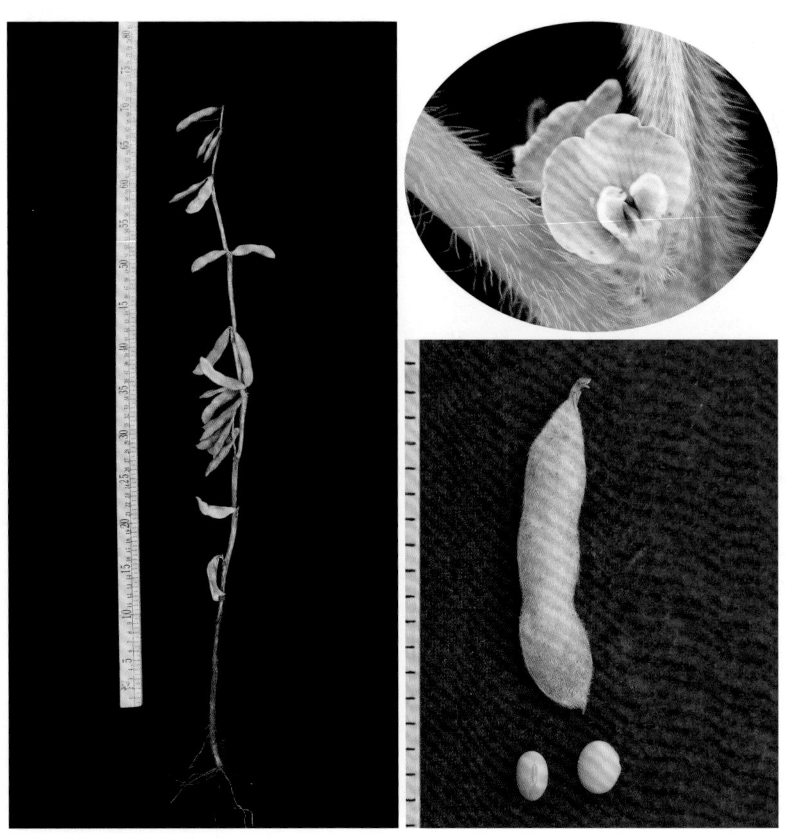

2. 小荚青皮十月豆

【采集地】广西河池市天峨县岜暮乡板花村。

【类型及分布】南方夏大豆类型，农家品种，分布于河池市天峨县岜暮乡及周边地区。

【主要特征特性】在南宁种植，生育期113天，有限结荚习性，株型收敛，株高62.4cm，主茎节数17.2个，有效分枝数1.7个，叶椭圆形，紫花，灰毛，荚黑色，单株荚数28.3个，单株粒数64.8粒，单株粒重11.0g，籽粒椭圆形，种皮绿色，有强光泽，种脐淡褐色，百粒重19.7g，籽粒蛋白质含量为45.72%、脂肪含量为20.43%。该品种蛋白质含量高；田间表现抗霜霉病，抗食叶性害虫，抗旱，耐贫瘠，抗倒伏，不裂荚，落叶性好。

【利用价值】可直接应用于生产，或做抗倒伏、抗霜霉病、高蛋白育种亲本。

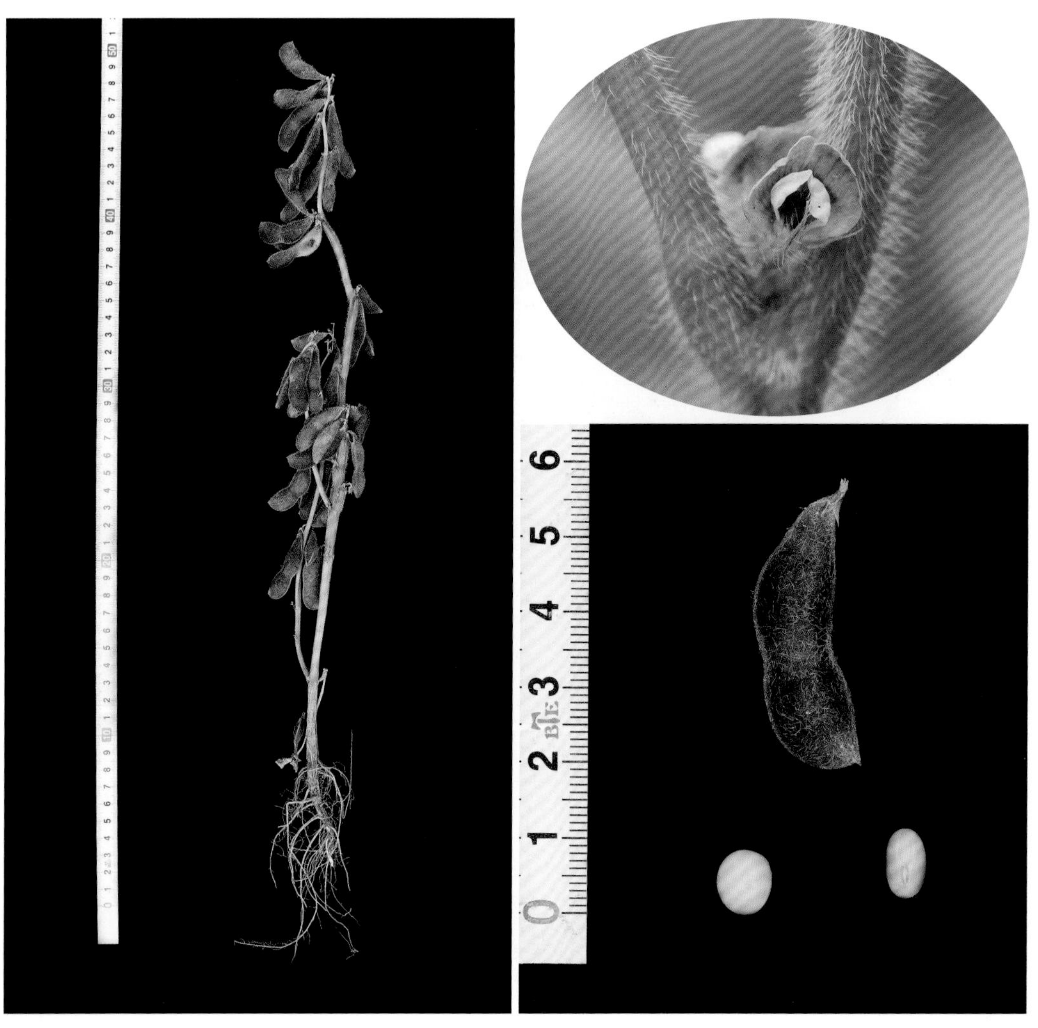

3. 更新花黄豆

【采集地】广西河池市天峨县更新乡更新村。

【类型及分布】南方夏大豆类型，农家品种，分布于河池市天峨县更新乡及周边地区。

【主要特征特性】在南宁种植，生育期 113 天，有限结荚习性，株型收敛，株高 61.7cm，主茎节数 13.3 个，有效分枝数 2.0 个，叶椭圆形，紫花，棕毛，荚深褐色，单株荚数 21.9 个，单株粒数 37.0 粒，单株粒重 10.5g，籽粒椭圆形，种皮绿色，有微光泽，种脐黑色，百粒重 32.5g，籽粒蛋白质含量为 46.45%、脂肪含量为 21.97%。该品种籽粒大，蛋白质含量高，脂肪含量高；田间表现抗霜霉病，抗旱，耐贫瘠，抗倒伏，不裂荚，落叶性好。

【利用价值】可直接应用于生产，或做高油、高蛋白、抗霜霉病、菜用大豆育种亲本。

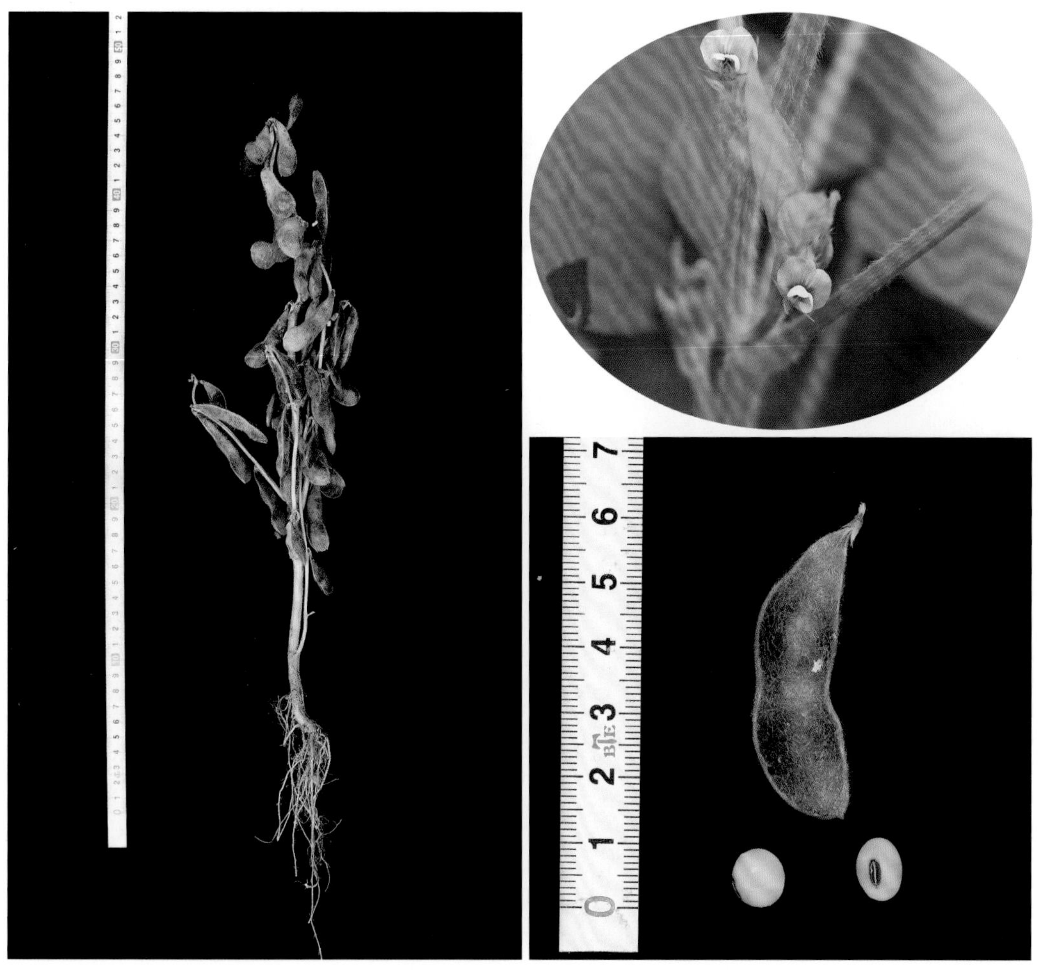

4. 中兴本地黄豆

【采集地】广西河池市环江毛南族自治县思恩镇中兴村城郊水果场。

【类型及分布】南方夏大豆类型，农家品种，分布于河池市环江毛南族自治县思恩镇及周边地区。

【主要特征特性】在南宁种植，生育期105天，有限结荚习性，株型收敛，株高57.8cm，主茎节数15.9个，有效分枝数4.7个，叶椭圆形，紫花，灰毛，荚褐色，单株荚数57.9个，单株粒数108.9粒，单株粒重23.1g，籽粒圆形，种皮黄色，有强光泽，种脐黄色，百粒重22.5g，籽粒蛋白质含量为43.87%、脂肪含量为20.96%。该品种茎秆粗壮，结荚多，单株粒数多，产量高；田间表现抗霜霉病，抗倒伏，耐旱，不裂荚，落叶性好。

【利用价值】可直接应用于生产，或做抗倒伏、抗霜霉病、高产育种亲本。

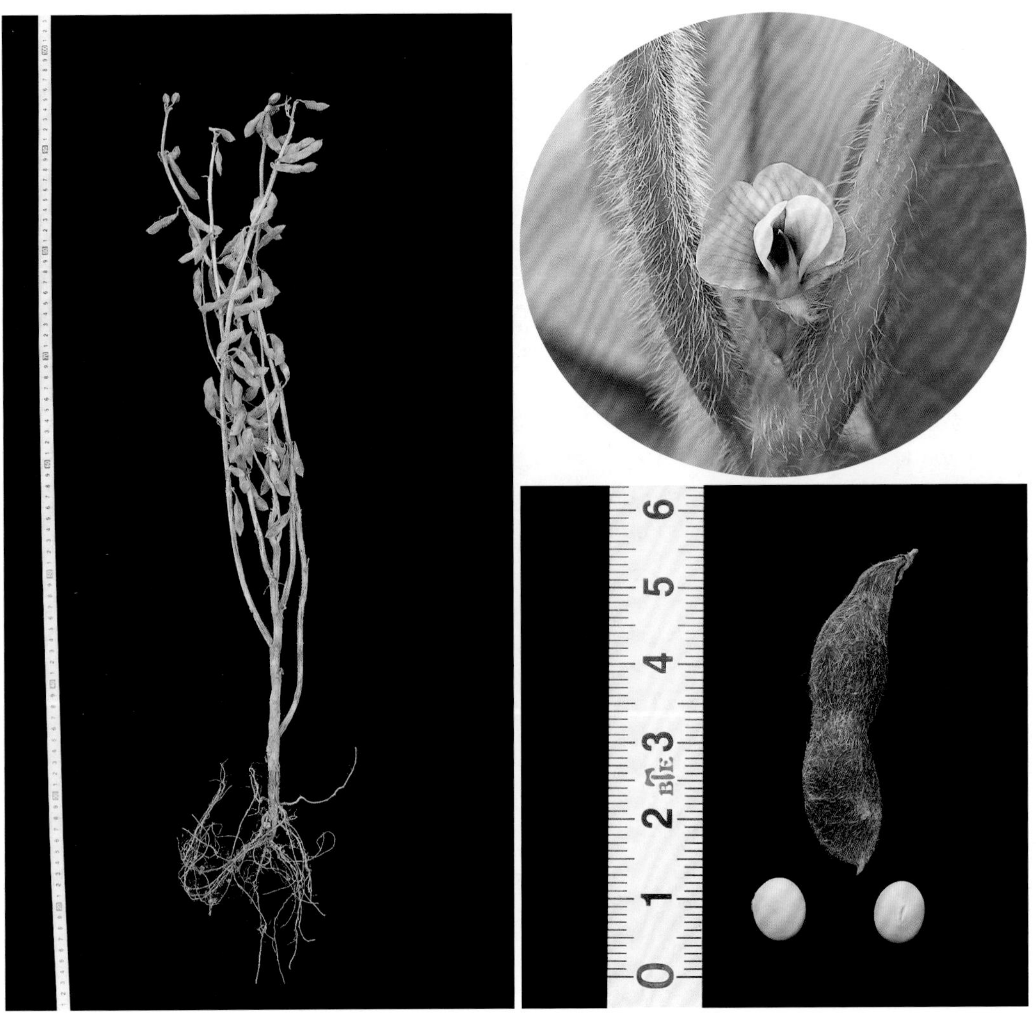

5. 八月黄

【采集地】广西河池市罗城仫佬族自治县。

【类型及分布】南方夏大豆类型，农家品种，分布于河池市罗城仫佬族自治县地区。

【主要特征特性】在南宁种植，生育期 88 天，有限结荚习性，株型收敛，株高 86.9cm，底荚高 26.3cm，主茎节数 18.4 个，有效分枝数 0.4 个，叶椭圆形，紫花，棕毛，荚褐色，单株荚数 34.1 个，单株粒数 69.3 粒，单株粒重 12.8g，籽粒扁圆形，种皮黄色，有微光泽，种脐淡褐色，百粒重 20.5g，籽粒蛋白质含量为 46.33%、脂肪含量为 17.53%。该品种分枝少，主茎节数较多；田间表现感花叶病毒病，高感霜霉病，免疫细菌性斑点病，中度倒伏，不裂荚。

【利用价值】可直接应用于生产，或做早熟、主茎型、高底荚、抗细菌性斑点病、高蛋白育种亲本。

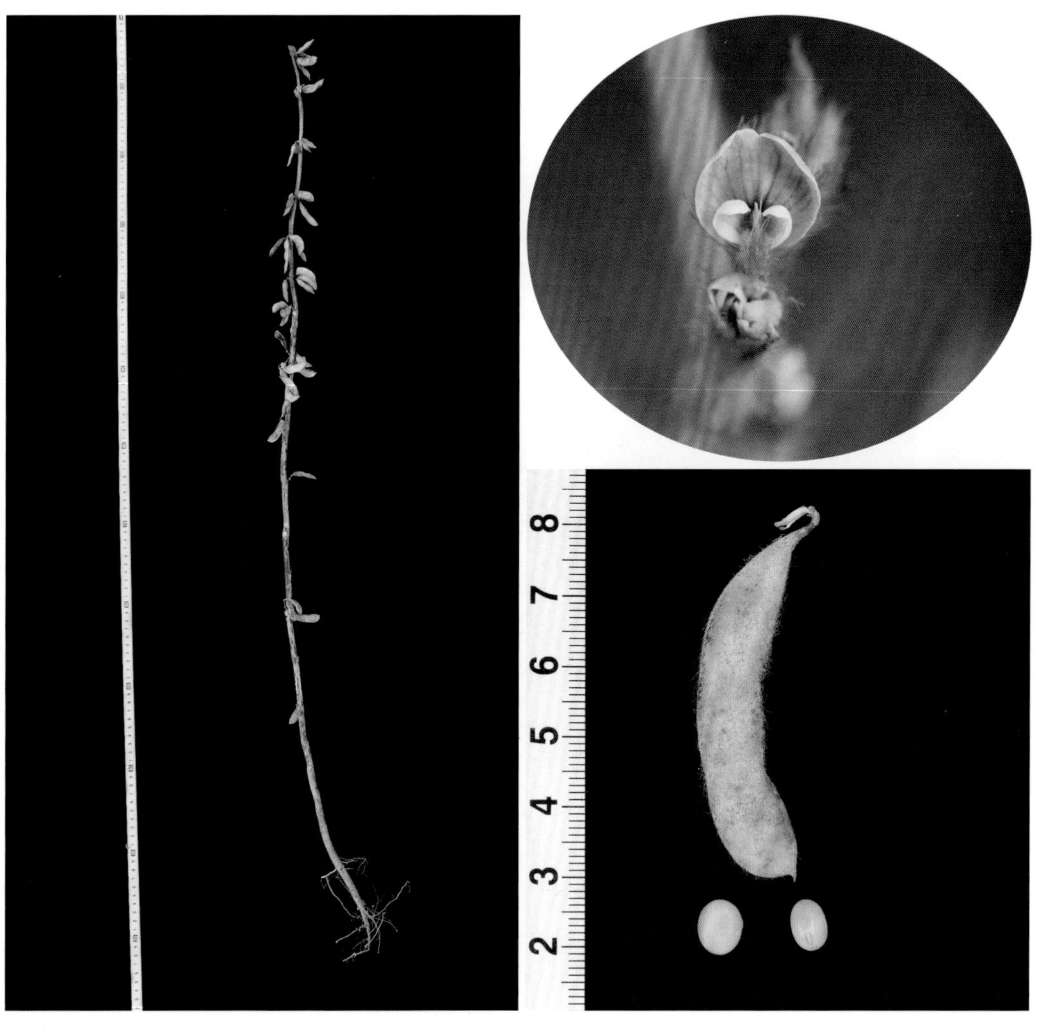

6. 新街本地绿皮黄豆

【采集地】广西百色市隆林各族自治县德峨镇新街村私立湾屯。

【类型及分布】南方夏大豆类型，农家品种，分布于百色市隆林各族自治县德峨镇及周边地区。

【主要特征特性】在南宁种植，生育期113天，有限结荚习性，株型收敛，株高65.9cm，主茎节数14.8个，有效分枝数2.9个，叶椭圆形，白花，灰毛，荚深褐色，单株荚数37.8个，单株粒数76.5粒，单株粒重9.5g，籽粒椭圆形，种皮绿色，有微光泽，种脐褐色，百粒重13.9g，籽粒蛋白质含量为44.00%、脂肪含量为21.03%。该品种籽粒小；田间表现抗霜霉病，抗食叶性害虫，抗旱，耐贫瘠，抗倒伏，不裂荚，落叶性好。

【利用价值】可直接应用于生产，或做早熟、抗霜霉病、抗倒伏育种亲本。

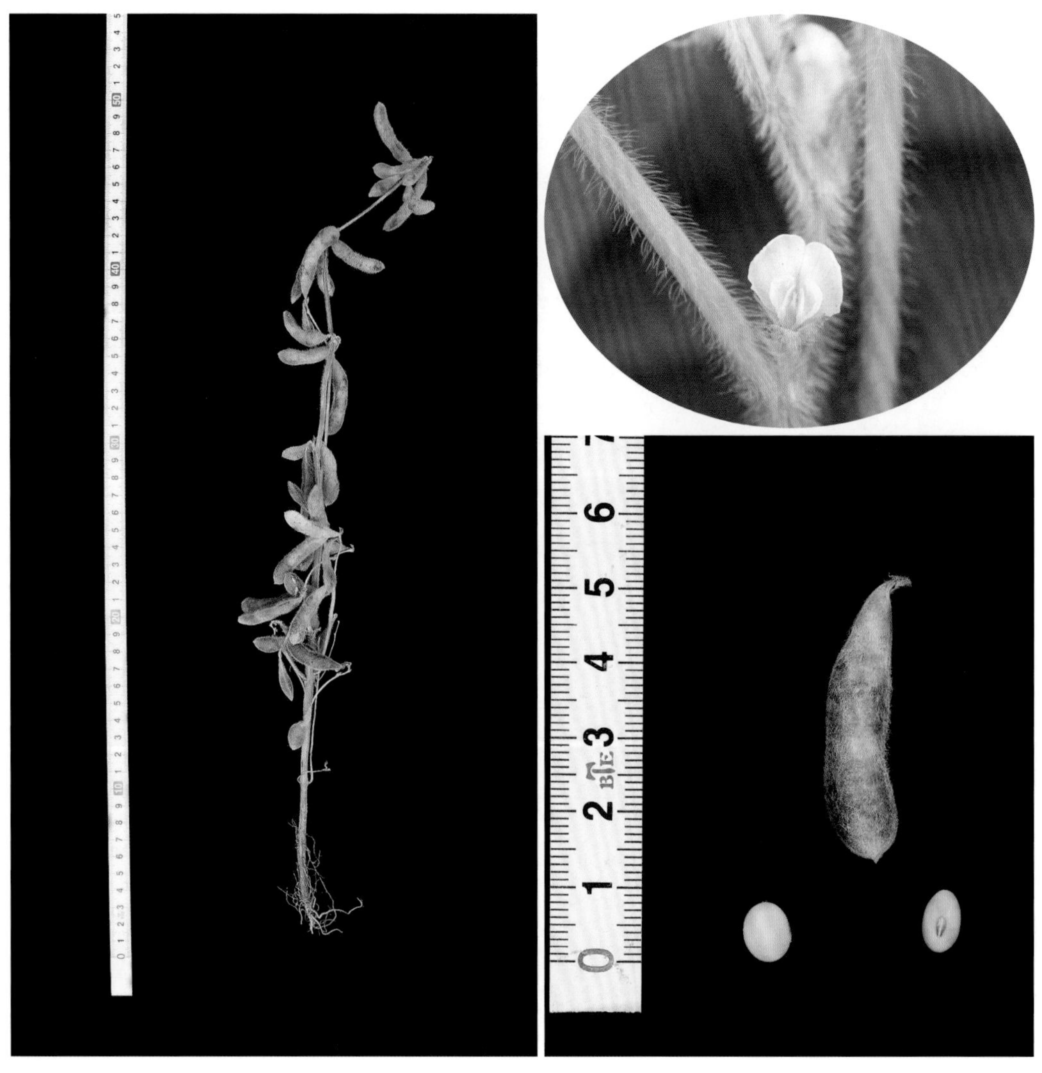

7. 本地九月黄豆

【采集地】广西百色市隆林各族自治县隆或镇拉也村拉也下屯。

【类型及分布】南方夏大豆类型，农家品种，分布于百色市隆林各族自治县隆或镇及周边地区。

【主要特征特性】在南宁种植，生育期113天，有限结荚习性，株型收敛，株高63.1cm，主茎节数14.8个，有效分枝数3.2个，叶椭圆形，白花，灰毛，荚深褐色，单株荚数42.9个，单株粒数83.1粒，单株粒重10.5g，籽粒椭圆形，种皮绿色，有微光泽，种脐褐色，百粒重13.9g，籽粒蛋白质含量为44.24%、脂肪含量为20.89%。该品种籽粒小；田间表现抗霜霉病，抗倒伏，抗旱，耐贫瘠，不裂荚，落叶性好。

【利用价值】可直接应用于生产，或做抗倒伏、抗霜霉病育种亲本。

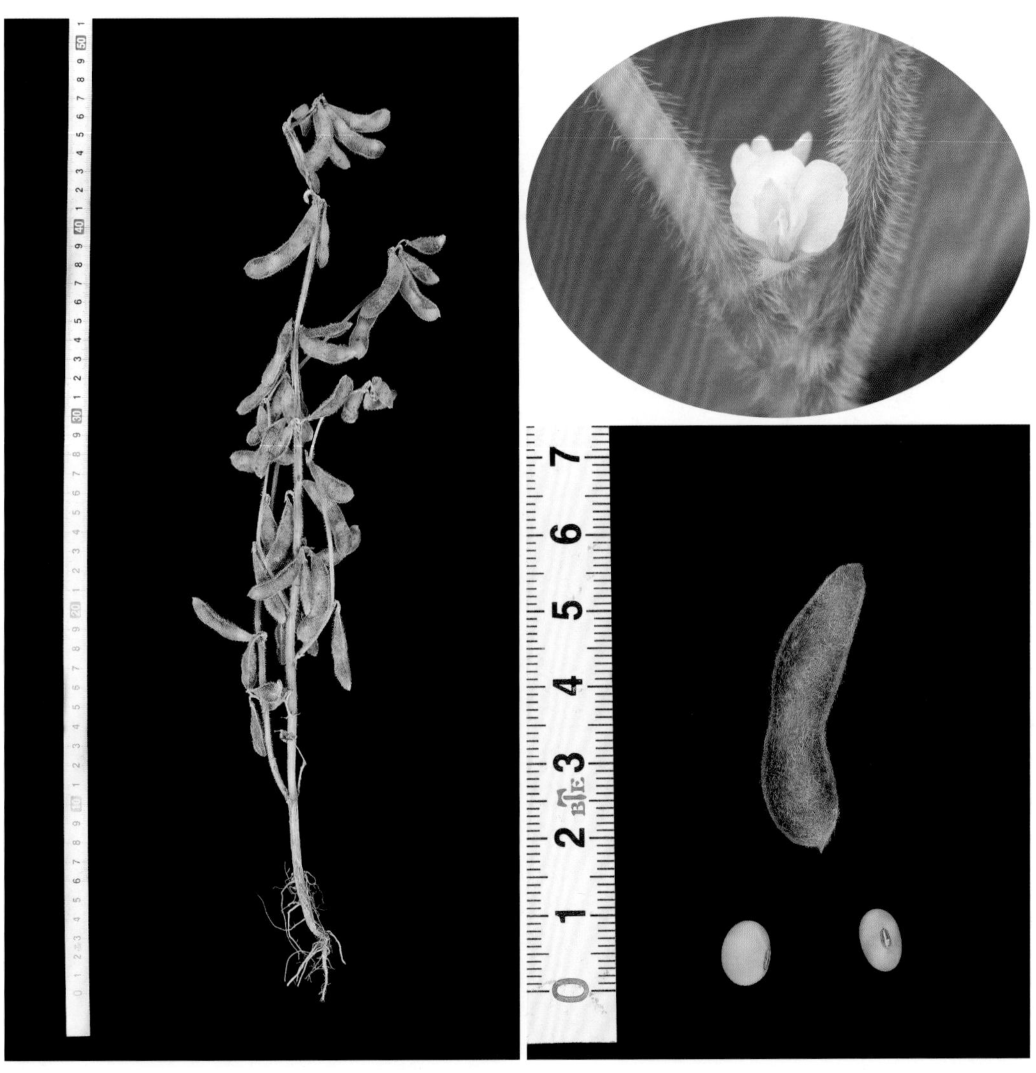

8. 三冲本地黄豆

【采集地】广西百色市隆林各族自治县德峨镇三冲村佛老屯。

【类型及分布】南方夏大豆类型，农家品种，分布于百色市隆林各族自治县德峨镇及周边地区。

【主要特征特性】在南宁种植，生育期107天，有限结荚习性，株型收敛，株高108.8cm，主茎节数16.4个，有效分枝数2.8个，叶椭圆形，紫花，灰毛，荚褐色，单株荚数72.1个，单株粒数141.7粒，单株粒重16.9g，籽粒椭圆形，种皮黄色，有强光泽，种脐褐色，百粒重12.9g，籽粒蛋白质含量为42.41%、脂肪含量为19.91%。该品种籽粒小，产量高；田间表现抗霜霉病，抗旱，耐贫瘠，抗倒伏，不裂荚，落叶性好。

【利用价值】可直接应用于生产，或做抗倒伏、抗霜霉病、高产育种亲本。

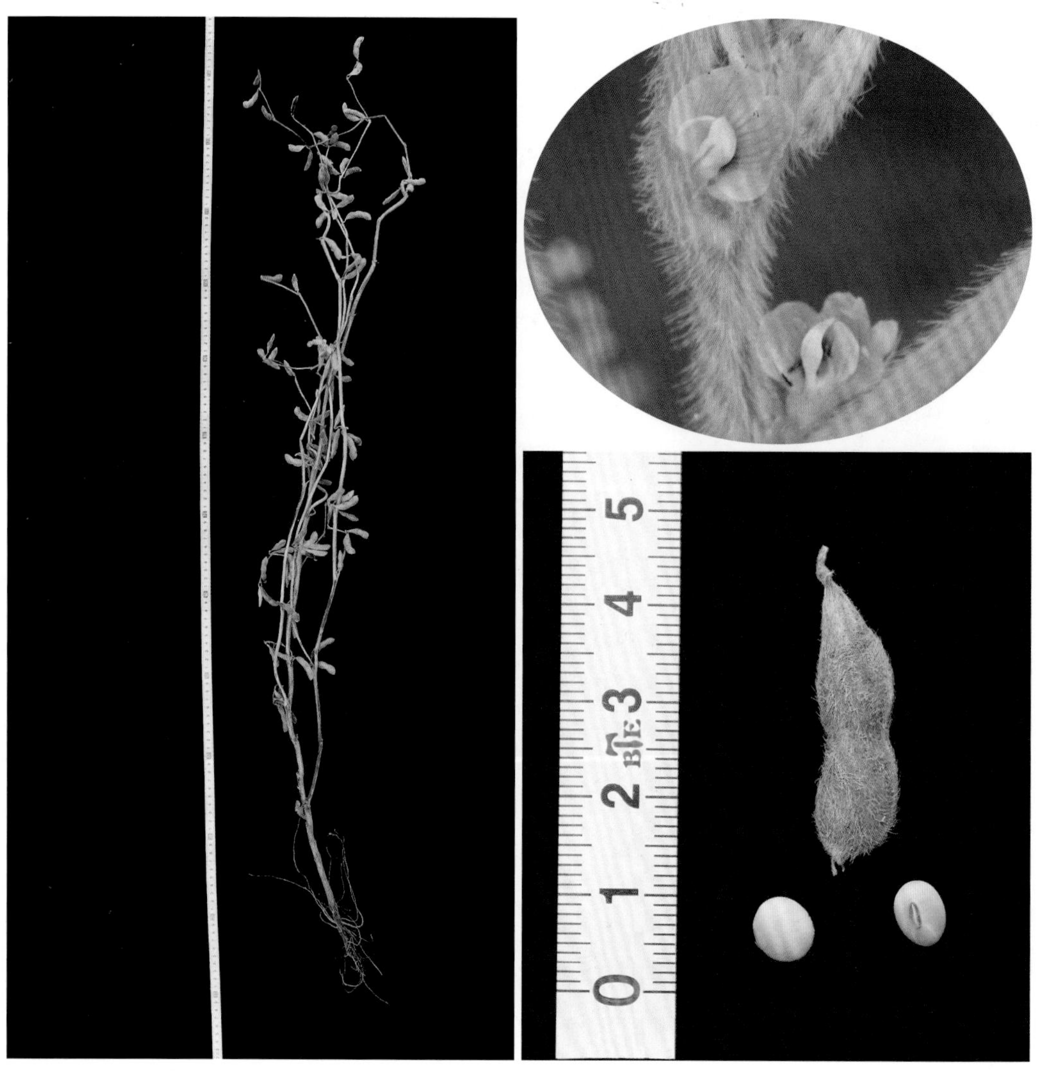

9. 夏至黄豆

【采集地】广西桂林市平乐县同安镇屯塘村委兰府村。

【类型及分布】南方夏大豆类型，农家品种，分布于桂林市平乐县同安镇及周边地区。

【主要特征特性】在南宁种植，生育期 101 天，有限结荚习性，株型收敛，株高 41.7cm，主茎节数 13.9 个，有效分枝数 0.8 个，叶椭圆形，紫花，灰毛，荚深褐色，单株荚数 19.7 个，单株粒数 38.2 粒，单株粒重 7.7g，籽粒圆形，种皮黄色，有强光泽，种脐褐色，百粒重 22.3g，籽粒蛋白质含量为 44.73%、脂肪含量为 20.97%。该品种田间表现抗霜霉病，抗旱，耐贫瘠，抗倒伏，不裂荚，落叶性好。

【利用价值】可直接应用于生产，或做抗倒伏、抗霜霉病育种亲本。

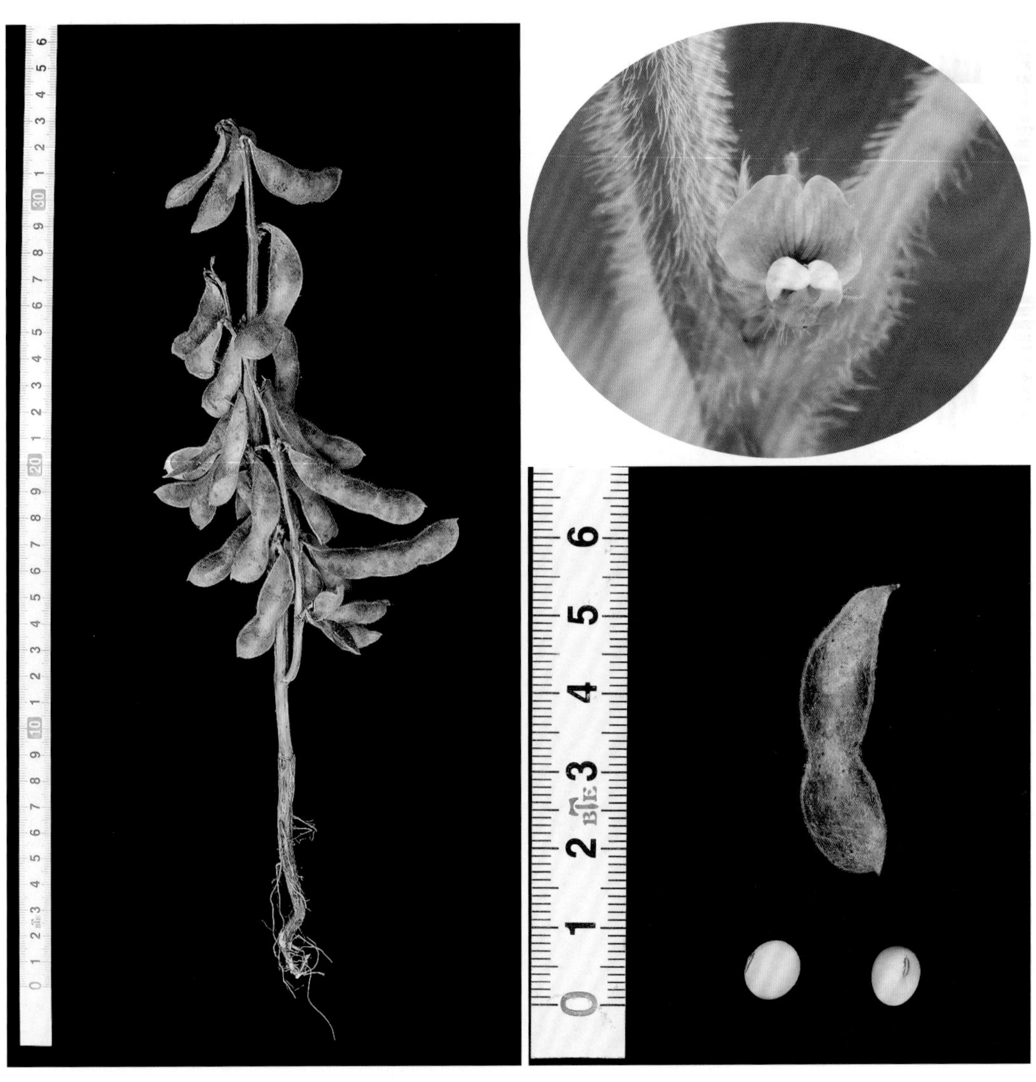

10. 立夏豆

【采集地】广西河池市凤山县三门海镇央峒村弄歪屯。

【类型及分布】南方夏大豆类型，农家品种，分布于河池市凤山县三门海镇及周边地区。

【主要特征特性】在南宁种植，生育期 101 天，有限结荚习性，株型收敛，株高 68.2cm，主茎节数 15.7 个，有效分枝数 2.5 个，叶椭圆形，紫花，棕毛，荚褐色，单株荚数 27.7 个，单株粒数 54.5 粒，单株粒重 9.6g，籽粒椭圆形，种皮淡绿色，有微光泽，种脐深褐色，百粒重 19.2g，籽粒蛋白质含量为 44.28%、脂肪含量为 21.04%。该品种田间表现抗霜霉病，抗食叶性害虫，抗旱，耐贫瘠，抗倒伏，不裂荚，落叶性好。

【利用价值】可直接应用于生产，或做抗倒伏、抗霜霉病育种亲本。

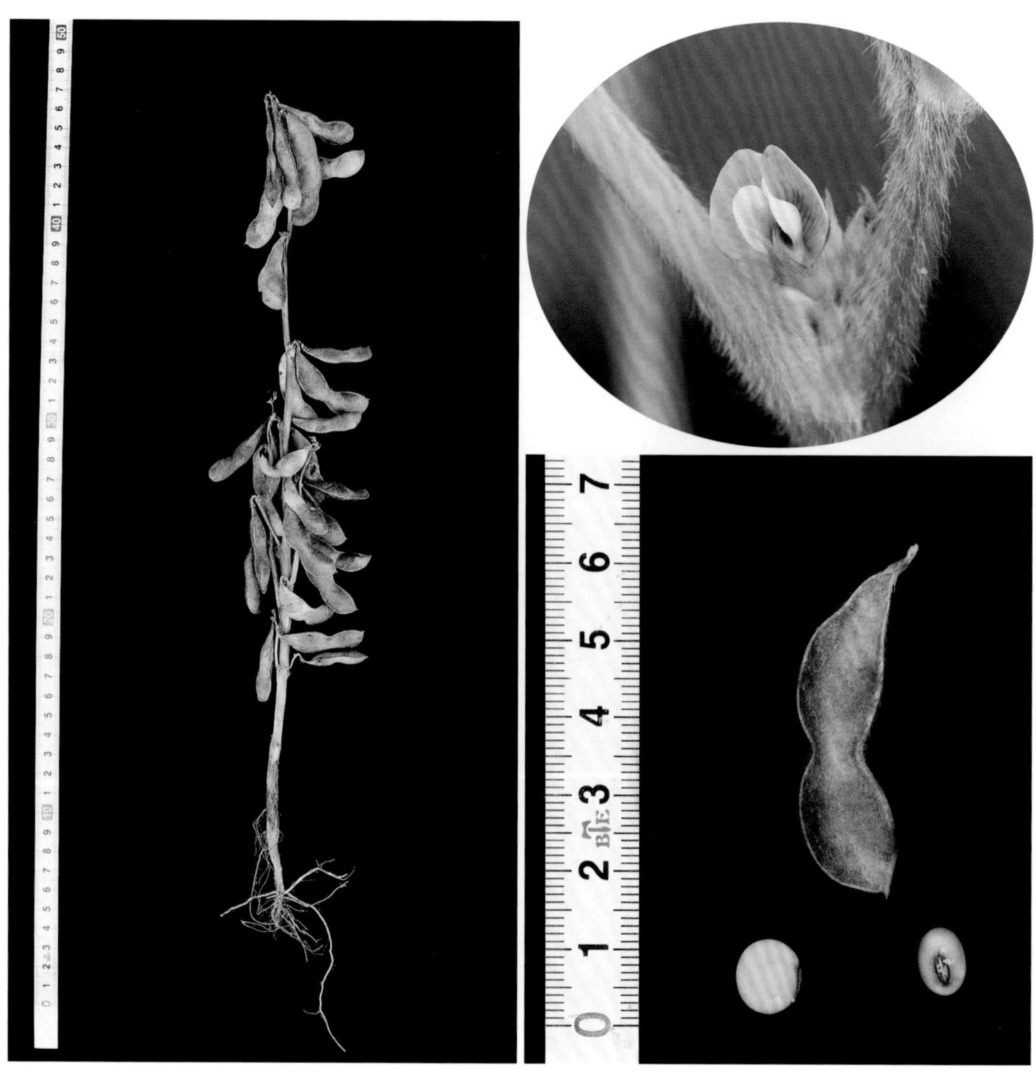

11. 宜山八月黄

【采集地】广西河池市宜州区安马乡木寨村。

【类型及分布】南方夏大豆类型，农家品种，分布于河池市宜州区安马乡及周边地区。

【主要特征特性】在南宁种植，生育期 101 天，有限结荚习性，株型收敛，株高 76.8cm，主茎节数 15.2 个，有效分枝数 2.4 个，叶椭圆形，紫花，棕毛，荚褐色，单株荚数 55.1 个，单株粒数 100.3 粒，单株粒重 20.9g，籽粒椭圆形，种皮黄色，有微光泽，种脐褐色，百粒重 21.5g，籽粒蛋白质含量为 44.01%、脂肪含量为 20.66%。该品种茎秆粗壮，结荚多，产量高；田间表现抗霜霉病，抗食叶性害虫，耐贫瘠，抗倒伏，不裂荚，落叶性好，广适。

【利用价值】可直接应用于生产，或做抗倒伏、抗霜霉病、高产育种亲本。

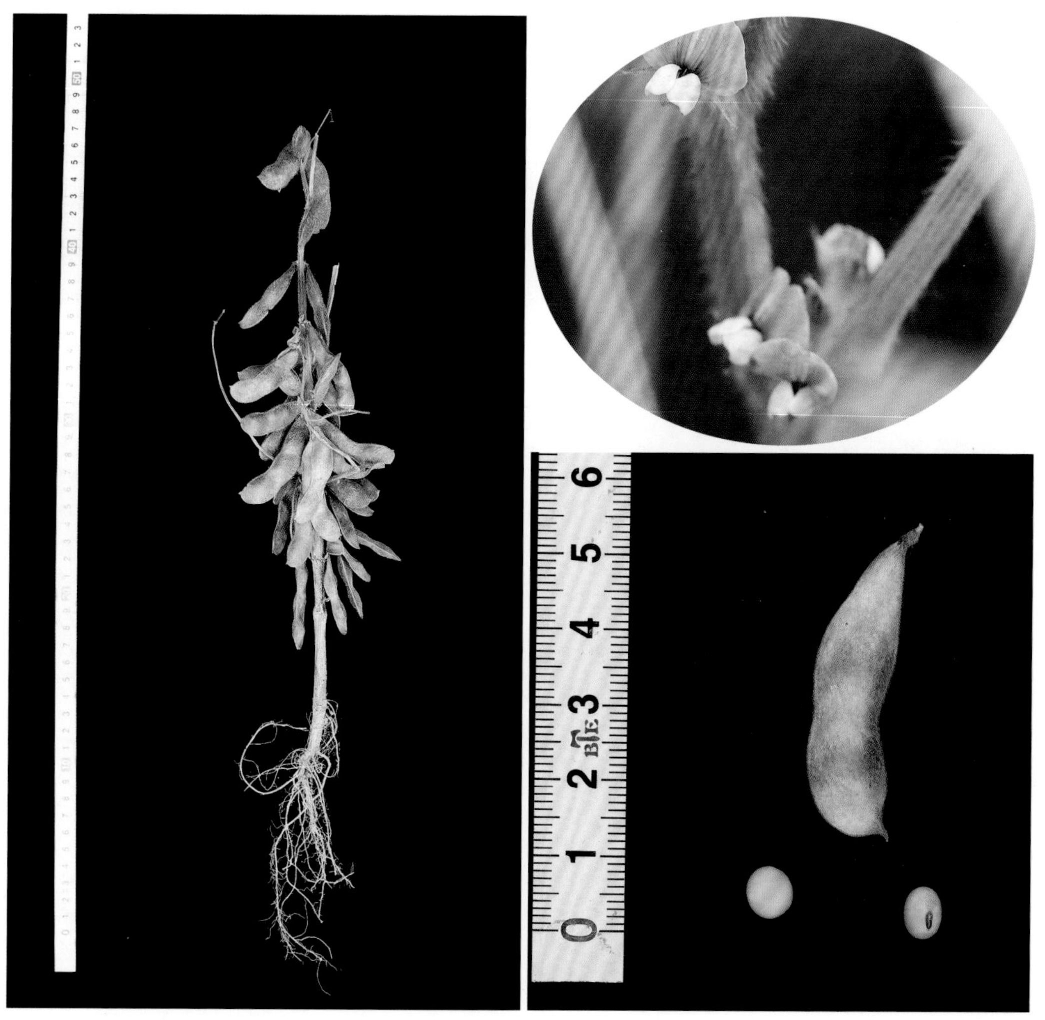

12. 河池黑豆

【采集地】广西河池市宜州区洛西镇河池市农业科学研究所。

【类型及分布】南方夏大豆类型，农家品种，分布于河池市宜州区洛西镇及周边地区。

【主要特征特性】在南宁种植，生育期 100 天，有限结荚习性，株型半开张，株高 41.2cm，主茎节数 11.5 个，有效分枝数 2.6 个，叶椭圆形，紫花，棕毛，荚黄褐色，单株荚数 45.1 个，单株粒数 72.6 粒，单株粒重 18.4g，籽粒椭圆形，种皮黑色，有微光泽，种脐黑色，百粒重 30.1g，籽粒蛋白质含量为 43.64%、脂肪含量为 24.33%。该品种籽粒大，脂肪含量高，茎秆粗壮，结荚多，产量高；田间表现抗霜霉病，抗旱，耐贫瘠，抗倒伏，不裂荚，落叶性好。

【利用价值】可直接应用于生产，或做抗霜霉病、抗倒伏、高油育种亲本。

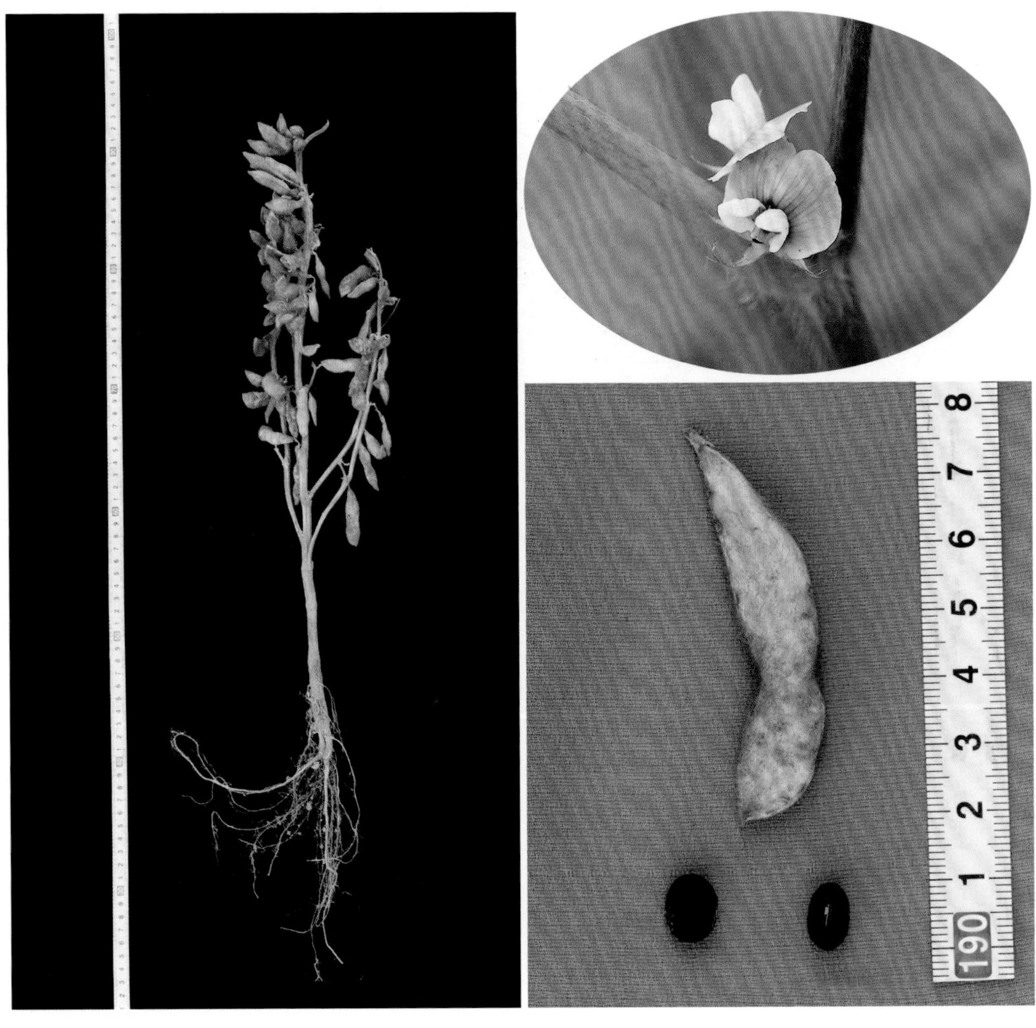

13. 武定黄豆

【采集地】广西百色市西林县马蚌镇武定村。

【类型及分布】南方夏大豆类型，农家品种，分布于百色市西林县马蚌镇及周边地区。

【主要特征特性】在南宁种植，生育期86天，有限结荚习性，株型收敛，株高83.5cm，主茎节数21.5个，有效分枝数3.1个，叶椭圆形，紫花，灰毛，荚深褐色，单株荚数57.2个，单株粒数111.5粒，单株粒重13.8g，籽粒椭圆形，种皮黄色，有微光泽，种脐褐色，百粒重13.7g，籽粒蛋白质含量为42.31%、脂肪含量为21.34%。该品种早熟，籽粒小；田间表现抗霜霉病，耐贫瘠，抗倒伏，不裂荚，落叶性好。

【利用价值】可直接应用于生产，或做早熟、抗倒伏、抗霜霉病、高产育种亲本。

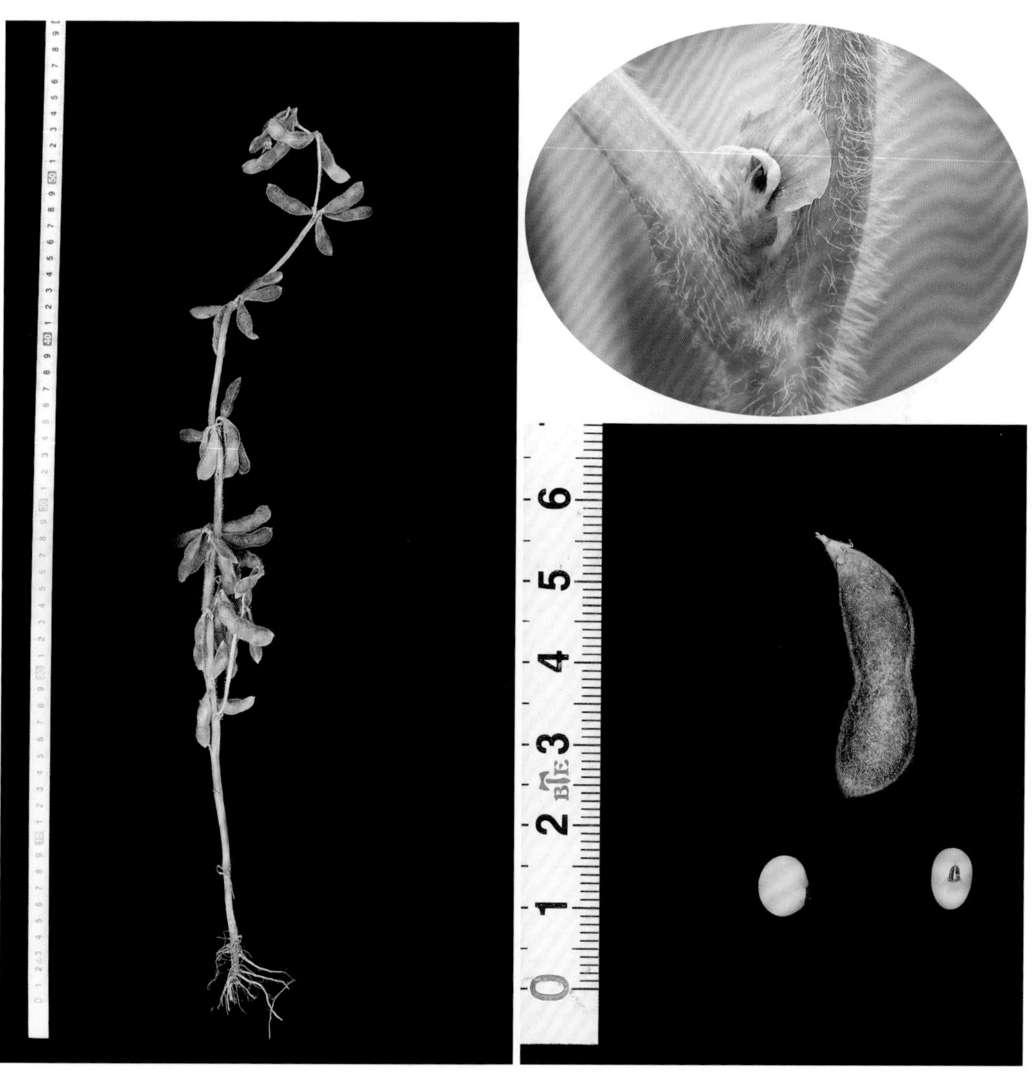

14. 桂东黄豆 1

【采集地】广西桂林市荔浦市新坪镇桂东村。

【类型及分布】南方夏大豆类型，农家品种，分布于桂林市荔浦市新坪镇及周边地区。

【主要特征特性】在南宁种植，生育期 97 天，有限结荚习性，株型收敛，株高 83.4cm，底荚高 18.0cm，主茎节数 14.9 个，有效分枝数 2.0 个，叶卵圆形，白花，棕毛，荚褐色，单株荚数 38.0 个，单株粒数 83.3 粒，单株粒重 22.7g，籽粒扁圆形，种皮黄色，有微光泽，种脐褐色，百粒重 30.3g，籽粒蛋白质含量为 44.98%、脂肪含量为 20.04%。该品种田间表现免疫花叶病毒病，抗霜霉病，不倒伏，中度裂荚。

【利用价值】可直接应用于生产，或做大粒、高产、抗倒伏、抗花叶病毒病、抗霜霉病育种亲本。

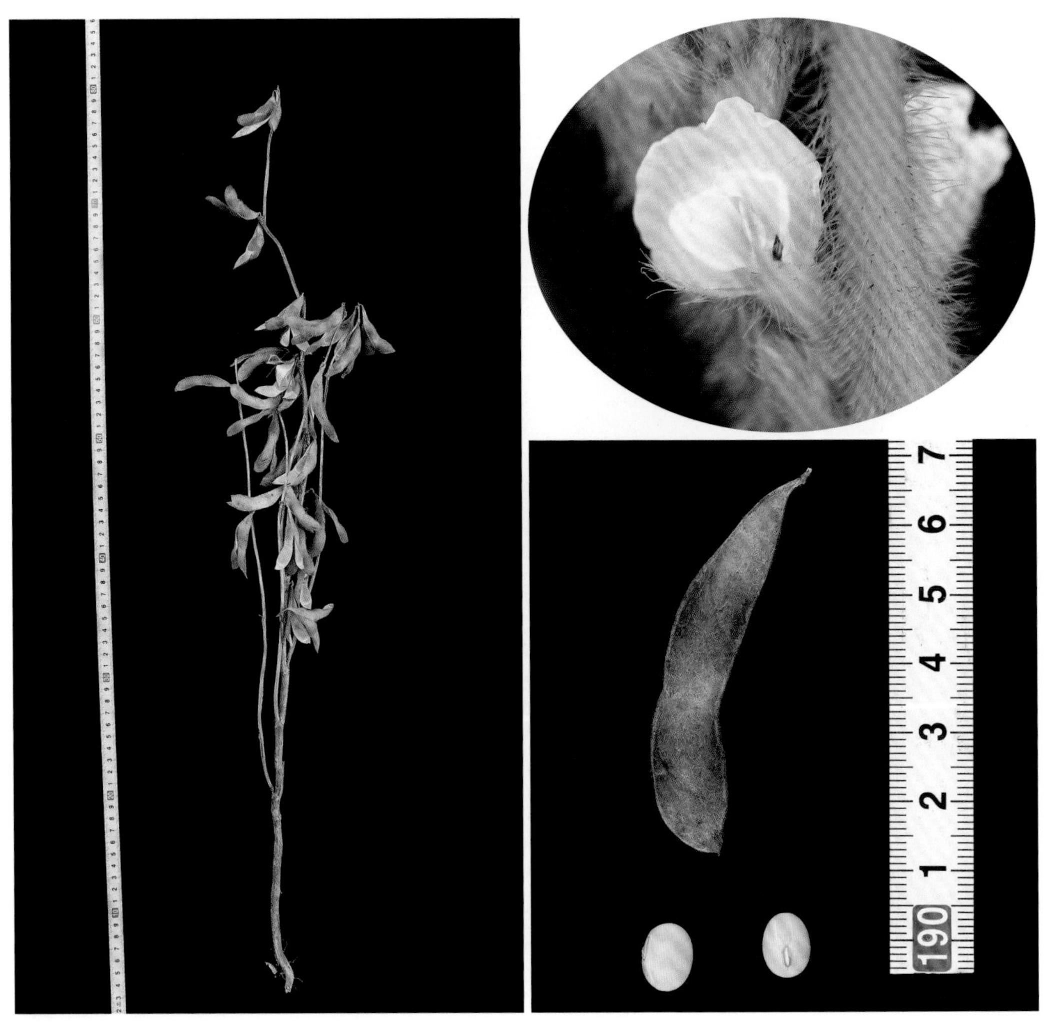

15. 桂东黄豆 2

【采集地】广西桂林市荔浦市新坪镇桂东村。

【类型及分布】南方夏大豆类型，农家品种，分布于桂林市荔浦市新坪镇及周边地区。

【主要特征特性】在南宁种植，生育期 93 天，有限结荚习性，株型收敛，株高 62.4cm，底荚高 17.3cm，主茎节数 12.1 个，有效分枝数 2.4 个，叶椭圆形，紫花，灰毛，荚褐色，单株荚数 34.0 个，单株粒数 81.5 粒，单株粒重 24.2g，籽粒椭圆形，种皮黄色，有微光泽，种脐淡褐色，百粒重 33.0g，籽粒蛋白质含量为 45.46%、脂肪含量为 19.78%。该品种田间表现抗花叶病毒病，抗霜霉病，轻度倒伏，不裂荚。

【利用价值】可直接应用于生产，或做大粒、抗花叶病毒病、抗霜霉病、高蛋白育种亲本。

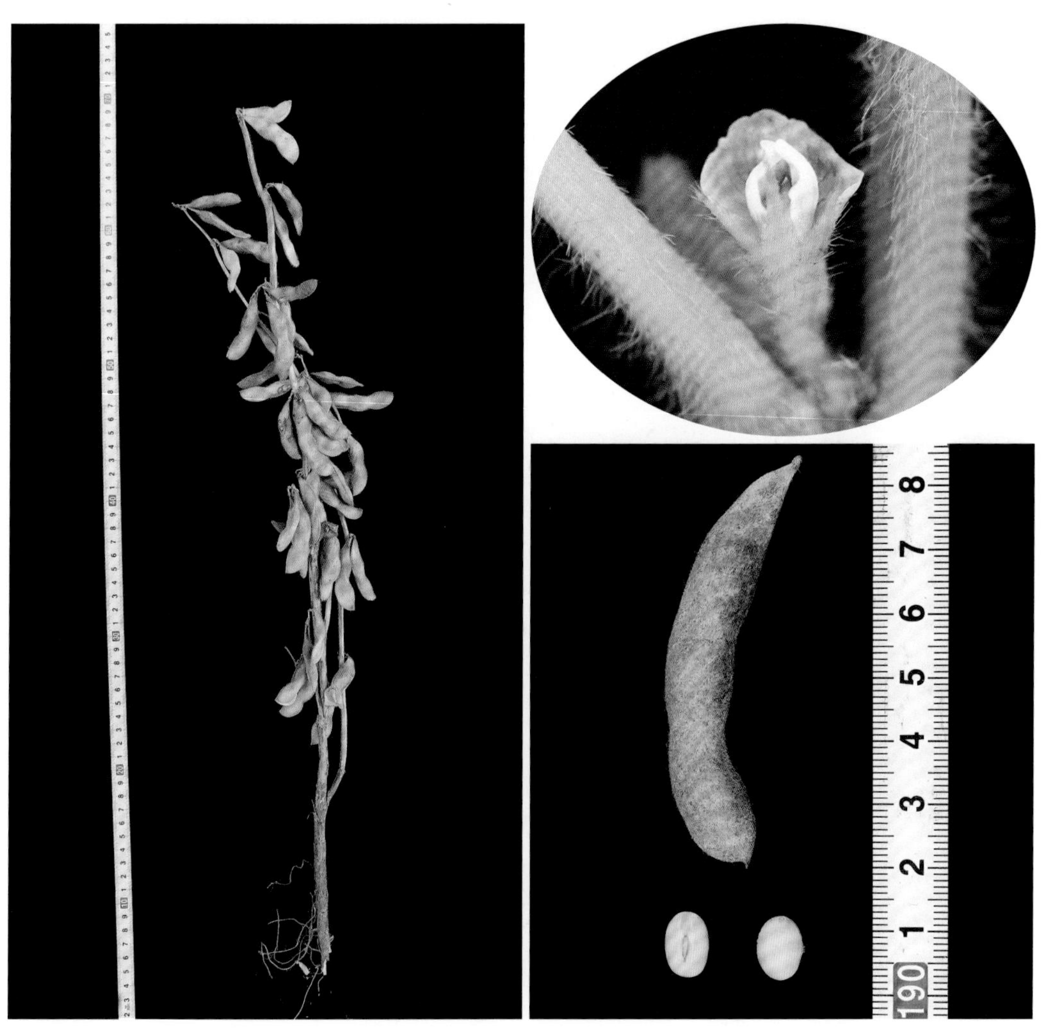

16. 桂东黄豆 3

【采集地】广西桂林市荔浦市新坪镇桂东村。

【类型及分布】南方夏大豆类型，农家品种，分布于桂林市荔浦市新坪镇及周边地区。

【主要特征特性】在南宁种植，生育期 98 天，有限结荚习性，株型收敛，株高 83.7cm，底荚高 17.0cm，主茎节数 14.9 个，有效分枝数 1.7 个，叶卵圆形，白花，棕毛，荚褐色，单株荚数 45.3 个，单株粒数 88.4 粒，单株粒重 23.3g，籽粒扁圆形，种皮黄色，有微光泽，种脐褐色，百粒重 29.3g，籽粒蛋白质含量为 45.36%、脂肪含量为 19.77%。该品种田间表现抗花叶病毒病，抗霜霉病，轻度倒伏，轻度裂荚。

【利用价值】可直接应用于生产，或做抗花叶病毒病、抗霜霉病、高蛋白育种亲本。

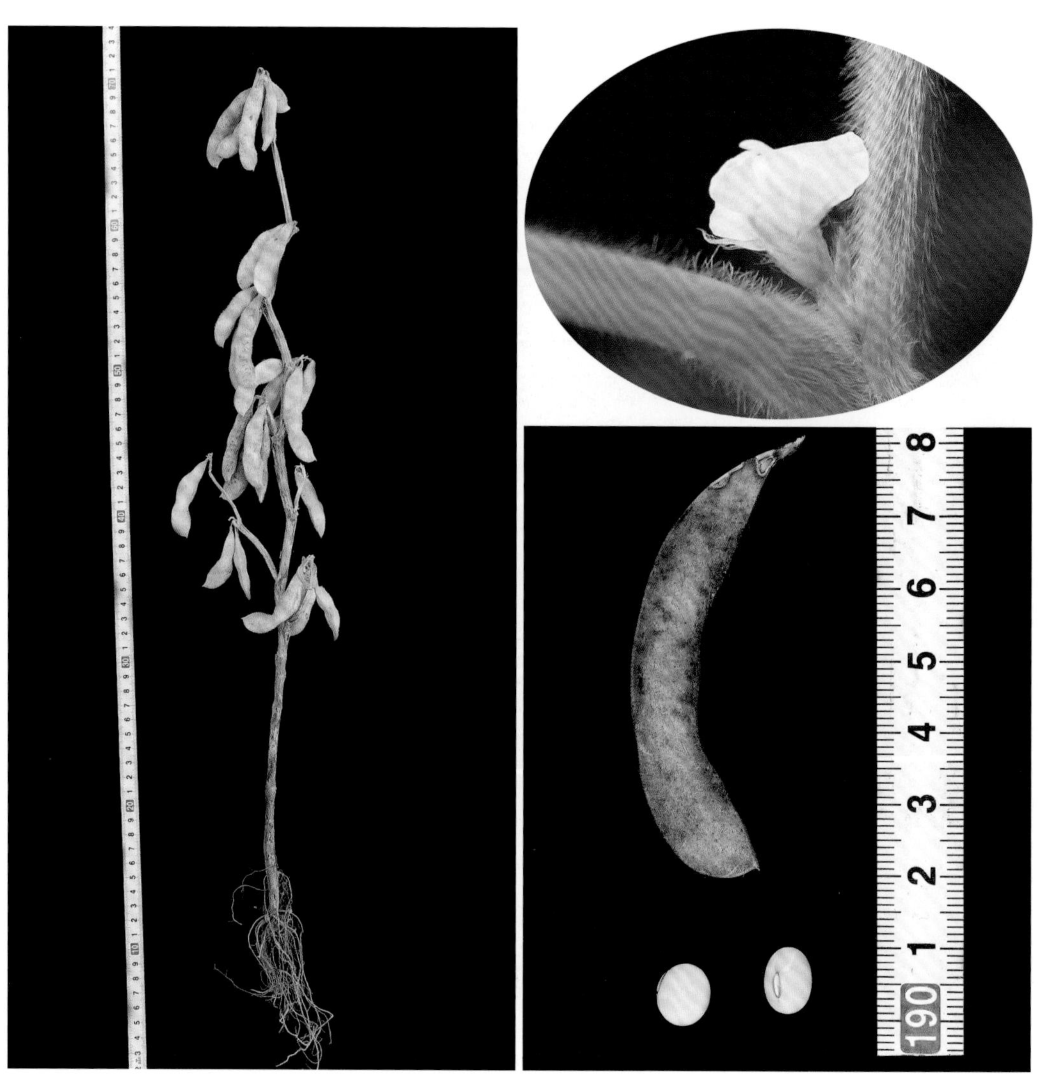

17. 朝阳黑大豆

【采集地】广西柳州市鹿寨县中渡镇朝阳村古龙屯。

【类型及分布】南方夏大豆类型，农家品种，分布于柳州市鹿寨县中渡镇及周边地区。

【主要特征特性】在南宁种植，生育期 101 天，有限型结荚习性，株型收敛，株高 76.7cm，主茎节数 13.5 个，有效分枝数 2.3 个，叶椭圆形，紫花，棕毛，荚褐色，单株荚数 24.3 个，单株粒数 43.5 粒，单株粒重 13.7g，籽粒圆形，种皮黑色，有微光泽，种脐黑色，百粒重 33.4g，籽粒蛋白质含量为 43.34%、脂肪含量为 24.19%。该品种籽粒大，脂肪含量高；田间表现抗霜霉病，抗倒伏，落叶性好。

【利用价值】可直接应用于生产，或做大粒、抗霜霉病、抗倒伏、黑种皮、高油育种亲本。

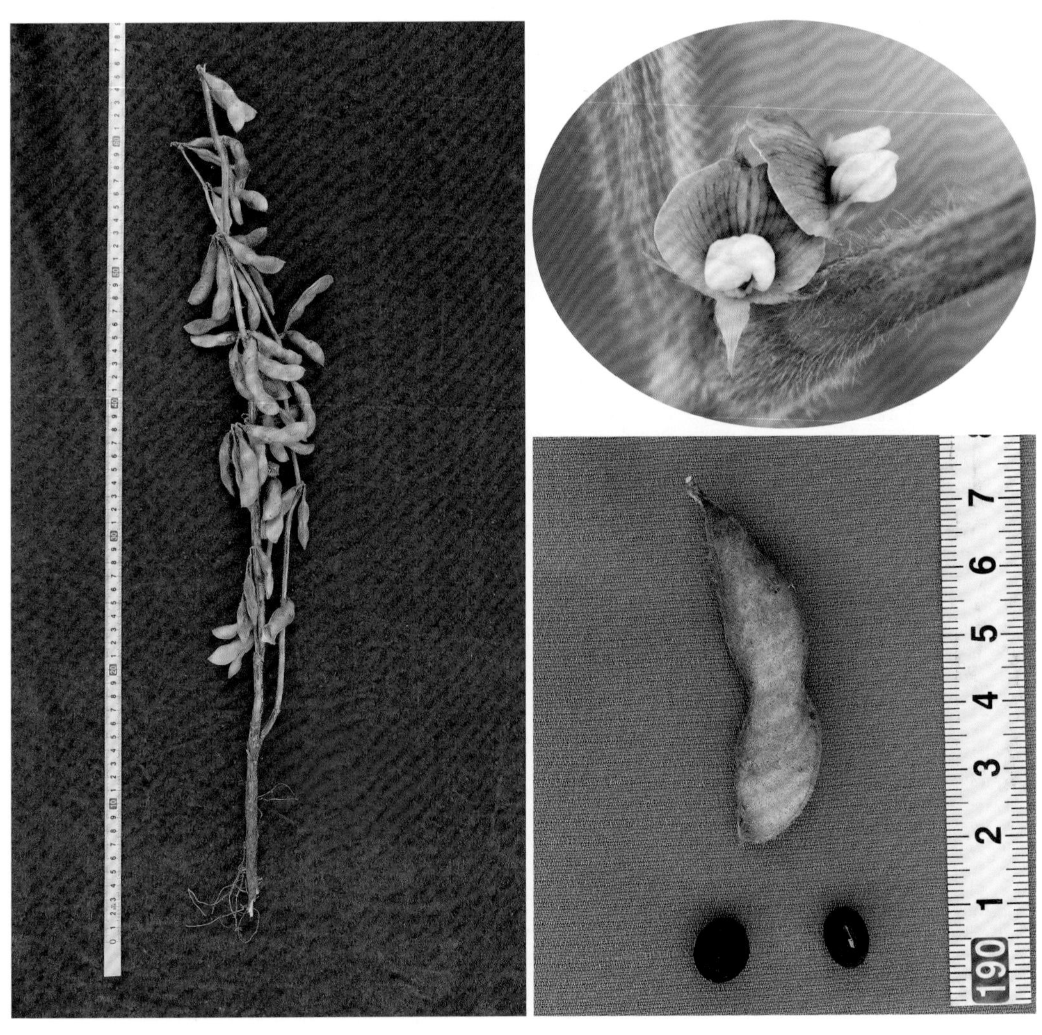

18. 朝阳青大豆

【采集地】广西柳州市鹿寨县中渡镇朝阳村古龙屯。

【类型及分布】南方夏大豆类型，农家品种，分布于柳州市鹿寨县中渡镇及周边地区。

【主要特征特性】在南宁种植，生育期86天，有限结荚习性，株型收敛，株高47.7cm，主茎节数13.5个，有效分枝数2.8个，叶椭圆形，紫花，棕毛，荚黄褐色，单株荚数30.9个，单株粒数61.7粒，单株粒重7.4g，籽粒椭圆形，种皮黄色，有微光泽，种脐褐色，百粒重11.9g，籽粒蛋白质含量为45.29%、脂肪含量为21.53%。该品种早熟，籽粒小，蛋白质含量高，脂肪含量高；田间表现抗霜霉病，抗倒伏，不裂荚，落叶性好。

【利用价值】可直接应用于生产，或做早熟、小粒、抗倒伏、高蛋白、高油育种亲本。

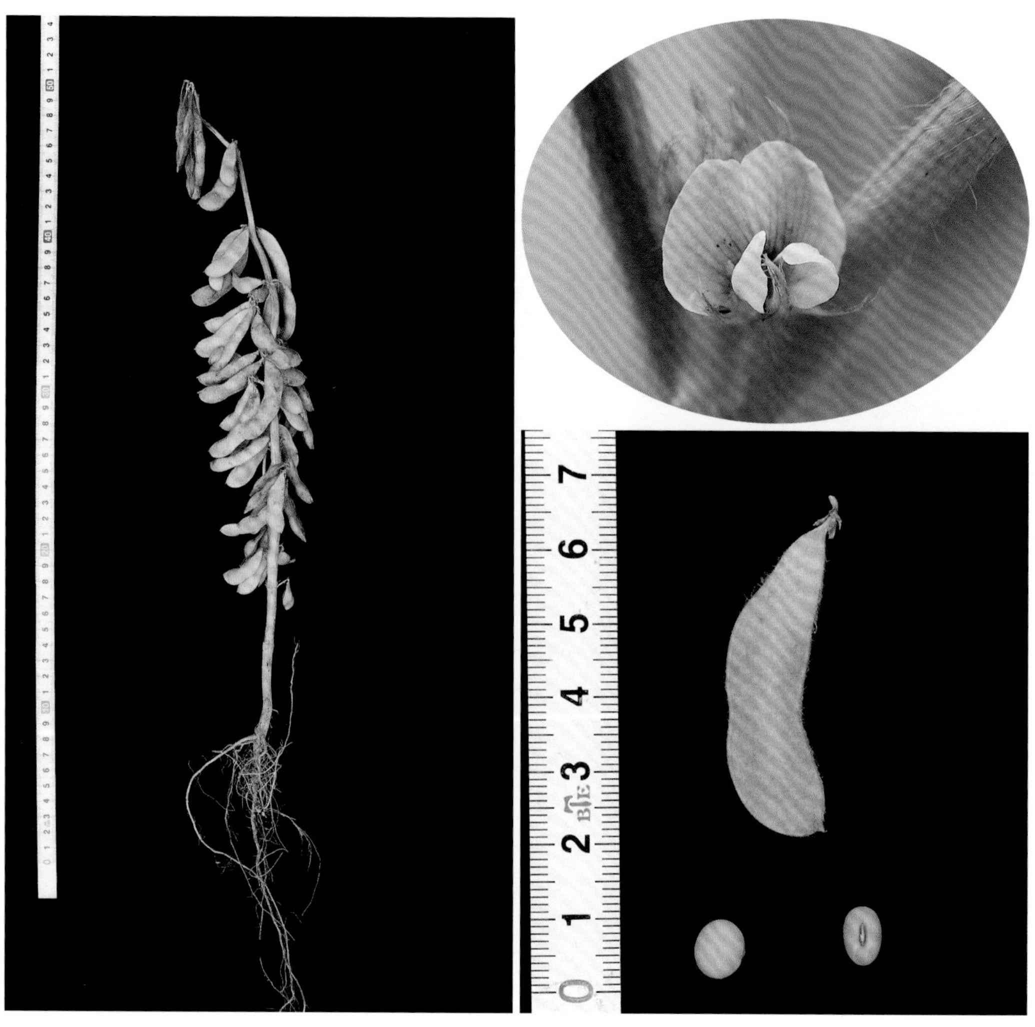

19. 贺州黑豆

【采集地】广西贺州市八步区信都镇贺州市农业科学研究所。

【类型及分布】南方夏大豆类型，农家品种，分布于贺州市八步区信都镇及周边地区。

【主要特征特性】在南宁种植，生育期 108 天，有限结荚习性，株型半开张，株高 64.1cm，主茎节数 17.2 个，有效分枝数 6.7 个，叶椭圆形，紫花，棕毛，荚黑色，单株荚数 110.7 个，单株粒数 219.1 粒，单株粒重 32.6g，籽粒椭圆形，种皮黑色，有微光泽，种脐黑色，百粒重 15.4g，籽粒蛋白质含量为 41.99%、脂肪含量为 23.17%。该品种脂肪含量高，结荚多，产量高；田间表现抗霜霉病，抗旱，耐贫瘠，抗倒伏，不裂荚，落叶性好。

【利用价值】可直接应用于生产，或做黑种皮、抗倒伏、抗霜霉病、高油育种亲本。

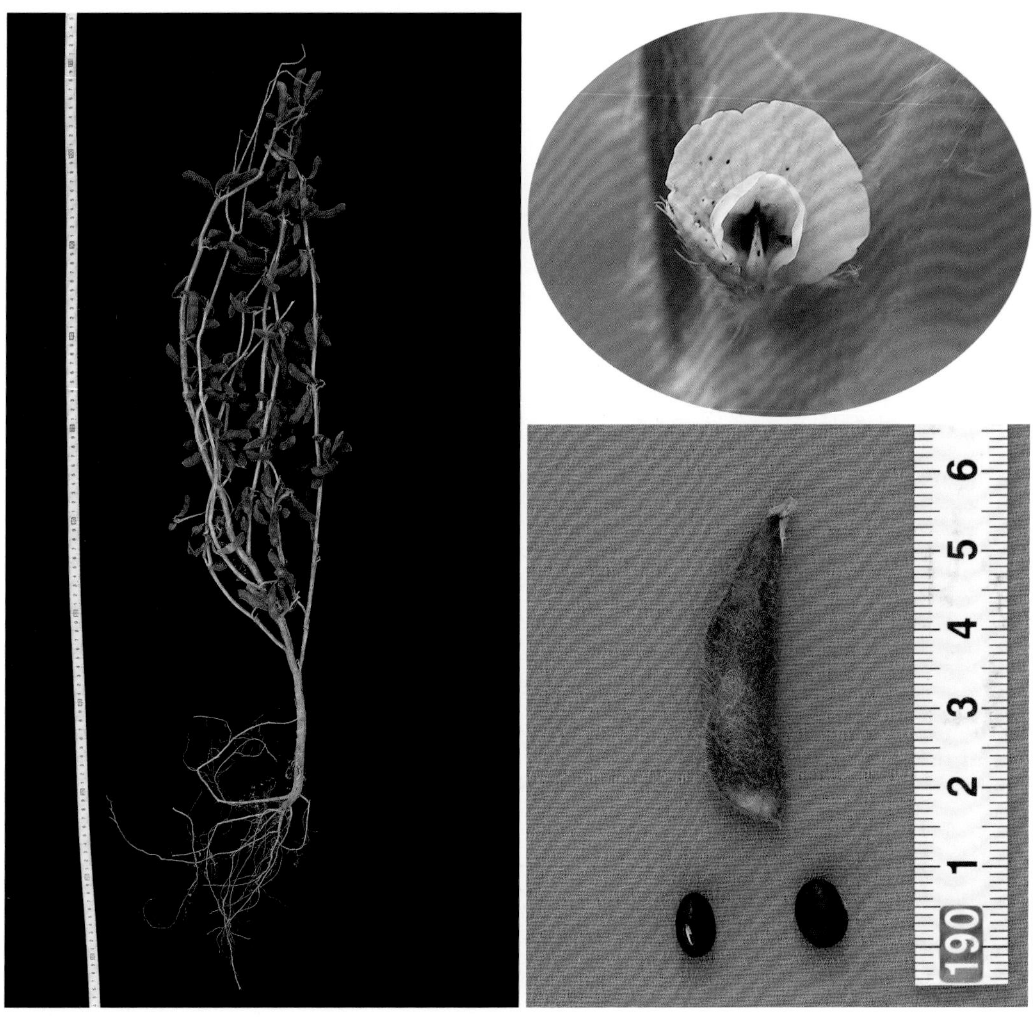

20. 文德黑豆

【采集地】广西贺州市八步区桂岭镇文德村。

【类型及分布】南方夏大豆类型，农家品种，分布于贺州市八步区桂岭镇及周边地区。

【主要特征特性】在南宁种植，生育期109天，有限结荚习性，株型半开张，株高75.2cm，底荚高19.4cm，主茎节数17.5个，有效分枝数2.6个，叶椭圆形，白花，棕毛，荚褐色，单株荚数56.4个，单株粒数100.2粒，单株粒重16.2g，籽粒长椭圆形，种皮黑色，无光泽，种脐黑色，百粒重18.18g，籽粒蛋白质含量为44.08%、脂肪含量为20.76%。该品种田间表现抗花叶病毒病，抗霜霉病，中度倒伏，裂荚。

【利用价值】可直接应用于生产，或做高底荚、黑种皮、抗花叶病毒病、抗霜霉病育种亲本。

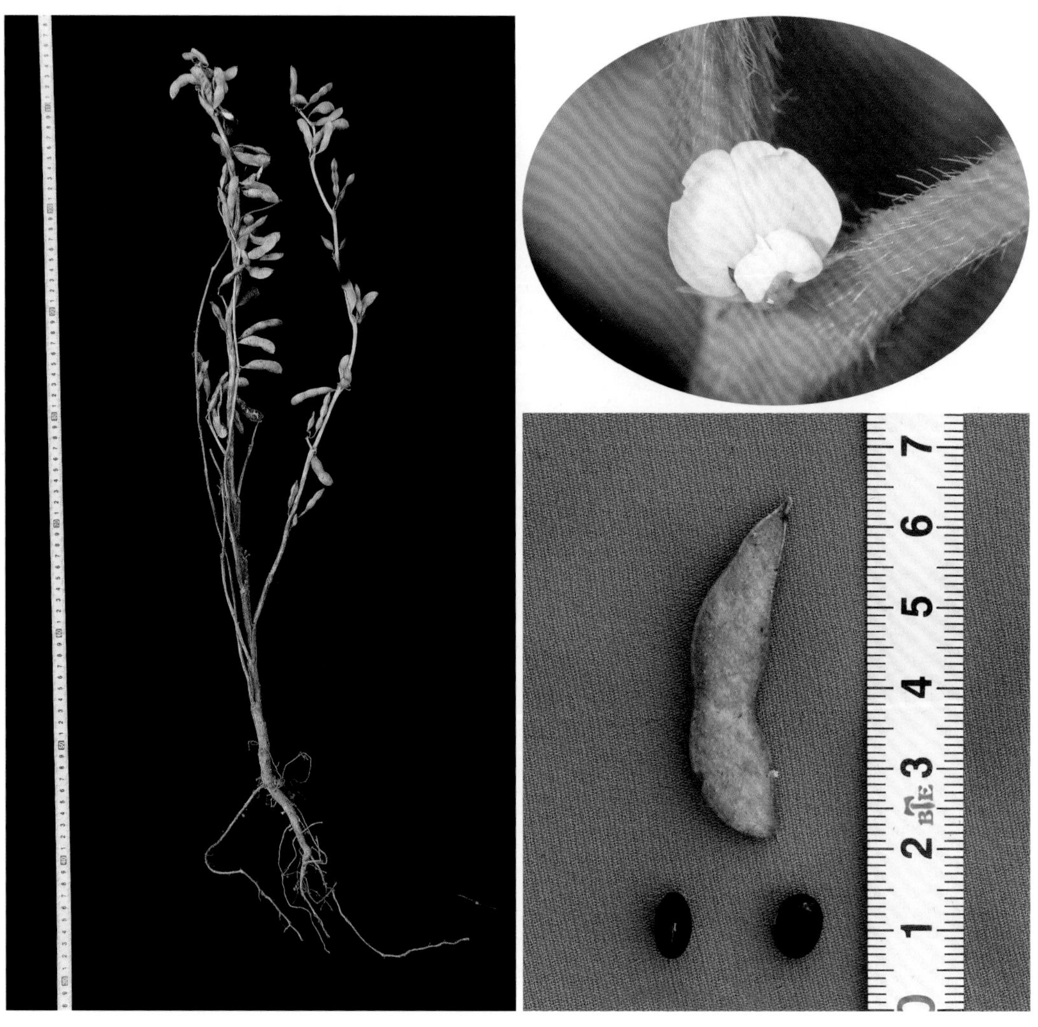

21. 爱民黄豆

【采集地】广西贺州市八步区桂岭镇爱民村。

【类型及分布】南方夏大豆类型，农家品种，分布于贺州市八步区桂岭镇及周边地区。

【主要特征特性】在南宁种植，生育期105天，有限结荚习性，株型收敛，株高83.4cm，底荚高23.5cm，主茎节数16.4个，有效分枝数1.6个，叶椭圆形，白花，棕毛，荚黄褐色，单株荚数53.1个，单株粒数97.5粒，单株粒重14.9g，籽粒长椭圆形，种皮黄色，无光泽，种脐黑色，百粒重17.8g，籽粒蛋白质含量为44.06%、脂肪含量为20.40%。该品种田间表现抗花叶病毒病，抗霜霉病，重度倒伏，中度裂荚。

【利用价值】可直接应用于生产，或做高底荚、抗花叶病毒病、抗霜霉病育种亲本。

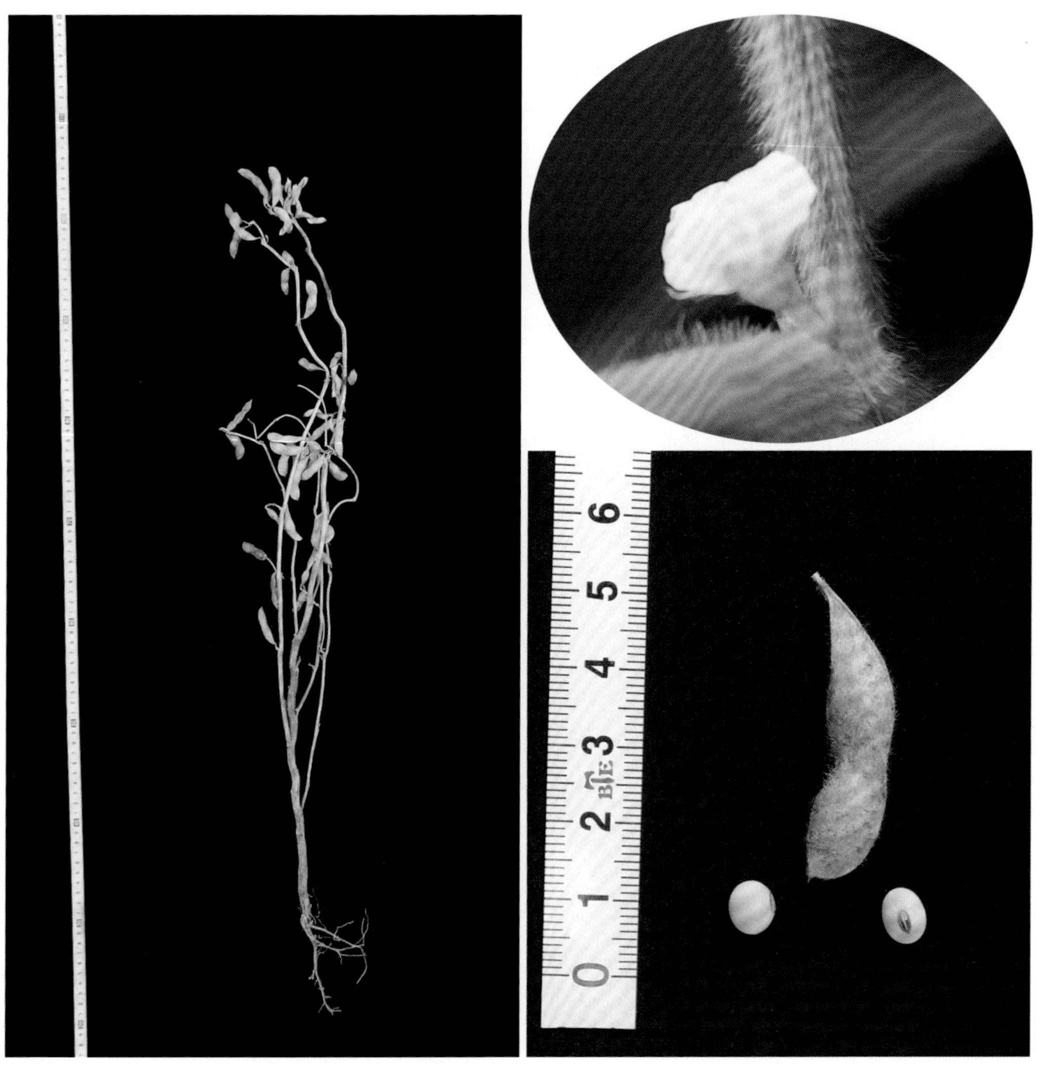

22. 松木黄豆

【采集地】广西贺州市平桂区沙田镇松木村。

【类型及分布】南方夏大豆类型，农家品种，分布于贺州市平桂区沙田镇及周边地区。

【主要特征特性】在南宁种植，生育期101天，有限结荚习性，株型收敛，株高87.5cm，底荚高17.8cm，主茎节数17.7个，有效分枝数2.3个，叶椭圆形，紫花，棕毛，荚深褐色，单株荚数15.7个，单株粒数31.2粒，单株粒重4.9g，籽粒圆形，种皮黄色，有微光泽，种脐淡褐色，百粒重17.3g，籽粒蛋白质含量为45.07%、脂肪含量为19.73%。该品种田间表现抗花叶病毒病，抗霜霉病，感细菌性斑点病，轻度裂荚，落叶性较好。

【利用价值】可直接应用于生产，或做抗花叶病毒病、抗霜霉病育种亲本。

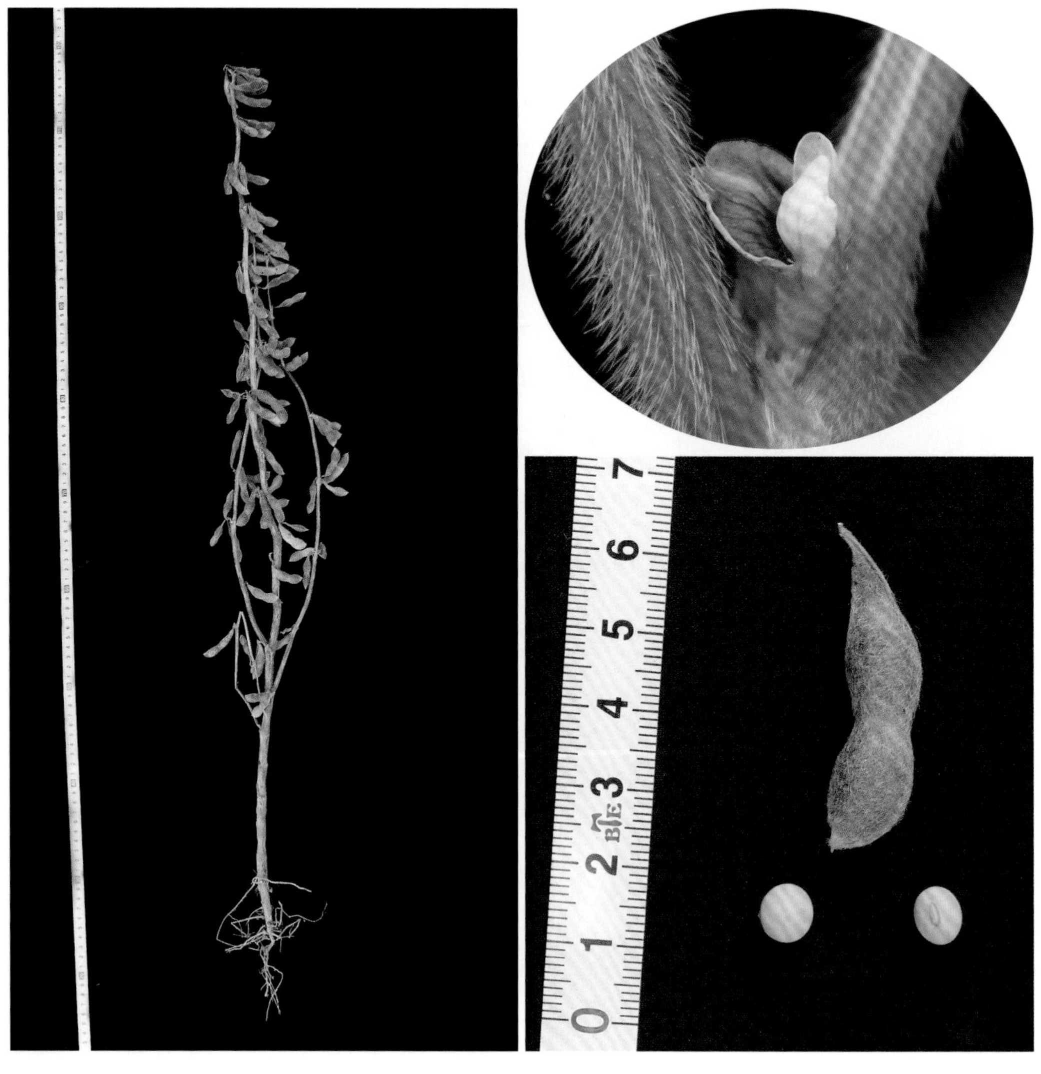

23. 九江黄豆

【采集地】广西百色市凌云县玉洪瑶族乡九江村九江屯四组。

【类型及分布】南方夏大豆类型，农家品种，分布于百色市凌云县玉洪瑶族乡及周边地区。

【主要特征特性】在南宁种植，生育期104天，亚有限结荚习性，株型收敛，株高113.42cm，底荚高8.13cm，主茎节数21.3个，有效分枝数2.0个，叶椭圆形，紫花，棕毛，荚深褐色，单株荚数116.0个，单株粒数192.0粒，单株粒重21.9g，籽粒扁圆形，种皮黄色，有微光泽，种脐淡褐色，百粒重12.7g，籽粒蛋白质含量为41.35%、脂肪含量为20.77%。该品种主茎节数较多；田间表现感花叶病毒病，中抗霜霉病，重度倒伏，轻度裂荚。

【利用价值】可直接应用于生产，或做多主茎节数、高产育种亲本。

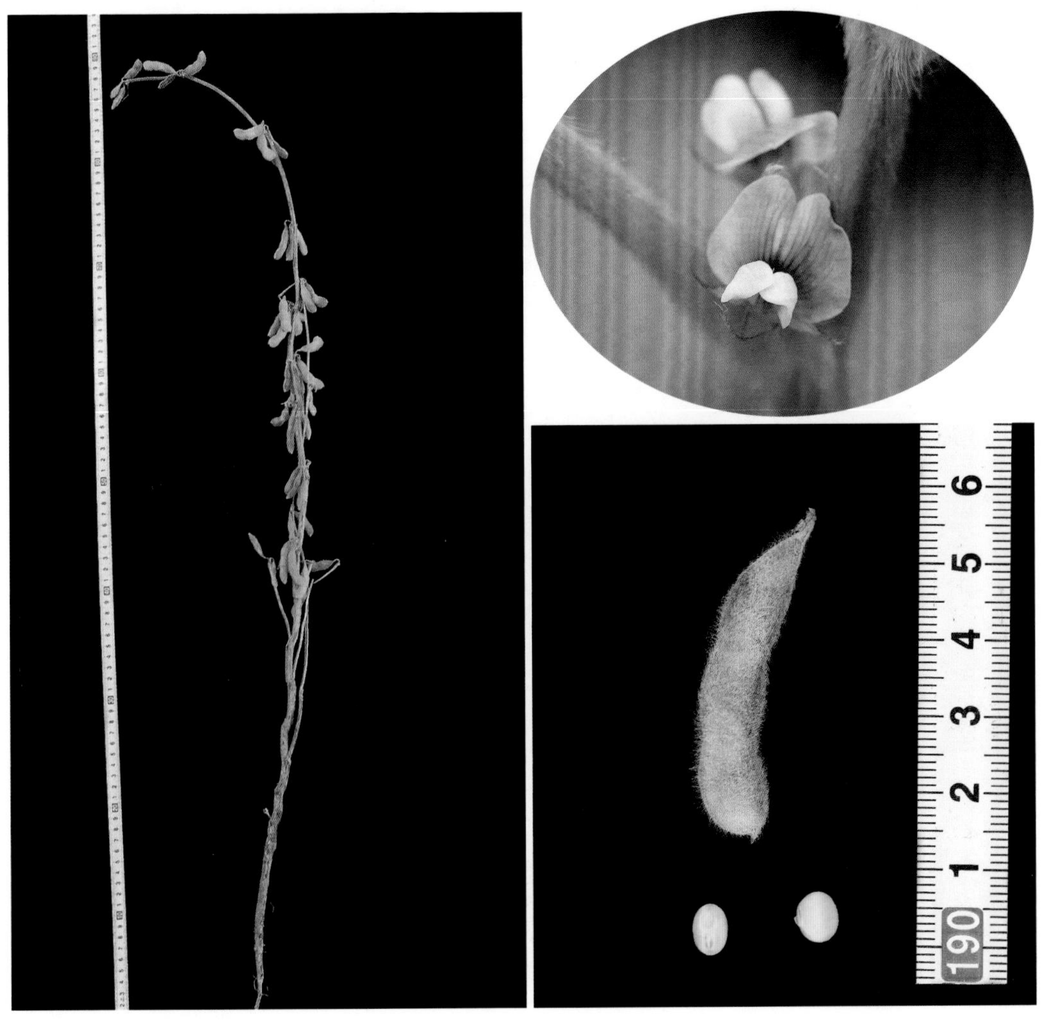

24. 老寨青豆

【采集地】广西百色市凌云县逻楼镇磨村村老寨二组。

【类型及分布】南方夏大豆类型，农家品种，分布于百色市凌云县逻楼镇及周边地区。

【主要特征特性】在南宁种植，生育期92天，有限结荚习性，株型收敛，株高82.2cm，底荚高21.3cm，主茎节数14.1个，有效分枝数1.7个，叶椭圆形，紫花，灰毛，荚深褐色，单株荚数52.0个，单株粒数109.0粒，单株粒重15.8g，籽粒扁圆形，种皮绿色，有微光泽，种脐淡褐色，百粒重16.1g，籽粒蛋白质含量为44.97%、脂肪含量为20.61%。该品种田间表现感花叶病毒病，感霜霉病，轻度倒伏，轻度裂荚。

【利用价值】可直接应用于生产，或做高底荚、主茎型育种亲本。

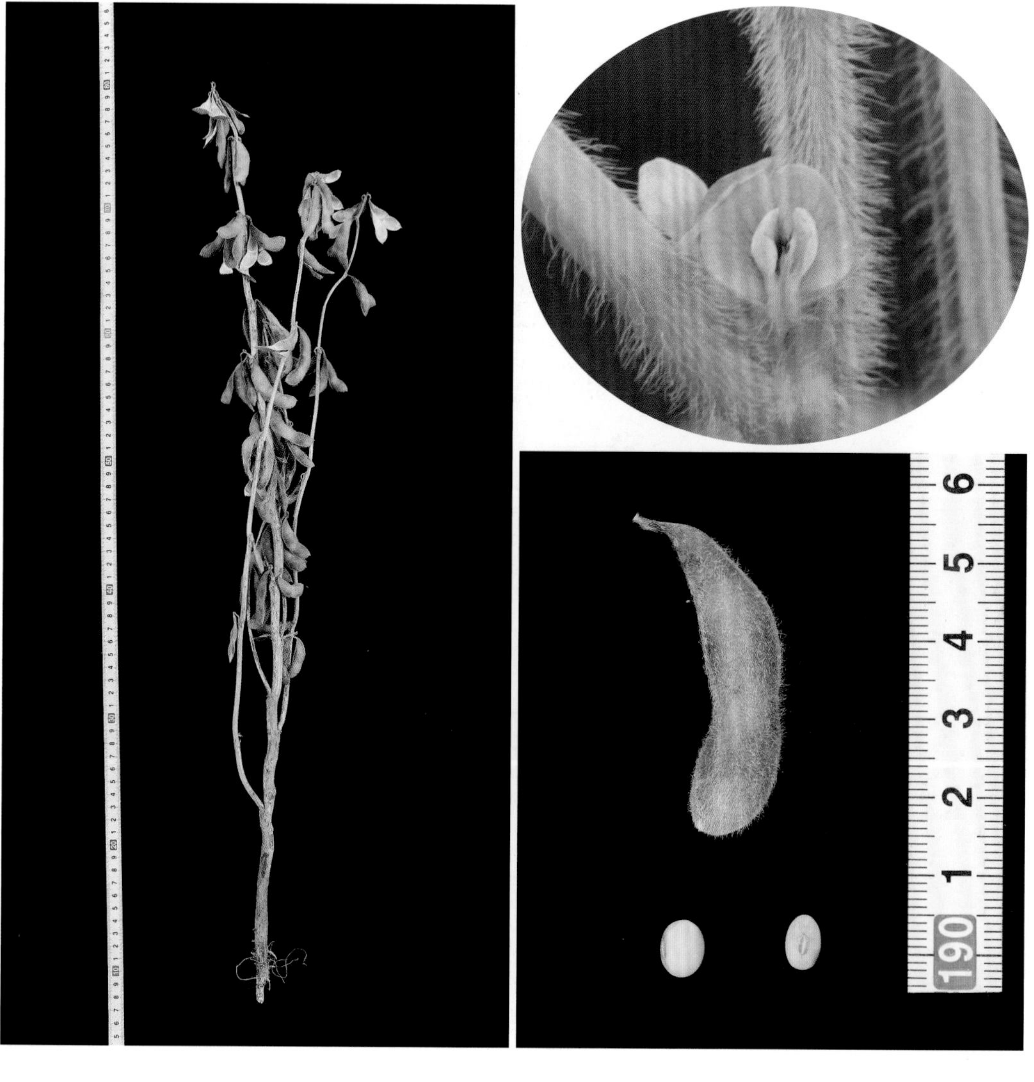

25. 老寨黄豆

【采集地】广西百色市凌云县逻楼镇磨村村老寨二组。

【类型及分布】南方夏大豆类型，农家品种，分布于百色市凌云县逻楼镇及周边地区。

【主要特征特性】在南宁种植，生育期 94 天，有限结荚习性，株型收敛，株高 61.5cm，底荚高 15.3cm，主茎节数 16.3 个，有效分枝数 1.5 个，叶椭圆形，紫花，灰毛，荚褐色，单株荚数 50.0 个，单株粒数 114.0 粒，单株粒重 17.1g，籽粒扁圆形，种皮黄色，有强光泽，种脐淡褐色，百粒重 16.7g，籽粒蛋白质含量为 41.72%、脂肪含量为 21.31%。该品种田间表现感花叶病毒病，高感霜霉病，轻度倒伏，轻度裂荚。

【利用价值】可直接应用于生产，或做籽粒强光泽度育种亲本。

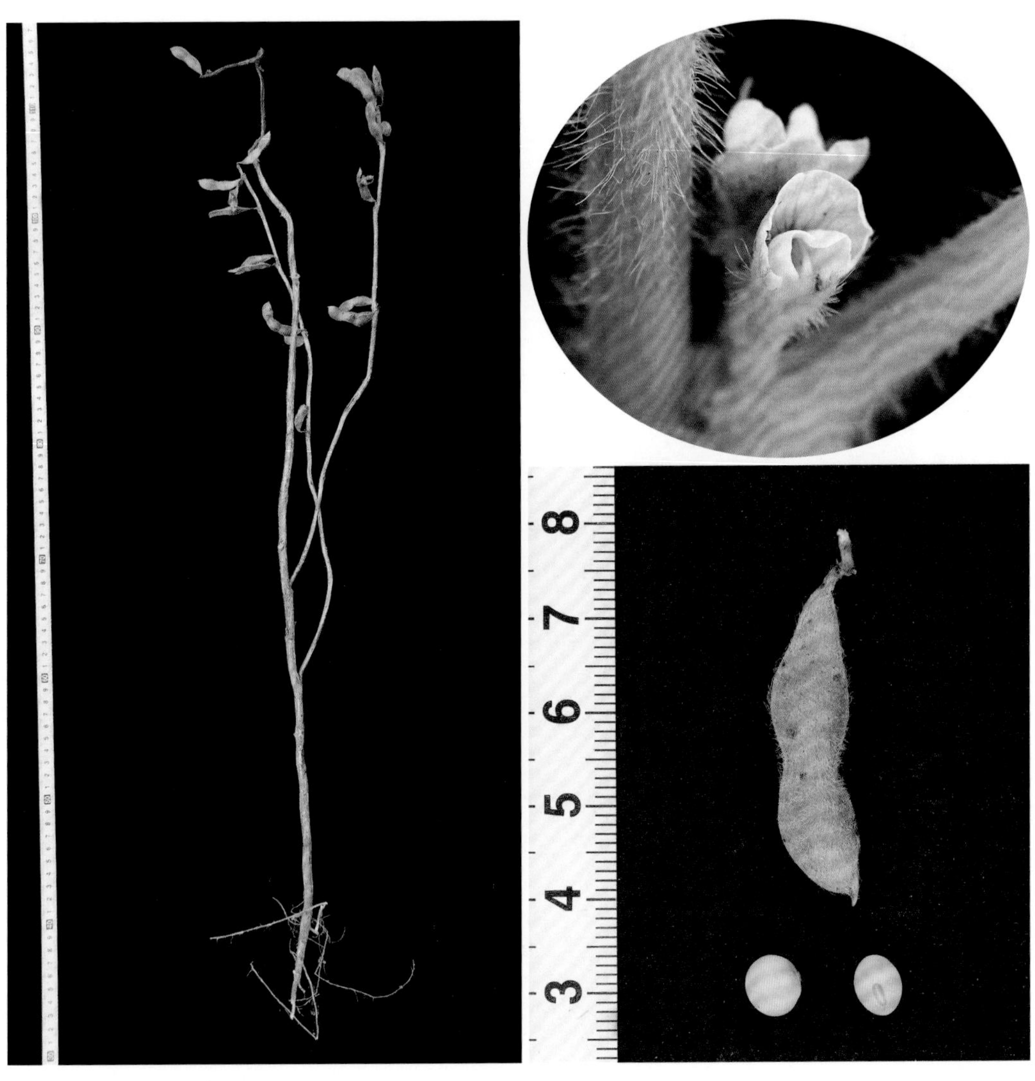

26. 逻西黄豆 1

【采集地】广西百色市凌云县伶站瑶族乡九民村逻西屯。

【类型及分布】南方夏大豆类型，农家品种，分布于百色市凌云县伶站瑶族乡及周边地区。

【主要特征特性】在南宁种植，生育期 94 天，有限结荚习性，株型收敛，株高 85.4cm，底荚高 20.7cm，主茎节数 15.4 个，有效分枝数 0.6 个，叶椭圆形，紫花，灰毛，荚灰褐色，单株荚数 58.0 个，单株粒数 135.0 粒，单株粒重 20.4g，籽粒扁圆形，种皮黄色，有微光泽，种脐褐色，百粒重 16.8g，籽粒蛋白质含量为 42.49%、脂肪含量为 22.04%。该品种田间表现感花叶病毒病，高抗霜霉病，重度倒伏，轻度裂荚。

【利用价值】可直接应用于生产，或做抗霜霉病、高油育种亲本。

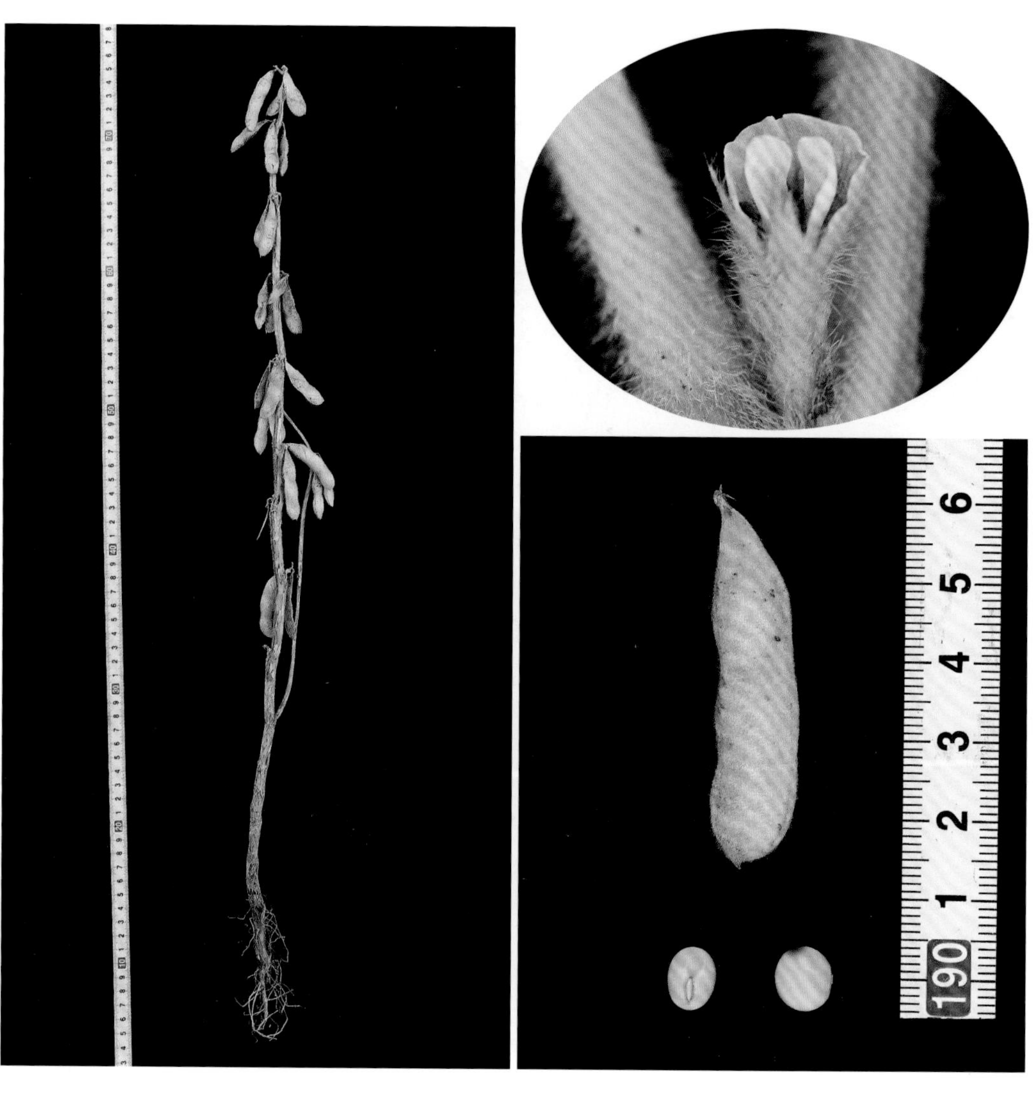

27. 逻西青豆

【采集地】广西百色市凌云县伶站瑶族乡九民村逻西屯。

【类型及分布】南方夏大豆类型，农家品种，分布于百色市凌云县伶站瑶族乡及周边地区。

【主要特征特性】在南宁种植，生育期 93 天，有限结荚习性，株型半开张，株高 85.8cm，底荚高 21.3cm，主茎节数 16.7 个，有效分枝数 2.5 个，叶椭圆形，紫花，棕毛，荚褐色，单株荚数 25.0 个，单株粒数 61.0 粒，单株粒重 14.4g，籽粒扁圆形，种皮绿色，无光泽，种脐褐色，百粒重 26.4g，籽粒蛋白质含量为 46.32%、脂肪含量为 21.13%。该品种田间表现感花叶病毒病，感霜霉病，中度倒伏，轻度裂荚。

【利用价值】可直接应用于生产，或做高底荚、高蛋白育种亲本。

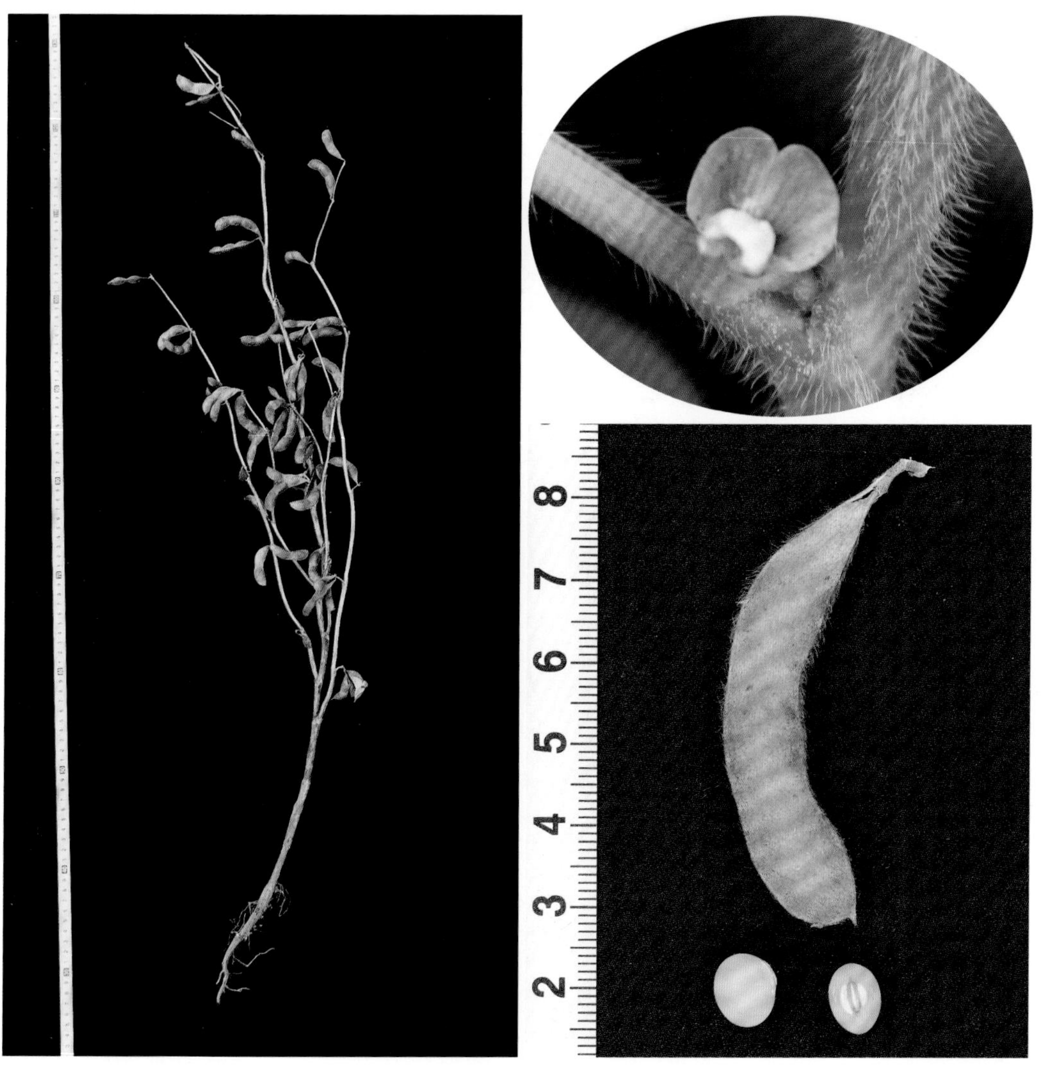

28. 那洪黄豆

【采集地】广西百色市凌云县玉洪瑶族乡那洪村那洪屯。

【类型及分布】南方夏大豆类型，农家品种，分布于百色市凌云县玉洪瑶族乡及周边地区。

【主要特征特性】在南宁种植，生育期103天，亚有限结荚习性，株型收敛，株高113.5cm，底荚高10.4cm，主茎节数20.2个，有效分枝数1.1个，叶椭圆形，紫花，灰毛，荚褐色，单株荚数103.0个，单株粒数197.0粒，单株粒重20.7g，籽粒扁圆形，种皮黄色，有微光泽，种脐淡褐色，百粒重11.7g，籽粒蛋白质含量为41.22%、脂肪含量为20.65%。该品种田间表现感花叶病毒病，高抗霜霉病，轻度倒伏，轻度裂荚。

【利用价值】可直接应用于生产，或做抗霜霉病育种亲本。

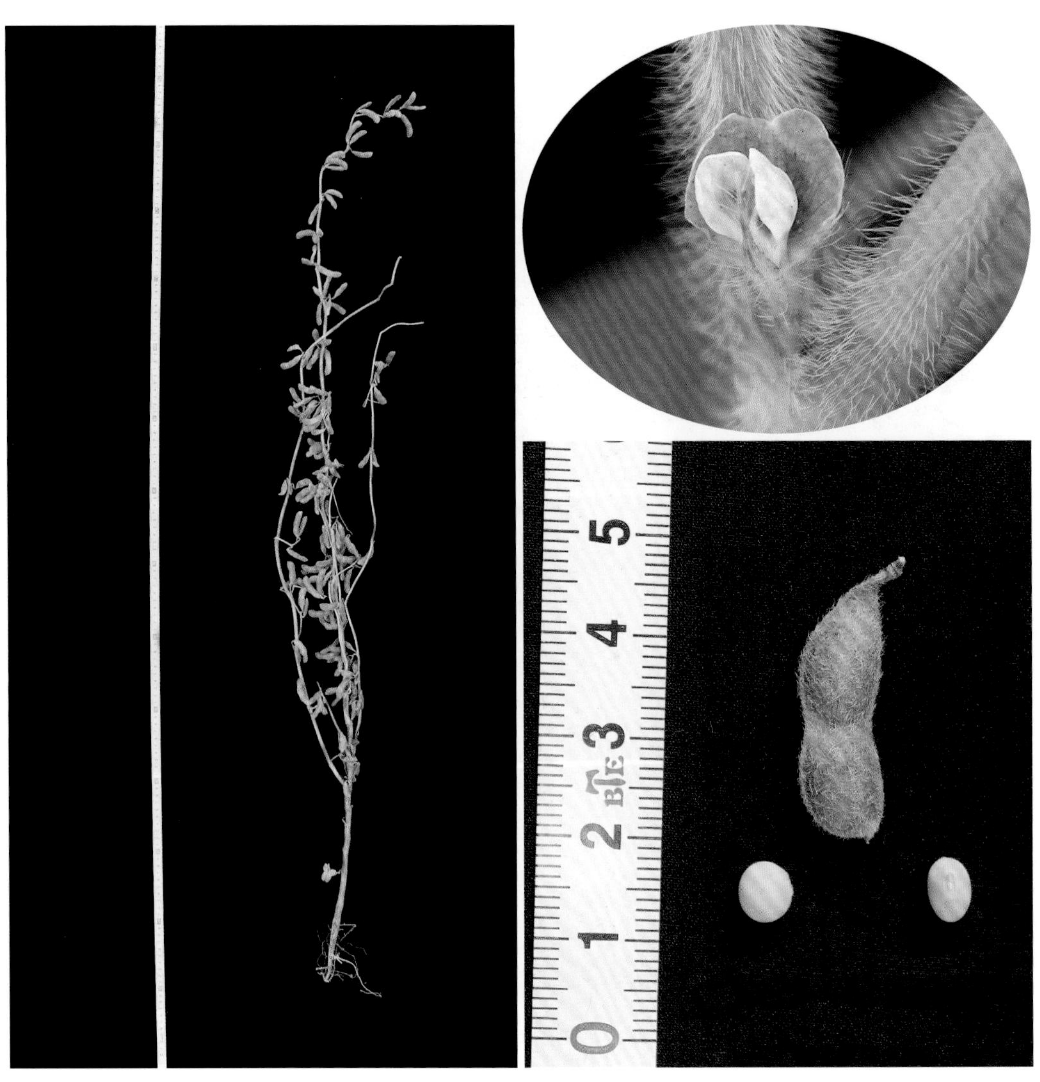

29. 那洪青豆

【采集地】广西百色市凌云县玉洪瑶族乡那洪村那洪屯。

【类型及分布】南方夏大豆类型，农家品种，分布于百色市凌云县玉洪瑶族乡及周边地区。

【主要特征特性】在南宁种植，生育期 97 天，有限结荚习性，株型收敛，株高 58.8cm，底荚高 13.8cm，主茎节数 17.6 个，有效分枝数 2.6 个，叶椭圆形，紫花，棕毛，荚黄褐色，单株荚数 130.0 个，单株粒数 255.0 粒，单株粒重 35.3g，籽粒扁圆形，种皮绿色，有微光泽，种脐深褐色，百粒重 15.4g，籽粒蛋白质含量为 42.34%、脂肪含量为 19.55%。该品种田间表现高抗花叶病毒病，感霜霉病，抗倒伏，轻度裂荚。

【利用价值】可直接应用于生产，或做抗花叶病毒病、抗倒伏、高产育种亲本。

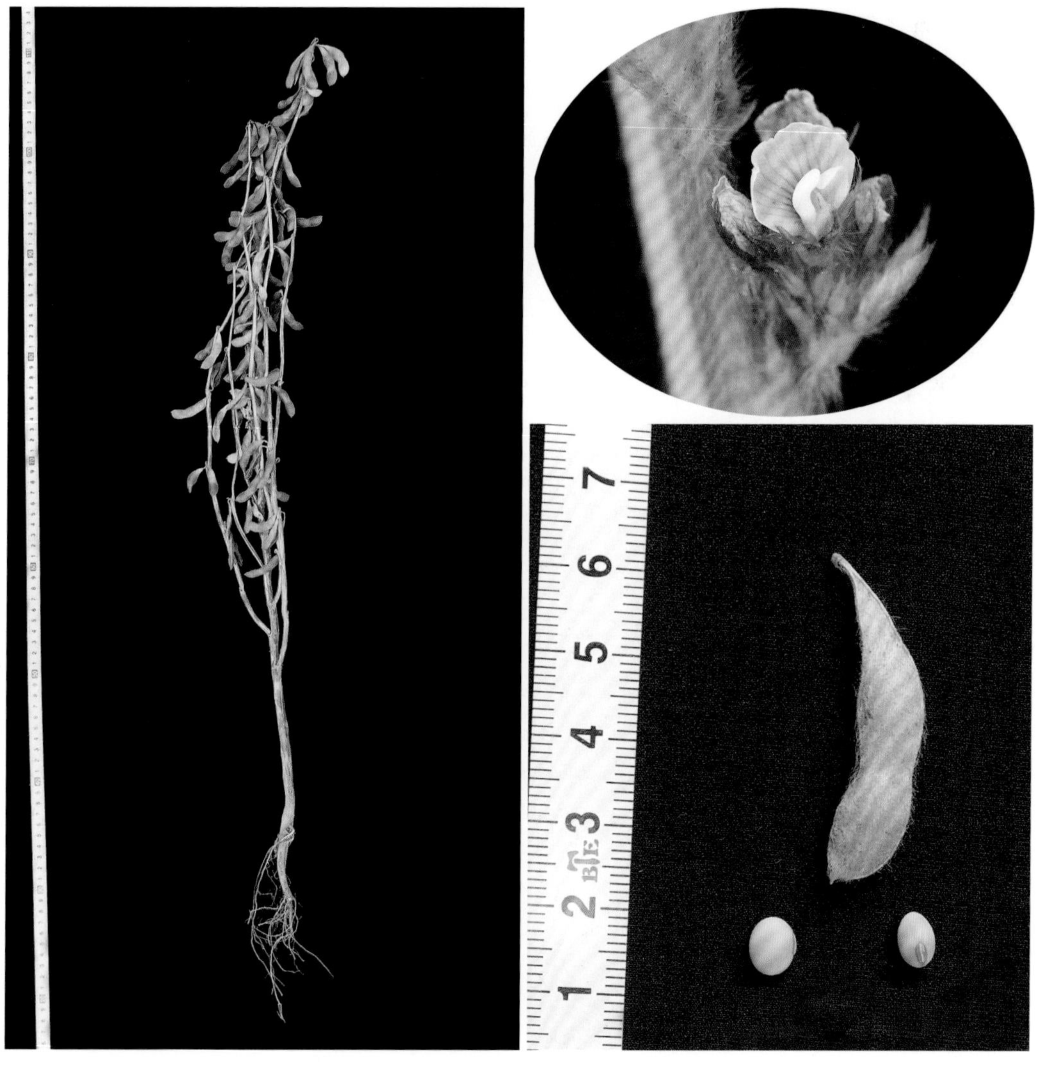

30. 介福青豆

【采集地】广西百色市凌云县逻楼镇介福村。

【类型及分布】南方夏大豆类型，农家品种，分布于百色市凌云县逻楼镇及周边地区。

【主要特征特性】在南宁种植，生育期 91 天，亚有限结荚习性，株型收敛，株高 63.3cm，底荚高 14.6cm，主茎节数 14.1 个，有效分枝数 2.3 个，叶椭圆形，紫花，灰毛，荚黄褐色，单株荚数 74.0 个，单株粒数 121.0 粒，单株粒重 28.2g，籽粒扁圆形，种皮绿色，有微光泽，种脐褐色，百粒重 25.9g，籽粒蛋白质含量为 43.96%、脂肪含量为 21.62%。该品种田间表现高抗花叶病毒病，高感霜霉病，轻度倒伏，轻度裂荚。

【利用价值】可直接应用于生产，或做抗花叶病毒病育种亲本。

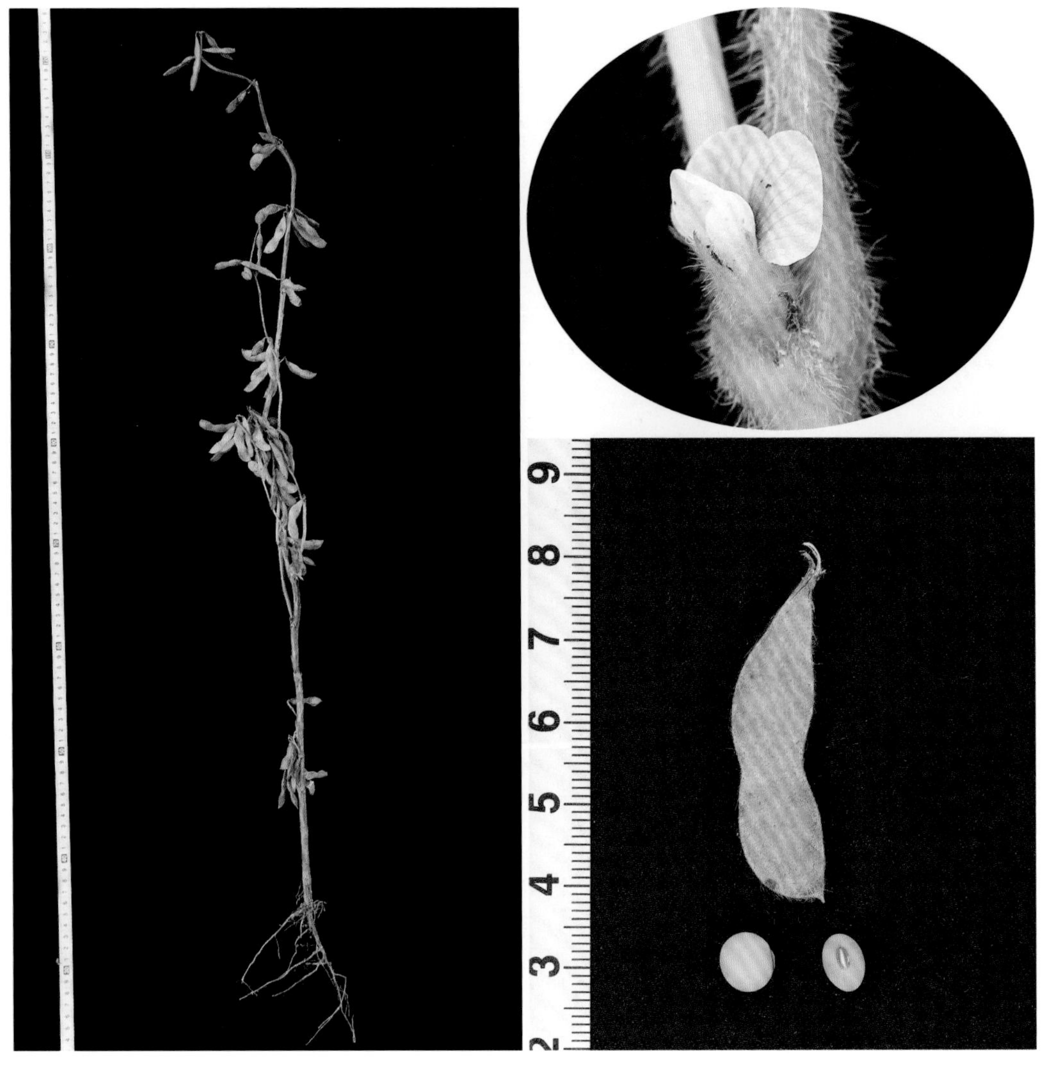

31. 介福黄豆 2

【采集地】广西百色市凌云县逻楼镇介福村。

【类型及分布】南方夏大豆类型，农家品种，分布于百色市凌云县逻楼镇及周边地区。

【主要特征特性】在南宁种植，生育期 99 天，有限结荚习性，株型半开张，株高 83.2cm，底荚高 16.8cm，主茎节数 17.3 个，有效分枝数 2.2 个，叶椭圆形，紫花，灰毛，荚褐色，单株荚数 74.0 个，单株粒数 129.0 粒，单株粒重 23.2g，籽粒圆形，种皮黄色，有强光泽，种脐黄色，百粒重 20.1g，籽粒蛋白质含量为 44.52%、脂肪含量为 20.60%。该品种田间表现高抗花叶病毒病，高抗霜霉病，中度倒伏，轻度裂荚。

【利用价值】可直接应用于生产，或做抗花叶病毒病、抗霜霉病育种亲本。

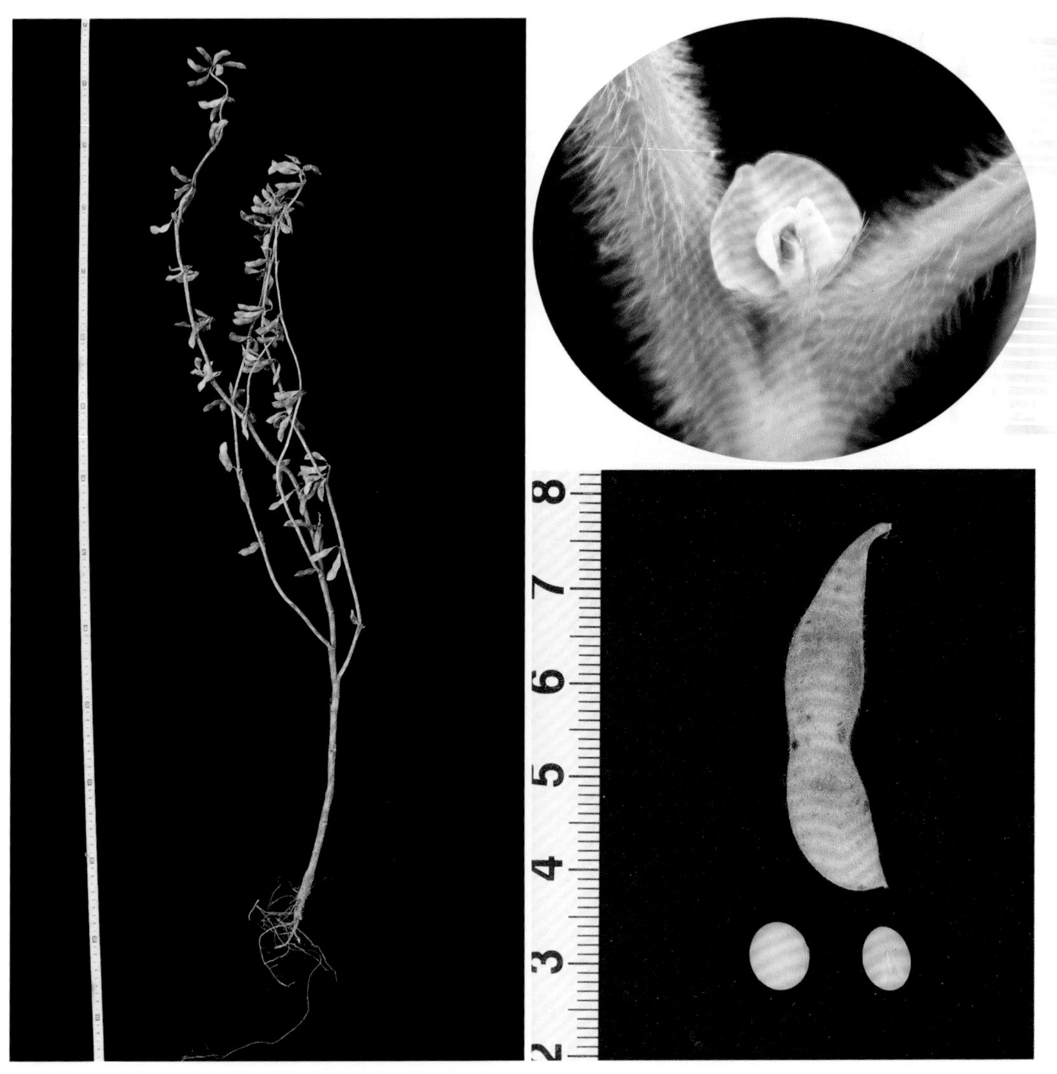

32. 百贯黄豆

【采集地】广西百色市凌云县伶站瑶族乡袍亭村百贯屯。

【类型及分布】南方夏大豆类型，农家品种，分布于百色市凌云县伶站瑶族乡及周边地区。

【主要特征特性】在南宁种植，生育期88天，有限结荚习性，株型半开张，株高76.3cm，底荚高18.3cm，主茎节数12.9个，有效分枝数2.4个，叶椭圆形，紫花，灰毛，荚灰褐色，单株荚数51.0个，单株粒数123.0粒，单株粒重24.3g，籽粒扁圆形，种皮黄色，有强光泽，种脐黄色，百粒重22.0g，籽粒蛋白质含量为45.08%、脂肪含量为20.05%。该品种田间表现高抗花叶病毒病，高抗霜霉病，抗倒伏，轻度裂荚。

【利用价值】可直接应用于生产，或做抗花叶病毒病、抗霜霉病育种亲本。

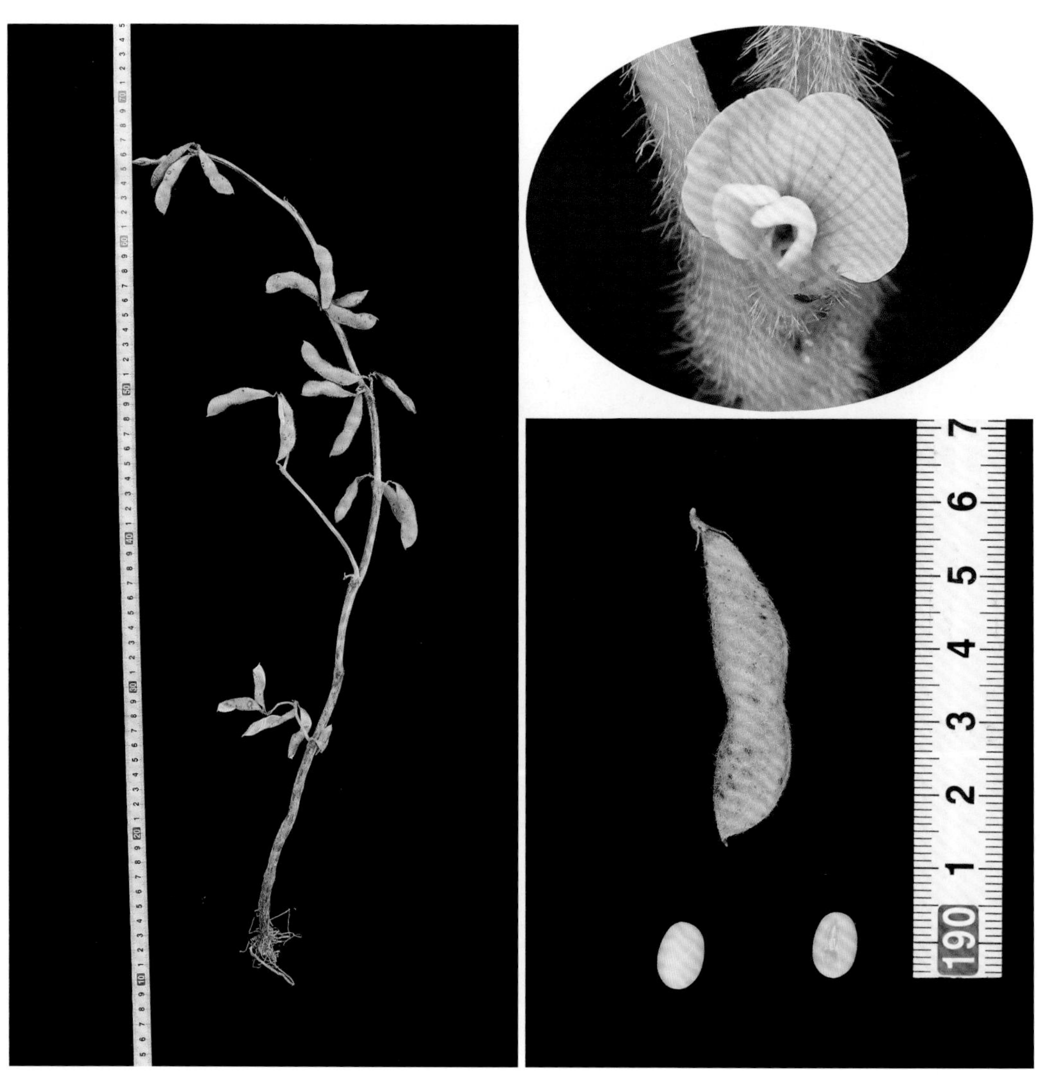

33. 牛棚黄豆

【采集地】广西百色市凌云县玉洪瑶族乡莲灯村牛棚屯。

【类型及分布】南方夏大豆类型，农家品种，分布于百色市凌云县玉洪瑶族乡及周边地区。

【主要特征特性】在南宁种植，生育期 101 天，亚有限结荚习性，株型收敛，株高 148.3cm，底荚高 10.4cm，主茎节数 22.3 个，有效分枝数 0.8 个，叶椭圆形，紫花，灰毛，荚黑色，单株荚数 73.0 个，单株粒数 130.0 粒，单株粒重 18.1g，籽粒扁椭圆形，种皮黄色，有微光泽，种脐褐色，百粒重 15.5g，籽粒蛋白质含量为 42.38%、脂肪含量为 20.38%。该品种田间表现高抗花叶病毒病，高抗霜霉病，重度倒伏，不裂荚。

【利用价值】可直接应用于生产，或做抗花叶病毒病、抗霜霉病育种亲本。

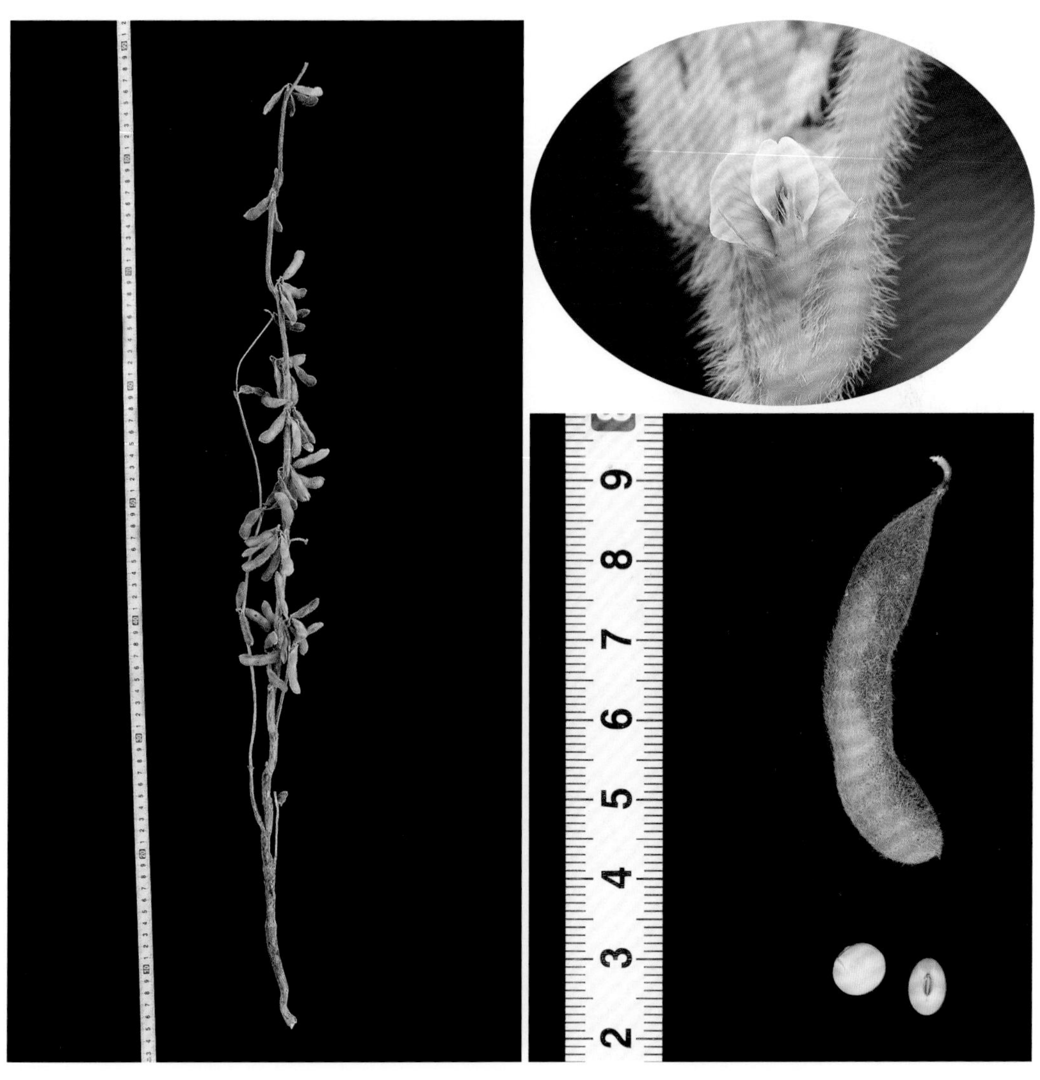

34. 敏村黄豆

【采集地】广西百色市凌云县逻楼镇敏村村敏村屯。

【类型及分布】南方夏大豆类型，农家品种，分布于百色市凌云县逻楼镇及周边地区。

【主要特征特性】在南宁种植，生育期96天，有限结荚习性，株型收敛，株高75.3cm，底荚高13.3cm，主茎节数16.9个，有效分枝数1.4个，叶椭圆形，紫花，灰毛，荚褐色，单株荚数42.0个，单株粒数87.0粒，单株粒重15.3g，籽粒圆形，种皮黄色，有强光泽，种脐淡褐色，百粒重19.5g，籽粒蛋白质含量为44.38%、脂肪含量为19.17%。该品种田间表现高抗花叶病毒病，高抗霜霉病，重度倒伏，轻度裂荚。

【利用价值】可直接应用于生产，或做抗花叶病毒病、抗霜霉病育种亲本。

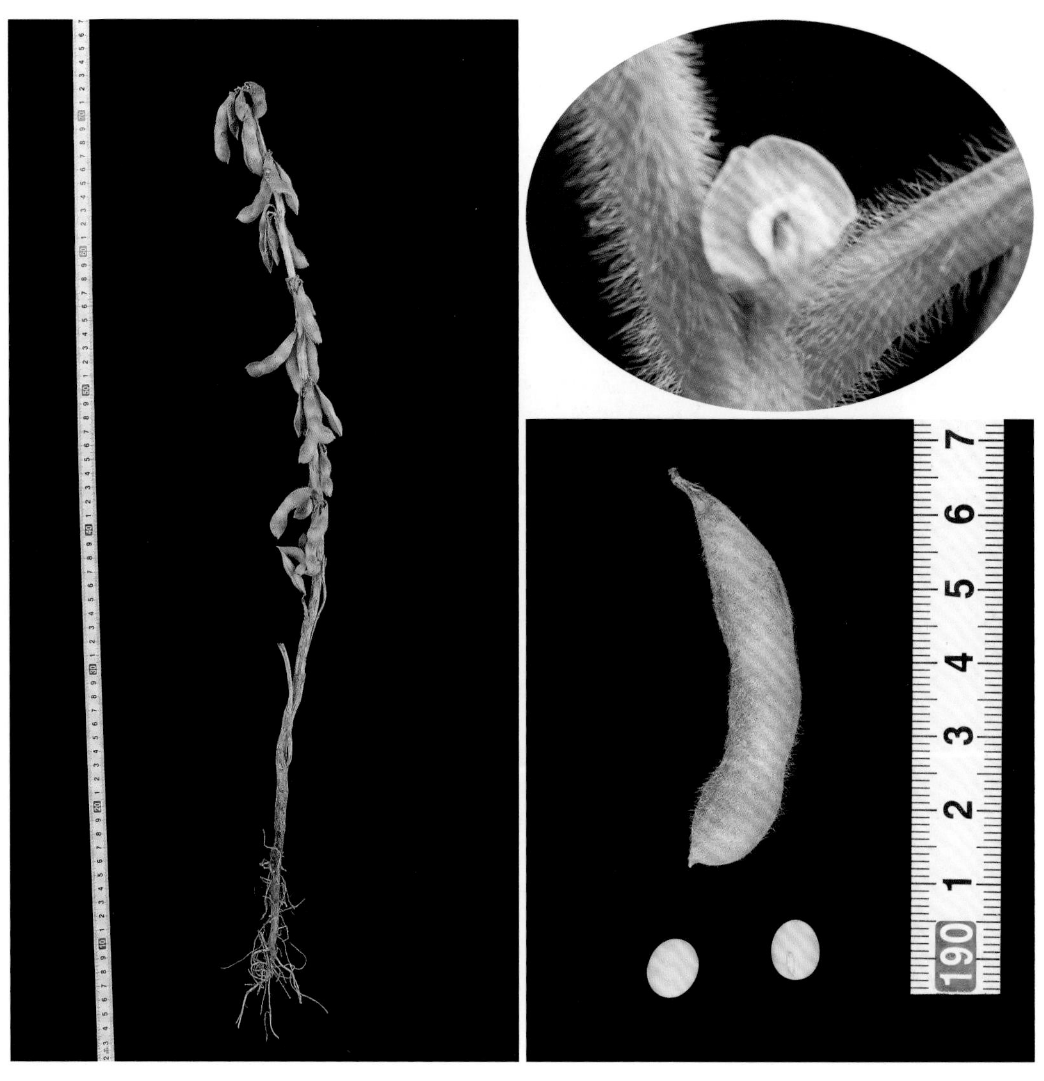

35. 逻西黄豆 2

【采集地】广西百色市凌云县伶站瑶族乡九民村逻西屯。

【类型及分布】南方夏大豆类型，农家品种，分布于百色市凌云县伶站瑶族乡及周边地区。

【主要特征特性】在南宁种植，生育期 98 天，有限结荚习性，株型收敛，株高 61.9cm，底荚高 16.6cm，主茎节数 16.4 个，有效分枝数 1.1 个，叶椭圆形，紫花，灰毛，荚褐色，单株荚数 85.1 个，单株粒数 163.8 粒，单株粒重 26.8g，籽粒圆形，种皮黄色，有微光泽，种脐淡褐色，百粒重 18.2g，籽粒蛋白质含量为 42.63%、脂肪含量为 21.24%。该品种三粒荚较多；田间表现高抗花叶病毒病，感霜霉病，感细菌性斑点病，中度倒伏，轻度裂荚。

【利用价值】可直接应用于生产，或做抗花叶病毒病、多粒荚育种亲本。

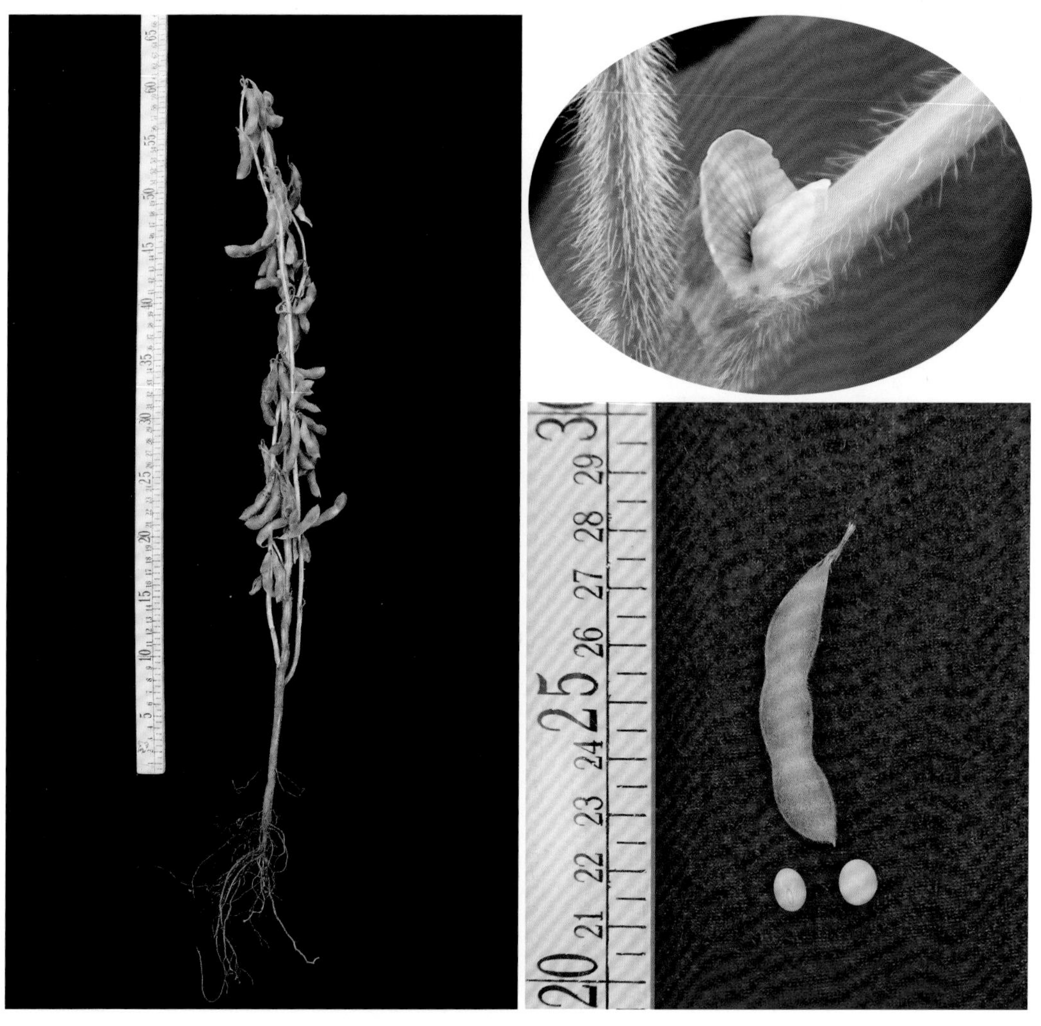

36. 黄豆（夏豆）

【采集地】广西梧州市蒙山县西河镇壬山村。

【类型及分布】南方夏大豆类型，农家品种，分布于梧州市蒙山县西河镇及周边地区。

【主要特征特性】在南宁种植，生育期85天，有限结荚习性，株型收敛，株高67.2cm，主茎节数14.4个，有效分枝数2.9个，叶椭圆形，紫花，灰毛，荚褐色，单株荚数24.2个，单株粒数48.3粒，单株粒重7.3g，籽粒椭圆形，种皮黄色，有微光泽，种脐褐色，百粒重16.3g，籽粒蛋白质含量为43.98%、脂肪含量为20.97%。该品种早熟；田间表现抗霜霉病，抗食叶性害虫，抗倒伏，不裂荚，落叶性好。

【利用价值】可直接应用于生产，或做早熟、抗倒伏、抗霜霉病育种亲本。

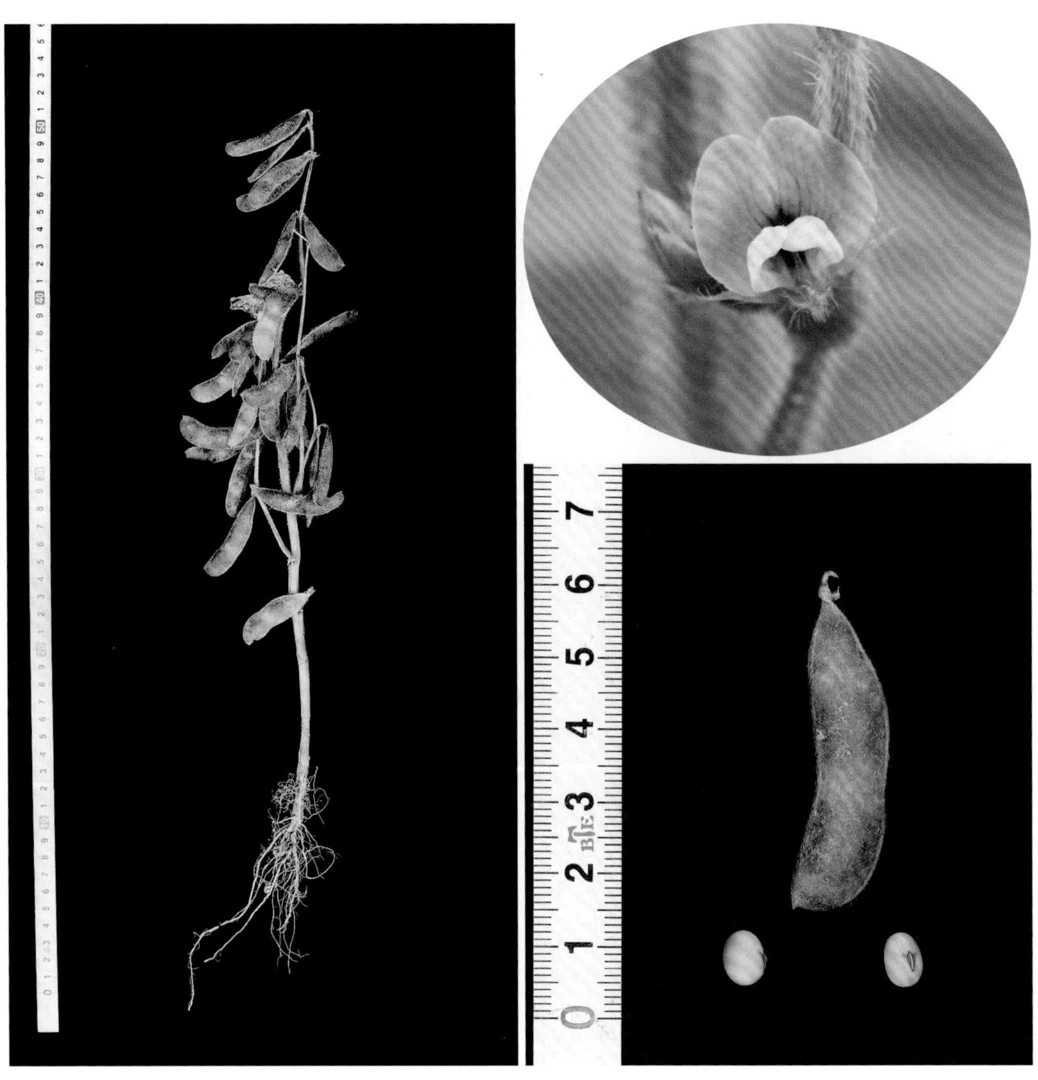

37. 黄姚大黑豆

【采集地】广西贺州市昭平县黄姚镇笔头村。

【类型及分布】南方夏大豆类型，农家品种，分布于贺州市昭平县黄姚镇及周边地区。

【主要特征特性】在南宁种植，生育期 107 天，亚有限结荚习性，株型半开张，株高 96.5cm，底荚高 12.5cm，主茎节数 17.4 个，有效分枝数 3.1 个，叶椭圆形，紫花，棕毛，荚黑色，单株荚数 66.8 个，单株粒数 129.0 粒，单株粒重 13.8g，籽粒椭圆形，种皮黑色，有微光泽，种脐黑色，百粒重 11.9g，籽粒蛋白质含量为 44.46%、脂肪含量为 21.62%。该品种田间表现抗花叶病毒病，抗霜霉病，高抗细菌性斑点病，重度倒伏，轻度裂荚，落叶性较好。

【利用价值】可直接应用于生产，或做抗花叶病毒病、抗霜霉病、抗细菌性斑点病育种亲本。

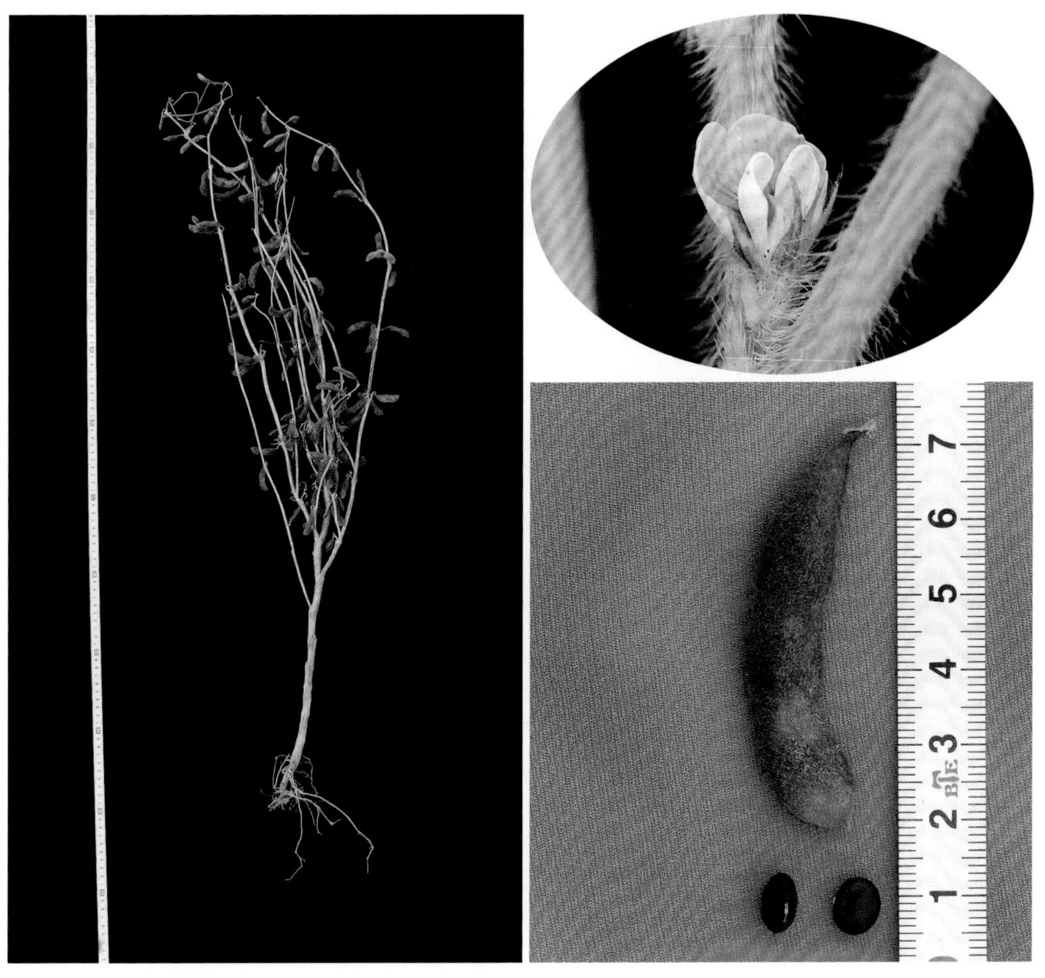

38. 庙椏夏豆 1

【采集地】广西贺州市昭平县走马镇庙椏村。

【类型及分布】南方夏大豆类型，农家品种，分布于贺州市昭平县走马镇及周边地区。

【主要特征特性】在南宁种植，生育期 115 天，有限结荚习性，株型收敛，株高 101.5cm，底荚高 25.7cm，主茎节数 14.5 个，有效分枝数 1.7 个，叶圆形，紫花，棕毛，荚褐色，单株荚数 33.9 个，单株粒数 59.7 粒，单株粒重 14.3g，籽粒扁圆形，种皮绿色，有微光泽，种脐黑色，百粒重 27.0g，籽粒蛋白质含量为 43.91%、脂肪含量为 21.17%。该品种田间表现中抗花叶病毒病，高抗霜霉病，中抗细菌性斑点病，重度倒伏，轻度裂荚，落叶性较好。

【利用价值】可直接应用于生产，或做高底荚、抗霜霉病育种亲本。

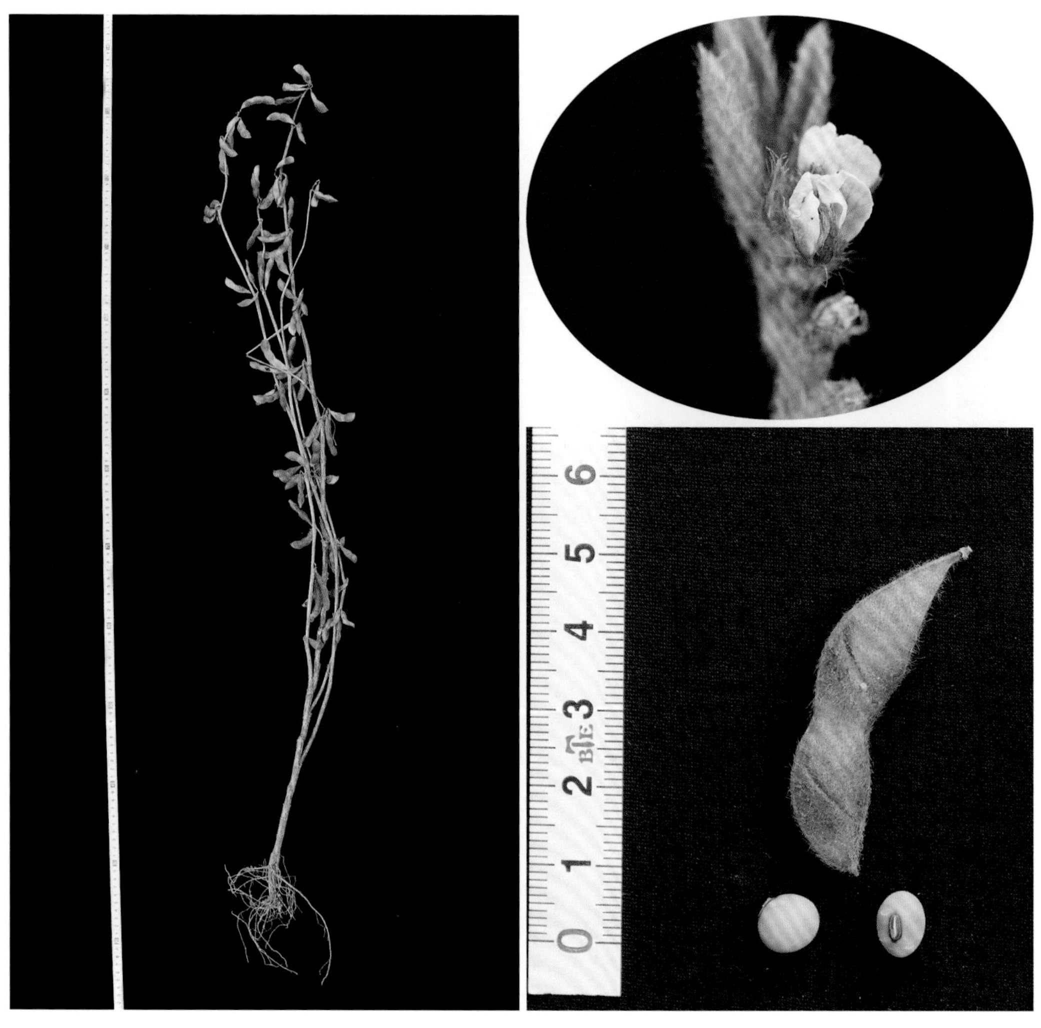

39. 古盘黄豆

【采集地】广西贺州市昭平县仙回瑶族乡古盘村西岸。

【类型及分布】南方夏大豆类型，农家品种，分布于贺州市昭平县仙回瑶族乡及周边地区。

【主要特征特性】在南宁种植，生育期105天，有限结荚习性，株型收敛，株高84.5cm，底荚高25.8cm，主茎节数18.8个，有效分枝数2.5个，叶椭圆形，紫花，灰毛，荚褐色，单株荚数41.5个，单株粒数70.6粒，单株粒重10.5g，籽粒圆形，种皮黄色，有微光泽，种脐淡褐色，百粒重16.6g，籽粒蛋白质含量为44.89%、脂肪含量为20.14%。该品种田间表现抗花叶病毒病，抗霜霉病，感细菌性斑点病，重度倒伏，不裂荚，落叶性较好。

【利用价值】可直接应用于生产，或做高底荚、抗花叶病毒病、抗霜霉病育种亲本。

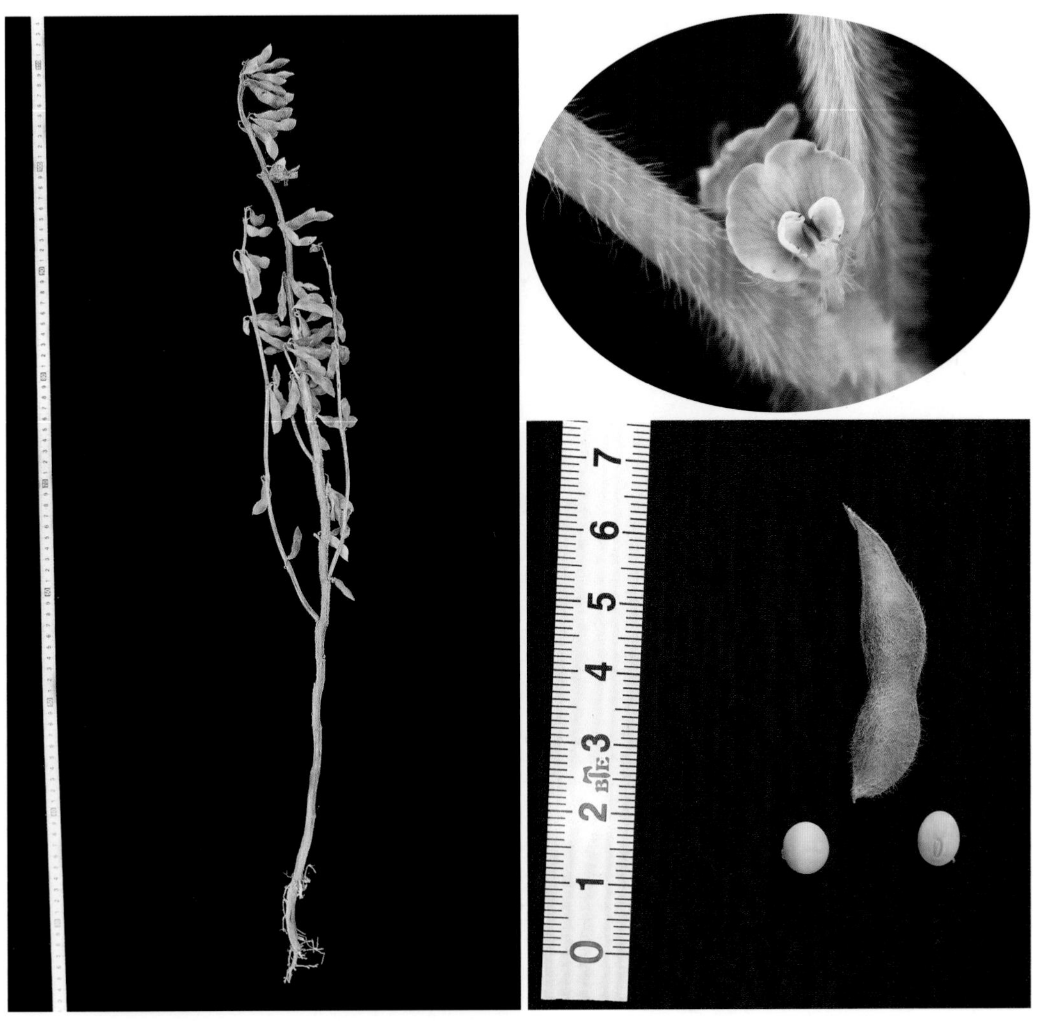

40. 庙桠夏豆 2

【采集地】广西贺州市昭平县走马镇庙桠村。

【类型及分布】南方夏大豆类型，农家品种，分布于贺州市昭平县走马镇及周边地区。

【主要特征特性】在南宁种植，生育期 106 天，有限结荚习性，株型收敛，株高 83.4cm，底荚高 25.3cm，主茎节数 19.4 个，有效分枝数 2.1 个，叶椭圆形，紫花，灰毛，荚黄褐色，单株荚数 38.7 个，单株粒数 72.0 粒，单株粒重 10.8g，籽粒圆形，种皮黄色，有微光泽，种脐淡褐色，百粒重 16.8g，籽粒蛋白质含量为 43.83%、脂肪含量为 20.82%。该品种田间表现抗花叶病毒病，抗霜霉病，感细菌性斑点病，重度倒伏，轻度裂荚，落叶性较好。

【利用价值】可直接应用于生产，或做抗花叶病毒病、抗霜霉病育种亲本。

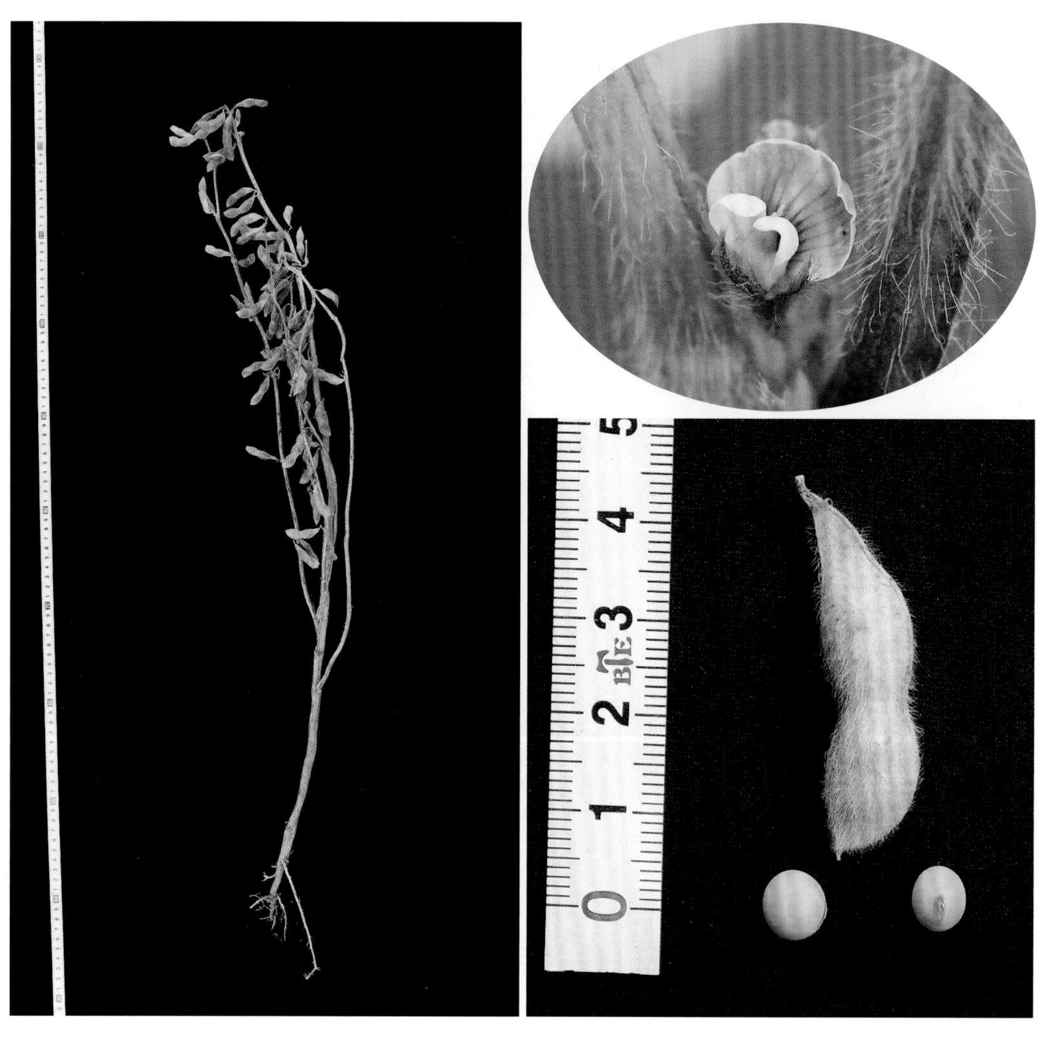

41. 黄姚夏豆

【采集地】广西贺州市昭平县黄姚镇笔头村。

【类型及分布】南方夏大豆类型，农家品种，分布于贺州市昭平县黄姚镇及周边地区。

【主要特征特性】在南宁种植，生育期106天，有限结荚习性，株型收敛，株高80.0cm，底荚高21.7cm，主茎节数18.3个，有效分枝数0.8个，叶椭圆形，紫花，灰毛，荚深褐色，单株荚数37.7个，单株粒数86.2粒，单株粒重13.9g，籽粒扁圆形，种皮黄色，有微光泽，种脐淡褐色，百粒重18.1g，籽粒蛋白质含量为43.81%、脂肪含量为20.70%。该品种田间表现抗花叶病毒病，抗霜霉病，中抗细菌性斑点病，不倒伏，轻度裂荚，落叶性较好。

【利用价值】可直接应用于生产，或做高底荚、抗花叶病毒病、抗霜霉病育种亲本。

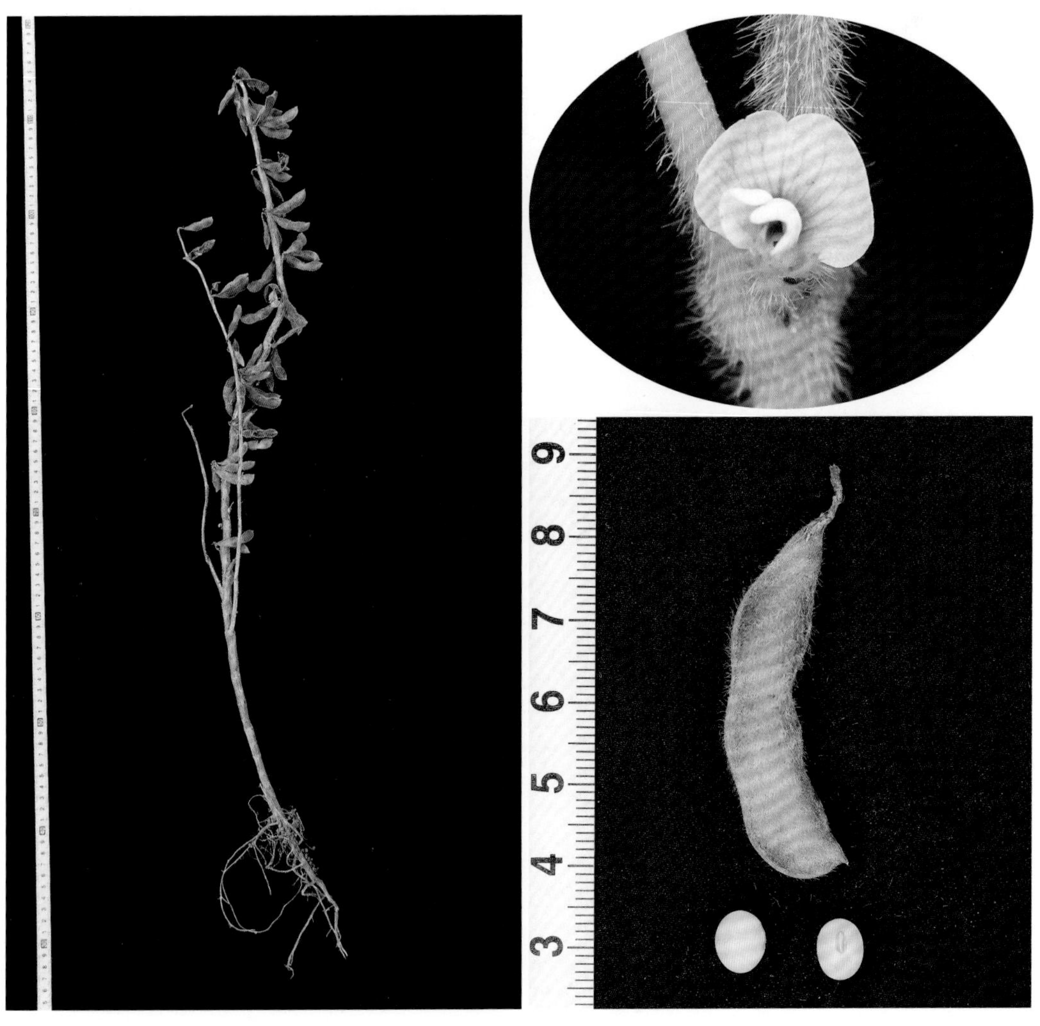

42. 福厚本地青皮黄豆

【采集地】广西河池市巴马瑶族自治县西山乡福厚村。

【类型及分布】南方夏大豆类型，农家品种，分布于河池市巴马瑶族自治县西山乡及周边地区。

【主要特征特性】在南宁种植，生育期88天，有限结荚习性，株型收敛，株高54.5cm，主茎节数15.8个，有效分枝数2.8个，叶椭圆形，紫花，灰毛，荚褐色，单株荚数29.3个，单株粒数53.7粒，单株粒重7.9g，籽粒椭圆形，种皮绿色，有微光泽，种脐淡褐色，百粒重15.8g，籽粒蛋白质含量为42.22%、脂肪含量为20.45%。该品种早熟，无豆腥味；田间表现抗霜霉病，抗旱，耐贫瘠，抗倒伏，不裂荚，落叶性好。

【利用价值】可直接应用于生产，或做早熟、抗霜霉病、抗倒伏育种亲本。

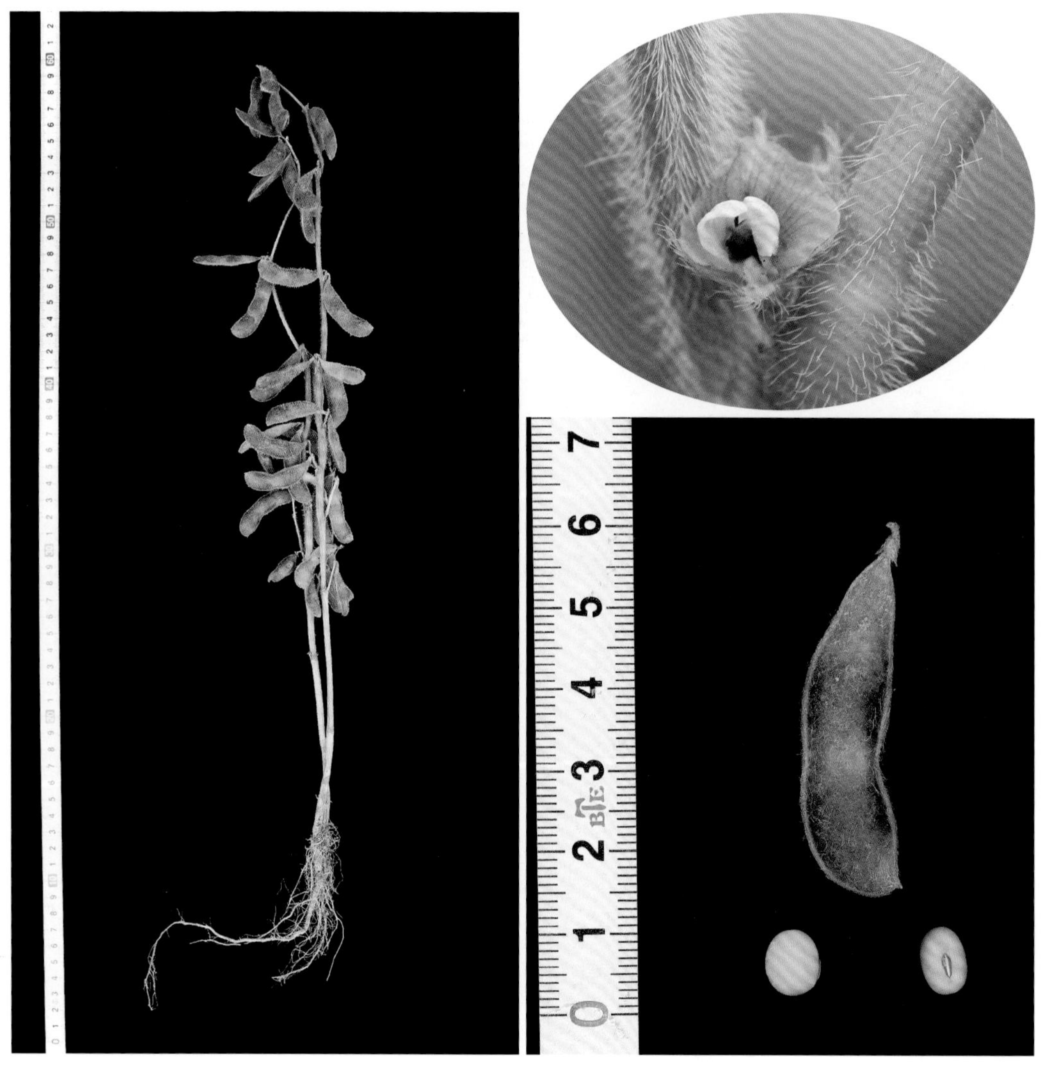

43. 百牛黑豆

【采集地】广西来宾市金秀瑶族自治县罗香乡罗运村委百牛村。

【类型及分布】南方夏大豆类型，农家品种，分布于来宾市金秀瑶族自治县罗香乡及周边地区。

【主要特征特性】在南宁种植，生育期 101 天，有限结荚习性，株型收敛，株高 54.2cm，主茎节数 14.9 个，有效分枝数 2.3 个，叶椭圆形，紫花，棕毛，荚褐色，单株荚数 21.9 个，单株粒数 49.3 粒，单株粒重 8.6g，籽粒椭圆形，种皮黑色，有微光泽，种脐黑色，百粒重 18.2g，籽粒蛋白质含量为 42.92%、脂肪含量为 23.20%。该品种脂肪含量高；田间表现抗霜霉病，抗旱，耐贫瘠，抗倒伏，不裂荚，落叶性好。

【利用价值】可直接应用于生产，或做抗霜霉病、抗倒伏、高油育种亲本。

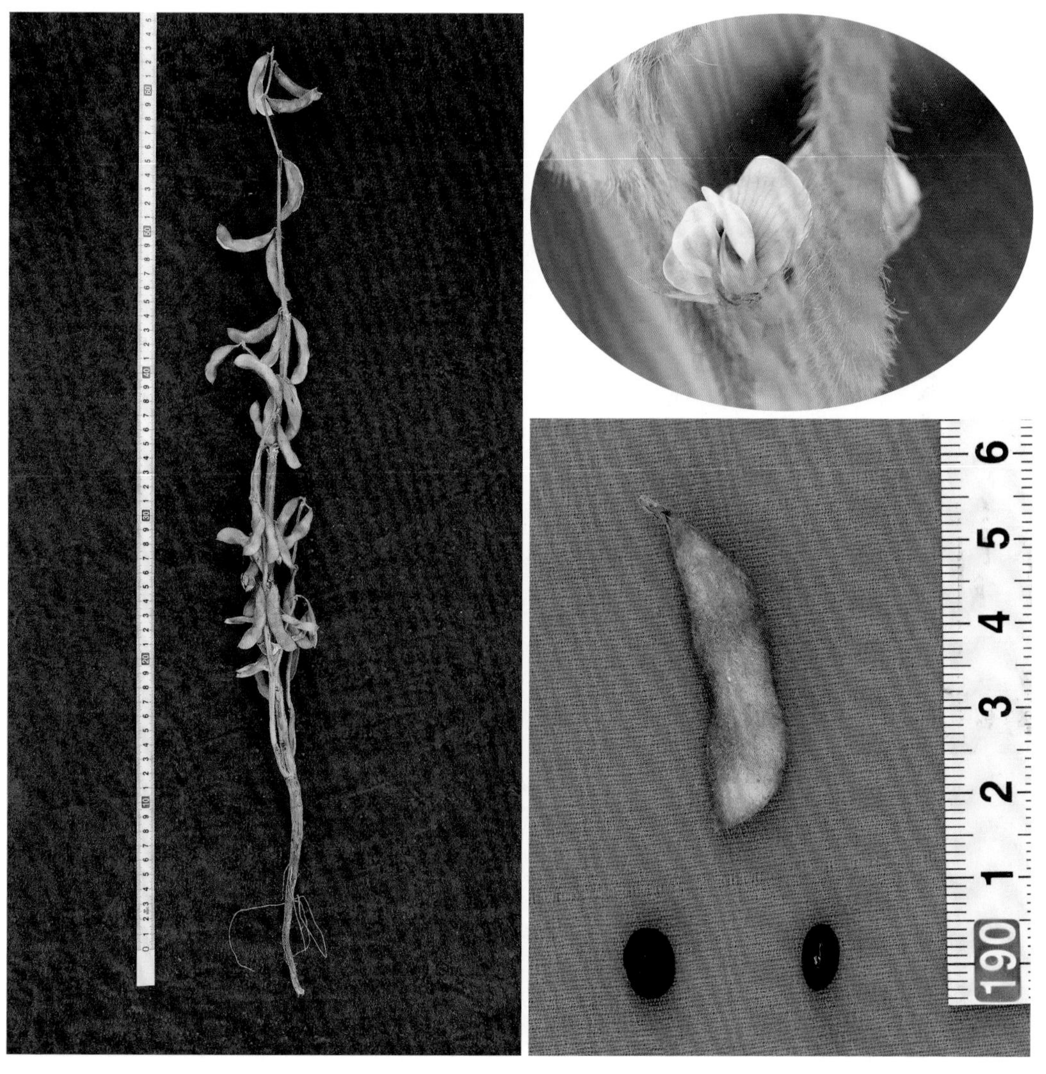

44. 本地蜂窝黄豆

【采集地】广西来宾市忻城县红渡镇雷洞村上垒屯。

【类型及分布】南方夏大豆类型，农家品种，分布于来宾市忻城县红渡镇及周边地区。

【主要特征特性】在南宁种植，生育期87天，有限结荚习性，株型收敛，株高48.2cm，主茎节数14.0个，有效分枝数3.5个，叶椭圆形，白花，灰毛，荚黑色，单株荚数44.5个，单株粒数82.8粒，单株粒重9.3g，籽粒椭圆形，种皮黄色，有微光泽，种脐褐色，百粒重11.3g，籽粒蛋白质含量为42.35%、脂肪含量为20.05%。该品种早熟，籽粒小；田间表现抗霜霉病，抗虫，抗旱，耐贫瘠，抗倒伏，不裂荚，落叶性好。

【利用价值】可直接应用于生产，或做早熟、小粒、抗倒伏、抗霜霉病育种亲本。

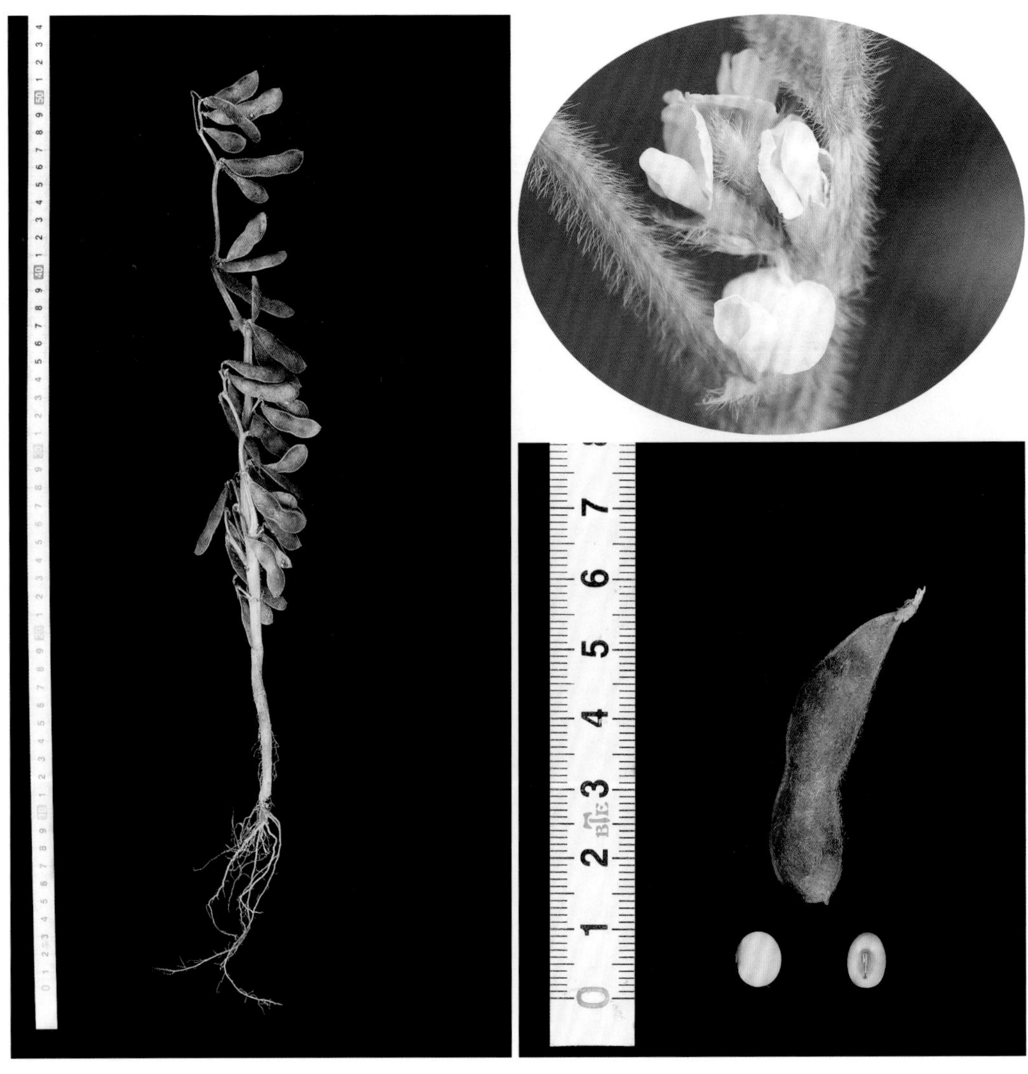

45. 本地早熟黄豆

【采集地】广西来宾市忻城县城关镇加海村拉头屯。

【类型及分布】南方夏大豆类型，农家品种，分布于来宾市忻城县城关镇及周边地区。

【主要特征特性】在南宁种植，生育期 83 天，有限结荚习性，株型收敛，株高 40.1cm，主茎节数 10.4 个，有效分枝数 1.2 个，叶椭圆形，白花，灰毛，荚黑色，单株荚数 27.9 个，单株粒数 47.8 粒，单株粒重 5.5g，籽粒椭圆形，种皮黄色，有微光泽，种脐褐色，百粒重 13.5g，籽粒蛋白质含量为 43.75%、脂肪含量为 19.05%。该品种早熟，籽粒小；田间表现抗霜霉病，抗食叶性害虫，抗倒伏，不裂荚，落叶性好。

【利用价值】可直接应用于生产，或做早熟、小粒、抗霜霉病、抗倒伏育种亲本。

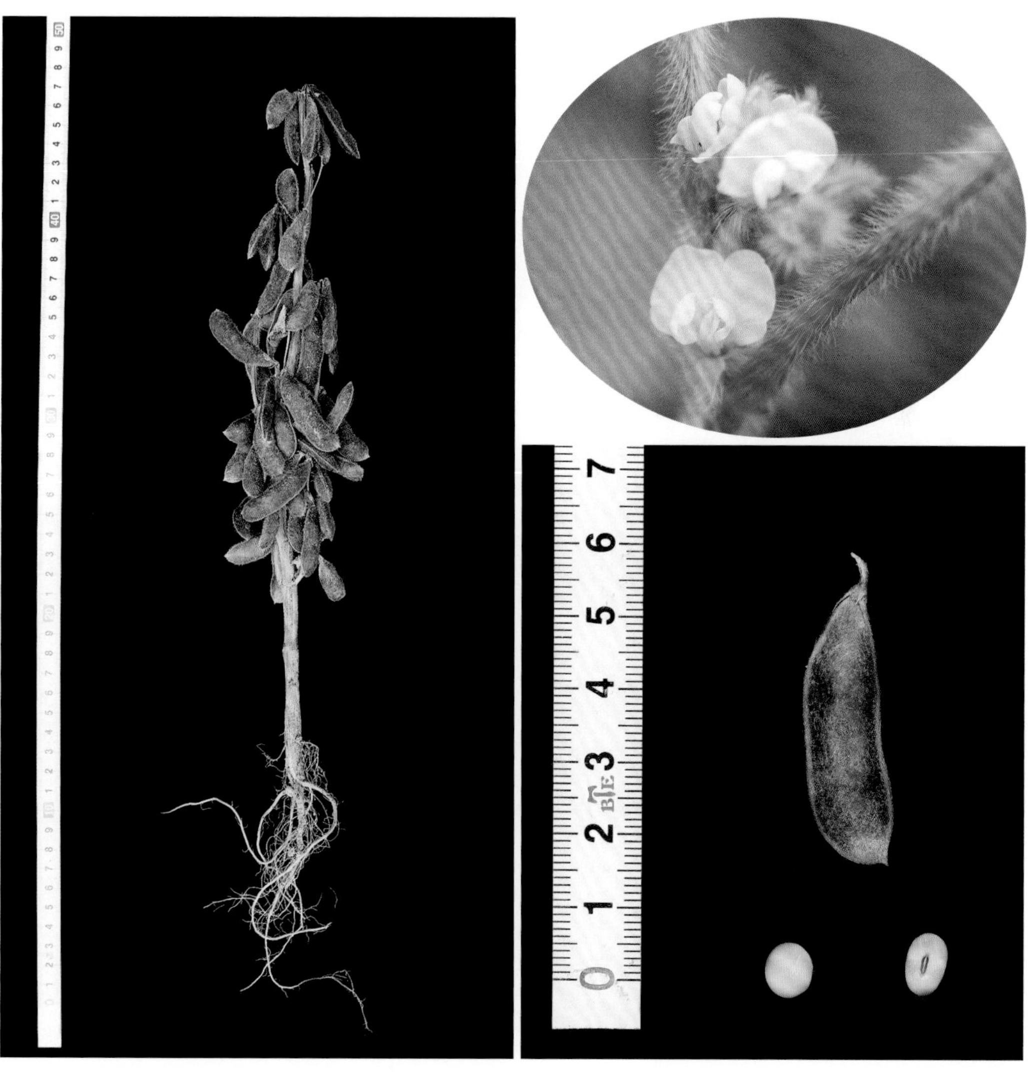

46. 隆福本地黄豆

【采集地】广西河池市都安瑶族自治县隆福乡隆福村。

【类型及分布】南方夏大豆类型，农家品种，分布于河池市都安瑶族自治县隆福乡及周边地区。

【主要特征特性】在南宁种植，生育期101天，有限结荚习性，株型收敛，株高59.6cm，主茎节数15.4个，有效分枝数1.1个，叶椭圆形，紫花，灰毛，荚深褐色，单株荚数36.0个，单株粒数65.7粒，单株粒重12.6g，籽粒圆形，种皮黄色，有微光泽，种脐淡褐色，百粒重21.3g，籽粒蛋白质含量为43.54%、脂肪含量为21.89%。该品种脂肪含量高，茎秆粗壮，结荚多，产量高；田间表现抗霜霉病，抗食叶性害虫，抗旱，耐贫瘠，抗倒伏，不裂荚，落叶性好。

【利用价值】可直接应用于生产，或做高油、抗倒伏、抗霜霉病、高产育种亲本。

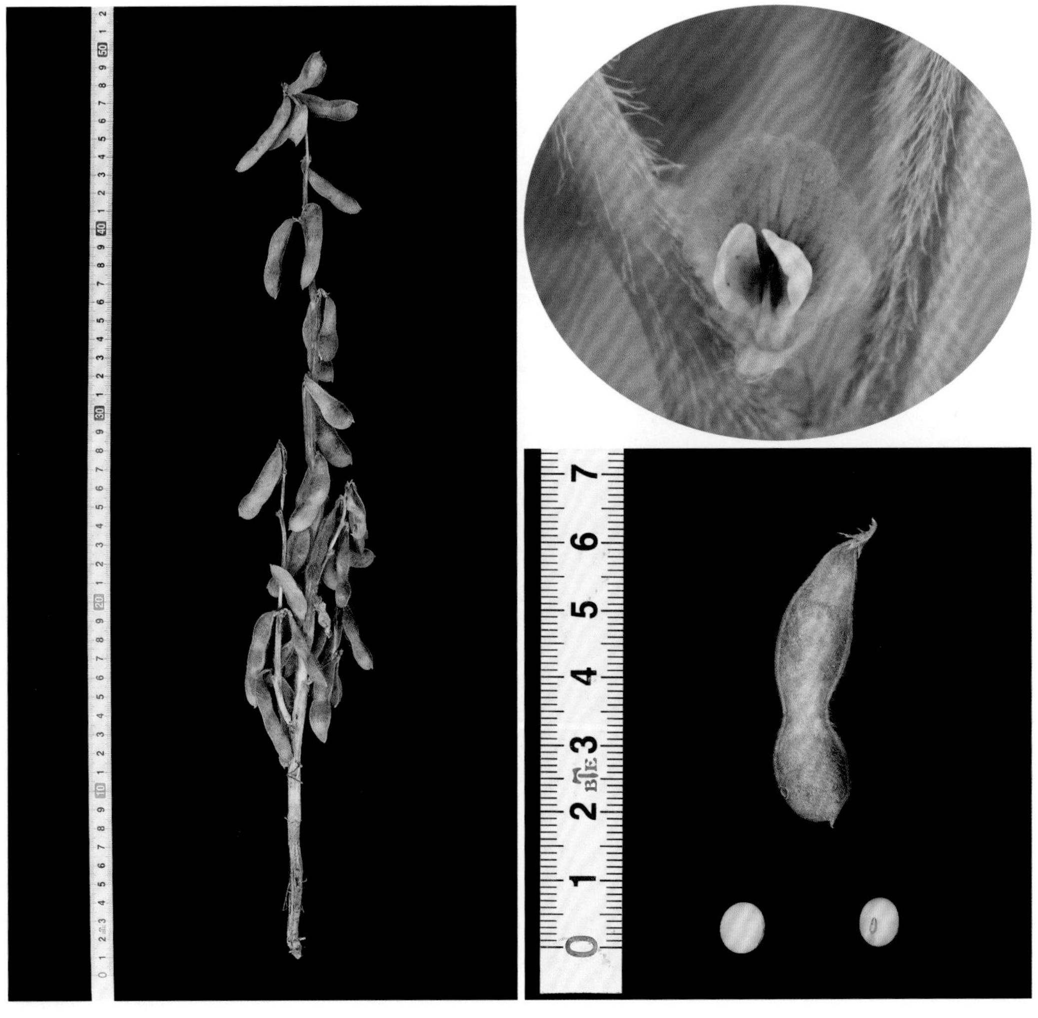

47. 龙英青皮黄豆

【采集地】广西河池市都安瑶族自治县三只羊乡龙英村。

【类型及分布】南方夏大豆类型，农家品种，分布于河池市都安瑶族自治县三只羊乡及周边地区。

【主要特征特性】在南宁种植，生育期87天，有限结荚习性，株型收敛，株高65.0cm，主茎节数14.6个，有效分枝数2.4个，叶椭圆形，紫花，灰毛，荚黄褐色，单株荚数29.0个，单株粒数45.9粒，单株粒重9.4g，籽粒椭圆形，种皮绿色，有强光泽，种脐褐色，百粒重22.2g，籽粒蛋白质含量为44.92%、脂肪含量为20.26%。该品种早熟；田间表现抗霜霉病，抗旱，耐贫瘠，抗倒伏，不裂荚，落叶性好。

【利用价值】可直接应用于生产，或做抗倒伏、抗霜霉病、早熟育种亲本。

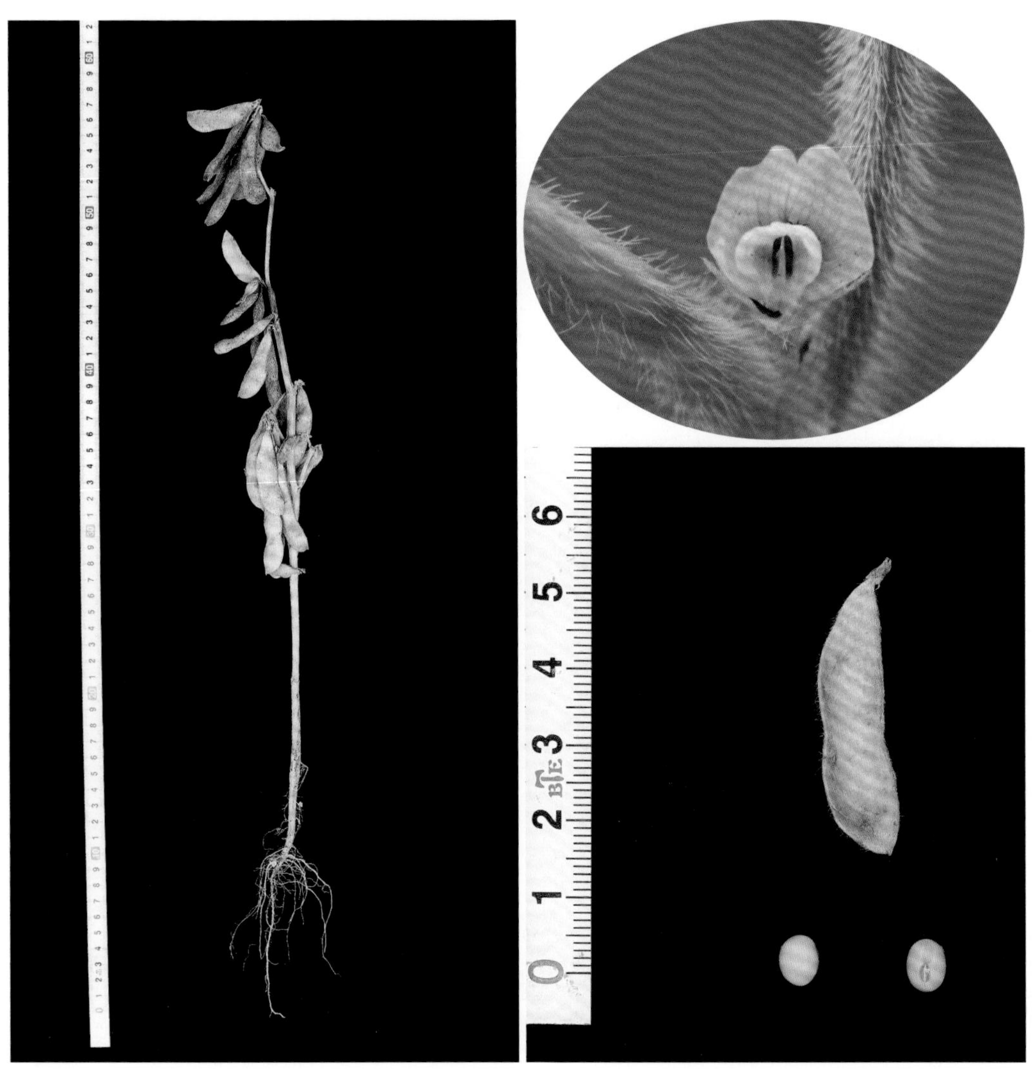

48. 板定黄豆

【采集地】广西河池市都安瑶族自治县百旺镇板定村。

【类型及分布】南方夏大豆类型，农家品种，分布于河池市都安瑶族自治县百旺镇及周边地区。

【主要特征特性】在南宁种植，生育期89天，有限结荚习性，株型收敛，株高58.3cm，主茎节数14.6个，有效分枝数3.1个，叶椭圆形，紫花，灰毛，荚深褐色，单株荚数39.2个，单株粒数72.8粒，单株粒重10.3g，籽粒椭圆形，种皮绿色，有微光泽，种脐褐色，百粒重15.1g，籽粒蛋白质含量为42.24%、脂肪含量为20.98%。该品种早熟，籽粒小；田间表现抗霜霉病，抗旱，耐贫瘠，抗倒伏，不裂荚，落叶性好。

【利用价值】可直接应用于生产，或做早熟、抗倒伏、抗霜霉病育种亲本。

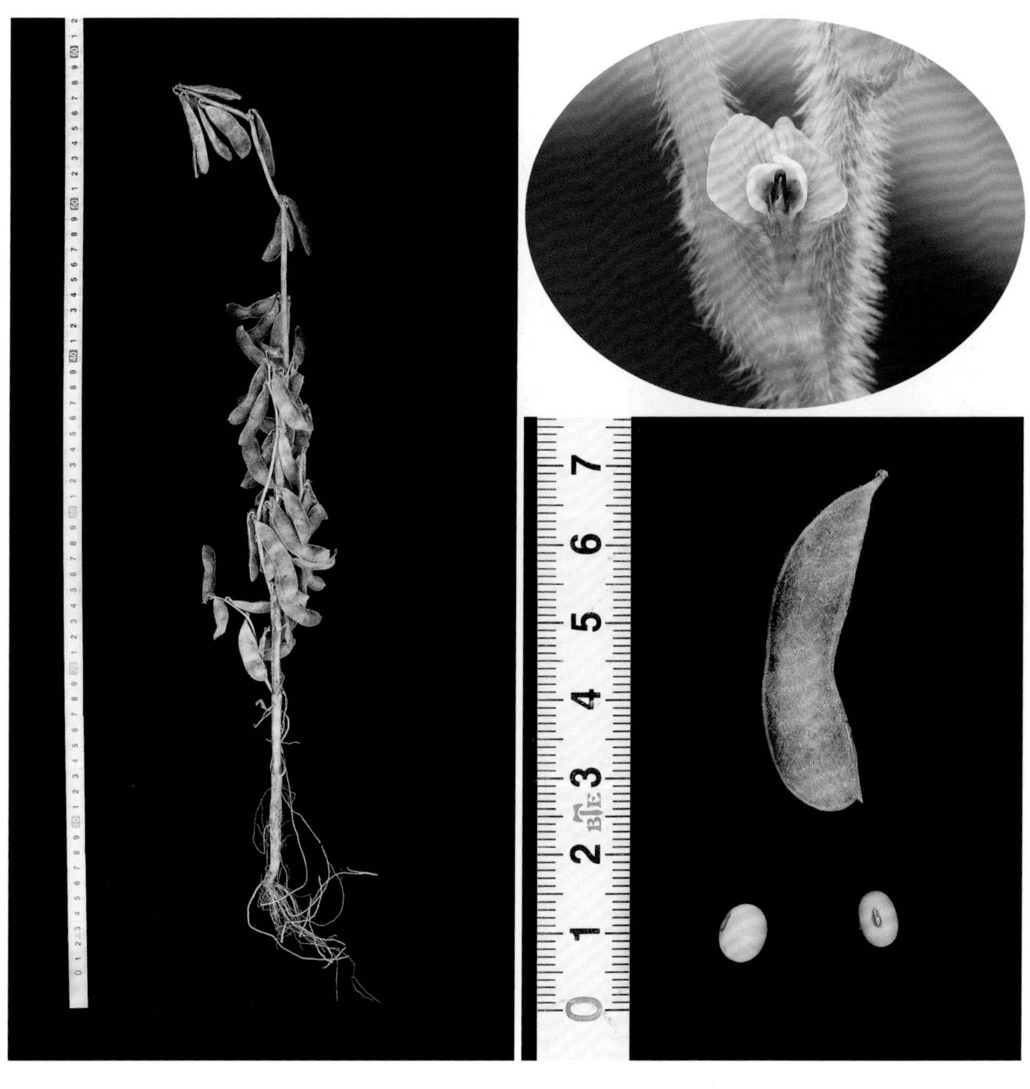

49. 崇山青皮黄豆

【采集地】广西河池市都安瑶族自治县隆福乡崇山村龙仁队。

【类型及分布】南方夏大豆类型，农家品种，分布于河池市都安瑶族自治县隆福乡及周边地区。

【主要特征特性】在南宁种植，生育期 84 天，有限结荚习性，株型收敛，株高 63.4cm，主茎节数 14.3 个，有效分枝数 1.8 个，叶椭圆形，紫花，棕毛，荚深褐色，单株荚数 23.0 个，单株粒数 40.3 粒，单株粒重 7.4g，籽粒椭圆形，种皮绿色，有微光泽，种脐深褐色，百粒重 18.9g，籽粒蛋白质含量为 44.57%、脂肪含量为 20.15%。该品种早熟；田间表现抗霜霉病，抗旱，耐贫瘠，抗倒伏，不裂荚，落叶性好。

【利用价值】可直接应用于生产，或做早熟、抗霜霉病、抗倒伏育种亲本。

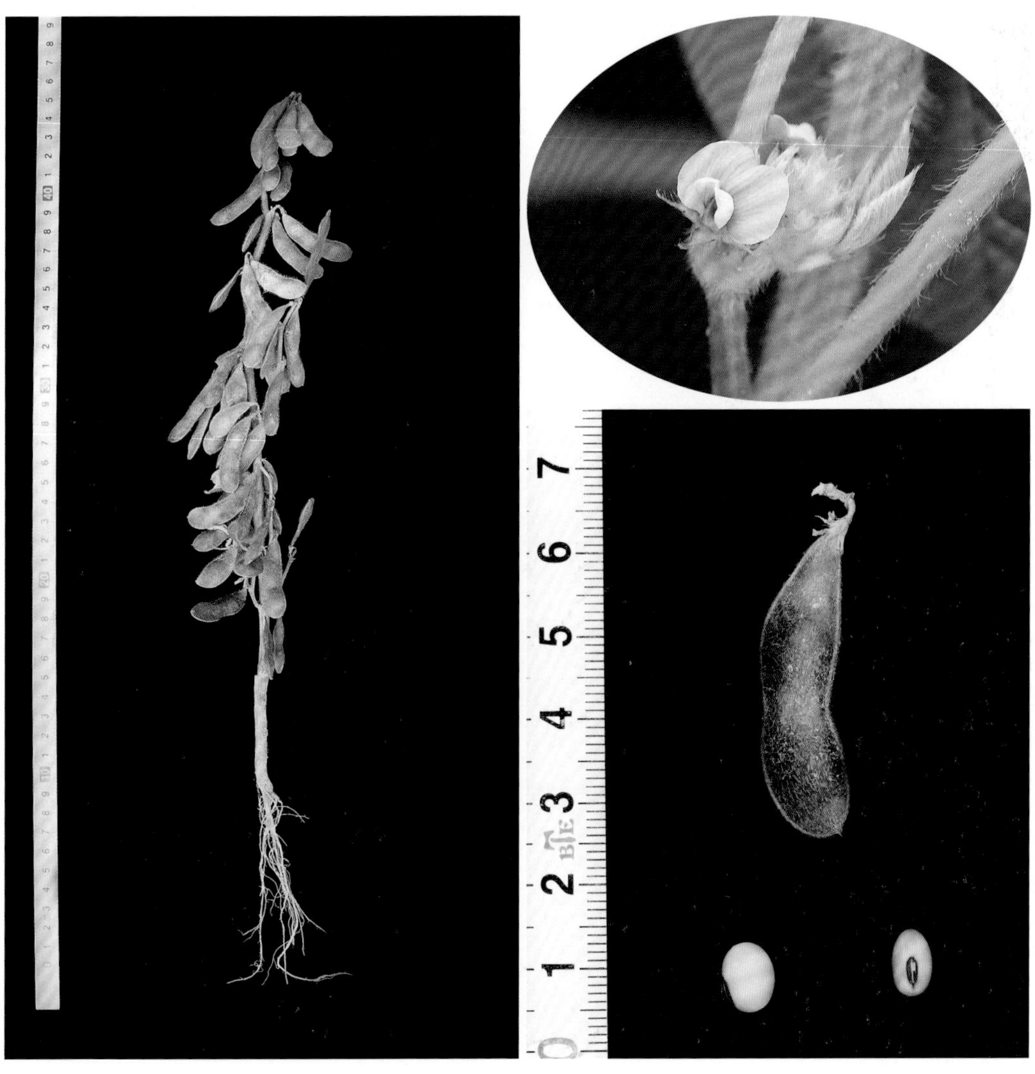

50. 百旺黄豆

【采集地】广西河池市都安瑶族自治县百旺镇百旺村拉福屯。

【类型及分布】南方夏大豆类型，农家品种，分布于河池市都安瑶族自治县百旺镇及周边地区。

【主要特征特性】在南宁种植，生育期101天，有限结荚习性，株型收敛，株高9.4cm，主茎节数2.7个，有效分枝数0.4个，叶椭圆形，紫花，灰毛，荚深褐色，单株荚数7.3个，单株粒数14.5粒，单株粒重2.5g，籽粒椭圆形，种皮绿色，有微光泽，种脐褐色，百粒重23.5g，籽粒蛋白质含量为45.74%、脂肪含量为19.66%。该品种蛋白质含量高；田间表现抗霜霉病，抗旱，耐贫瘠，抗倒伏，不裂荚，落叶性好。

【利用价值】可直接应用于生产，或做高蛋白、抗倒伏、抗霜霉病育种亲本。

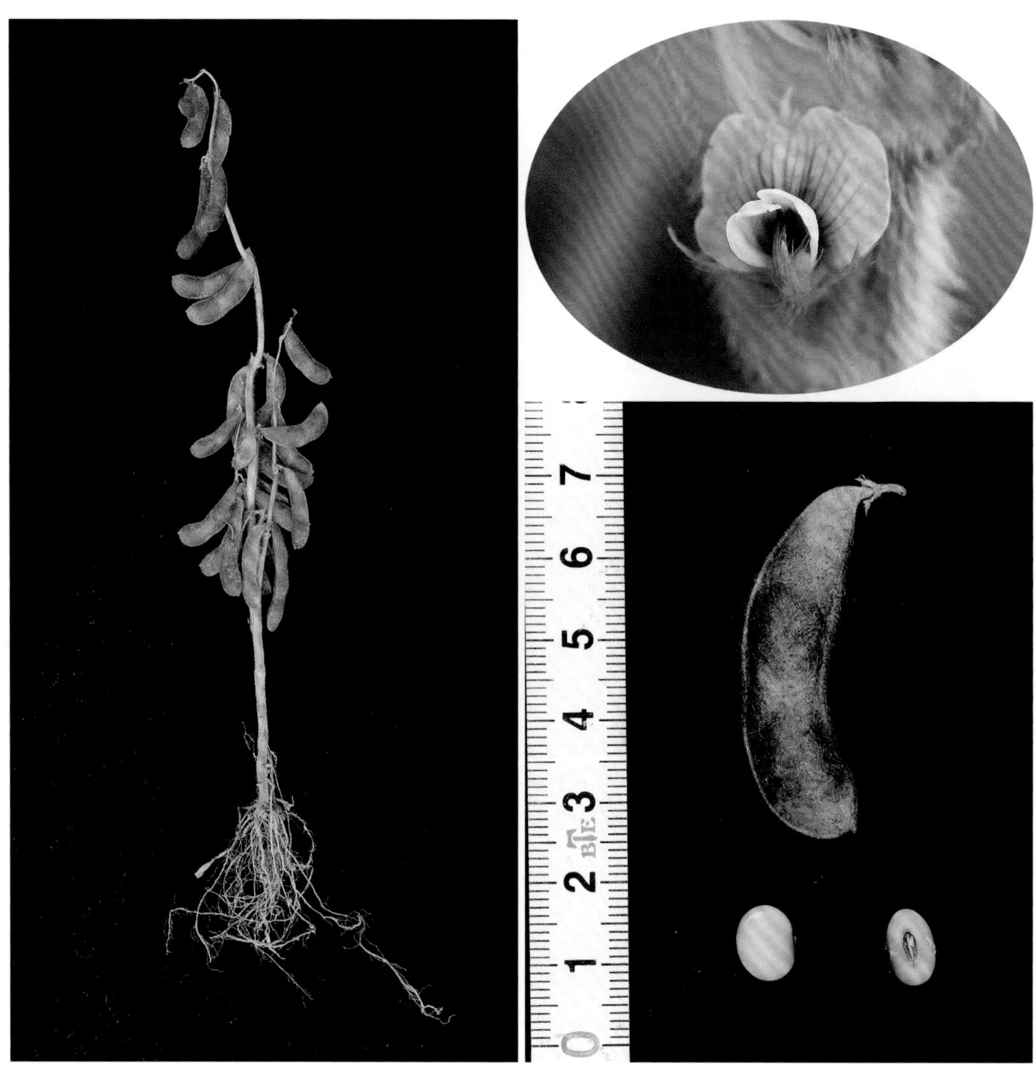

51. 田阳黄豆

【采集地】广西百色市田阳区。

【类型及分布】南方夏大豆类型，农家品种，分布于百色市田阳区及周边地区。

【主要特征特性】在南宁种植，生育期 105 天，有限结荚习性，株型半开张，株高 131.3cm，底荚高 18.4cm，主茎节数 21.1 个，有效分枝数 1.5 个，叶椭圆形，紫花，棕毛，荚褐色，单株荚数 121.0 个，单株粒数 193.2 粒，单株粒重 21.8g，籽粒扁圆形，种皮黄色，有微光泽，种脐黄色，百粒重 12.6g，籽粒蛋白质含量为 41.79%、脂肪含量为 20.32%。该品种田间表现免疫花叶病毒病和霜霉病，高感细菌性斑点病，中度倒伏，不裂荚。

【利用价值】可直接应用于生产，或做抗花叶病毒病、抗霜霉病育种亲本。

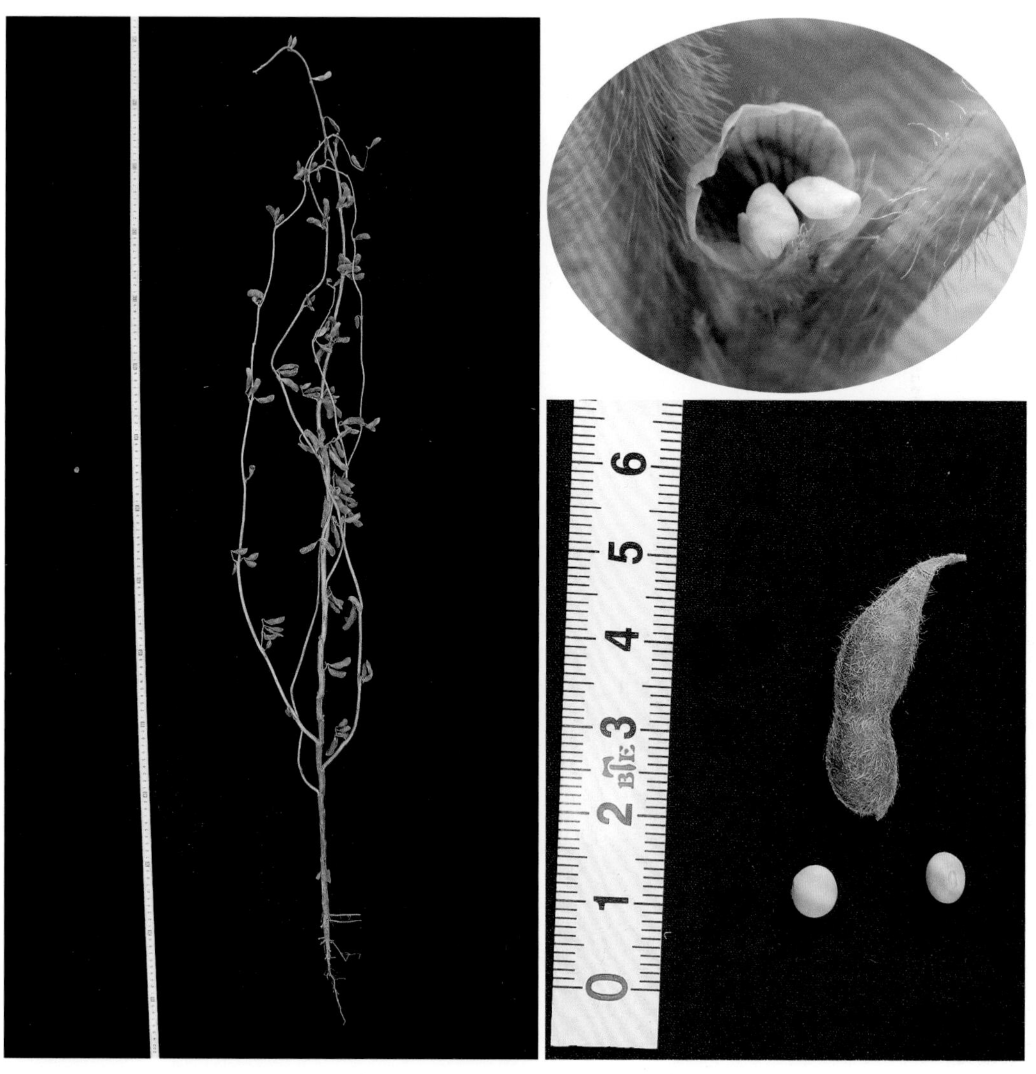

52. 劳屯黄豆

【采集地】广西河池市大化瑶族自治县北景镇京屯村劳屯。

【类型及分布】南方夏大豆类型，农家品种，分布于河池市大化瑶族自治县北景镇及周边地区。

【主要特征特性】在南宁种植，生育期98天，有限结荚习性，株型开张，株高85.3cm，底荚高13.1cm，主茎节数17.3个，有效分枝数1.5个，叶椭圆形，紫花，灰毛，荚黑色，单株荚数39.0个，单株粒数84.0粒，单株粒重13.6g，籽粒椭圆形，种皮黄色，有微光泽，种脐褐色，百粒重18.0g，籽粒蛋白质含量为46.28%、脂肪含量为19.33%。该品种田间表现感花叶病毒病，感霜霉病，重度倒伏，落叶性较好。

【利用价值】可直接应用于生产，或做高蛋白育种亲本。

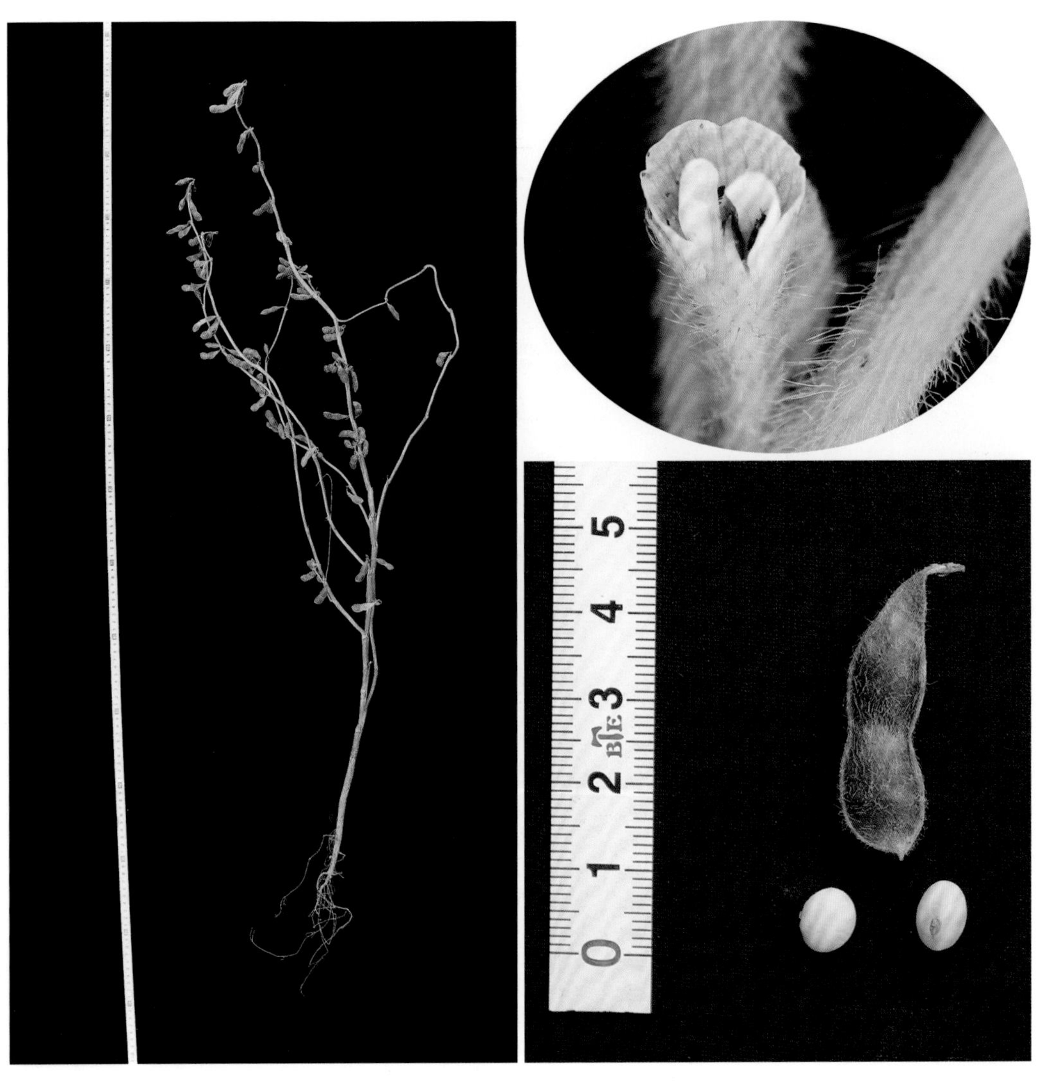

53. 常青黄豆

【采集地】广西河池市大化瑶族自治县乙圩乡常怀村常青二队。

【类型及分布】南方夏大豆类型，农家品种，分布于河池市大化瑶族自治县乙圩乡及周边地区。

【主要特征特性】在南宁种植，生育期98天，有限结荚习性，株型收敛，株高95.3cm，底荚高11.3cm，主茎节数17.3个，有效分枝数2.0个，叶椭圆形，紫花，棕毛，荚褐色，单株荚数64.0个，单株粒数129.0粒，单株粒重18.5g，籽粒扁圆形，种皮黄色，有微光泽，种脐褐色，百粒重16.0g，籽粒蛋白质含量为42.40%、脂肪含量为19.97%。该品种田间表现抗花叶病毒病，抗霜霉病，抗倒伏，落叶性较好。

【利用价值】可直接应用于生产，或做抗倒伏、抗花叶病毒病、抗霜霉病育种亲本。

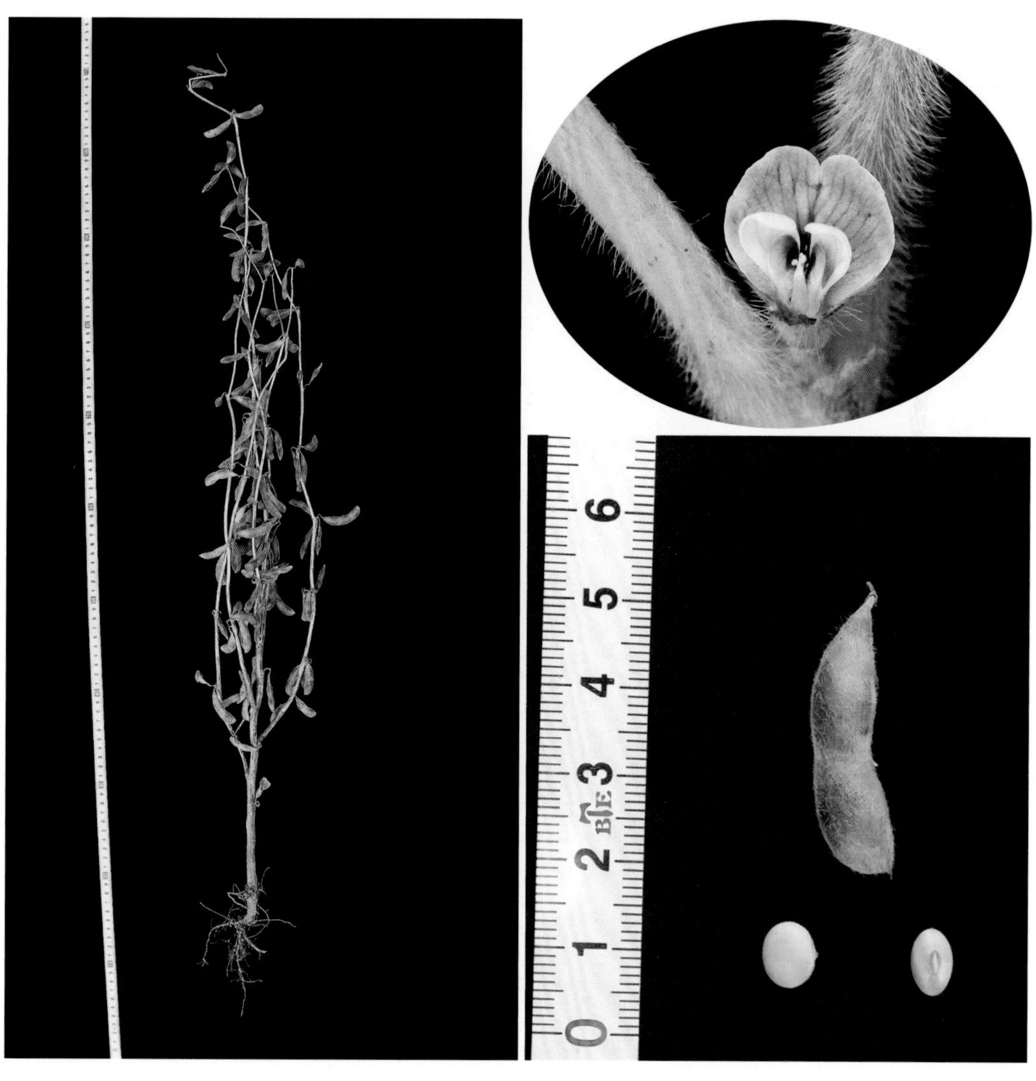

54. 古昆黄豆

【采集地】广西河池市大化瑶族自治县共和乡古乔村古昆屯。

【类型及分布】南方夏大豆类型，农家品种，分布于河池市大化瑶族自治县共和乡及周边地区。

【主要特征特性】在南宁种植，生育期92天，有限结荚习性，株型收敛，株高90.7cm，底荚高17.8cm，主茎节数17.4个，有效分枝数2.4个，叶椭圆形，紫花，棕毛，荚黄褐色，单株荚数66.0个，单株粒数141.0粒，单株粒重17.1g，籽粒椭圆形，种皮黄色，有微光泽，种脐深褐色，百粒重13.4g，籽粒蛋白质含量为40.54%、脂肪含量为21.49%。该品种田间表现高抗花叶病毒病，高感霜霉病，轻度裂荚，轻度倒伏，落叶性较好。

【利用价值】可直接应用于生产，或做抗花叶病毒病育种亲本。

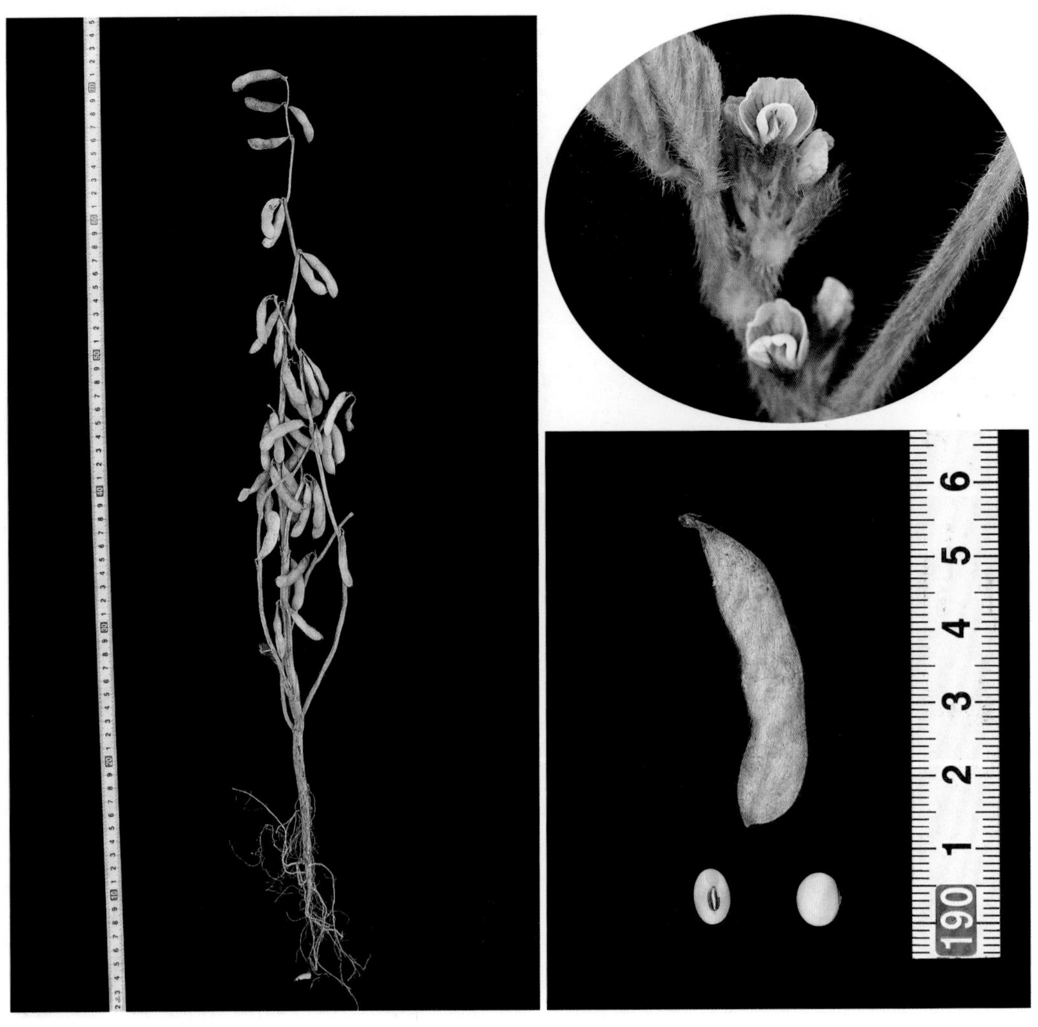

55. 江栋黄豆

【采集地】广西河池市大化瑶族自治县北景镇江栋村。

【类型及分布】南方夏大豆类型，农家品种，分布于河池市大化瑶族自治县北景镇及周边地区。

【主要特征特性】在南宁种植，生育期 97 天，有限结荚习性，株型收敛，株高 62.7cm，底荚高 14.8cm，主茎节数 16.4 个，有效分枝数 1.8 个，叶椭圆形，紫花，棕毛，荚褐色，单株荚数 49.0 个，单株粒数 98.8 粒，单株粒重 15.8g，籽粒扁圆形，种皮黄色，有微光泽，种脐淡褐色，百粒重 17.8g，籽粒蛋白质含量为 42.08%、脂肪含量为 21.31%。该品种田间表现抗花叶病毒病，高感霜霉病，中度倒伏，落叶性较好。

【利用价值】可直接应用于生产，或做抗花叶病毒病育种亲本。

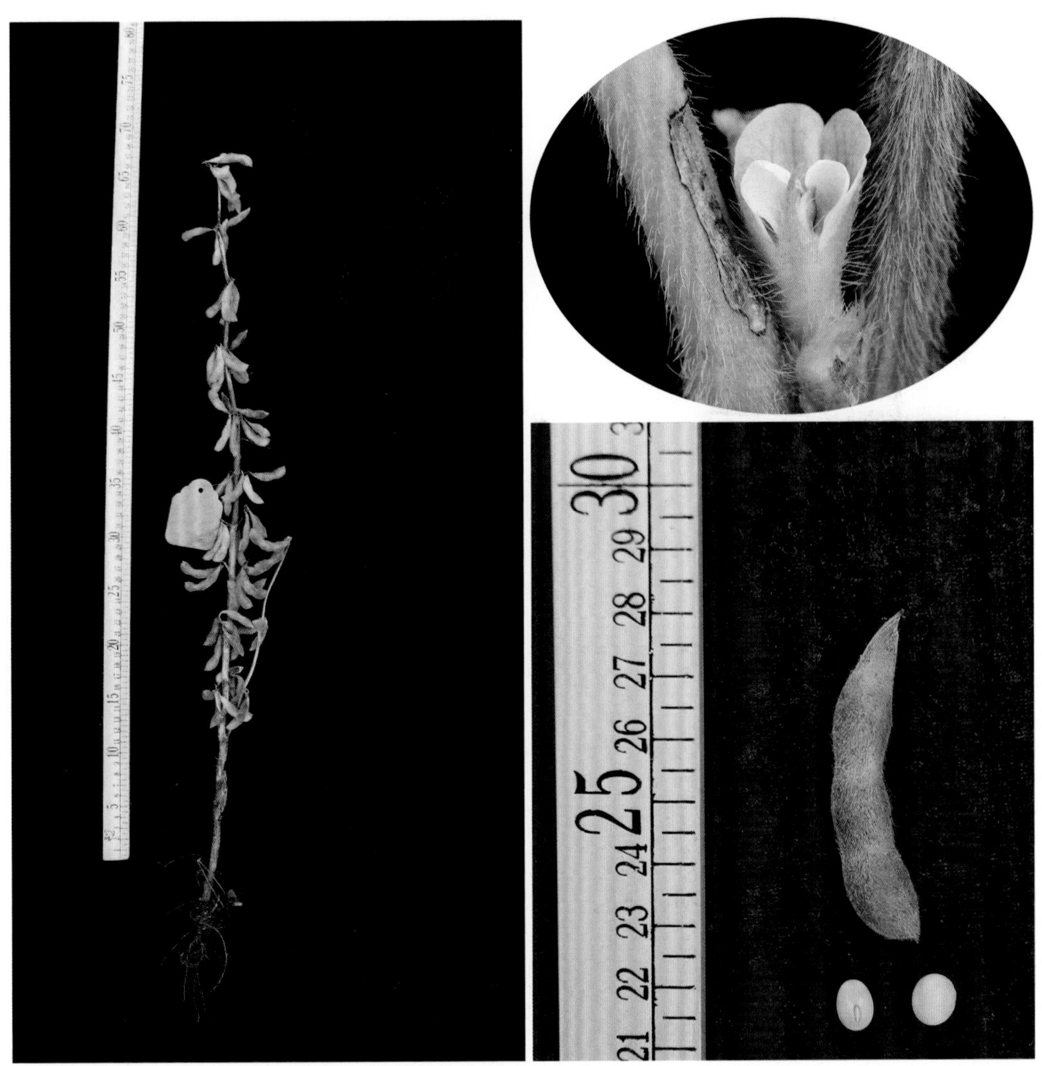

56. 吉屯黄豆 1

【采集地】广西河池市大化瑶族自治县都阳镇双福村吉屯。

【类型及分布】南方夏大豆类型，农家品种，分布于河池市大化瑶族自治县都阳镇及周边地区。

【主要特征特性】在南宁种植，生育期 96 天，亚有限结荚习性，株型收敛，株高 105.4cm，底荚高 13.3cm，主茎节数 18.9 个，有效分枝数 2.4 个，叶椭圆形，紫花，灰毛，荚黄褐色，单株荚数 92.0 个，单株粒数 182.0 粒，单株粒重 19.3g，籽粒扁椭圆形，种皮黄色，有微光泽，种脐褐色，百粒重 12.0g，籽粒蛋白质含量为 43.17%、脂肪含量为 21.39%。该品种田间表现高抗花叶病毒病，感霜霉病，中度倒伏，轻度裂荚。

【利用价值】可直接应用于生产，或做抗花叶病毒病育种亲本。

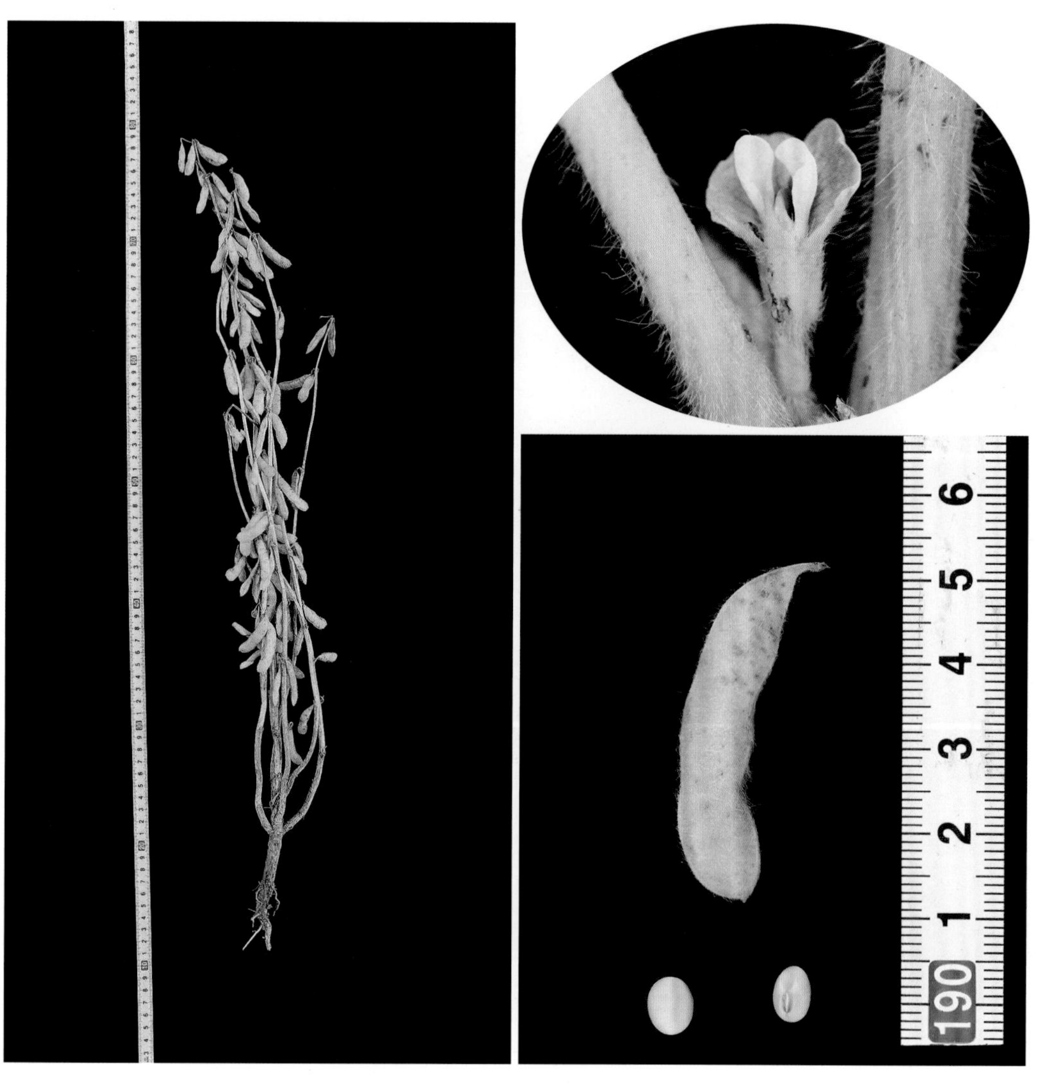

57. 吉屯黄豆 2

【采集地】广西河池市大化瑶族自治县都阳镇双福村吉屯。

【类型及分布】南方夏大豆类型，农家品种，分布于河池市大化瑶族自治县都阳镇及周边地区。

【主要特征特性】在南宁种植，生育期 94 天，亚有限结荚习性，株型收敛，株高 93.2cm，底荚高 13.4cm，主茎节数 18.2 个，有效分枝数 2.3 个，叶椭圆形，紫花，棕毛，荚深褐色，单株荚数 25.4 个，单株粒数 47.8 粒，单株粒重 5.5g，籽粒扁椭圆形，种皮黄色，有微光泽，种脐深褐色，百粒重 12.9g，籽粒蛋白质含量为 41.67%、脂肪含量为 21.03%。该品种田间表现感花叶病毒病，抗霜霉病，重度倒伏，轻度裂荚。

【利用价值】可直接应用于生产，或做抗霜霉病育种亲本。

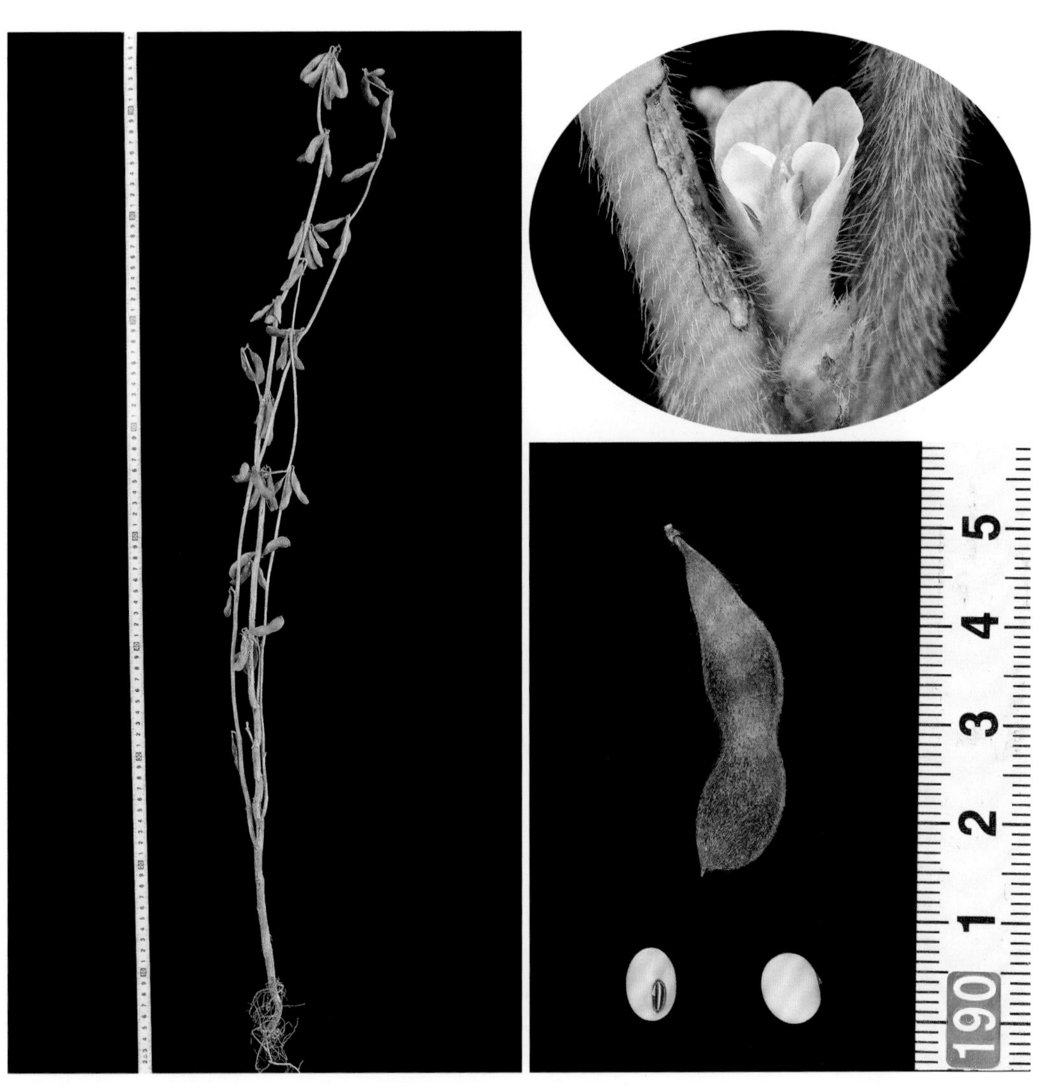

58. 吉屯黄豆 3

【采集地】广西河池市大化瑶族自治县都阳镇双福村吉屯。

【类型及分布】南方夏大豆类型，农家品种，分布于河池市大化瑶族自治县都阳镇及周边地区。

【主要特征特性】在南宁种植，生育期 90 天，有限结荚习性，株型收敛，株高 58.7cm，底荚高 9.4cm，主茎节数 17.0 个，有效分枝数 1.4 个，叶椭圆形，紫花，棕毛，荚褐色，单株荚数 44.0 个，单株粒数 90.0 粒，单株粒重 11.3g，籽粒椭圆形，种皮黄色，有微光泽，种脐褐色，百粒重 14.0g，籽粒蛋白质含量为 42.57%、脂肪含量为 19.46%。该品种田间表现感花叶病毒病，感霜霉病，中度倒伏，轻度裂荚。

【利用价值】可直接应用于生产，或做高产育种亲本。

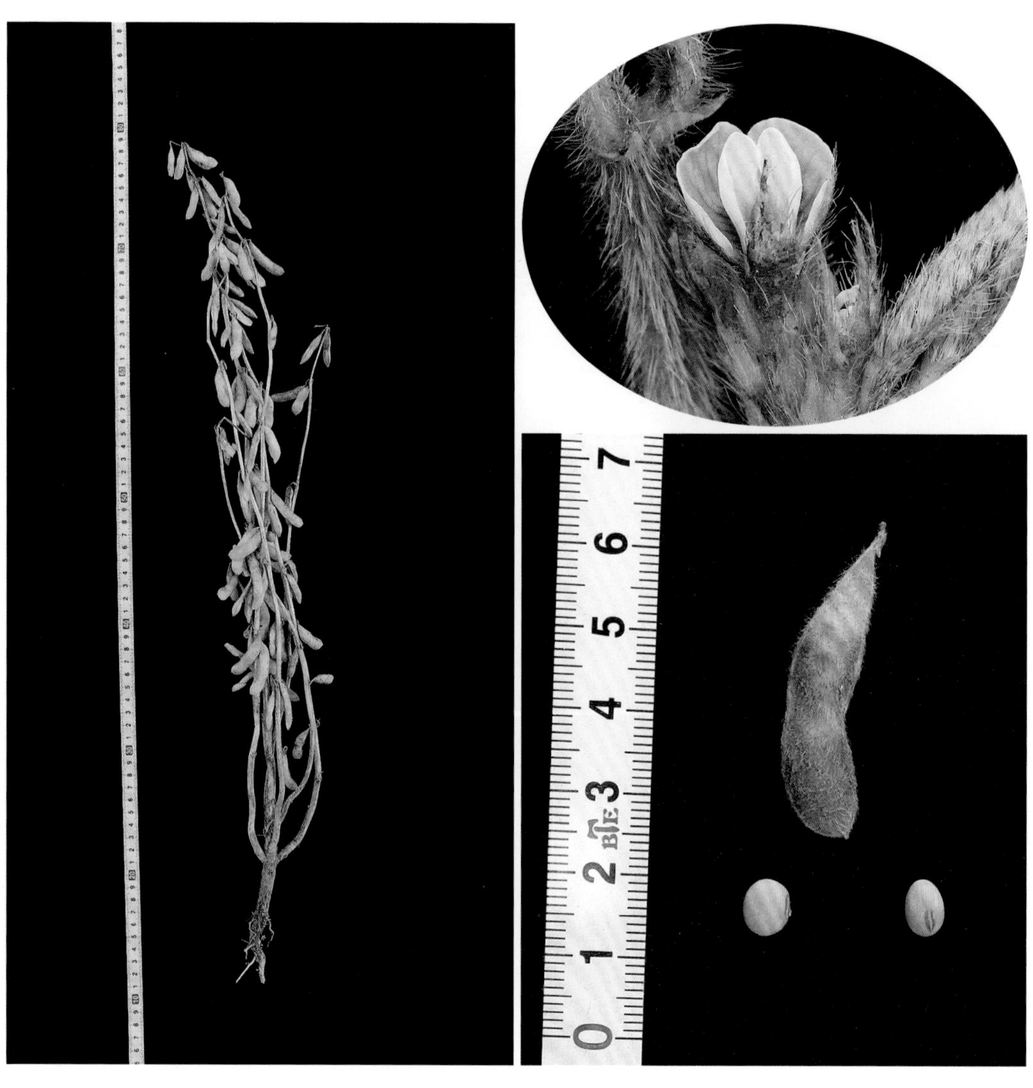

59. 水力黄豆

【采集地】广西河池市大化瑶族自治县共和乡水力村水力屯。

【类型及分布】南方夏大豆类型，农家品种，分布于河池市大化瑶族自治县共和乡及周边地区。

【主要特征特性】在南宁种植，生育期 97 天，亚有限结荚习性，株型收敛，株高 103.4cm，底荚高 13.3cm，主茎节数 17.9 个，有效分枝数 3.2 个，叶椭圆形，紫花，棕毛，荚黄褐色，单株荚数 81.0 个，单株粒数 164.0 粒，单株粒重 20.8g，籽粒扁圆形，种皮黄色，有微光泽，种脐淡褐色，百粒重 14.2g，籽粒蛋白质含量为 42.77%、脂肪含量为 20.02%。该品种田间表现高抗花叶病毒病，高抗霜霉病，中度倒伏，轻度裂荚。

【利用价值】可直接应用于生产，或做抗花叶病毒病、抗霜霉病育种亲本。

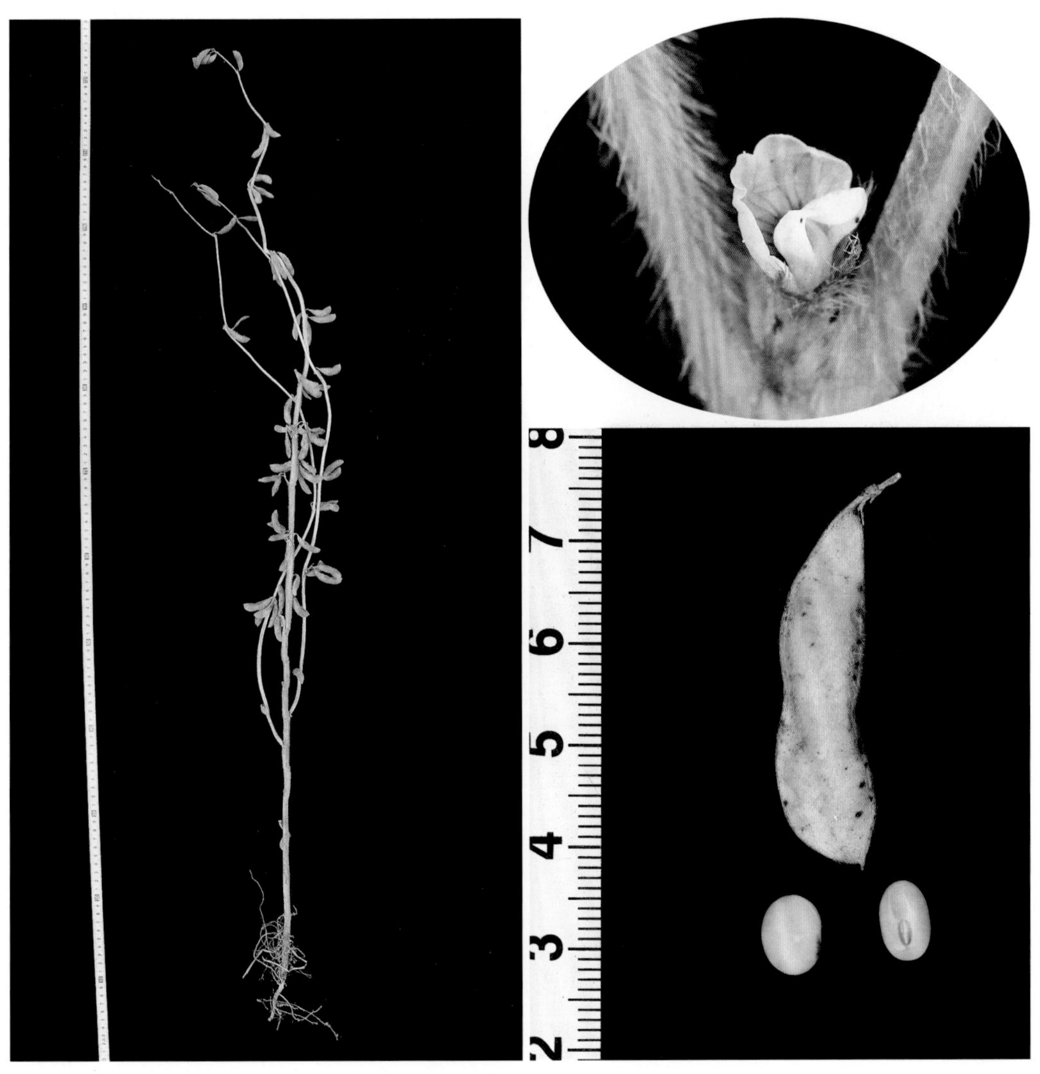

60. 龙房黄豆

【采集地】广西河池市大化瑶族自治县共和乡颁桃村龙房。

【类型及分布】南方夏大豆类型，农家品种，分布于河池市大化瑶族自治县共和乡及周边地区。

【主要特征特性】在南宁种植，生育期98天，有限结荚习性，株型半开张，株高134.5cm，底荚高21.6cm，主茎节数17.0个，有效分枝数5.1个，叶椭圆形，紫花，灰毛，荚褐色，单株荚数48.9个，单株粒数95.3粒，单株粒重11.4g，籽粒扁圆形，种皮黄色，有微光泽，种脐淡褐色，百粒重13.4g，籽粒蛋白质含量为41.77%、脂肪含量为19.94%。该品种田间表现高抗花叶病毒病，感霜霉病，轻度倒伏，轻度裂荚。

【利用价值】可直接应用于生产，或做高底荚、抗花叶病毒病育种亲本。

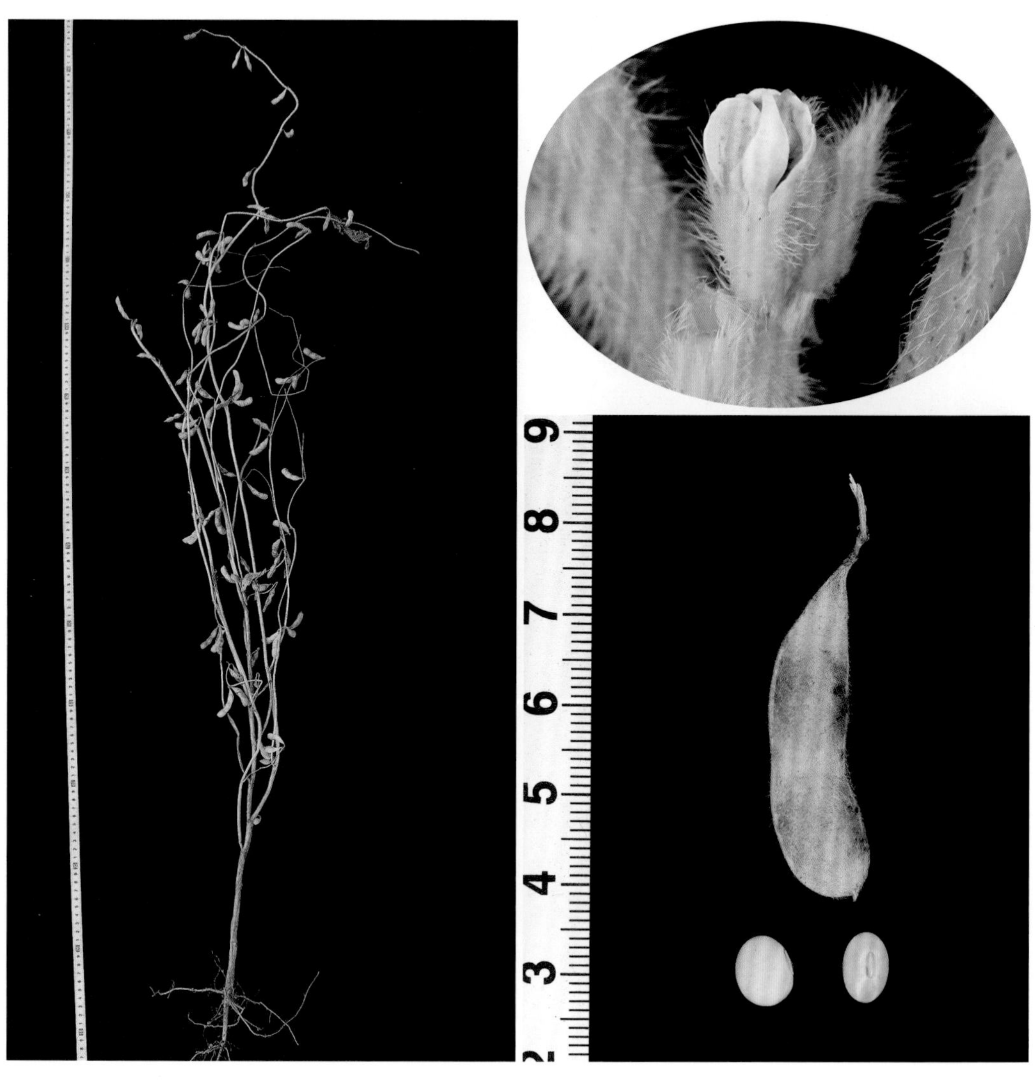

61. 六腊黄豆

【采集地】广西河池市大化瑶族自治县北景镇平方村六腊屯。

【类型及分布】南方夏大豆类型，农家品种，分布于河池市大化瑶族自治县北景镇及周边地区。

【主要特征特性】在南宁种植，生育期 90 天，有限结荚习性，株型收敛，株高 73.2cm，底荚高 12.3cm，主茎节数 16.3 个，有效分枝数 2.8 个，叶椭圆形，紫花，棕毛，荚深褐色，单株荚数 103.0 个，单株粒数 208.0 粒，单株粒重 25.3g，籽粒扁圆形，种皮绿色，有微光泽，种脐褐色，百粒重 14.2g，籽粒蛋白质含量为 43.77%、脂肪含量为 20.04%。该品种田间表现感花叶病毒病，中抗霜霉病，免疫细菌性斑点病，轻度倒伏，轻度裂荚。

【利用价值】可直接应用于生产，或做抗细菌性斑点病育种亲本。

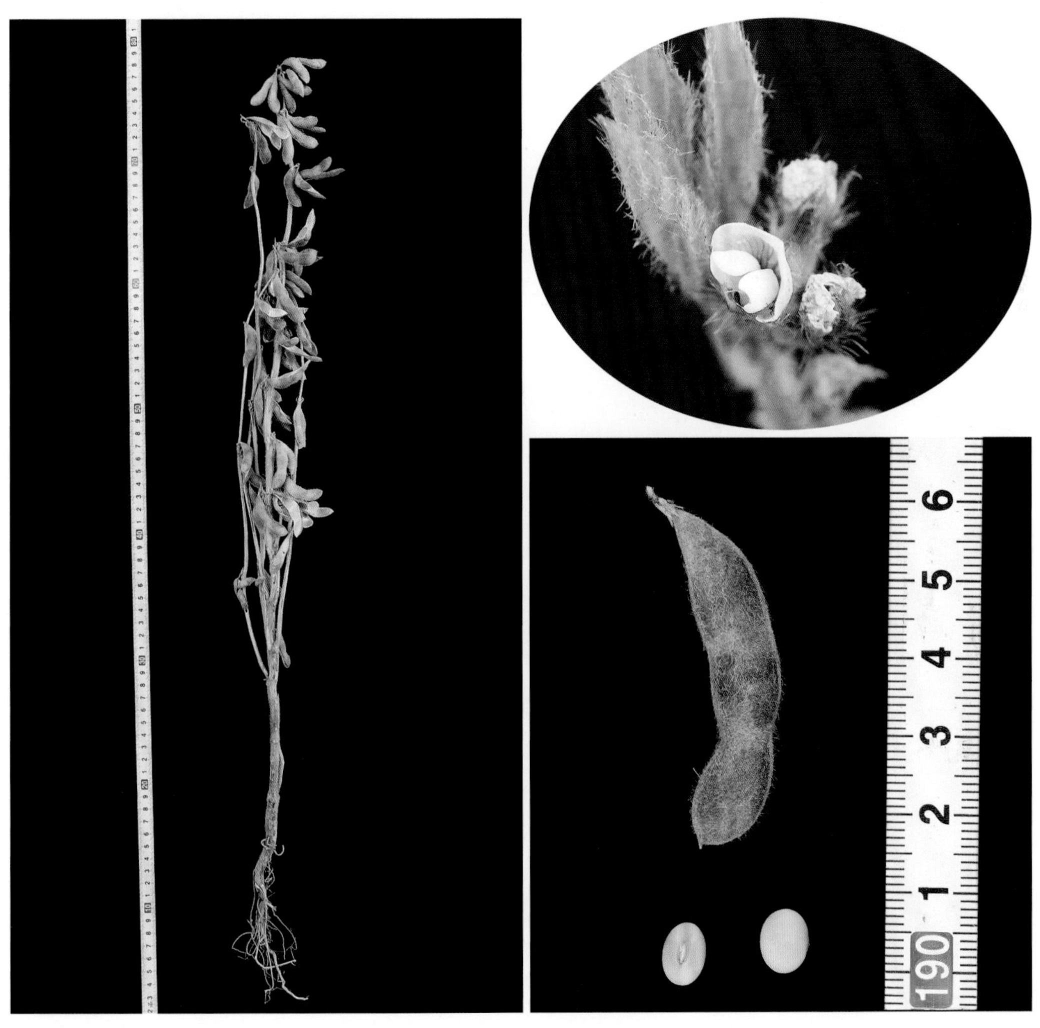

62. 平方黄豆

【采集地】广西河池市大化瑶族自治县北景镇平方村牙火屯。

【类型及分布】南方夏大豆类型，农家品种，分布于河池市大化瑶族自治县北景镇及周边地区。

【主要特征特性】在南宁种植，生育期93天，有限结荚习性，株型收敛，株高87.9cm，底荚高23.4cm，主茎节数16.6个，有效分枝数2.6个，叶椭圆形，紫花，棕毛，荚褐色，单株荚数64.0个，单株粒数144.0粒，单株粒重19.4g，籽粒扁圆形，种皮黄色，有微光泽，种脐褐色，百粒重15.0g，籽粒蛋白质含量为41.19%、脂肪含量为21.35%。该品种田间表现高抗花叶病毒病，高感霜霉病，中度倒伏，轻度裂荚。

【利用价值】可直接应用于生产，或做高底荚、抗花叶病毒病育种亲本。

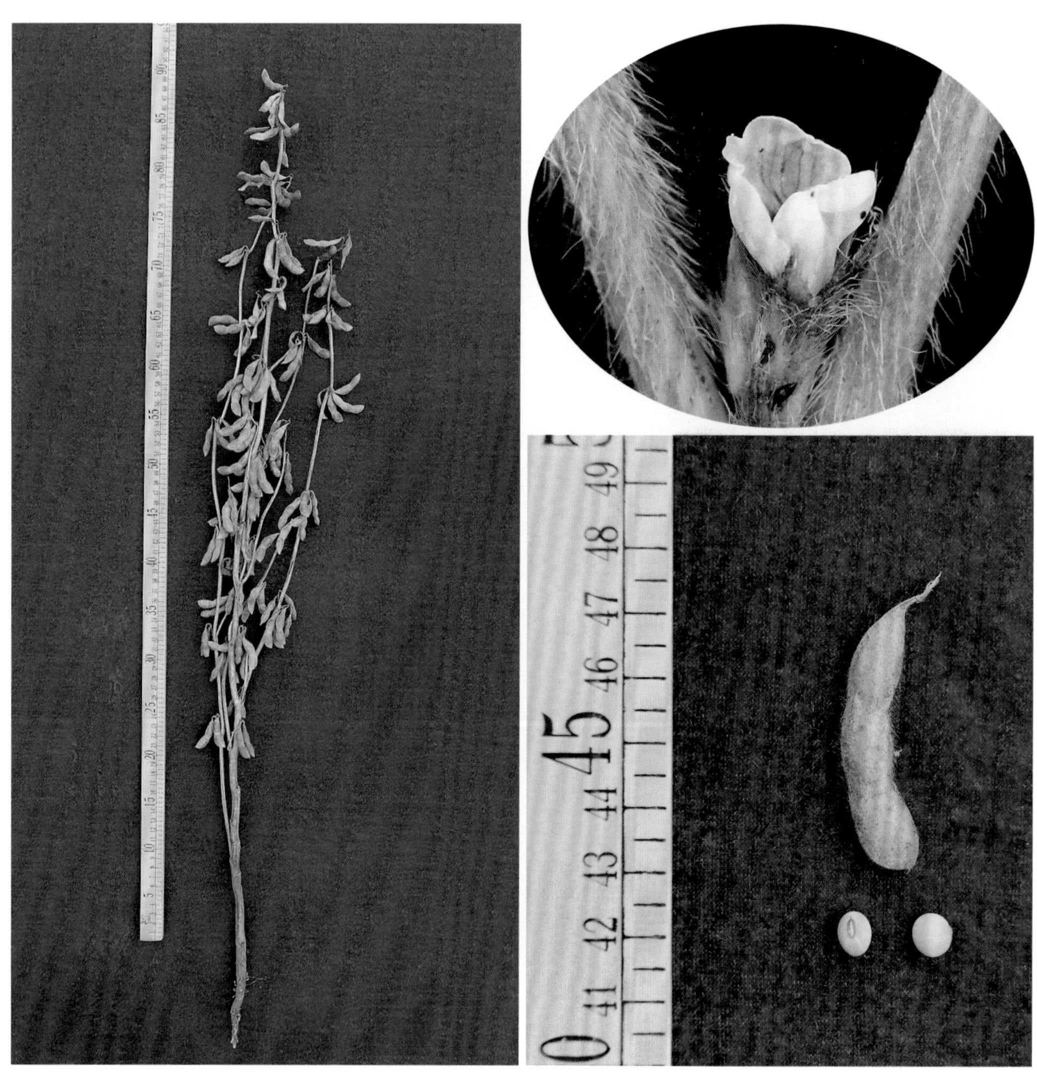

63. 牙火黄豆

【采集地】广西河池市大化瑶族自治县北景镇平方村牙火屯。

【类型及分布】南方夏大豆类型，农家品种，分布于河池市大化瑶族自治县北景镇及周边地区。

【主要特征特性】在南宁种植，生育期92天，有限结荚习性，株型收敛，株高85.4cm，底荚高15.8cm，主茎节数13.3个，有效分枝数1.3个，叶椭圆形，紫花，棕毛，荚黄褐色，单株荚数89.2个，单株粒数177.5粒，单株粒重26.1g，籽粒扁圆形，种皮黄色，有强光泽，种脐褐色，百粒重16.4g，籽粒蛋白质含量为42.90%、脂肪含量为20.72%。该品种田间表现高抗花叶病毒病，高感霜霉病，轻度倒伏，轻度裂荚。

【利用价值】可直接应用于生产，或做抗花叶病毒病育种亲本。

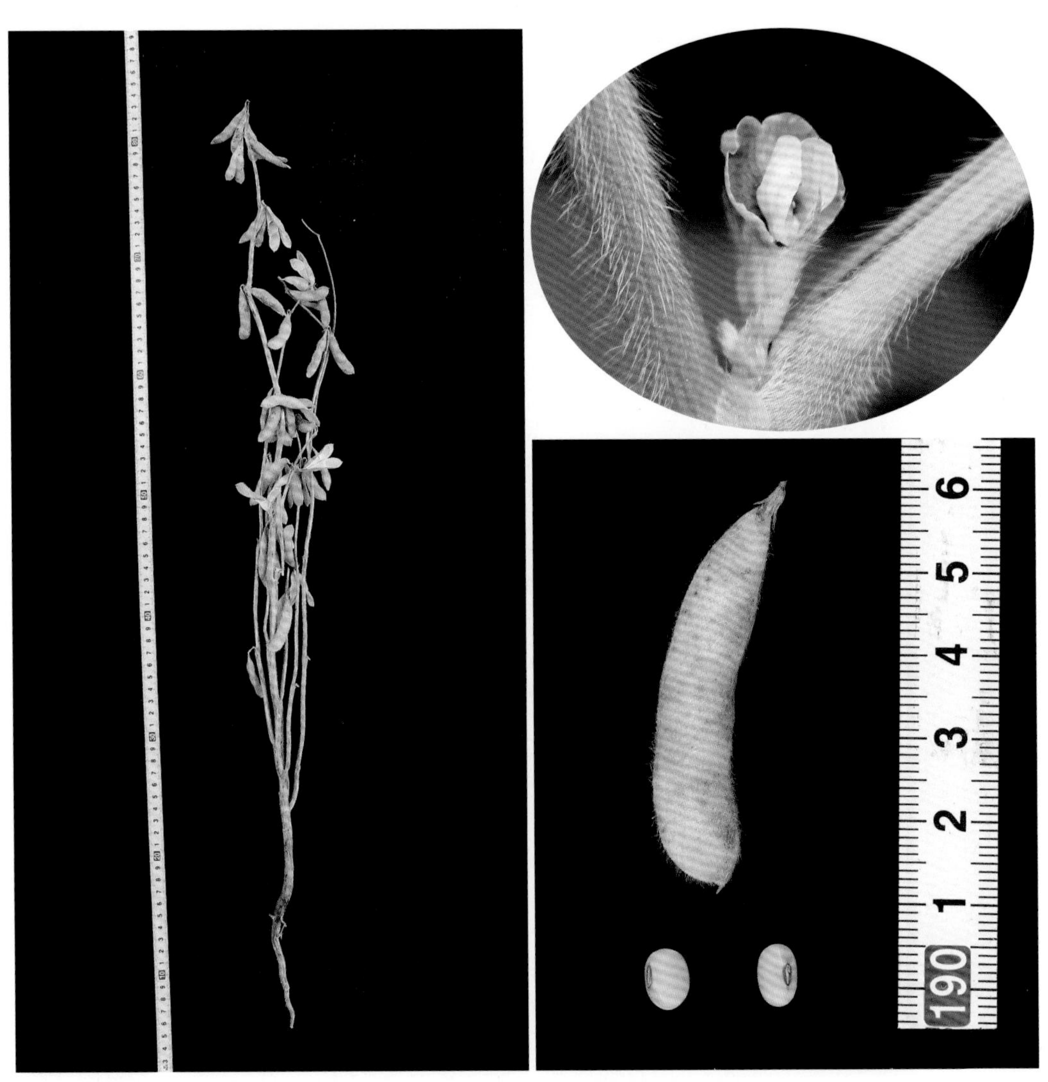

64. 那羊黄豆

【采集地】广西河池市大化瑶族自治县乙圩乡果好村那羊屯。

【类型及分布】南方夏大豆类型，农家品种，分布于河池市大化瑶族自治县乙圩乡及周边地区。

【主要特征特性】在南宁种植，生育期 124 天，亚有限结荚习性，株型收敛，株高 117.4cm，底荚高 18.7cm，主茎节数 21.4 个，有效分枝数 3.3 个，叶椭圆形，紫花，棕毛，荚深褐色，单株荚数 85.0 个，单株粒数 174.1 粒，单株粒重 21.3g，籽粒扁圆形，种皮黄色，有微光泽，种脐黄色，百粒重 13.8g，籽粒蛋白质含量为 39.96%、脂肪含量为 20.99%。该品种田间表现感花叶病毒病，高抗霜霉病，重度倒伏，中度裂荚。

【利用价值】可直接应用于生产，或做抗霜霉病、高产育种亲本。

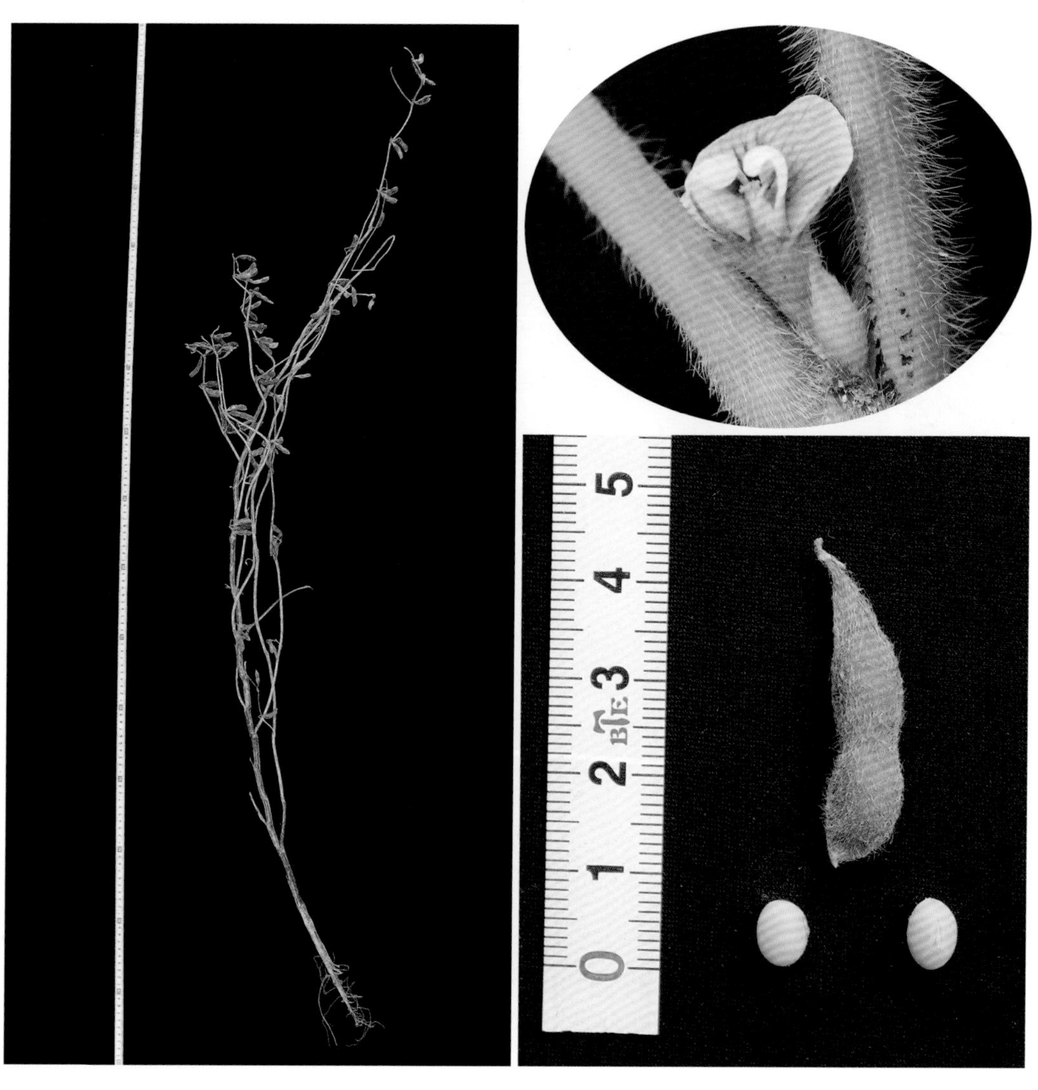

65. 福村黄豆 1

【采集地】广西河池市大化瑶族自治县都阳镇双福村吉屯。

【类型及分布】南方夏大豆类型，农家品种，分布于河池市大化瑶族自治县都阳镇及周边地区。

【主要特征特性】在南宁种植，生育期 93 天，有限结荚习性，株型收敛，株高 101.6cm，底荚高 24.3cm，主茎节数 3.6 个，有效分枝数 15.7 个，叶椭圆形，紫花，灰毛，荚灰褐色，单株荚数 103.7 个，单株粒数 219.2 粒，单株粒重 31.9g，籽粒扁圆形，种皮黄色，有微光泽，种脐深褐色，百粒重 16.2g，籽粒蛋白质含量为 42.39%、脂肪含量为 20.77%。该品种三粒荚较多；田间表现高抗花叶病毒病，高感霜霉病，高抗细菌性斑点病，不倒伏，轻度裂荚。

【利用价值】可直接应用于生产，或做高底荚、抗花叶病毒病、抗细菌性斑点病、高产育种亲本。

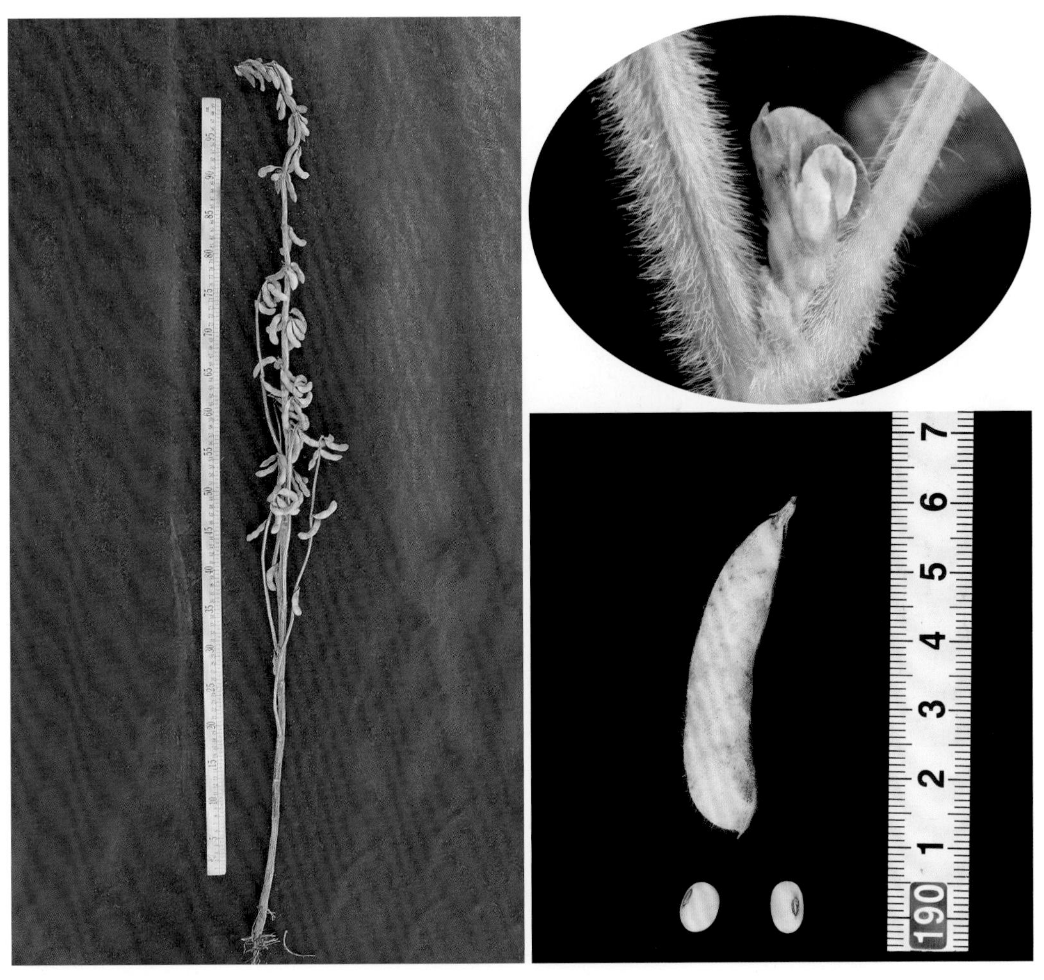

66. 福村青豆

【采集地】广西河池市大化瑶族自治县都阳镇双福村吉屯。

【类型及分布】南方夏大豆类型，农家品种，分布于河池市大化瑶族自治县都阳镇及周边地区。

【主要特征特性】在南宁种植，生育期92天，有限结荚习性，株型收敛，株高78.2cm，底荚高21.9cm，主茎节数18.2个，有效分枝数3.0个，叶椭圆形，紫花，棕毛，荚深褐色，单株荚数74.6个，单株粒数148.0粒，单株粒重22.3g，籽粒扁圆形，种皮淡绿色，有微光泽，种脐淡褐色，百粒重17.0g，籽粒蛋白质含量为42.58%、脂肪含量为20.89%。该品种田间表现高抗花叶病毒病，感霜霉病，高抗细菌性斑点病，中度倒伏，轻度裂荚。

【利用价值】可直接应用于生产，或做高底荚、抗花叶病毒病、抗细菌性斑点病育种亲本。

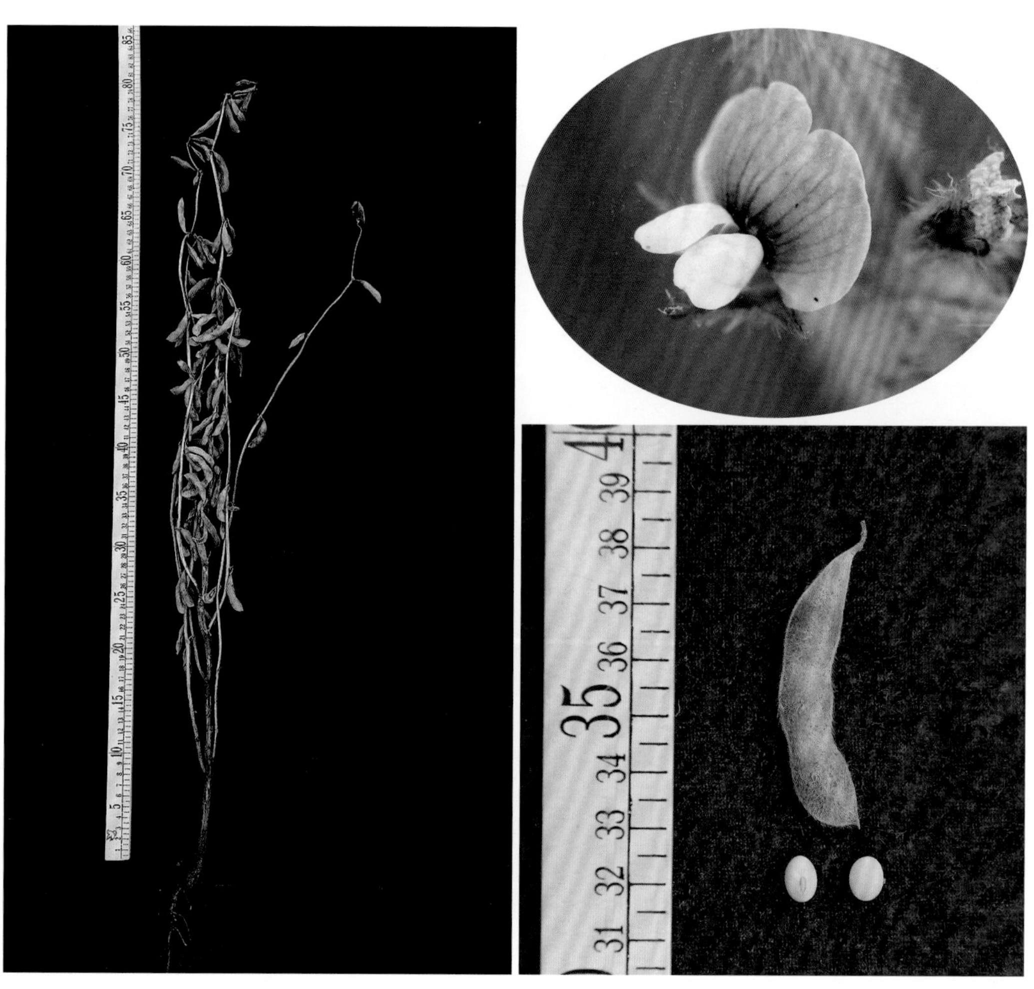

67. 福村黄豆 2

【采集地】 广西河池市大化瑶族自治县都阳镇双福村。

【类型及分布】 南方夏大豆类型，农家品种，分布于河池市大化瑶族自治县都阳镇及周边地区。

【主要特征特性】 在南宁种植，生育期 90 天，有限结荚习性，株型收敛，株高 82.3cm，底荚高 13.8cm，主茎节数 20.1 个，有效分枝数 2.2 个，叶椭圆形，紫花，棕毛，荚黄褐色，单株荚数 117.6 个，单株粒数 231.4 粒，单株粒重 28.5g，籽粒扁椭圆形，种皮黄色，有微光泽，种脐淡褐色，百粒重 13.8g，籽粒蛋白质含量为 42.93%、脂肪含量为 20.20%。该品种单株荚数多，粒数多；田间表现高感花叶病毒病，高感霜霉病，高感细菌性斑点病，中度倒伏，中度裂荚。

【利用价值】 可直接应用于生产，或做多荚多粒育种亲本。

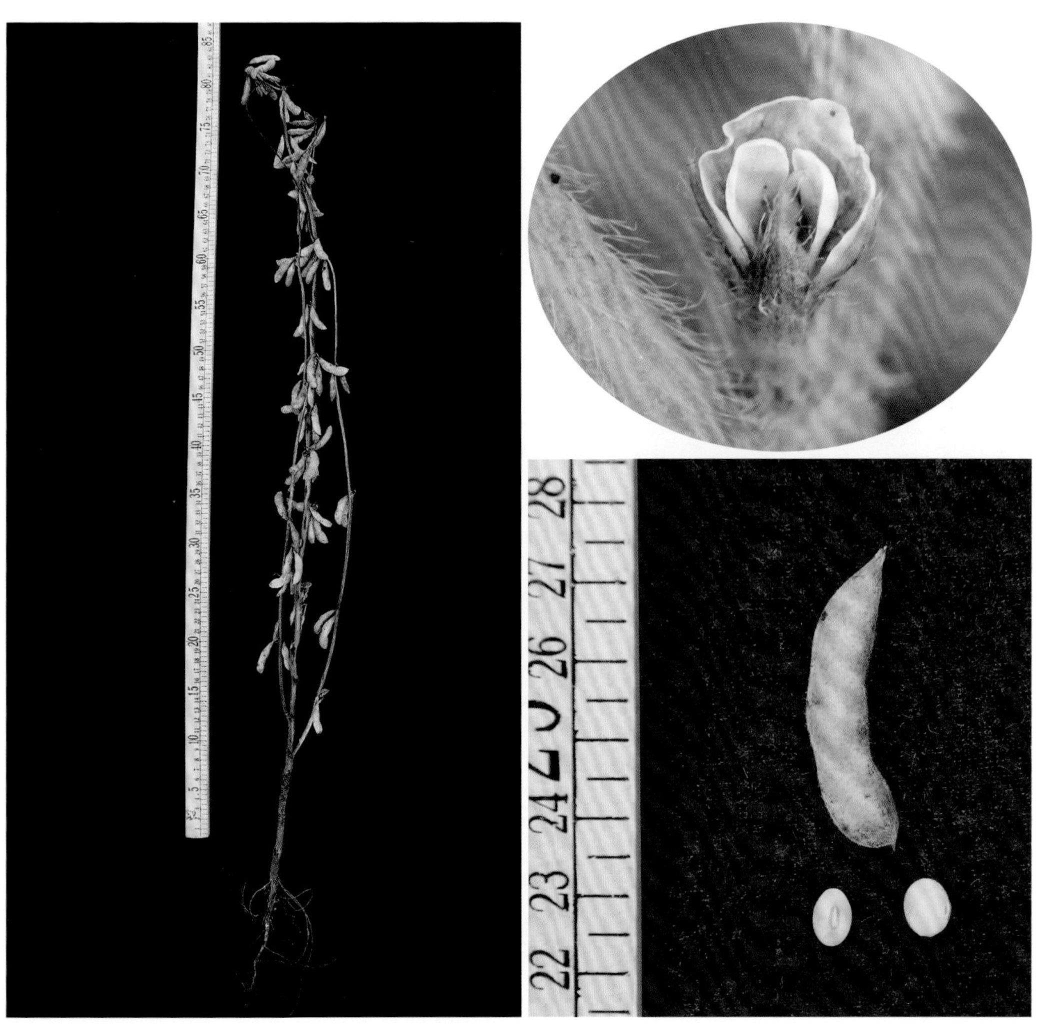

68. 福村黄豆 3

【采集地】广西河池市大化瑶族自治县都阳镇双福村。

【类型及分布】南方夏大豆类型，农家品种，分布于河池市大化瑶族自治县都阳镇及周边地区。

【主要特征特性】在南宁种植，生育期 89 天，有限结荚习性，株型收敛，株高 78.7cm，底荚高 11.8cm，主茎节数 16.1 个，有效分枝数 1.7 个，叶椭圆形，紫花，灰毛，荚灰褐色，单株荚数 43.0 个，单株粒数 96.0 粒，单株粒重 11.4g，籽粒扁椭圆形，种皮黄色，有微光泽，种脐褐色，百粒重 13.3g，籽粒蛋白质含量为 41.17%、脂肪含量为 21.45%。该品种田间表现高抗花叶病毒病，感霜霉病，高抗细菌性斑点病，中度倒伏，中度裂荚。

【利用价值】可直接应用于生产，或做抗花叶病毒病、抗细菌性斑点病育种亲本。

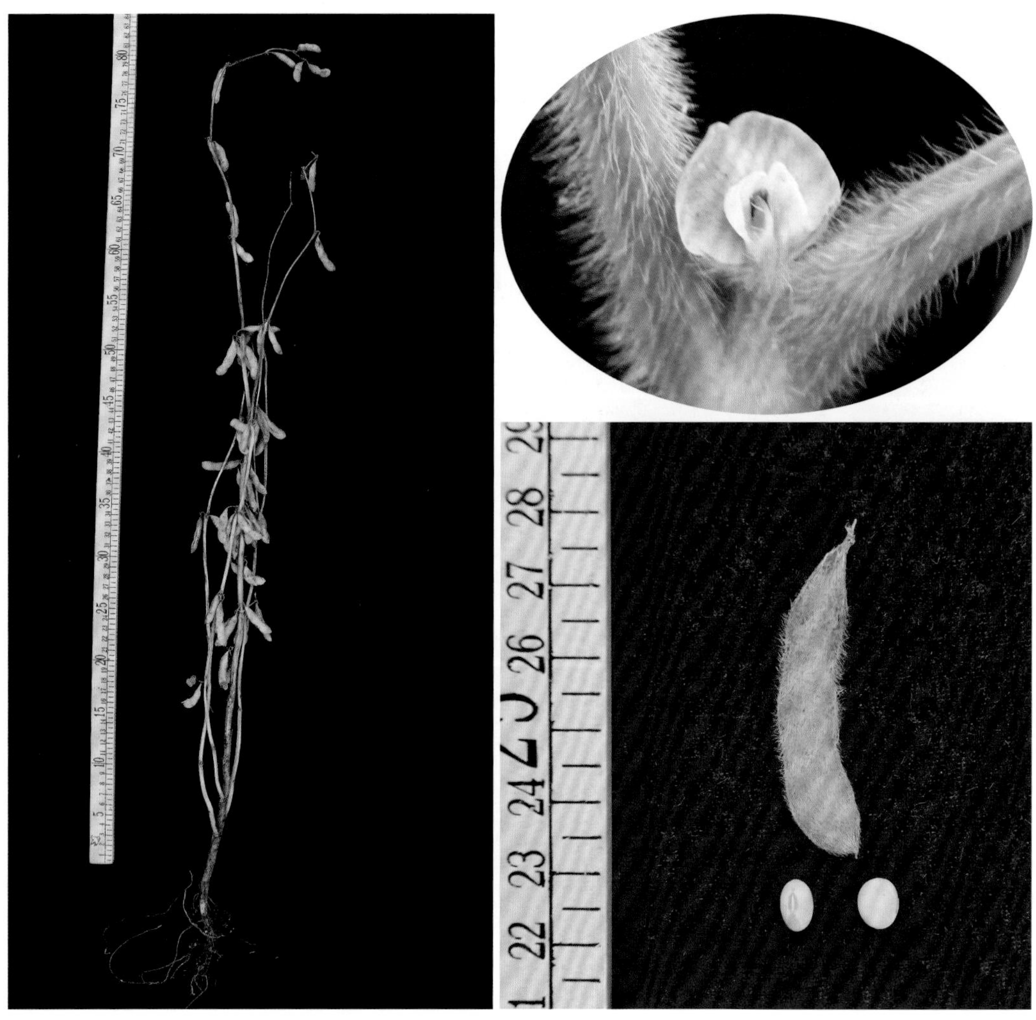

69. 江栋黄豆 2

【采集地】广西河池市大化瑶族自治县北景镇江栋村。

【类型及分布】南方夏大豆类型，农家品种，分布于河池市大化瑶族自治县北景镇及周边地区。

【主要特征特性】在南宁种植，生育期 97 天，有限结荚习性，株型收敛，株高 68.3cm，底荚高 10.1cm，主茎节数 17.9 个，有效分枝数 1.3 个，叶椭圆形，紫花，棕毛，荚褐色，单株荚数 63.0 个，单株粒数 136.0 粒，单株粒重 25.1g，籽粒圆形，种皮黄色，有微光泽，种脐淡褐色，百粒重 20.5g，籽粒蛋白质含量为 43.92%、脂肪含量为 21.10%。该品种田间表现高抗花叶病毒病，高抗细菌性斑点病，感霜霉病，中度倒伏，重度裂荚。

【利用价值】可直接应用于生产，或做抗花叶病毒病、抗细菌性斑点病育种亲本。

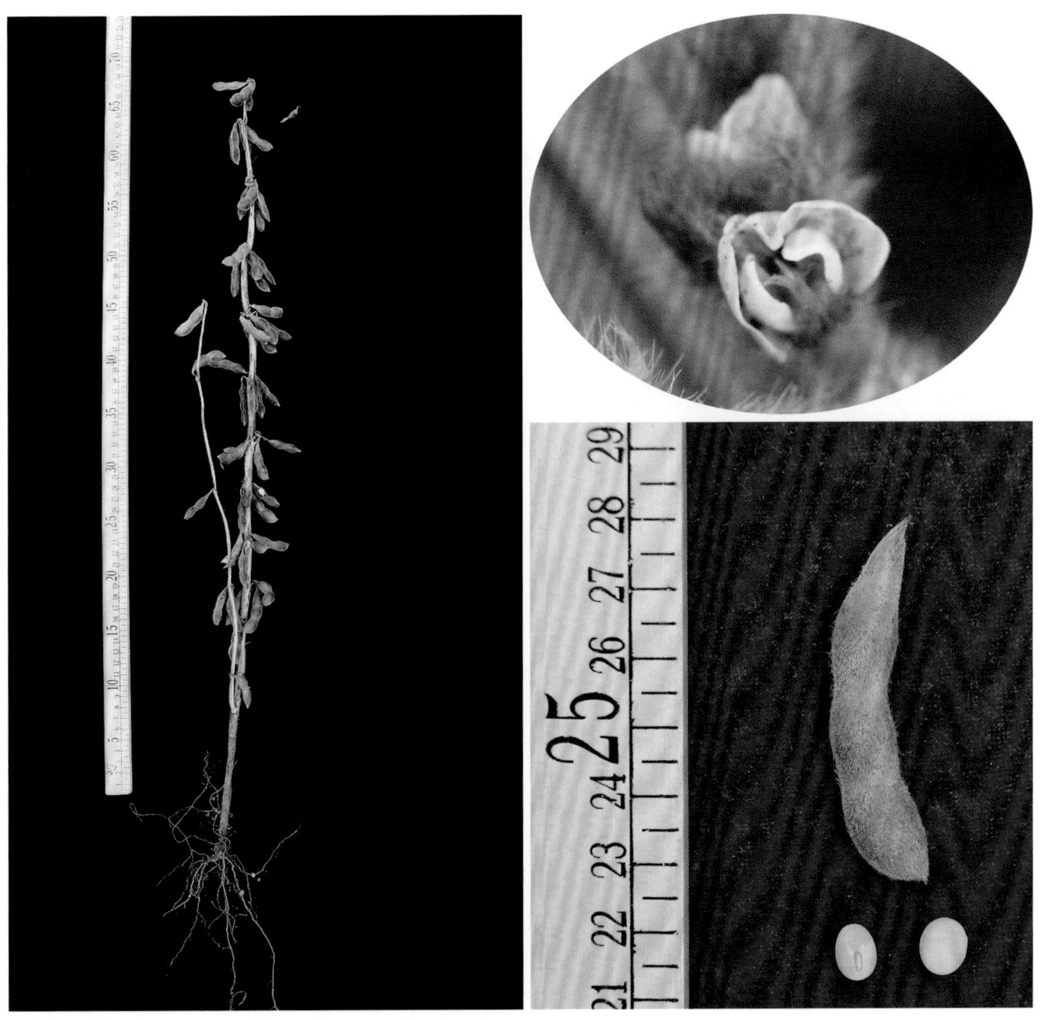

70. 常怀黄豆

【采集地】广西河池市大化瑶族自治县乙圩乡常怀村。

【类型及分布】南方夏大豆类型，农家品种，分布于河池市大化瑶族自治县乙圩乡及周边地区。

【主要特征特性】在南宁种植，生育期97天，有限结荚习性，株型收敛，株高65.2cm，底荚高10.3cm，主茎节数17.8个，有效分枝数0.1个，叶椭圆形，紫花，棕毛，荚深褐色，单株荚数66.1个，单株粒数126.4粒，单株粒重20.4g，籽粒扁椭圆形，种皮黄色，有微光泽，种脐黄色，百粒重18.0g，籽粒蛋白质含量为44.42%、脂肪含量为20.70%。该品种三粒荚较多；田间表现高抗花叶病毒病，高感霜霉病，高感细菌性斑点病，中度倒伏，轻度裂荚。

【利用价值】可直接应用于生产，或做抗花叶病毒病、多粒荚育种亲本。

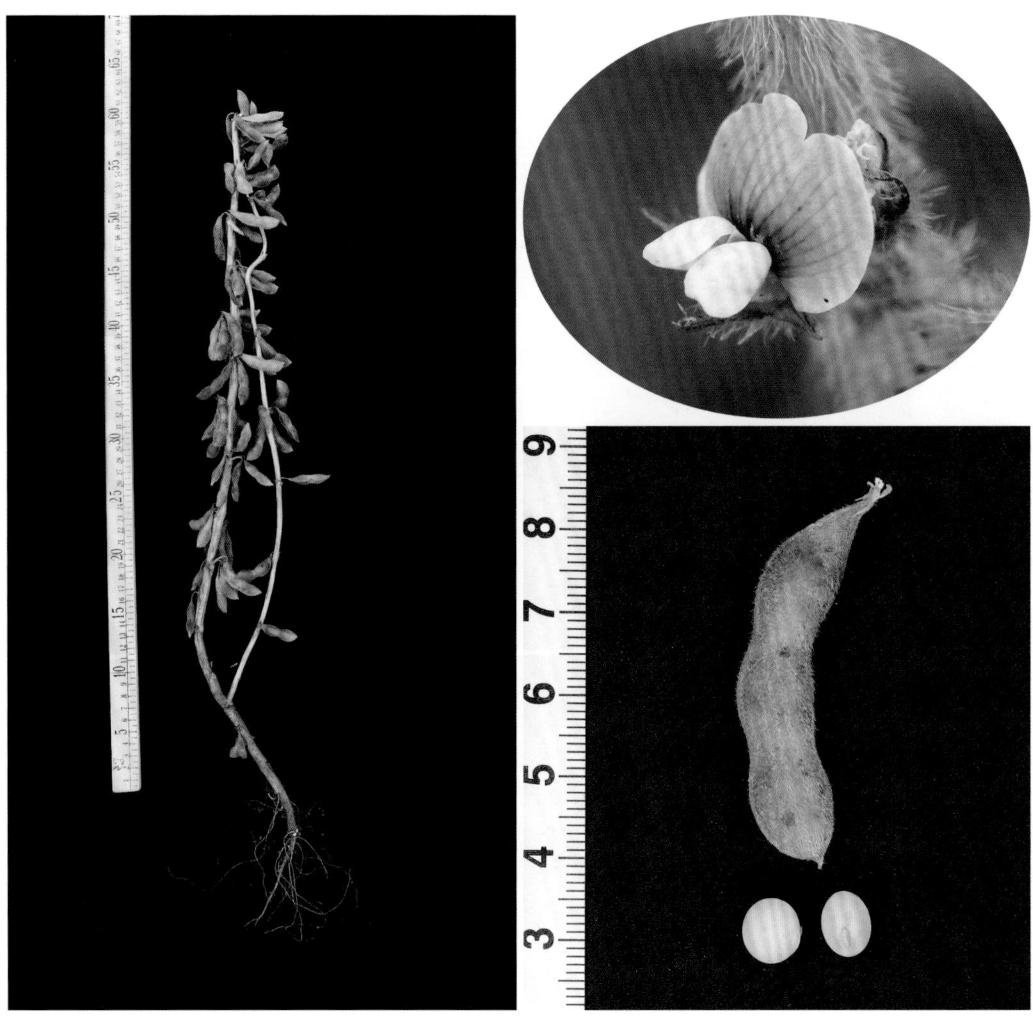

71. 北屏土黄豆

【采集地】广西南宁市马山县里当瑶族乡北屏村下好屯。

【类型及分布】南方夏大豆类型，农家品种，分布于南宁市马山县里当瑶族乡及周边地区。

【主要特征特性】在南宁种植，生育期 105 天，有限结荚习性，株型收敛，株高 84.5cm，主茎节数 14.5 个，有效分枝数 2.7 个，叶椭圆形，紫花，灰毛，荚黄褐色，单株荚数 44.8 个，单株粒数 86.1 粒，单株粒重 12.3g，籽粒椭圆形，种皮黄色，有微光泽，种脐褐色，百粒重 14.6g，籽粒蛋白质含量为 44.73%、脂肪含量为 19.37%。该品种籽粒小；田间表现抗霜霉病，抗旱，耐贫瘠，抗倒伏，不裂荚，落叶性好。

【利用价值】可直接应用于生产，或做抗倒伏、抗霜霉病育种亲本。

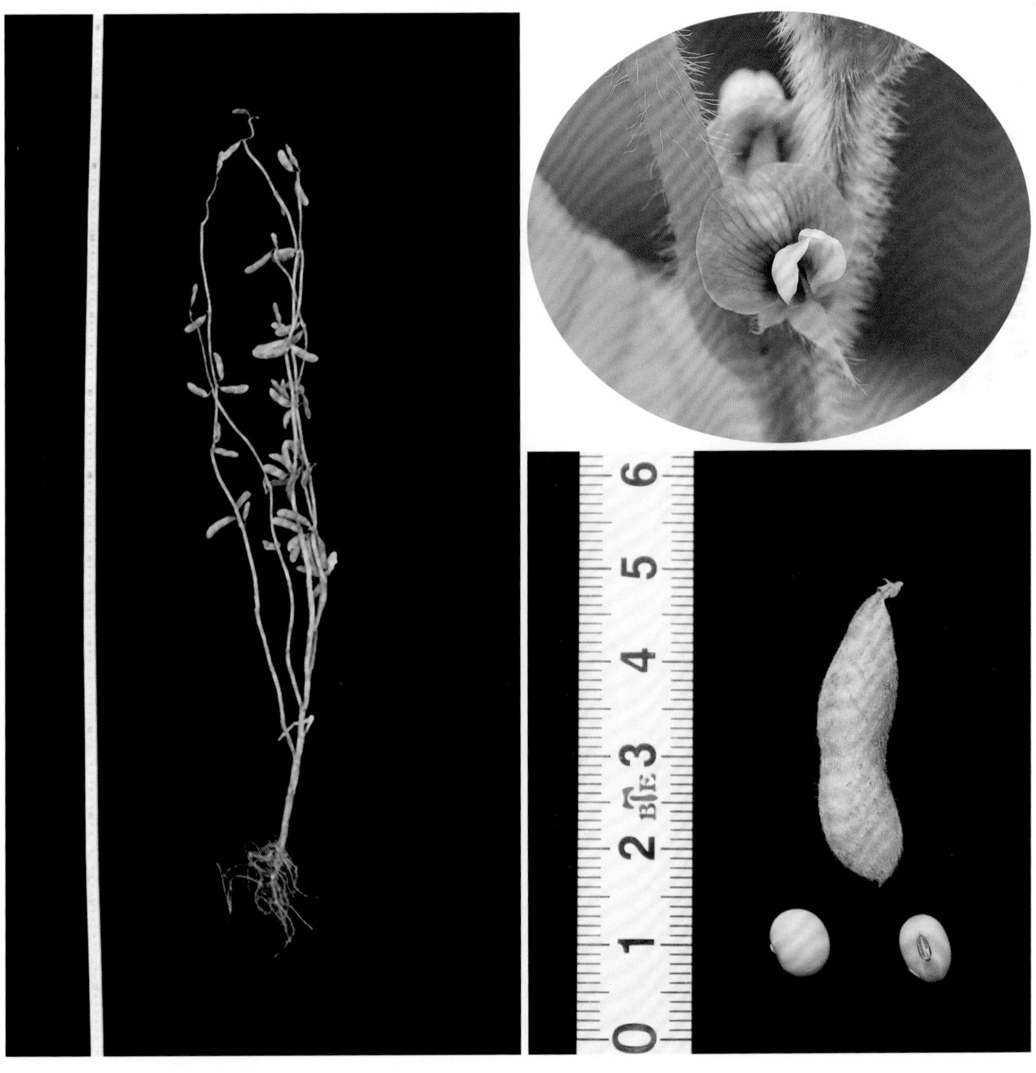

72. 梅林黄豆

【采集地】广西百色市田东县作登瑶族乡梅林村。

【类型及分布】南方夏大豆类型，农家品种，分布于百色市田东县作登瑶族乡及周边地区。

【主要特征特性】在南宁种植，生育期88天，有限结荚习性，株型收敛，株高63.4cm，主茎节数15.9个，有效分枝数2.9个，叶椭圆形，紫花，灰毛，荚黄褐色，单株荚数41.0个，单株粒数84.3粒，单株粒重19.6g，籽粒椭圆形，种皮黄色，有微光泽，种脐褐色，百粒重13.2g，籽粒蛋白质含量为42.26%、脂肪含量为20.46%。该品种早熟，籽粒小；田间表现抗霜霉病，抗旱，耐贫瘠，抗倒伏，不裂荚，落叶性好。

【利用价值】可直接应用于生产，或做抗倒伏、抗霜霉病育种亲本。

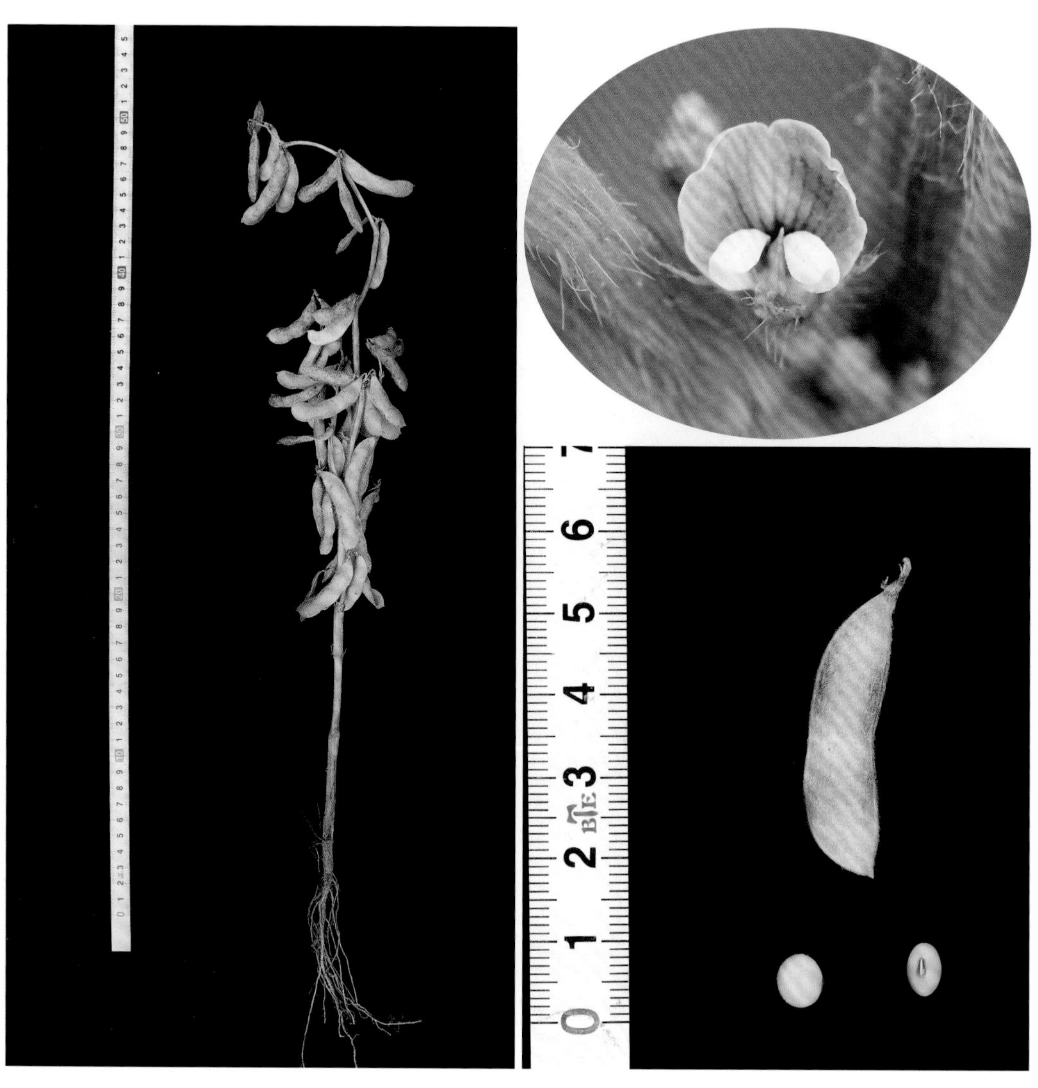

73. 黄豆（珍珠豆）

【采集地】广西百色市田东县作登瑶族乡梅林村。

【类型及分布】南方夏大豆类型，农家品种，分布于百色市田东县作登瑶族乡及周边地区。

【主要特征特性】在南宁种植，生育期 87 天，有限结荚习性，株型收敛，株高 57.3cm，主茎节数 16.0 个，有效分枝数 2.0 个，叶椭圆形，紫花，灰毛，荚黄褐色，单株荚数 39.5 个，单株粒数 66.1 粒，单株粒重 8.3g，籽粒圆形，种皮黄色，有微光泽，种脐褐色，百粒重 11.9g，籽粒蛋白质含量为 42.39%、脂肪含量为 20.33%。该品种早熟，籽粒小；田间表现抗霜霉病，抗旱，耐贫瘠，抗倒伏，不裂荚，落叶性好。

【利用价值】可直接应用于生产，或做早熟、抗霜霉病、抗倒伏育种亲本。

74. 山汶八月豆

【采集地】广西来宾市武宣县思灵镇山汶村。

【类型及分布】南方夏大豆类型，农家品种，分布于来宾市武宣县思灵镇及周边地区。

【主要特征特性】在南宁种植，生育期105天，有限结荚习性，株型收敛，株高85.5cm，主茎节数17.5个，有效分枝数3.9个，叶椭圆形，紫花，灰毛，荚褐色，单株荚数48.3个，单株粒数75.6粒，单株粒重7.0g，籽粒椭圆形，种皮绿色，有微光泽，种脐褐色，百粒重13.9g，籽粒蛋白质含量为43.68%、脂肪含量为19.08%。该品种籽粒小；田间表现抗霜霉病，抗旱，耐贫瘠，抗倒伏，不裂荚，落叶性好。

【利用价值】可直接应用于生产，或做抗倒伏、抗霜霉病育种亲本。

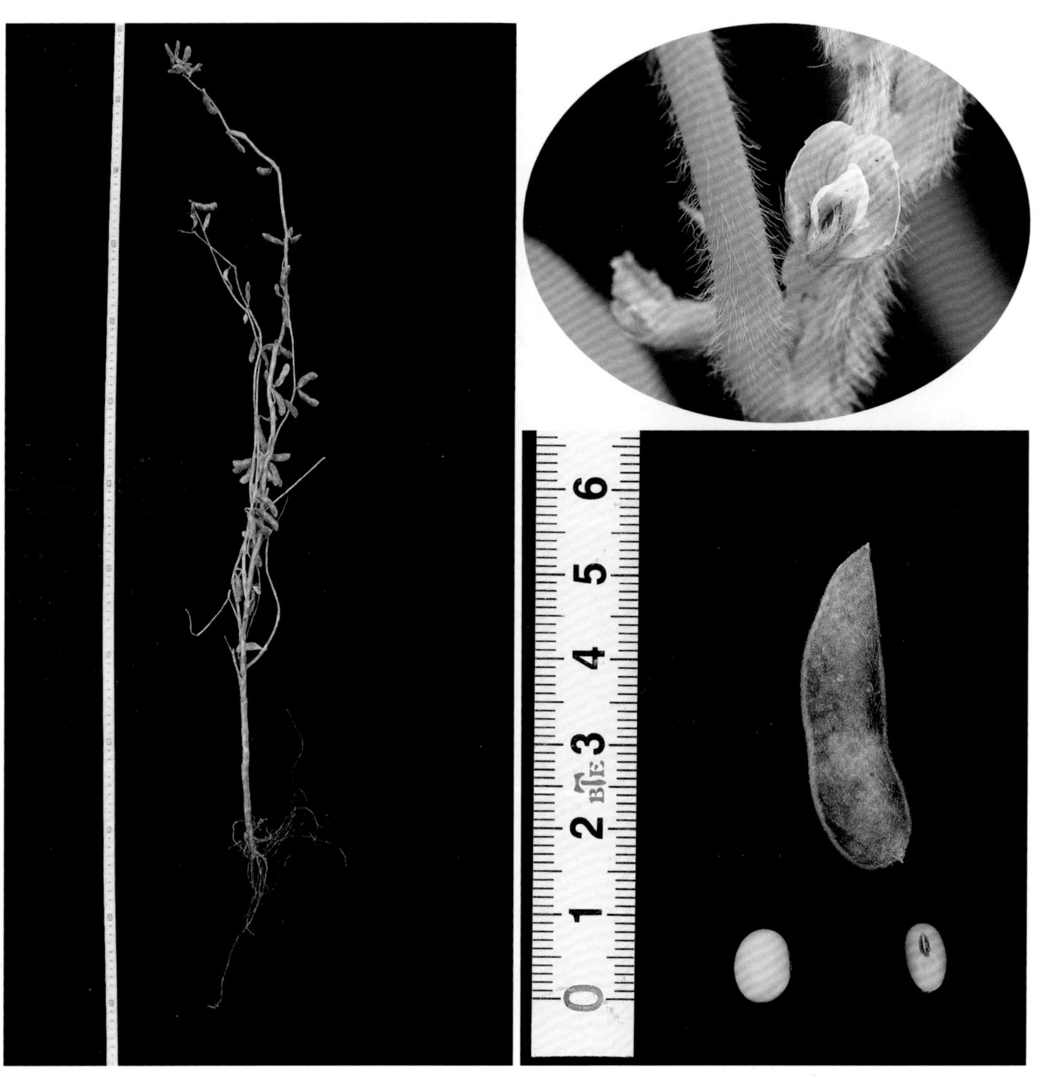

75. 金匏黄豆

【采集地】 广西贵港市平南县思旺镇金匏村。

【类型及分布】 南方夏大豆类型，农家品种，分布于贵港市平南县思旺镇及周边地区。

【主要特征特性】 在南宁种植，生育期 85 天，有限结荚习性，株型收敛，株高 44.9cm，主茎节数 12.4 个，有效分枝数 0.7 个，叶椭圆形，紫花，棕毛，荚褐色，单株荚数 19.7 个，单株粒数 34.8 粒，单株粒重 6.5g，籽粒椭圆形，种皮黄色，有强光泽，种脐褐色，百粒重 20.3g，籽粒蛋白质含量为 45.23%、脂肪含量为 18.77%。该品种早熟，蛋白质含量高；田间表现抗霜霉病，抗旱，抗倒伏，不裂荚，落叶性好。

【利用价值】 可直接应用于生产，或做抗霜霉病、高蛋白育种亲本。

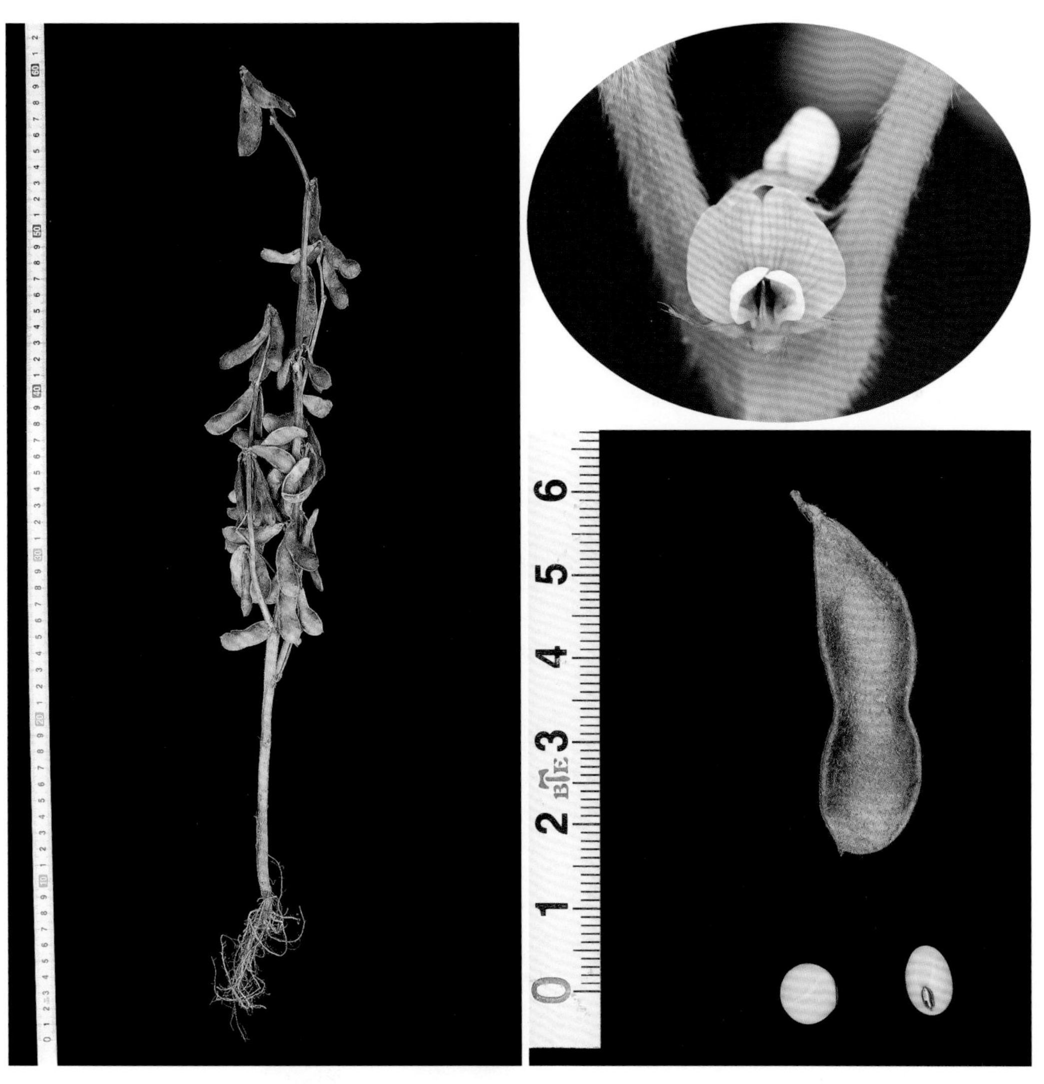

76. 那一黄豆

【采集地】广西贵港市平南县同和镇新雅村那一屯。

【类型及分布】南方夏大豆类型，农家品种，分布于贵港市平南县同和镇及周边地区。

【主要特征特性】在南宁种植，生育期108天，有限结荚习性，株型半开张，株高94.2cm，底荚高31.9cm，主茎节数19.6个，有效分枝数1.7个，叶椭圆形，紫花，灰毛，荚褐色，单株荚数48.7个，单株粒数78.2粒，单株粒重11.5g，籽粒圆形，种皮黄色，有微光泽，种脐淡褐色，百粒重16.4g，籽粒蛋白质含量为44.03%、脂肪含量为20.27%。该品种田间表现抗花叶病毒病，抗霜霉病，高抗细菌性斑点病，中度倒伏，不裂荚，落叶性较好。

【利用价值】可直接应用于生产，或做抗花叶病毒病、抗霜霉病、抗细菌性斑点病育种亲本。

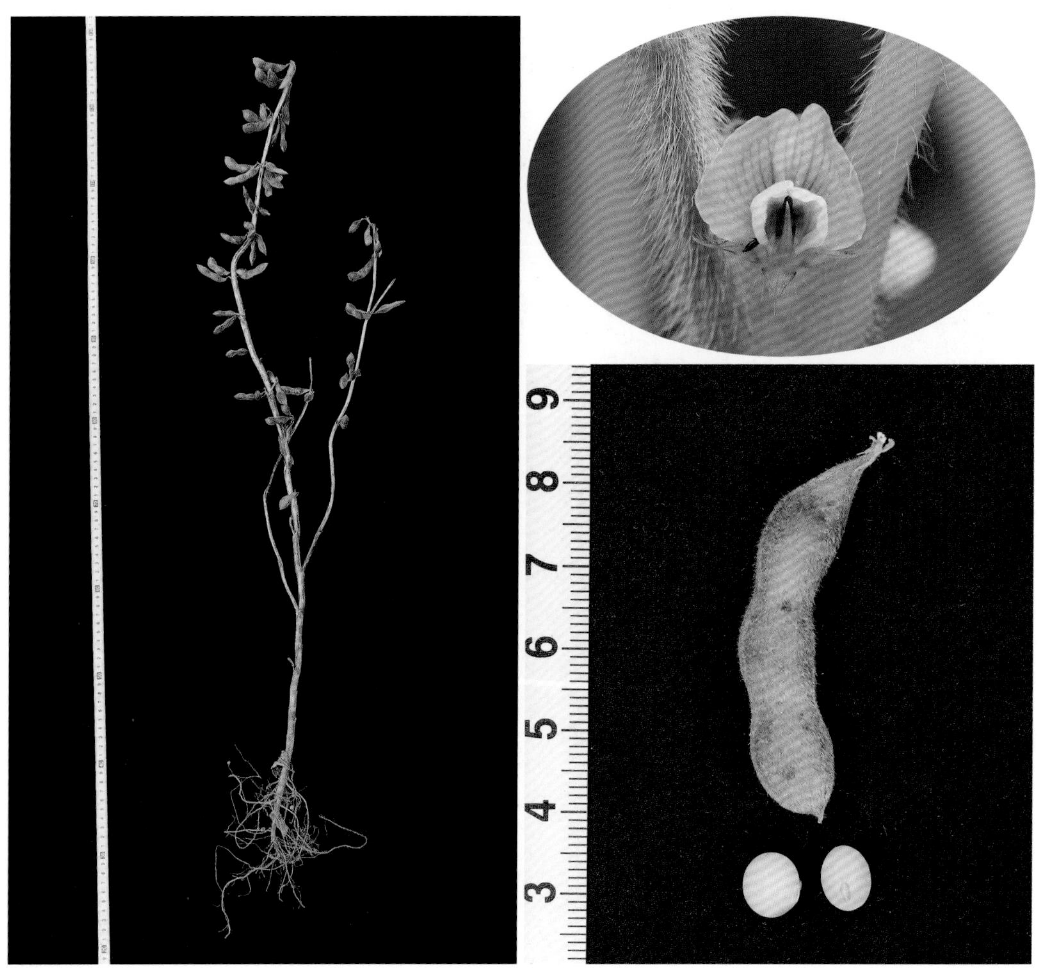

77. 那一黑豆

【采集地】广西贵港市平南县同和镇新雅村那一屯。

【类型及分布】南方夏大豆类型，农家品种，分布于贵港市平南县同和镇及周边地区。

【主要特征特性】在南宁种植，生育期 103 天，有限结荚习性，株型收敛，株高 96.7cm，底荚高 23.8cm，主茎节数 19.1 个，有效分枝数 2.8 个，叶椭圆形，紫花，棕毛，荚褐色，单株荚数 46.7 个，单株粒数 97.3 粒，单株粒重 14.1g，籽粒扁椭圆形，种皮黑色，有微光泽，种脐黑色，百粒重 16.1g，籽粒蛋白质含量为 43.43%、脂肪含量为 21.29%。该品种田间表现抗花叶病毒病，抗霜霉病，重度倒伏，轻度裂荚，落叶性较好。

【利用价值】可直接应用于生产，或做高底荚、抗花叶病毒病、抗霜霉病育种亲本。

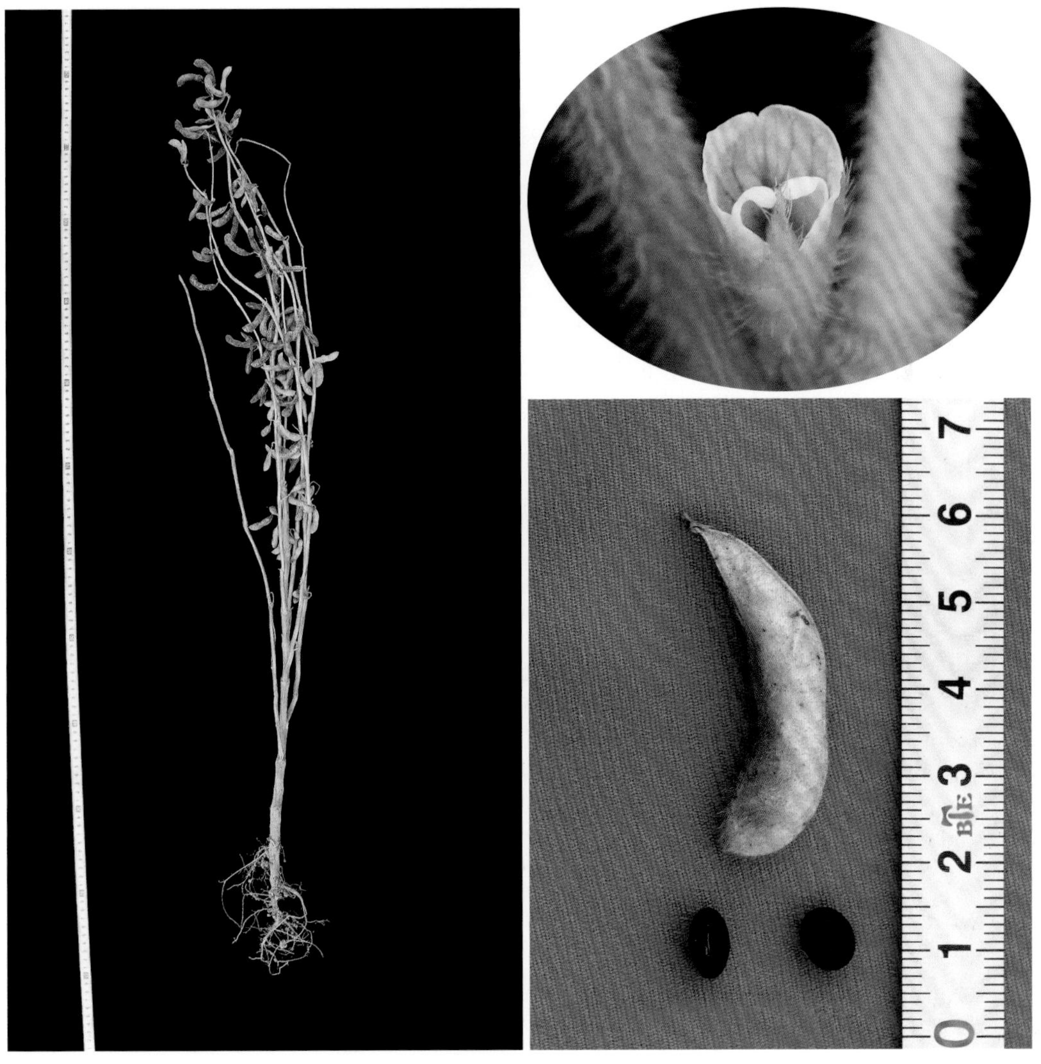

78. 新客黑大豆

【采集地】广西贵港市平南县镇隆镇富藏村新客屯。

【类型及分布】南方夏大豆类型，农家品种，分布于贵港市平南县镇隆镇及周边地区。

【主要特征特性】在南宁种植，生育期 102 天，有限结荚习性，株型收敛，株高 99.0cm，底荚高 30.8cm，主茎节数 15.6 个，有效分枝数 1.4 个，叶椭圆形，紫花，棕毛，荚褐色，单株荚数 31.1 个，单株粒数 58.3 粒，单株粒重 8.1g，籽粒扁椭圆形，种皮黑色，有微光泽，种脐黑色，百粒重 15.5g，籽粒蛋白质含量为 45.10%、脂肪含量为 20.62%。该品种田间表现抗花叶病毒病，抗霜霉病，感细菌性斑点病，重度倒伏，轻度裂荚。

【利用价值】可直接应用于生产，或做高底荚、抗花叶病毒病、抗霜霉病育种亲本。

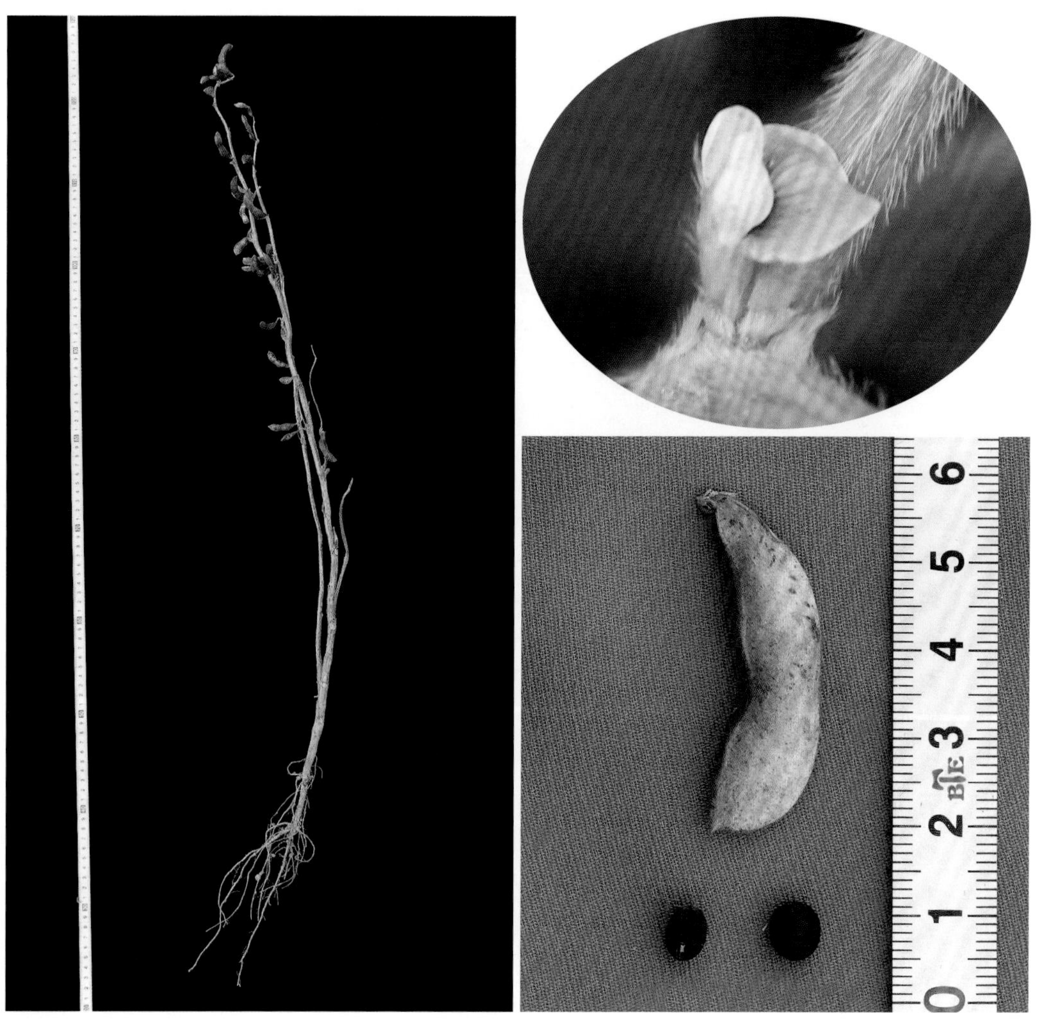

79. 横岭本地小黄豆

【采集地】广西南宁市上林县乔贤镇横岭村。

【类型及分布】南方夏大豆类型，农家品种，分布于南宁市上林县乔贤镇及周边地区。

【主要特征特性】在南宁种植，生育期86天，有限结荚习性，株型收敛，株高51.7cm，主茎节数16.0个，有效分枝数1.3个，叶椭圆形，紫花，棕毛，荚黄褐色，单株荚数25.8个，单株粒数62.0粒，单株粒重7.7g，籽粒椭圆形，种皮黄色，无光泽，种脐褐色，百粒重13.3g，籽粒蛋白质含量为41.24%、脂肪含量为21.30%。该品种早熟，籽粒小；田间表现抗霜霉病，抗倒伏，不裂荚，落叶性好。

【利用价值】可直接应用于生产，或做抗倒伏、抗霜霉病育种亲本。

80. 马元本地黄豆

【采集地】广西百色市那坡县龙合镇马元村马元屯。

【类型及分布】南方夏大豆类型，农家品种，分布于百色市那坡县龙合镇及周边地区。

【主要特征特性】在南宁种植，生育期83天，有限结荚习性，株型收敛，株高37.3cm，主茎节数12.4个，有效分枝数2.2个，叶椭圆形，紫花，棕毛，荚褐色，单株荚数29.0个，单株粒数55.1粒，单株粒重7.9g，籽粒椭圆形，种皮黄色，有微光泽，种脐褐色，百粒重15.5g，籽粒蛋白质含量为43.95%、脂肪含量为19.98%。该品种早熟，籽粒小；田间表现抗霜霉病，抗旱，耐贫瘠，抗倒伏，不裂荚，落叶性好。

【利用价值】可直接应用于生产，或做抗倒伏、抗霜霉病育种亲本。

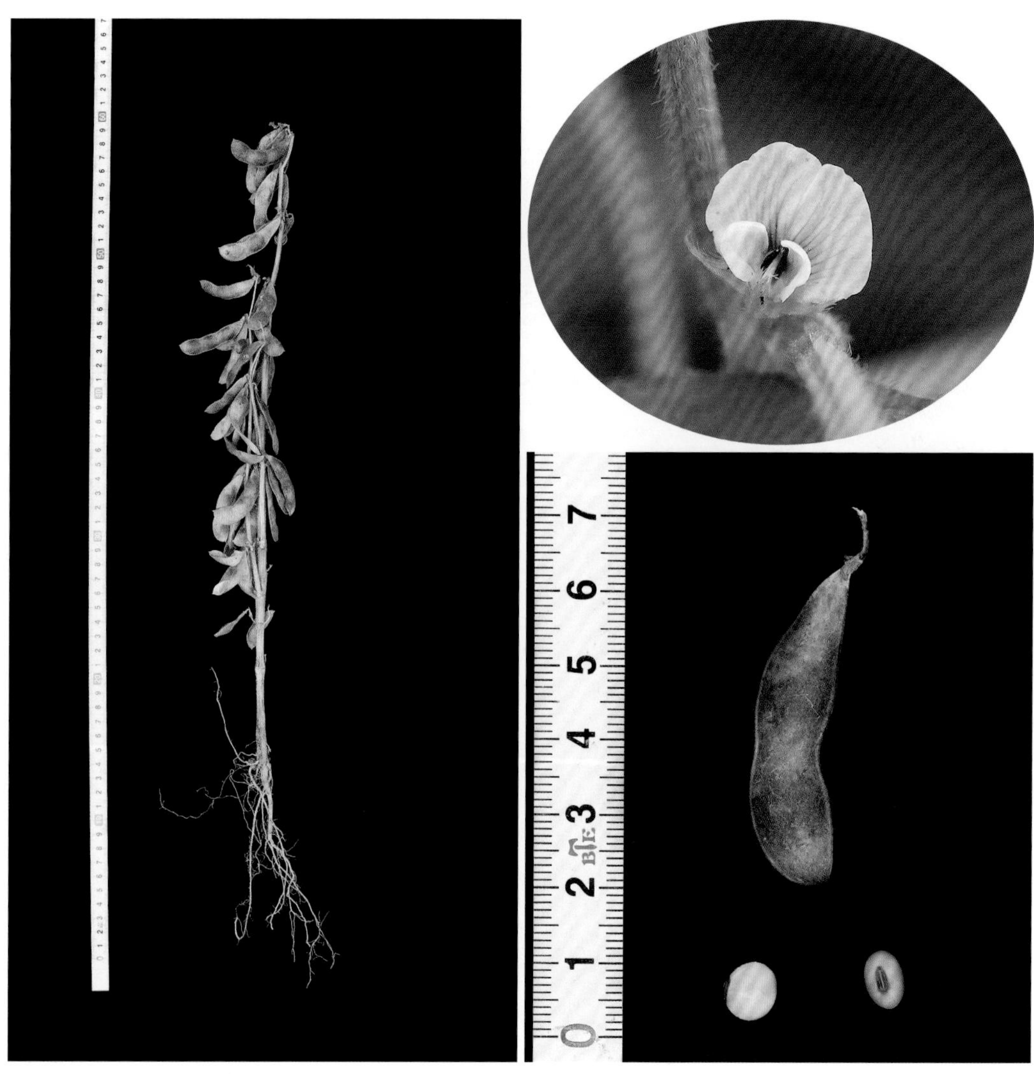

81. 果桃黄豆

【采集地】广西百色市那坡县龙合镇果桃村马独屯。

【类型及分布】南方夏大豆类型，农家品种，分布于百色市那坡县龙合镇及周边地区。

【主要特征特性】在南宁种植，生育期84天，有限结荚习性，株型收敛，株高42.4cm，主茎节数10.9个，有效分枝数1.1个，叶椭圆形，白花，灰毛，荚褐色，单株荚数35.7个，单株粒数65.3粒，单株粒重6.4g，籽粒椭圆形，种皮黄色，有微光泽，种脐褐色，百粒重11.6g，籽粒蛋白质含量为43.37%、脂肪含量为18.99%。该品种早熟，籽粒小；田间表现抗霜霉病，抗旱，耐贫瘠，抗倒伏，不裂荚，落叶性好。

【利用价值】可直接应用于生产，或做早熟、小粒、抗霜霉病、抗倒伏育种亲本。

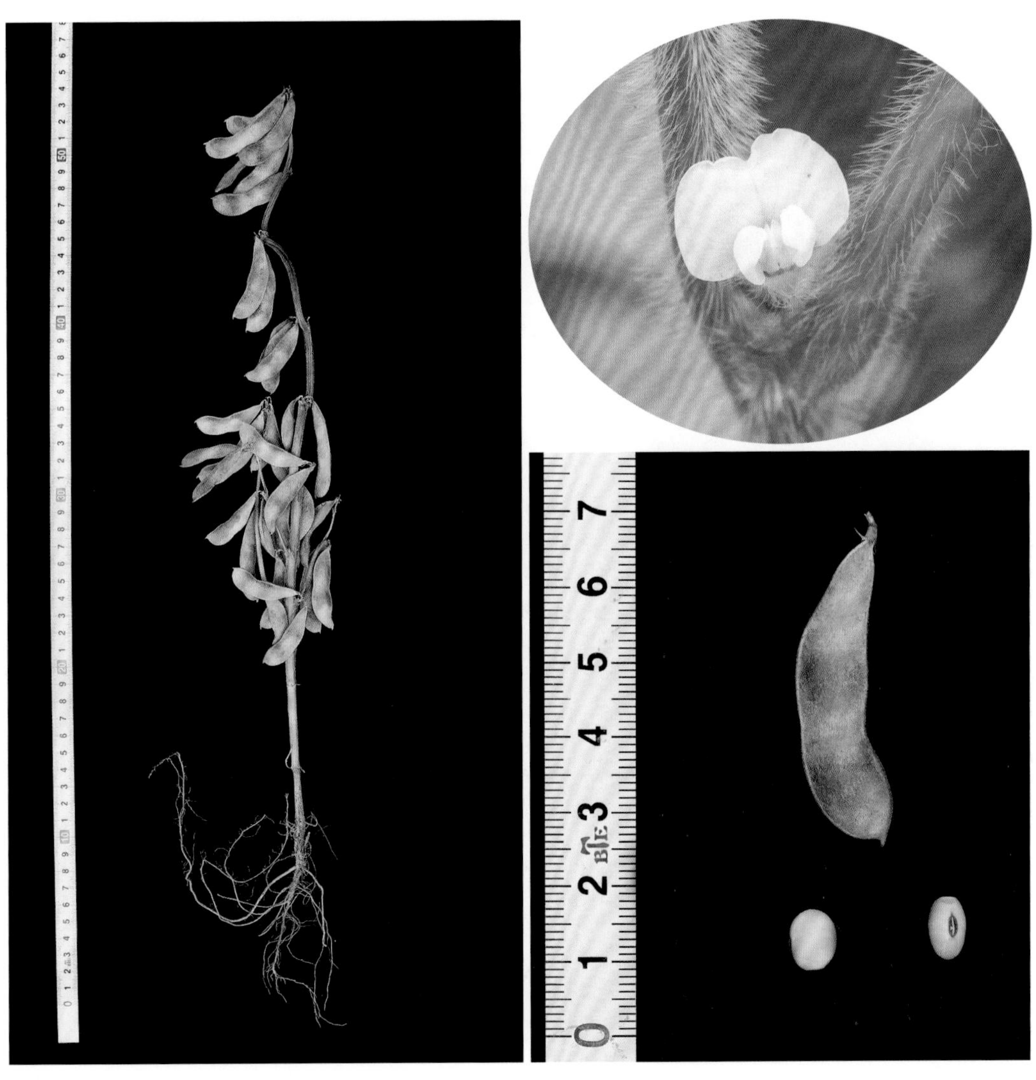

82. 弄民本地黄豆

【采集地】广西百色市那坡县百南乡弄明村弄民屯。

【类型及分布】南方夏大豆类型，农家品种，分布于百色市那坡县百南乡及周边地区。

【主要特征特性】在南宁种植，生育期87天，有限结荚习性，株型收敛，株高48.6cm，主茎节数14.9个，有效分枝数3.3个，叶椭圆形，白花，棕毛，荚深褐色，单株荚数41.3个，单株粒数79.4粒，单株粒重11.9g，籽粒椭圆形，种皮黄色，有微光泽，种脐褐色，百粒重10.6g，籽粒蛋白质含量为42.25%、脂肪含量为18.12%。该品种早熟，籽粒小，茎秆粗壮，结荚多，产量高；田间表现抗霜霉病，抗旱，耐贫瘠，抗倒伏，不裂荚，落叶性好。

【利用价值】可直接应用于生产，或做早熟、小粒、抗霜霉病、抗倒伏育种亲本。

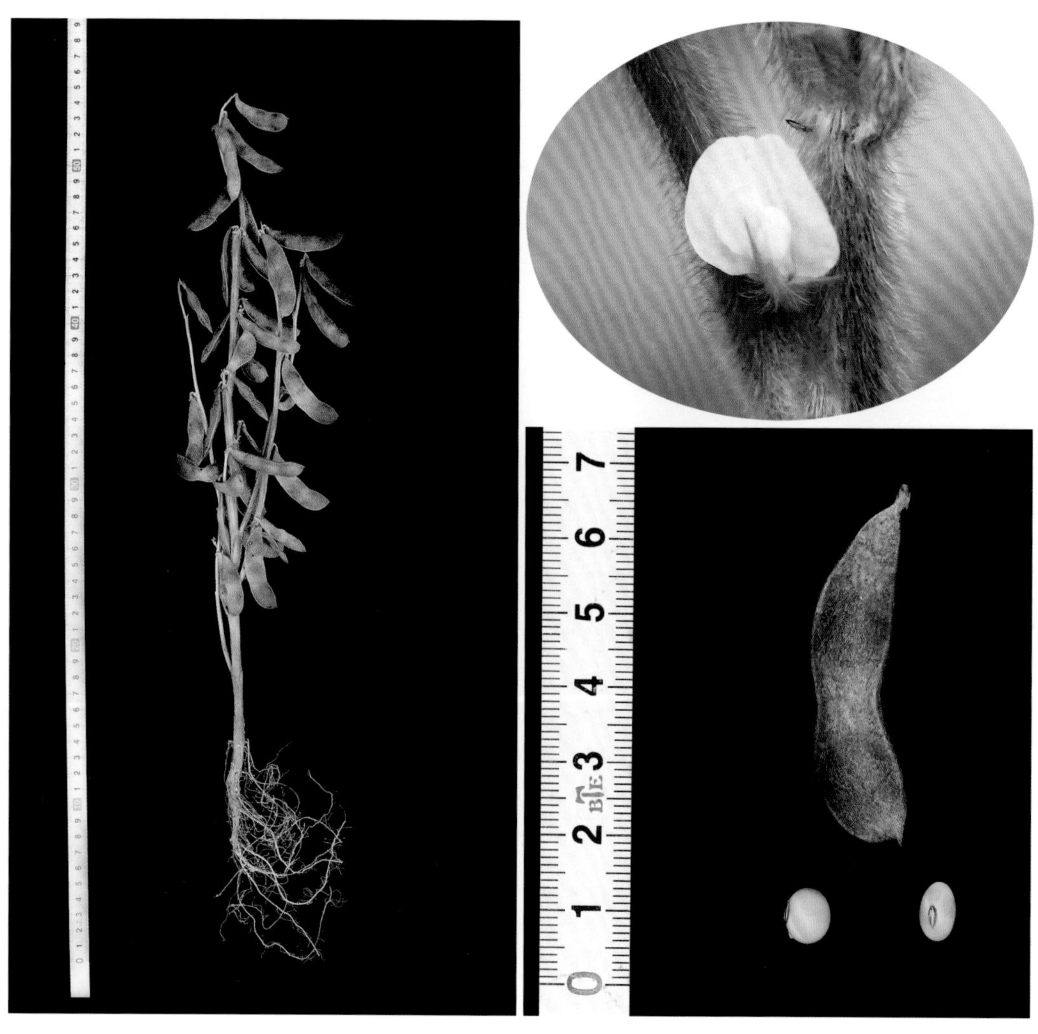

83. 大东红黄豆

【采集地】广西梧州市藤县东荣镇坡头村大东屯。

【类型及分布】南方夏大豆类型，农家品种，分布于梧州市藤县东荣镇及周边地区。

【主要特征特性】在南宁种植，生育期120天，亚有限结荚习性，株型开张，株高114.4cm，底荚高14.2cm，主茎节数19.6个，有效分枝数4.4个，叶椭圆形，紫花，棕毛，荚深褐色，单株荚数41.8个，单株粒数84.0粒，单株粒重8.6g，籽粒扁圆形，种皮褐（紫红）色，有微光泽，种脐褐色，百粒重11.5g，籽粒蛋白质含量为41.13%、脂肪含量为21.51%。该品种田间表现抗花叶病毒病，抗霜霉病，中抗细菌性斑点病，重度倒伏，不裂荚，落叶性较好。

【利用价值】可直接应用于生产，或做抗花叶病毒病、抗霜霉病育种亲本。

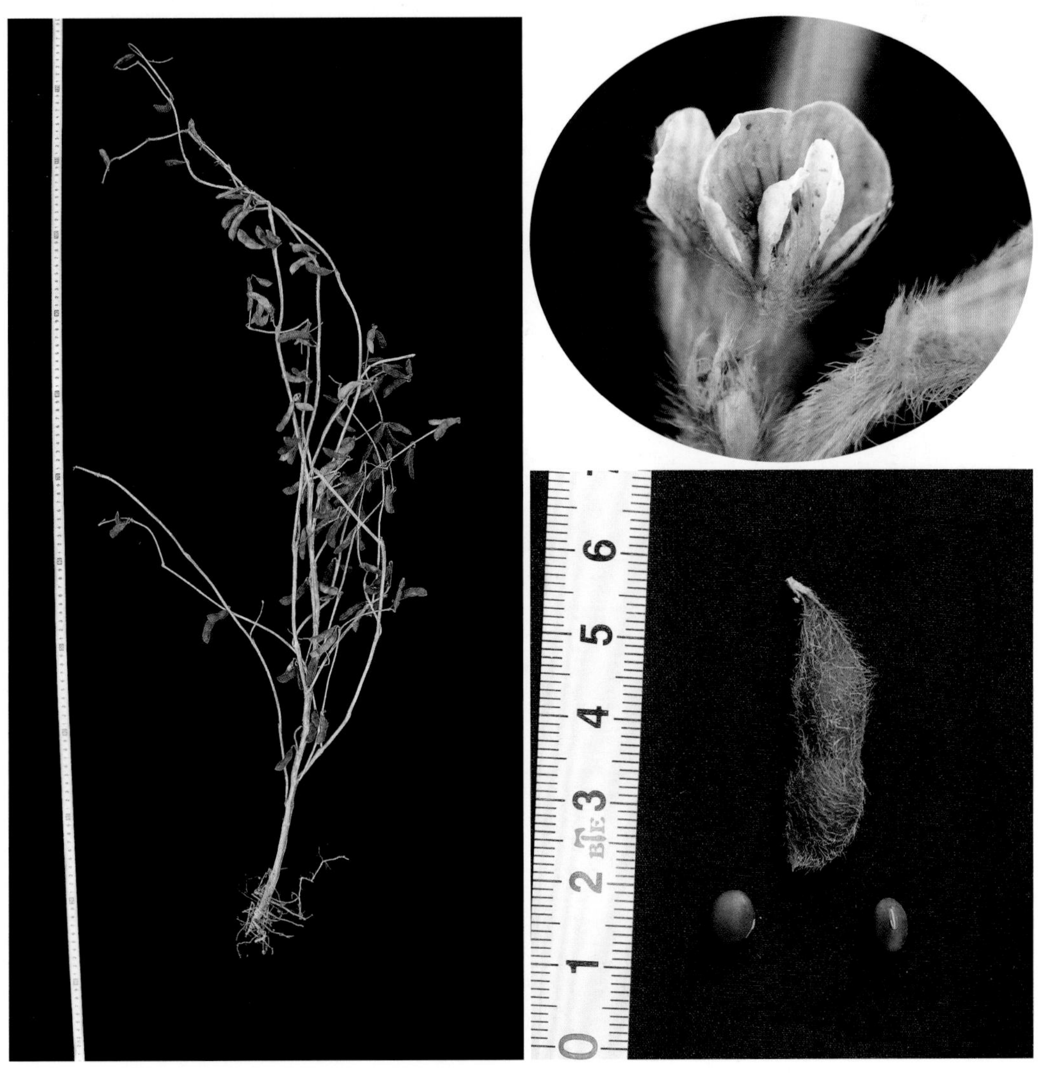

84. 坡头夏豆 1

【采集地】广西梧州市藤县东荣镇坡头村大东屯。

【类型及分布】南方夏大豆类型，农家品种，分布于梧州市藤县东荣镇及周边地区。

【主要特征特性】在南宁种植，生育期 101 天，有限结荚习性，株型收敛，株高 110.4cm，底荚高 34.3cm，主茎节数 20.5 个，有效分枝数 4.9 个，叶椭圆形，白花，棕毛，荚褐色，单株荚数 45.4 个，单株粒数 68.3 粒，单株粒重 17.5g，籽粒扁椭圆形，种皮黄色，无光泽，种脐褐色，百粒重 28.7g，籽粒蛋白质含量为 46.34%、脂肪含量为 20.42%。该品种田间表现抗花叶病毒，抗霜霉病，重度倒伏，不裂荚。

【利用价值】可直接应用于生产，或做抗花叶病毒病、抗霜霉病、高蛋白育种亲本。

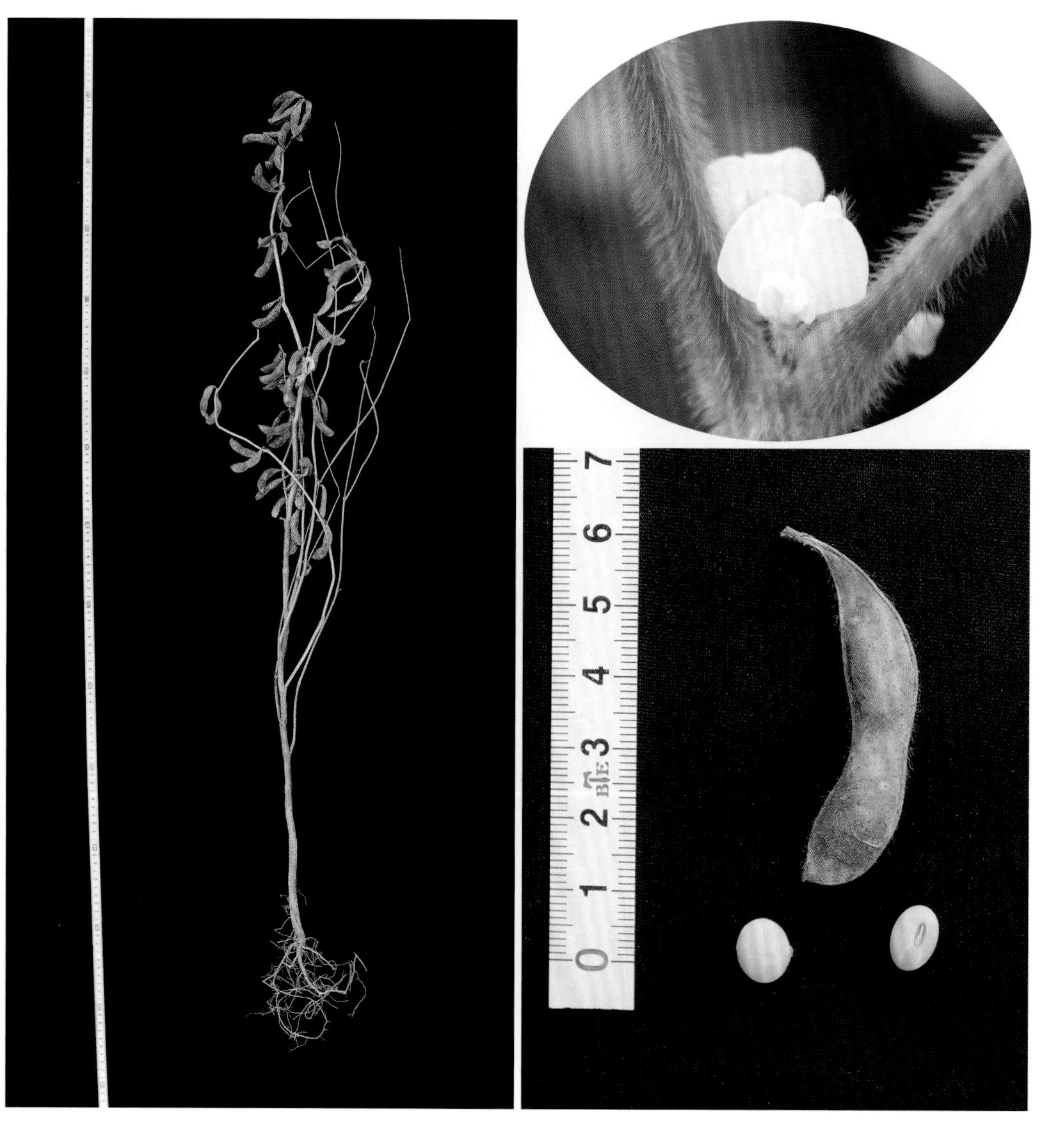

85. 坡头黑黄豆

【采集地】广西梧州市藤县东荣镇坡头村大东屯。

【类型及分布】南方夏大豆类型，农家品种，分布于梧州市藤县东荣镇及周边地区。

【主要特征特性】在南宁种植，生育期 98 天，有限结荚习性，株型半开张，株高 109.4cm，底荚高 17.7cm，主茎节数 12.9 个，有效分枝数 2.7 个，叶卵圆形，紫花，棕毛，荚黄褐色，单株荚数 24.3 个，单株粒数 44.6 粒，单株粒重 5.5g，籽粒扁椭圆形，种皮黑色，有微光泽，种脐黑色，百粒重 13.8g，籽粒蛋白质含量为 44.53%、脂肪含量为 20.62%。该品种田间表现抗花叶病毒病，抗霜霉病，感细菌性斑点病，重度倒伏，不裂荚。

【利用价值】可直接应用于生产，或做抗花叶病毒病、抗霜霉病育种亲本。

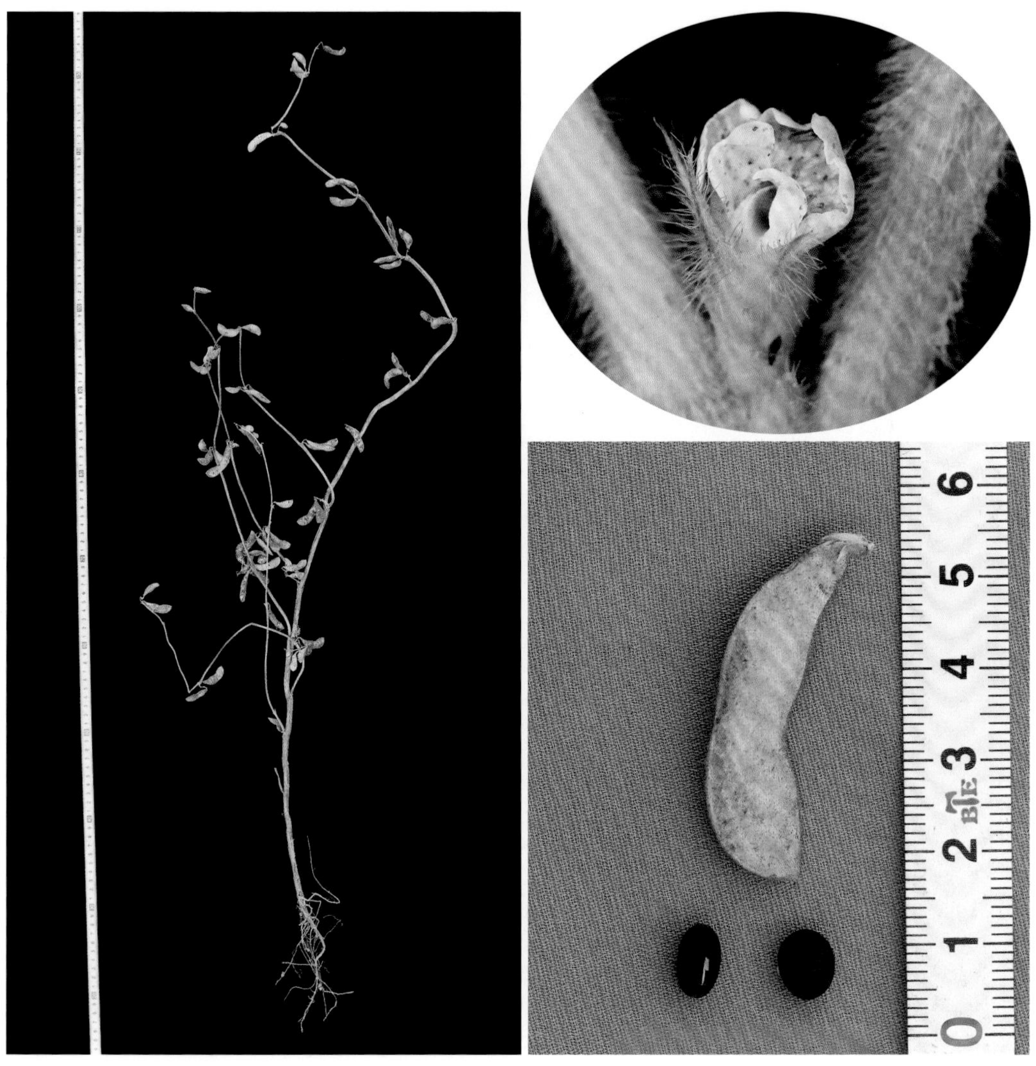

86. 坡头夏豆 2

【采集地】广西梧州市藤县东荣镇坡头村大东屯。

【类型及分布】南方夏大豆类型，农家品种，分布于梧州市藤县东荣镇及周边地区。

【主要特征特性】在南宁种植，生育期 104 天，有限结荚习性，株型收敛，株高 75.5cm，底荚高 16.2cm，主茎节数 18.4 个，有效分枝数 3.6 个，叶椭圆形，紫花，灰毛，荚深褐色，单株荚数 47.7 个，单株粒数 101.6 粒，单株粒重 16.5g，籽粒圆形，种皮黄色，有微光泽，种脐褐色，百粒重 18.3g，籽粒蛋白质含量为 43.13%、脂肪含量为 21.09%。该品种田间表现抗花叶病毒病，抗霜霉病，中抗细菌性斑点病，轻度倒伏，不裂荚，落叶性较好。

【利用价值】可直接应用于生产，或做抗花叶病毒病、抗霜霉病育种亲本。

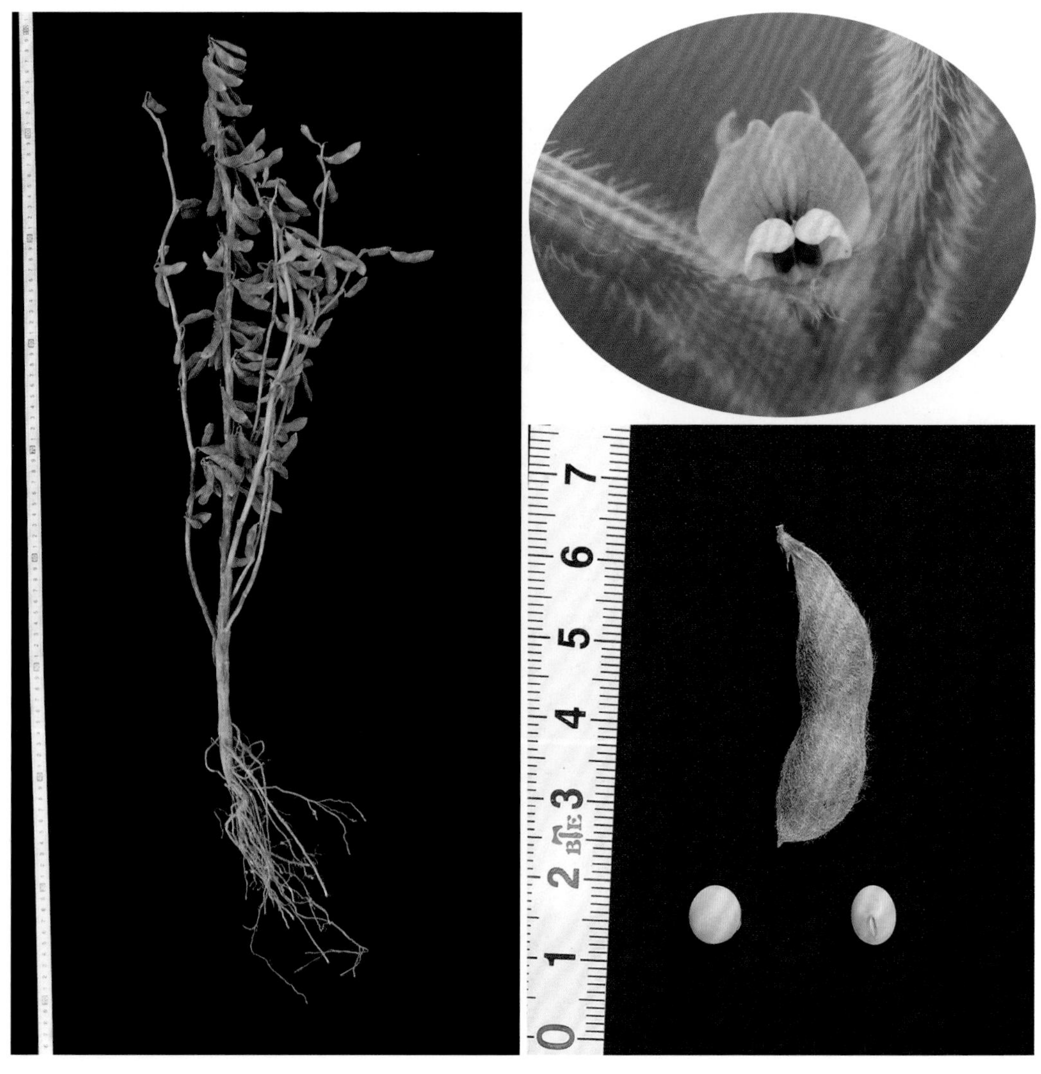

87. 雅邦黑豆

【采集地】广西百色市平果市马头镇同仁村雅邦屯。

【类型及分布】南方夏大豆类型，农家品种，分布于百色市平果市马头镇及周边地区。

【主要特征特性】在南宁种植，生育期 98 天，有限结荚习性，株型收敛，株高 98.5cm，底荚高 20.3cm，主茎节数 17.6 个，有效分枝数 3.6 个，叶椭圆形，紫花，灰毛，荚黑色，单株荚数 69.4 个，单株粒数 136.6 粒，单株粒重 11.7g，籽粒扁椭圆形，种皮黑色，有微光泽，种脐黑色，百粒重 9.6g，籽粒蛋白质含量为 44.82%、脂肪含量为 21.62%。该品种田间表现抗花叶病毒病，抗霜霉病，高抗细菌性斑点病，重度倒伏，不裂荚，落叶性较好。

【利用价值】可直接应用于生产，或做抗花叶病毒病、抗霜霉病、抗细菌性斑点病育种亲本。

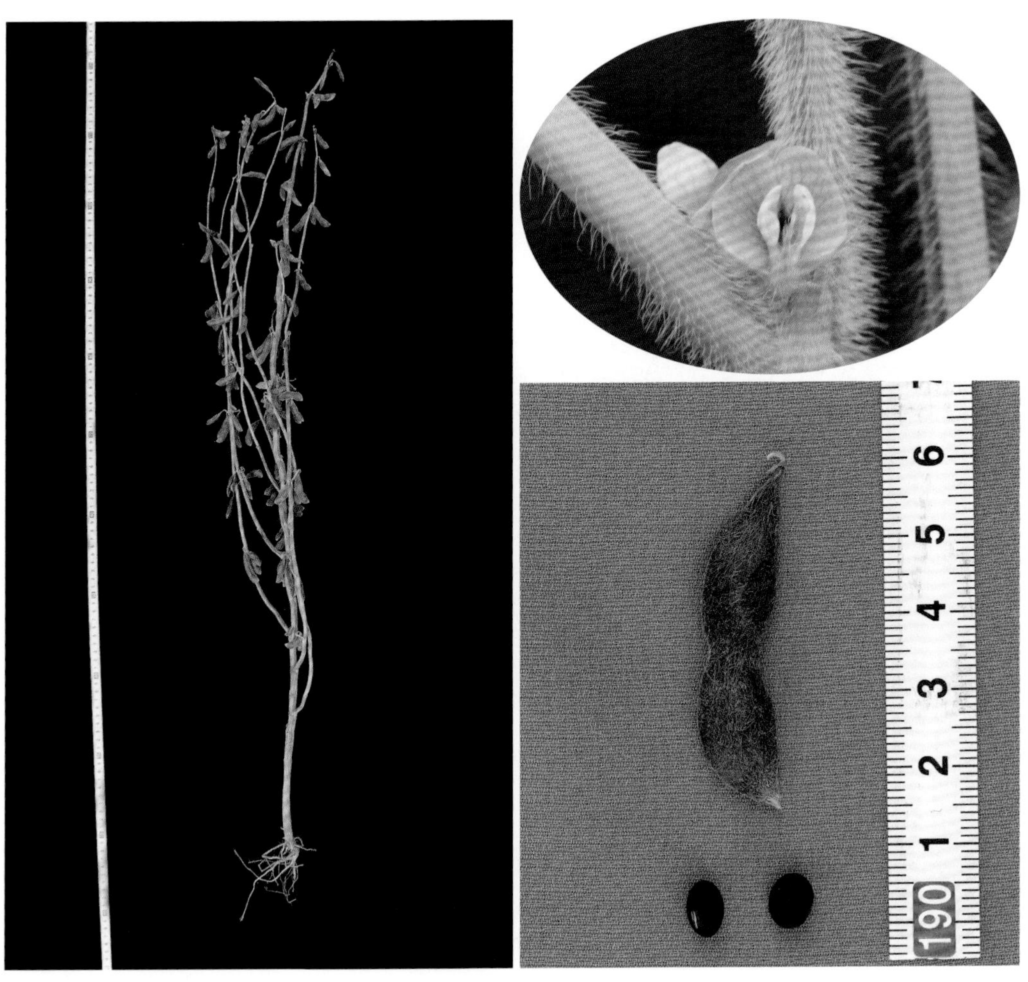

88. 康马黑豆

【采集地】广西百色市平果市旧城镇康马村百感屯。

【类型及分布】南方夏大豆类型，农家品种，分布于百色市平果市旧城镇及周边地区。

【主要特征特性】在南宁种植，生育期 98 天，亚有限结荚习性，株型收敛，株高 90.0cm，底荚高 15.9cm，主茎节数 14.9 个，有效分枝数 3.6 个，叶椭圆形，紫花，灰毛，荚黑色，单株荚数 80.1 个，单株粒数 156.3 粒，单株粒重 17.6g，籽粒椭圆形，种皮黑色，有微光泽，种脐黑色，百粒重 12.6g，籽粒蛋白质含量为 43.70%、脂肪含量为 21.65%。该品种田间表现抗花叶病毒病，抗霜霉病，抗细菌性斑点病，中度倒伏，不裂荚，落叶性较好。

【利用价值】可直接应用于生产，或做抗花叶病毒病、抗霜霉病、抗细菌性斑点病育种亲本。

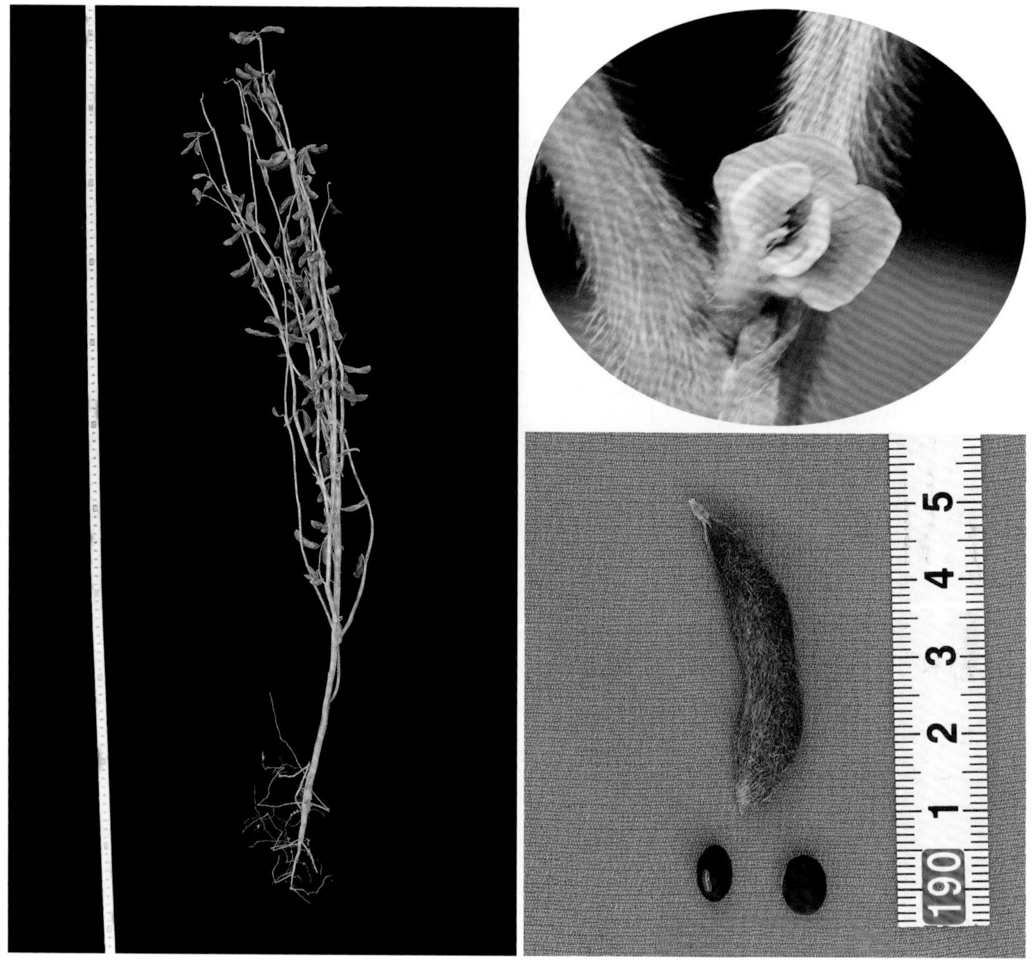

89. 巴纳黄豆

【采集地】广西百色市平果市同老乡五柳村巴纳屯。

【类型及分布】南方夏大豆类型，农家品种，分布于百色市平果市同老乡及周边地区。

【主要特征特性】在南宁种植，生育期97天，有限结荚习性，株型收敛，株高100.0cm，底荚高25.8cm，主茎节数18.5个，有效分枝数4.6个，叶椭圆形，紫花，灰毛，荚黄褐色，单株荚数56.4个，单株粒数102.0粒，单株粒重11.3g，籽粒扁圆形，种皮黄色，有微光泽，种脐褐色，百粒重12.4g，籽粒蛋白质含量为43.08%、脂肪含量为20.45%。该品种田间表现抗花叶病毒病，抗霜霉病，抗细菌性斑点病，重度倒伏，轻度裂荚，落叶性较好。

【利用价值】可直接应用于生产，或做抗花叶病毒病、抗霜霉病、抗细菌性斑点病育种亲本。

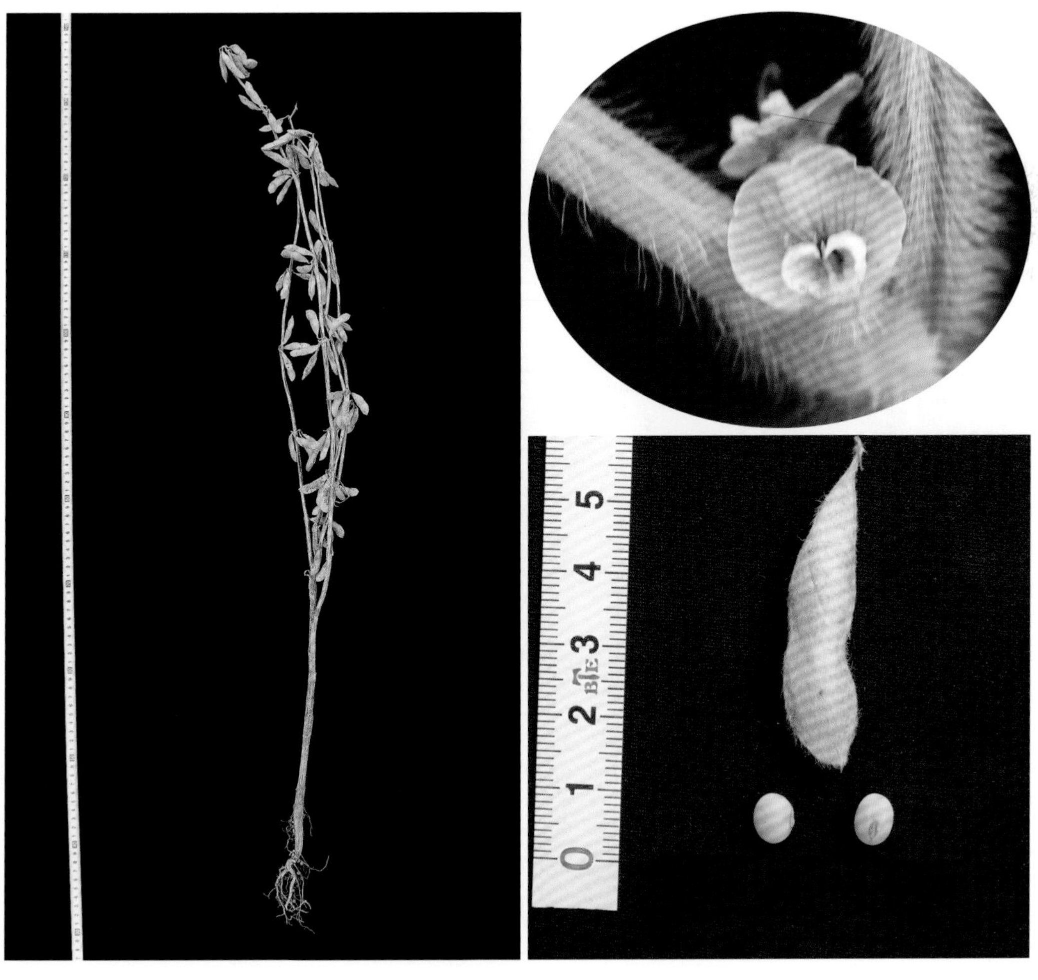

90. 珍珠黄豆

【采集地】广西百色市平果市旧城镇庆兰村达兰屯。

【类型及分布】南方夏大豆类型，农家品种，分布于百色市平果市旧城镇及周边地区。

【主要特征特性】在南宁种植，生育期 99 天，亚有限结荚习性，株型收敛，株高 108.0cm，底荚高 25.5cm，主茎节数 17.5 个，有效分枝数 3.6 个，叶椭圆形，紫花，棕毛，荚黄褐色，单株荚数 54.2 个，单株粒数 102.7 粒，单株粒重 12.3g，籽粒扁椭圆形，种皮黄色，有微光泽，种脐淡褐色，百粒重 13.4g，籽粒蛋白质含量为 43.79%、脂肪含量为 20.14%。该品种田间表现抗花叶病毒病，抗霜霉病，抗细菌性斑点病，中度倒伏，轻度裂荚，落叶性较好。

【利用价值】可直接应用于生产，或做抗花叶病毒病、抗霜霉病、抗细菌性斑点病育种亲本。

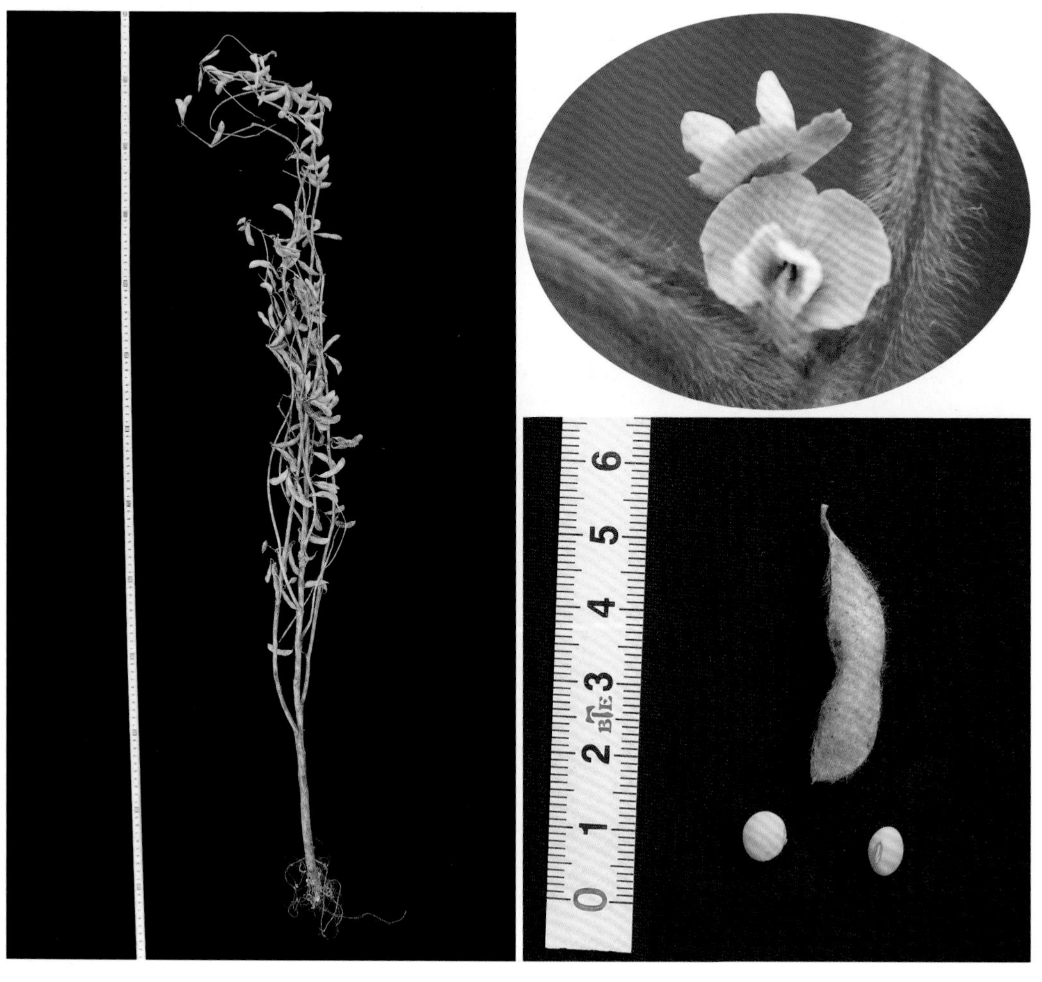

91. 龙江黄豆

【采集地】广西百色市平果市旧城镇民江村龙江屯。

【类型及分布】南方夏大豆类型，农家品种，分布于百色市平果市旧城镇及周边地区。

【主要特征特性】在南宁种植，生育期98天，有限结荚习性，株型收敛，株高90.1cm，底荚高16.9cm，主茎节数14.9个，有效分枝数3.6个，叶椭圆形，紫花，棕毛，荚黄褐色，单株荚数42.7个，单株粒数87.6粒，单株粒重9.8g，籽粒椭圆形，种皮黄色，有微光泽，种脐褐色，百粒重12.6g，籽粒蛋白质含量为42.33%、脂肪含量为20.12%。该品种田间表现高抗花叶病毒病，高抗霜霉病，轻度倒伏，轻度裂荚，落叶性较好。

【利用价值】可直接应用于生产，或做抗花叶病毒病、高抗霜霉病育种亲本。

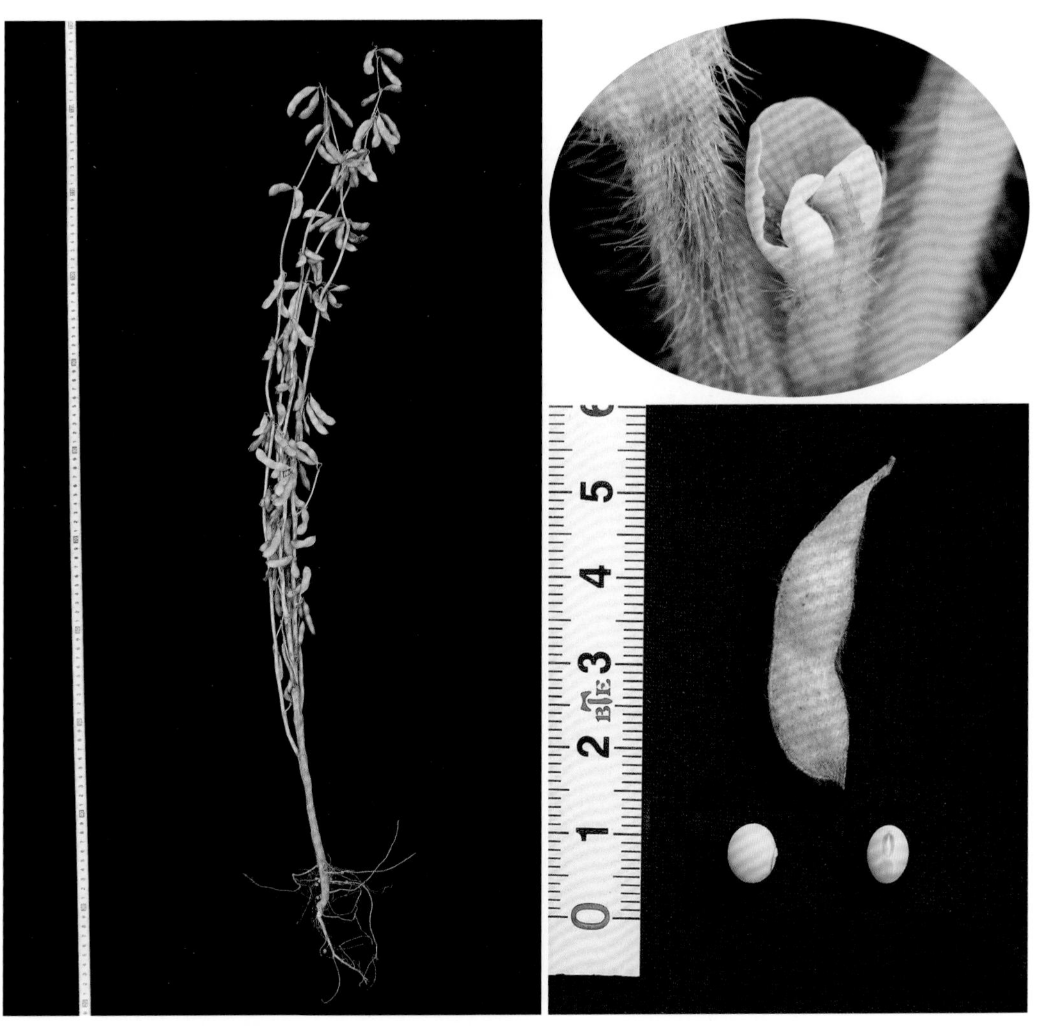

92. 龙稠黄豆

【采集地】广西百色市平果市马头镇古念村龙稠屯。

【类型及分布】南方夏大豆类型，农家品种，分布于百色市平果市马头镇及周边地区。

【主要特征特性】南宁种植，生育期 100 天，亚有限结荚习性，株型收敛，株高 107.6cm，底荚高 27.3cm，主茎节数 18.0 个，有效分枝数 3.5 个，叶椭圆形，紫花，棕毛，荚黄褐色，单株荚数 61.0 个，单株粒数 121.5 粒，单株粒重 12.9g，籽粒扁圆形，种皮黄色，有微光泽，种脐褐色，百粒重 11.8g，籽粒蛋白质含量为 44.64%、脂肪含量为 19.17%。该品种田间表现抗花叶病毒病，感霜霉病，抗细菌性斑点病，重度倒伏，落叶性较好。

【利用价值】可直接应用于生产，或做高底荚、抗花叶病毒病、抗细菌性斑点病育种亲本。

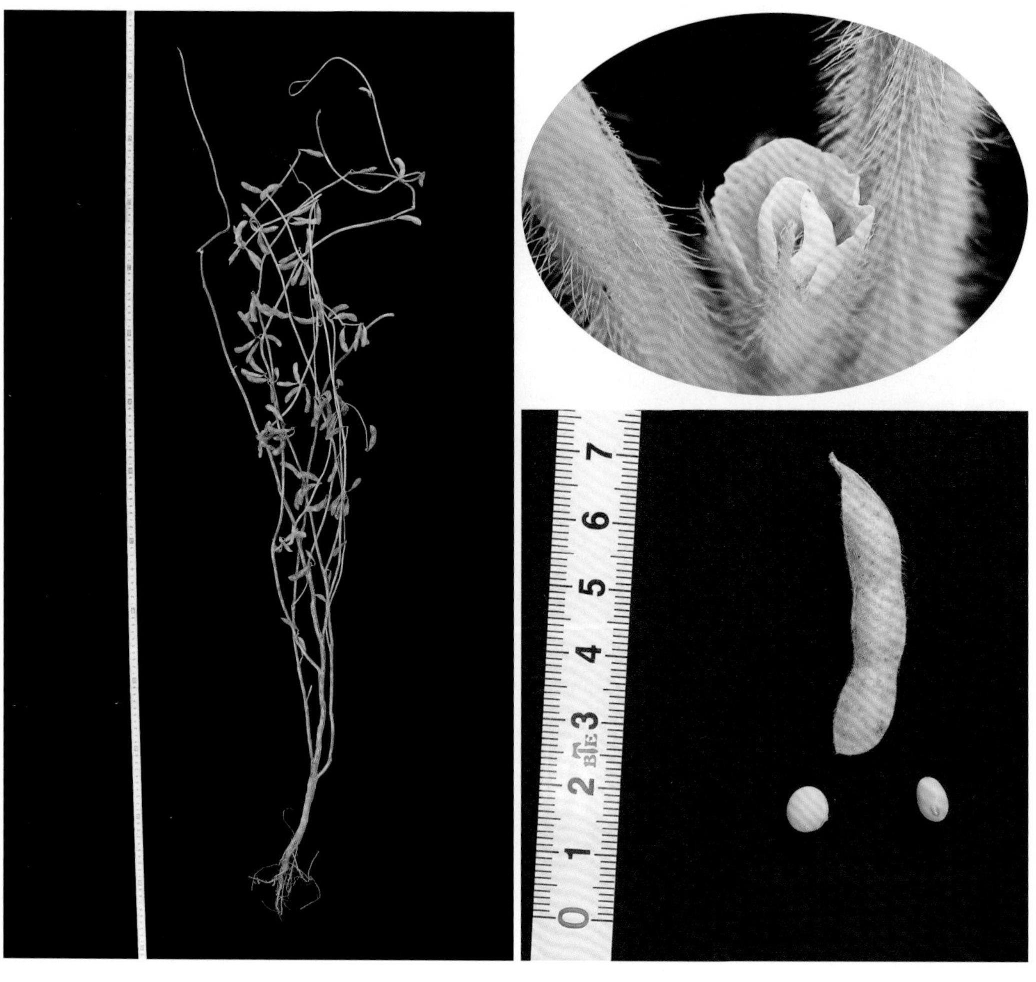

93. 塘莲黄豆

【采集地】广西百色市平果市马头镇塘莲村央兵屯。

【类型及分布】南方夏大豆类型，农家品种，分布于百色市平果市马头镇及周边地区。

【主要特征特性】在南宁种植，生育期97天，亚有限结荚习性，株型收敛，株高97.5cm，底荚高27.5cm，主茎节数15.1个，有效分枝数3.7个，叶椭圆形，紫花，棕毛，荚黄褐色，单株荚数61.8个，单株粒数124.6粒，单株粒重15.8g，籽粒扁圆形，种皮黄色，有微光泽，种脐褐色，百粒重14.2g，籽粒蛋白质含量为43.52%、脂肪含量为20.55%。该品种田间表现抗花叶病毒病，抗霜霉病，抗细菌性斑点病，中度倒伏，落叶性较好。

【利用价值】可直接应用于生产，或做高底荚、抗花叶病毒病、抗霜霉病、抗细菌性斑点病育种亲本。

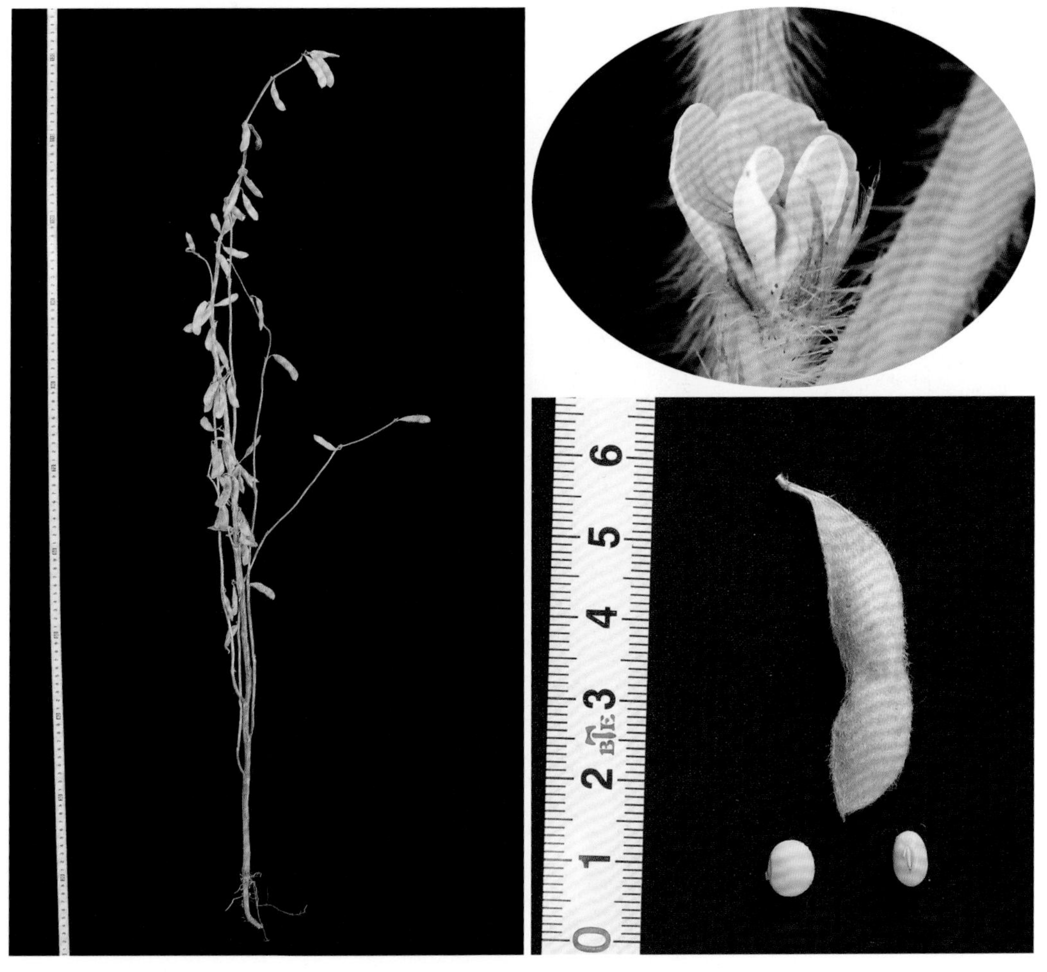

94. 上瑶黑豆 1

【采集地】广西贵港市桂平市垌心乡上瑶村。

【类型及分布】南方夏大豆类型，农家品种，分布于贵港市桂平市垌心乡及周边地区。

【主要特征特性】在南宁种植，生育期 102 天，有限结荚习性，株型收敛，株高 96.3cm，底荚高 23.9cm，主茎节数 16.6 个，有效分枝数 2.1 个，叶卵圆形，紫花，棕毛，荚深褐色，单株荚数 34.5 个，单株粒数 71.3 粒，单株粒重 11.9g，籽粒长椭圆形，种皮黑色，有微光泽，种脐黑色，百粒重 18.6g，籽粒蛋白质含量为 42.66%、脂肪含量为 21.77%。该品种田间表现抗花叶病毒病，抗霜霉病，重度倒伏，轻度裂荚，落叶性较差。

【利用价值】可直接应用于生产，或做高底荚、抗花叶病毒病、抗霜霉病育种亲本。

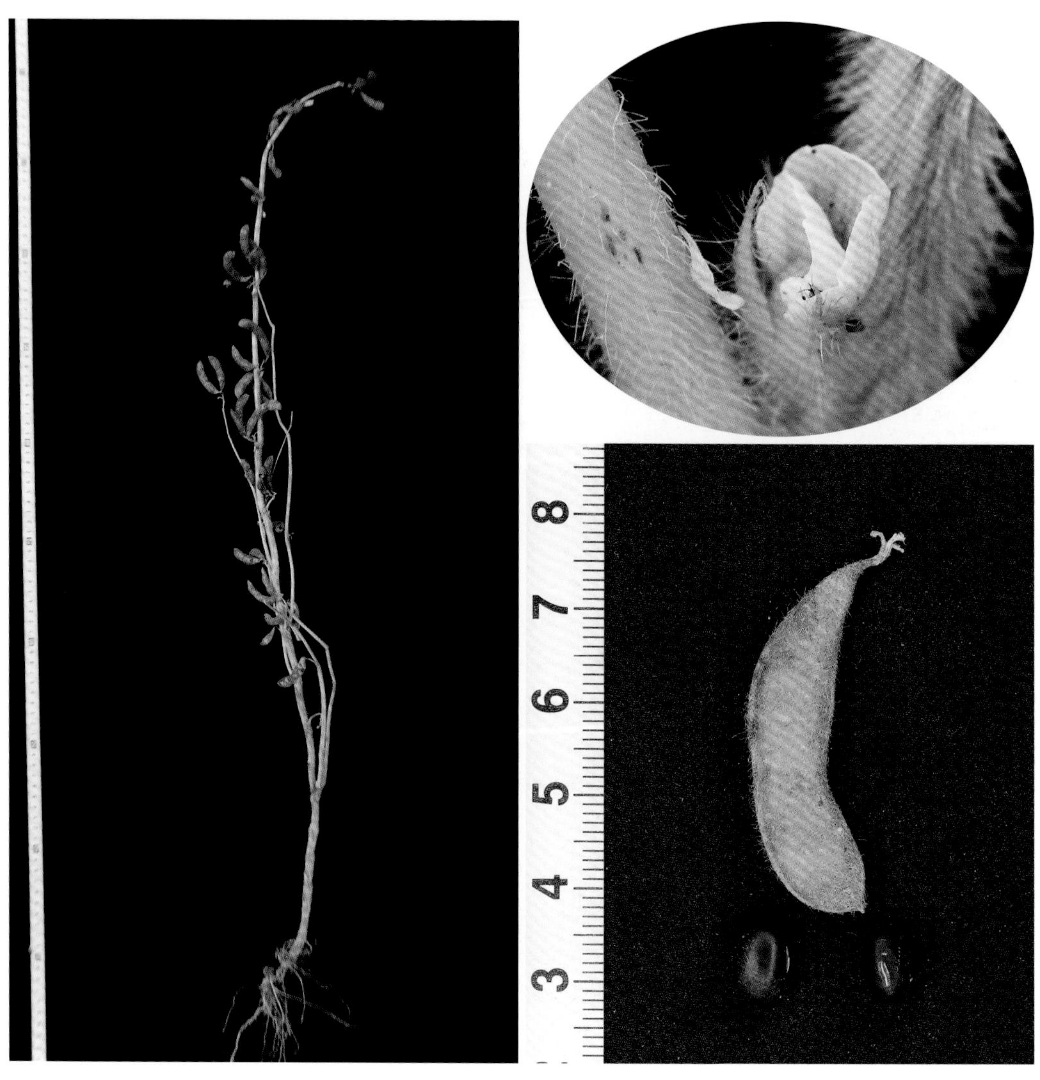

95. 上瑶黑豆 2

【采集地】广西贵港市桂平市垌心乡上瑶村。

【类型及分布】南方夏大豆类型，农家品种，分布于贵港市桂平市垌心乡及周边地区。

【主要特征特性】南宁种植，生育期95天，有限结荚习性，株型收敛，株高108.9cm，底荚高23.6cm，主茎节数16.3个，有效分枝数3.7个，叶椭圆形，紫花，棕毛，荚深褐色，单株荚数40.5个，单株粒数82.3粒，单株粒重12.5g，籽粒扁椭圆形，种皮黑色，有强光泽，种脐黑色，百粒重17.1g，籽粒蛋白质含量为44.10%、脂肪含量为21.35%。该品种田间表现抗花叶病毒病，抗霜霉病，高抗细菌性斑点病，轻度倒伏，轻度裂荚。

【利用价值】可直接应用于生产，或做高底荚、抗花叶病毒病、抗霜霉病、抗细菌性斑点病育种亲本。

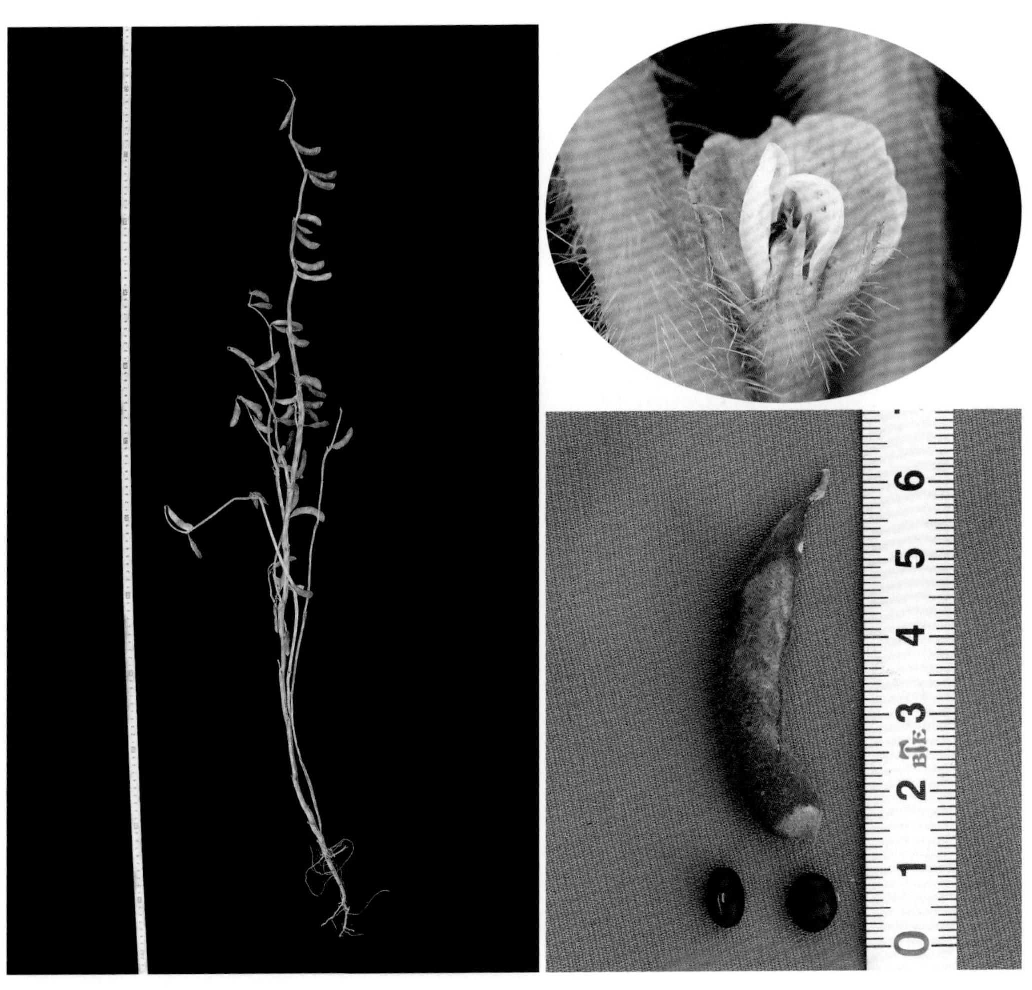

96. 布机土黄豆

【采集地】广西南宁市宾阳县洋桥镇蓬塘村委布机村。

【类型及分布】南方夏大豆类型，农家品种，分布于南宁市宾阳县洋桥镇及周边地区。

【主要特征特性】在南宁种植，生育期83天，有限结荚习性，株型收敛，株高63.4cm，主茎节数13.8个，有效分枝数2.4个，叶椭圆形，白花，灰毛，荚黄褐色，单株荚数30.7个，单株粒数72.4粒，单株粒重10.7g，籽粒圆形，种皮黄色，有微光泽，种脐褐色，百粒重15.4g，籽粒蛋白质含量为42.68%、脂肪含量为20.03%。该品种早熟；田间表现抗霜霉病，抗倒伏，不裂荚，落叶性好。

【利用价值】可直接应用于生产，或做早熟、抗倒伏、抗霜霉病育种亲本。

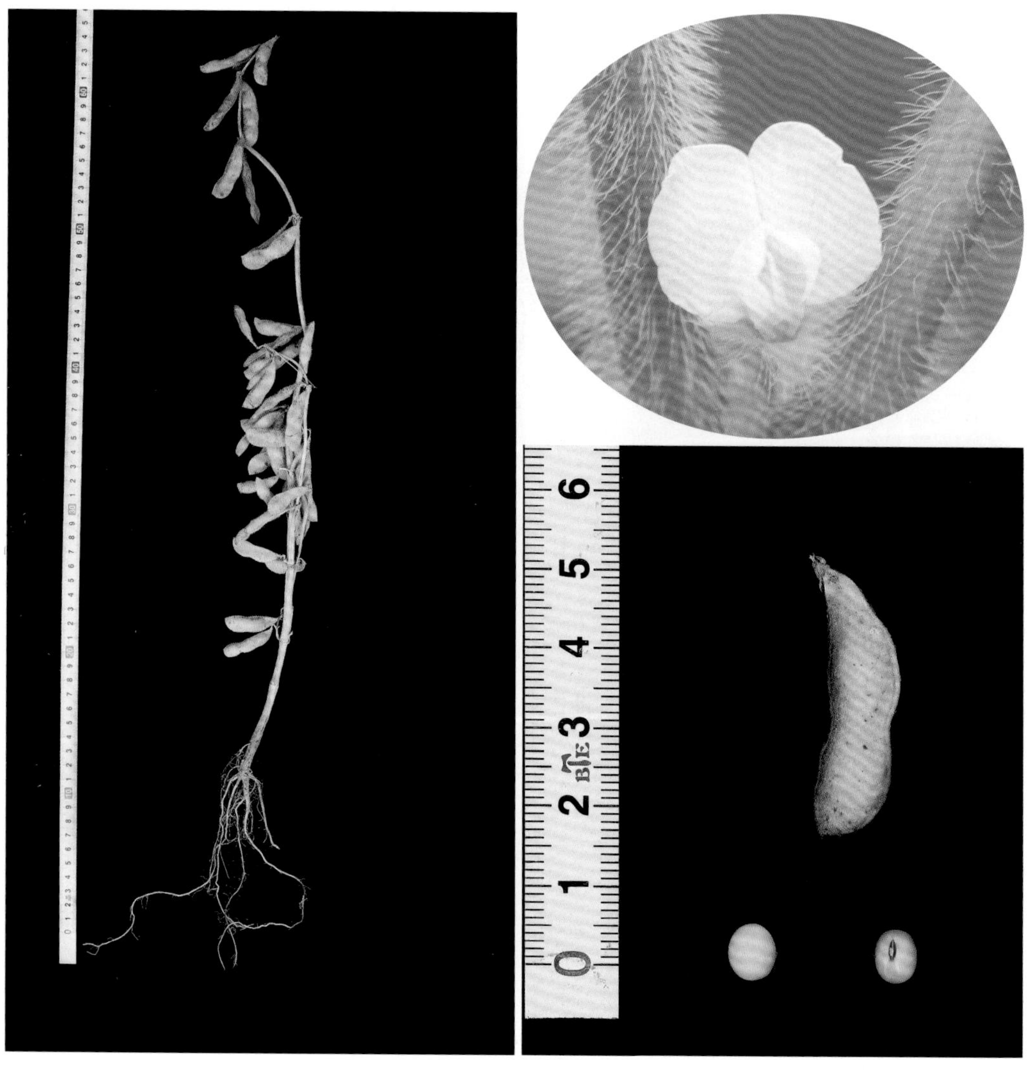

97. 同乐黑黄豆

【采集地】广西南宁市隆安县都结乡同乐村。

【类型及分布】南方夏大豆类型，农家品种，分布于南宁市隆安县都结乡及周边地区。

【主要特征特性】在南宁种植，生育期 83 天，有限结荚习性，株型收敛，株高 89.7cm，主茎节数 19.0 个，有效分枝数 1.8 个，叶椭圆形，紫花，灰毛，荚褐色，单株荚数 48.4 个，单株粒数 106.2 粒，单株粒重 10.3g，籽粒椭圆形，种皮黑色，有微光泽，种脐黑色，百粒重 14.0g，籽粒蛋白质含量为 43.21%、脂肪含量为 21.75%。该品种早熟，籽粒小，脂肪含量高，茎秆粗壮，株型收敛，结荚多且比较密，产量高。

【利用价值】可直接应用于生产，或做高产、早熟、高油育种亲本。

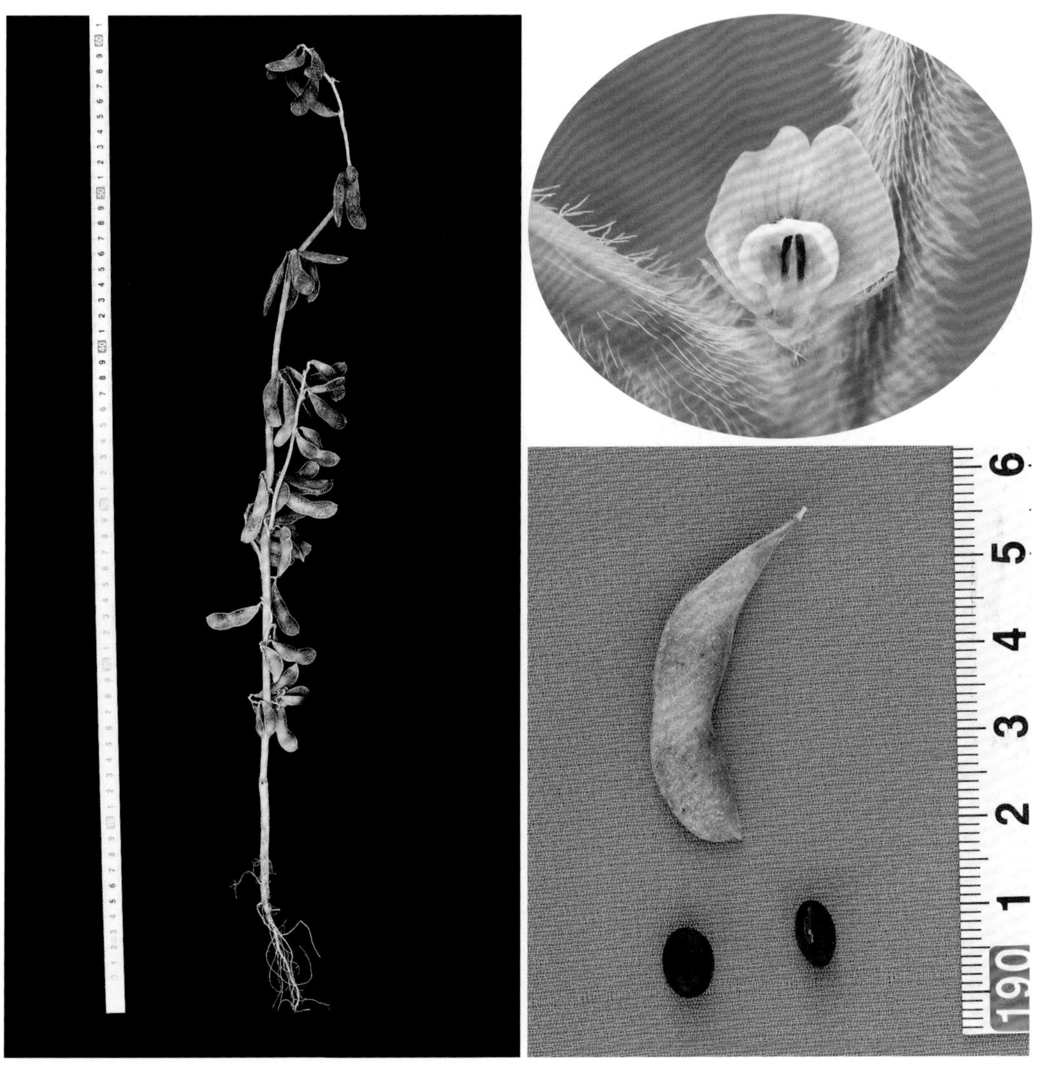

98. 山大黄豆 1

【采集地】广西崇左市天等县都康乡永隆村山大屯。

【类型及分布】南方夏大豆类型，农家品种，分布于崇左市天等县都康乡及周边地区。

【主要特征特性】在南宁种植，生育期 108 天，有限结荚习性，株型收敛，株高 55.1cm，主茎节数 11.5 个，有效分枝数 2.1 个，叶椭圆形，白花，灰毛，荚褐色，单株荚数 43.2 个，单株粒数 75.8 粒，单株粒重 15.8g，籽粒椭圆形，种皮黄色，有微光泽，种脐褐色，百粒重 22.6g，籽粒蛋白质含量为 43.66%、脂肪含量为 19.75%。该品种茎秆粗壮；田间表现抗霜霉病，抗旱，耐贫瘠，抗倒伏，不裂荚，落叶性好。

【利用价值】可直接应用于生产，或做抗霜霉病、抗倒伏育种亲本。

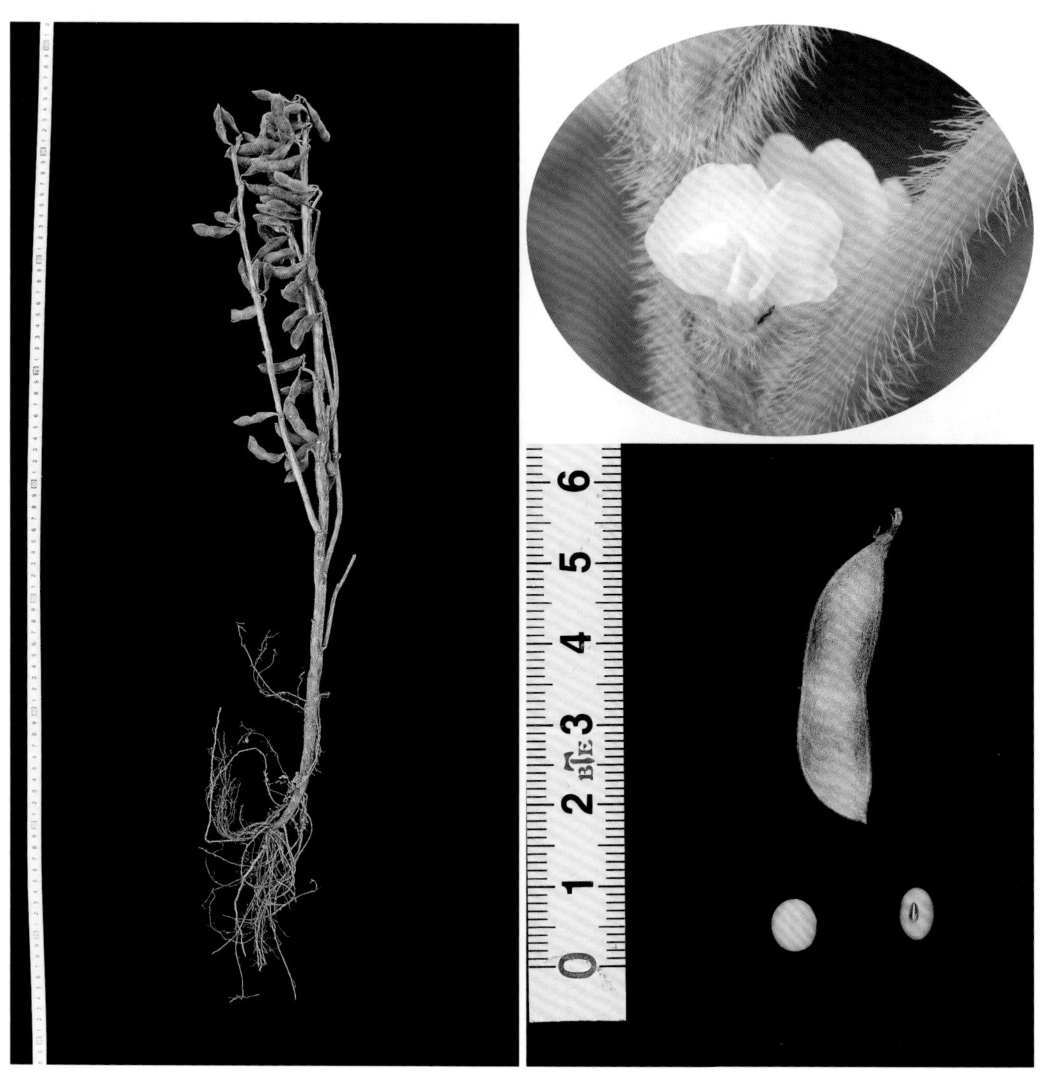

99. 山大黄豆 2

【采集地】广西崇左市天等县都康乡永隆村山大屯。

【类型及分布】南方夏大豆类型，农家品种，分布于崇左市天等县都康乡及周边地区。

【主要特征特性】在南宁种植，生育期 108 天，有限结荚习性，株型收敛，株高 92.1cm，主茎节数 12.1 个，有效分枝数 2.4 个，叶椭圆形，紫花，灰毛，荚黄褐色，单株荚数 49.8 个，单株粒数 85.3 粒，单株粒重 9.2g，籽粒椭圆形，种皮黄色，有微光泽，种脐淡褐色，百粒重 12.8g，籽粒蛋白质含量为 42.48%、脂肪含量为 19.84%。该品种籽粒小；田间表现抗霜霉病，抗倒伏，不裂荚，落叶性好。

【利用价值】可直接应用于生产，或做抗霜霉病、抗倒伏育种亲本。

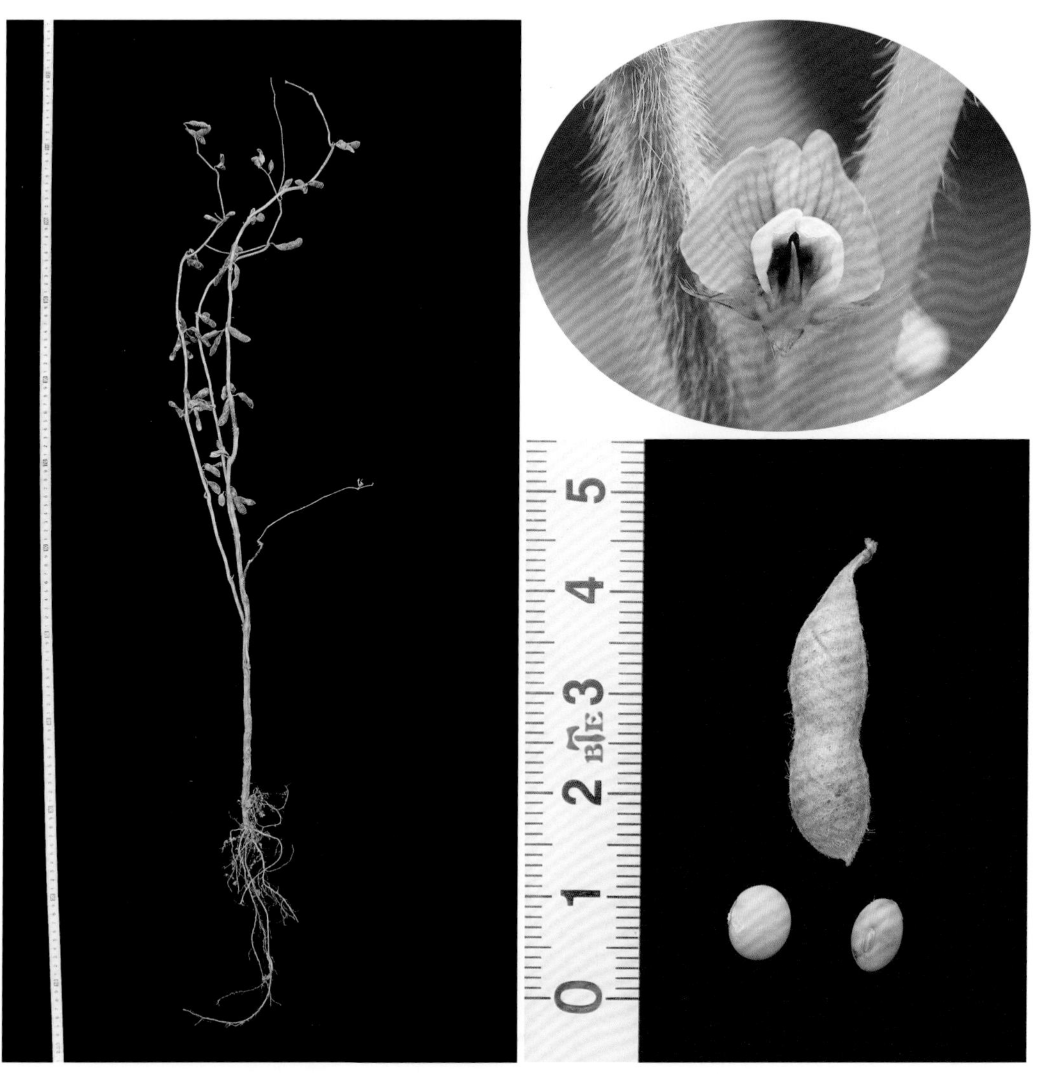

100. 山大青皮豆

【采集地】广西崇左市天等县都康乡永隆村山大屯。

【类型及分布】南方夏大豆类型，农家品种，分布于崇左市天等县都康乡及周边地区。

【主要特征特性】在南宁种植，生育期108天，有限结荚习性，株型半开张，株高90.8cm，主茎节数15.2个，有效分枝数3.5个，叶椭圆形，紫花，棕毛，荚褐色，单株荚数46.4个，单株粒数82.1粒，单株粒重10.0g，籽粒椭圆形，种皮绿色，有微光泽，种脐褐色，百粒重14.3g，籽粒蛋白质含量为41.01%、脂肪含量为20.21%。该品种籽粒小；田间表现抗霜霉病，抗食叶性害虫，抗倒伏，不裂荚，落叶性好。

【利用价值】可直接应用于生产，或做抗霜霉病、抗倒伏育种亲本。

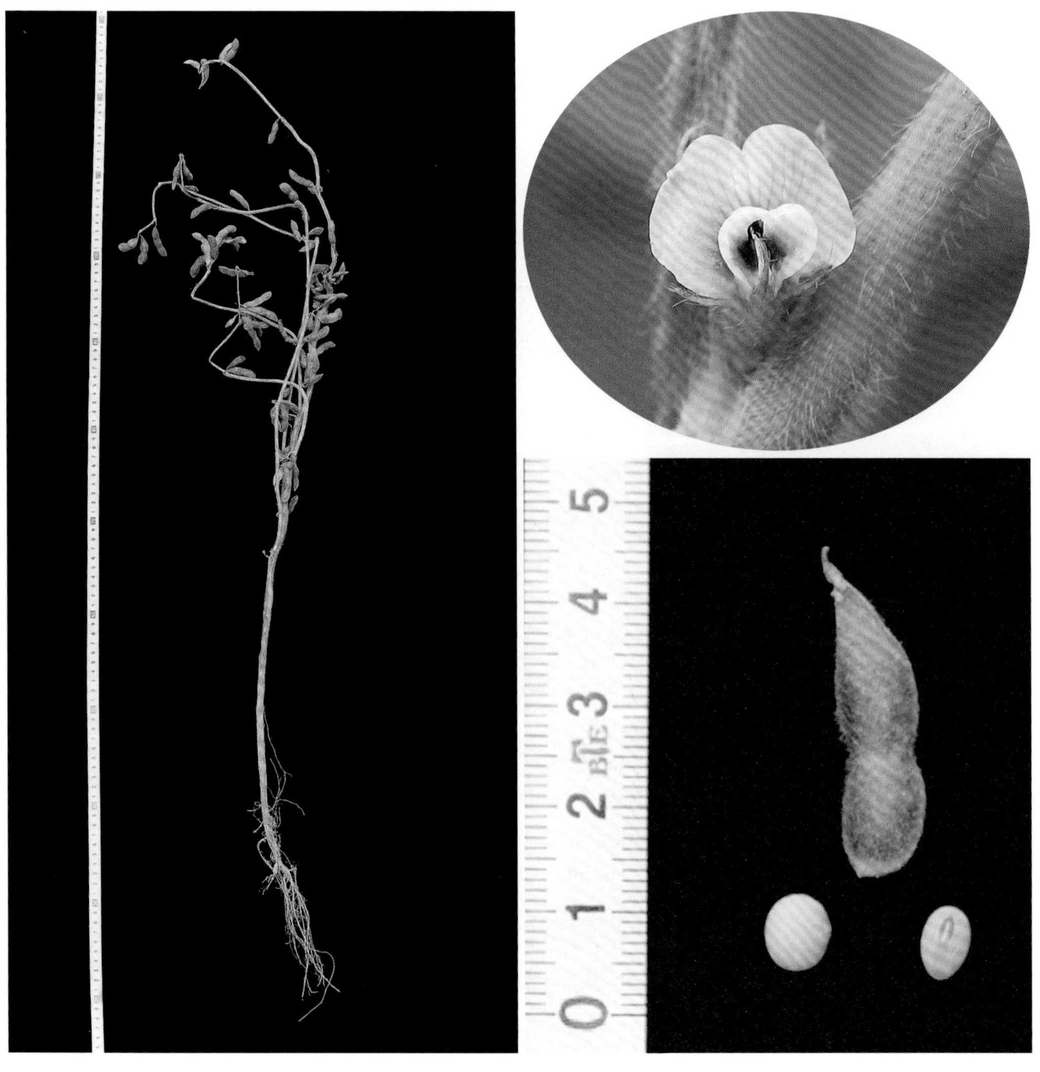

101. 内巴大豆 1

【采集地】广西崇左市天等县进远乡政洲村委内巴村。

【类型及分布】南方夏大豆类型，农家品种，分布于崇左市天等县进远乡及周边地区。

【主要特征特性】在南宁种植，生育期 105 天，有限结荚习性，株型收敛，株高 100.5cm，主茎节数 16.6 个，有效分枝数 2.6 个，叶椭圆形，紫花，灰毛，荚黄褐色，单株荚数 59.7 个，单株粒数 104.4 粒，单株粒重 12.2g，籽粒椭圆形，种皮黄色，有微光泽，种脐褐色，百粒重 12.1g，籽粒蛋白质含量为 42.56%、脂肪含量为 19.53%。该品种籽粒小；田间表现抗霜霉病，抗旱，耐贫瘠，抗倒伏，不裂荚，落叶性好。

【利用价值】可直接应用于生产，或做小粒、抗倒伏、不裂荚、抗霜霉病育种亲本。

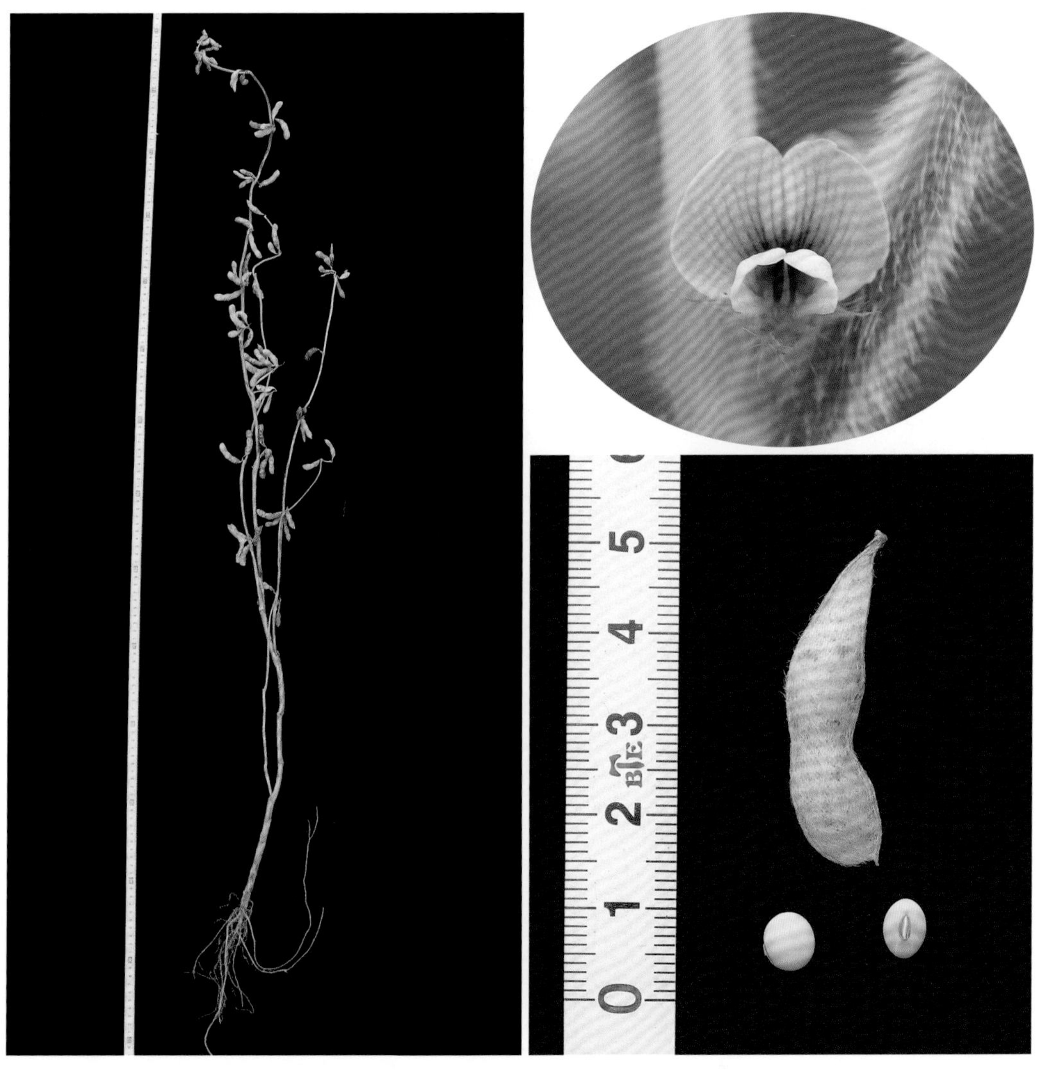

102. 内巴大豆 2

【采集地】广西崇左市天等县进远乡政洲村委内巴村。

【类型及分布】南方夏大豆类型，农家品种，分布于崇左市天等县进远乡及周边地区。

【主要特征特性】在南宁种植，生育期 108 天，有限结荚习性，株型收敛，株高 108.7cm，主茎节数 15.5 个，有效分枝数 1.9 个，叶椭圆形，白花，灰毛，荚褐色，单株荚数 76.5 个，单株粒数 134.7 粒，单株粒重 15.9g，籽粒椭圆形，种皮黄色，有微光泽，种脐褐色，百粒重 12.7g，籽粒蛋白质含量为 42.01%、脂肪含量为 21.30%。该品种籽粒小；田间表现抗霜霉病，抗旱，耐贫瘠，抗倒伏，不裂荚，落叶性好。

【利用价值】可直接应用于生产，或做小粒、抗倒伏、不裂荚、抗霜霉病育种亲本。

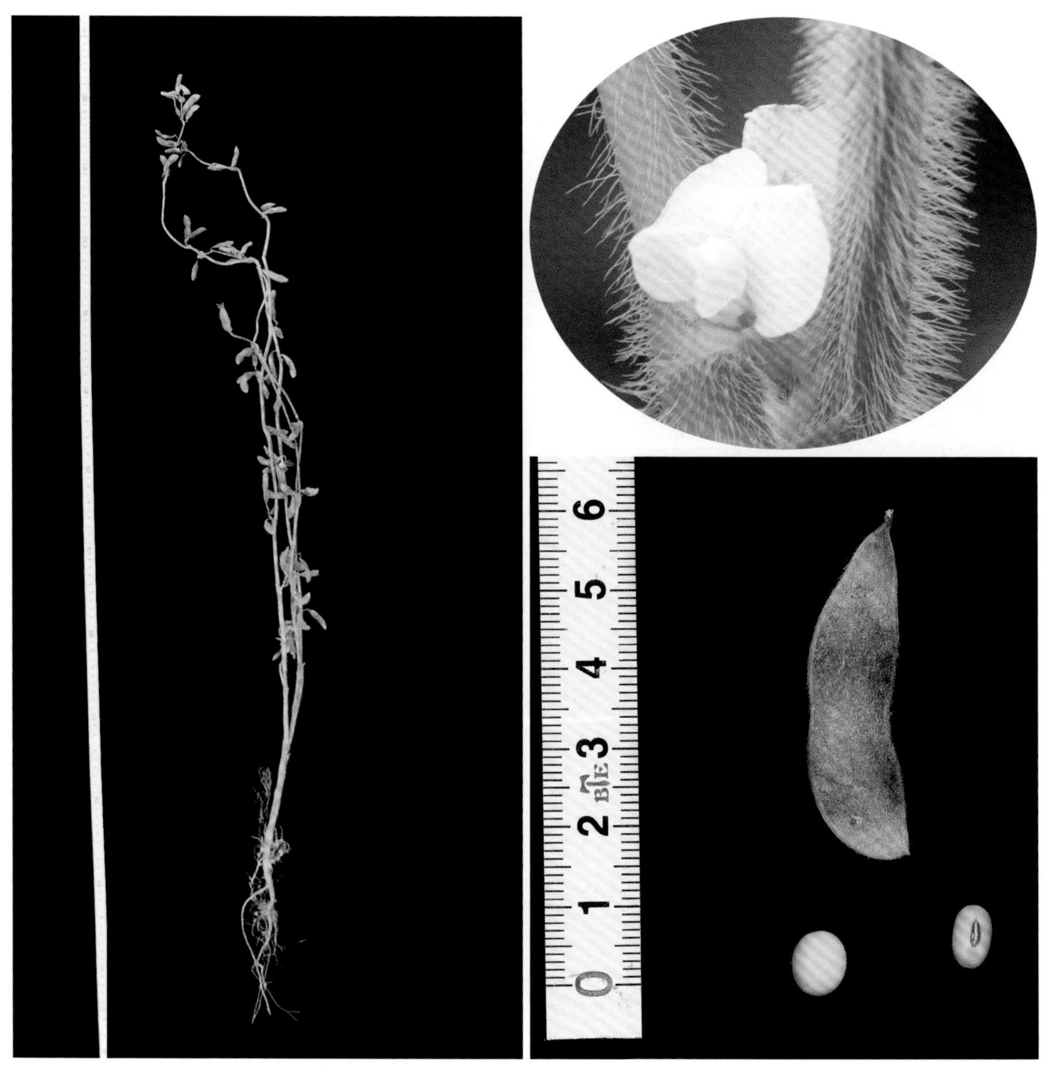

103. 内巴大豆 3

【采集地】广西崇左市天等县进远乡政洲村委内巴村。

【类型及分布】南方夏大豆类型，农家品种，分布于崇左市天等县进远乡及周边地区。

【主要特征特性】在南宁种植，生育期 108 天，有限结荚习性，株型收敛，株高 97.4cm，主茎节数 13.8 个，有效分枝数 1.7 个，叶椭圆形，紫花，灰毛，荚褐色，单株荚数 35.6 个，单株粒数 61.2 粒，单株粒重 6.7g，籽粒椭圆形，种皮黄色，有微光泽，种脐褐色，百粒重 14.2g，籽粒蛋白质含量为 42.17%、脂肪含量为 20.24%。该品种籽粒小；田间表现抗霜霉病，抗虫，抗倒伏，不裂荚，落叶性好。

【利用价值】可直接应用于生产，或做抗倒伏、不裂荚、抗霜霉病育种亲本。

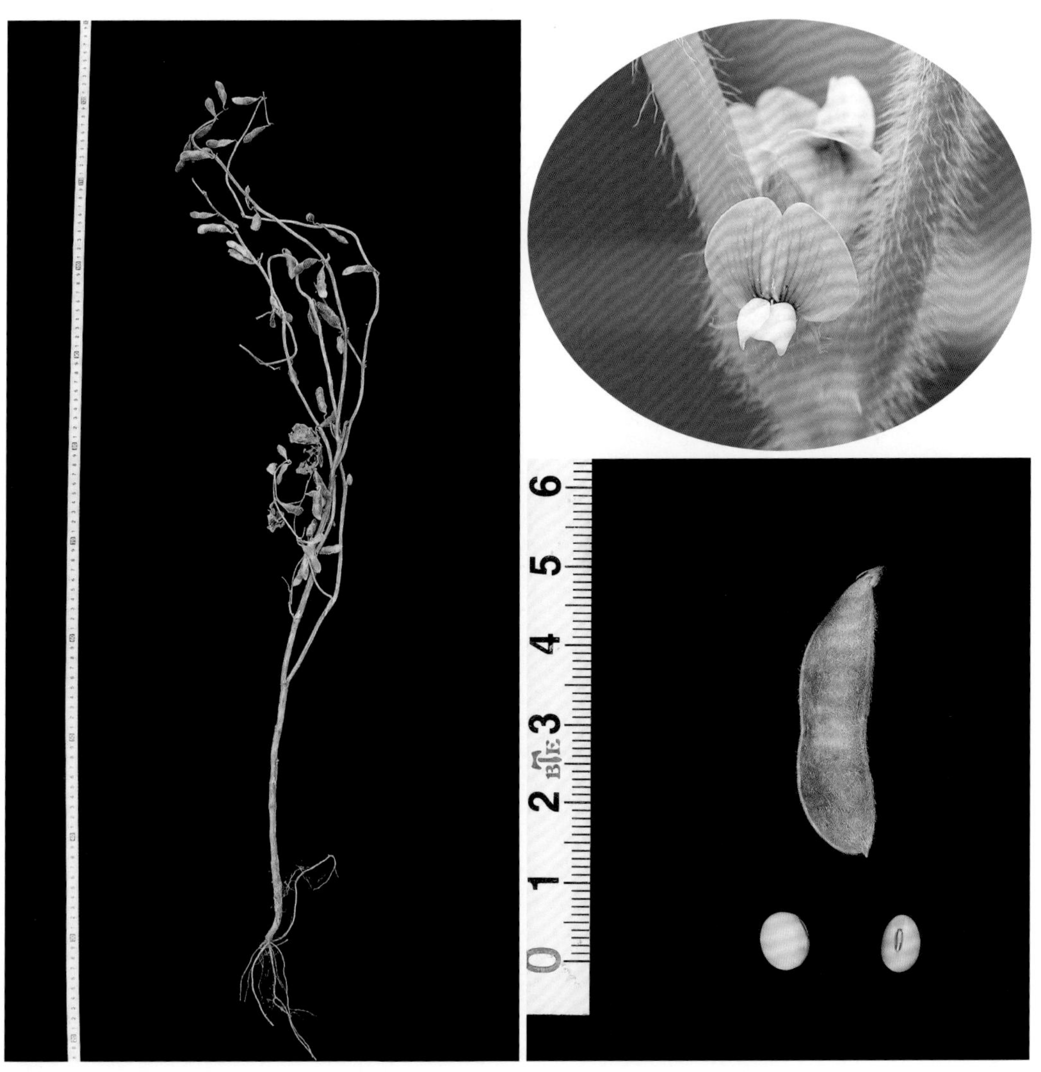

104. 百布黄豆

【采集地】广西崇左市天等县小山乡胜马村百布屯。

【类型及分布】南方夏大豆类型，农家品种，分布于崇左市天等县小山乡及周边地区。

【主要特征特性】在南宁种植，生育期108天，有限结荚习性，株型收敛，株高100.0cm，主茎节数17.8个，有效分枝数3.6个，叶椭圆形，白花，灰毛，荚黄褐色，单株荚数62.3个，单株粒数110.8粒，单株粒重16.0g，籽粒椭圆形，种皮黄色，有强光泽，种脐褐色，百粒重15.7g，籽粒蛋白质含量为42.28%、脂肪含量为20.46%。该品种结荚多，产量高；田间表现抗霜霉病，抗旱，耐贫瘠，抗倒伏，不裂荚，落叶性好。

【利用价值】可直接应用于生产，或做抗倒伏、不裂荚、抗霜霉病育种亲本。

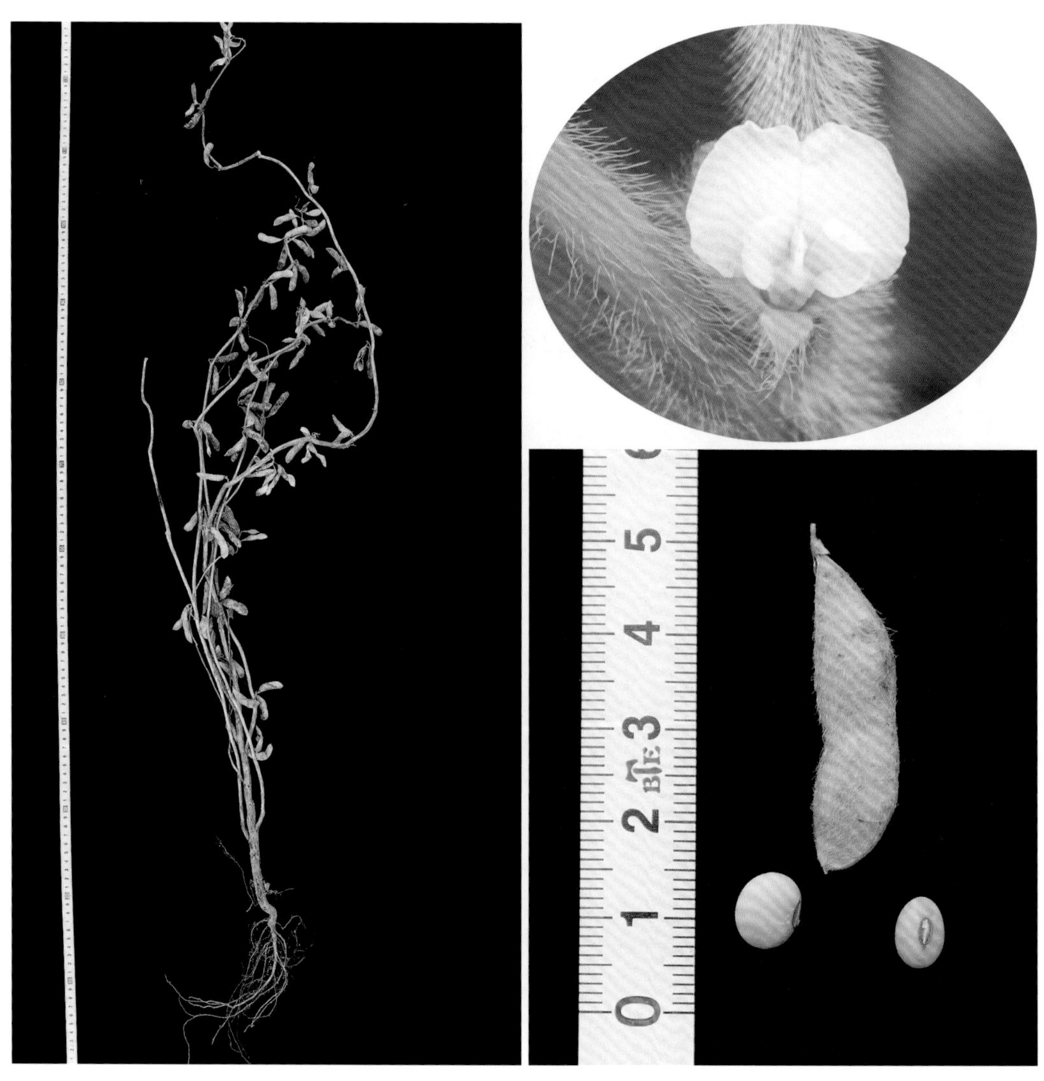

105. 南岭土黄豆

【采集地】广西崇左市天等县驮堪乡南岭村南岭屯。

【类型及分布】南方夏大豆类型，农家品种，分布于崇左市天等县驮堪乡及周边地区。

【主要特征特性】在南宁种植，生育期 108 天，有限结荚习性，株型收敛，株高 88.2cm，主茎节数 10.1 个，有效分枝数 2.2 个，叶椭圆形，紫花，灰毛，荚黄褐色，单株荚数 39 个，单株粒数 75.1 粒，单株粒重 8.4g，籽粒椭圆形，种皮黄色，有微光泽，种脐深褐色，百粒重 12.7g，籽粒蛋白质含量为 44.10%、脂肪含量为 20.25%。该品种籽粒小；田间表现抗霜霉病，抗旱，耐贫瘠，抗倒伏，不裂荚，落叶性好。

【利用价值】可直接应用于生产，或做抗霜霉病、抗倒伏育种亲本。

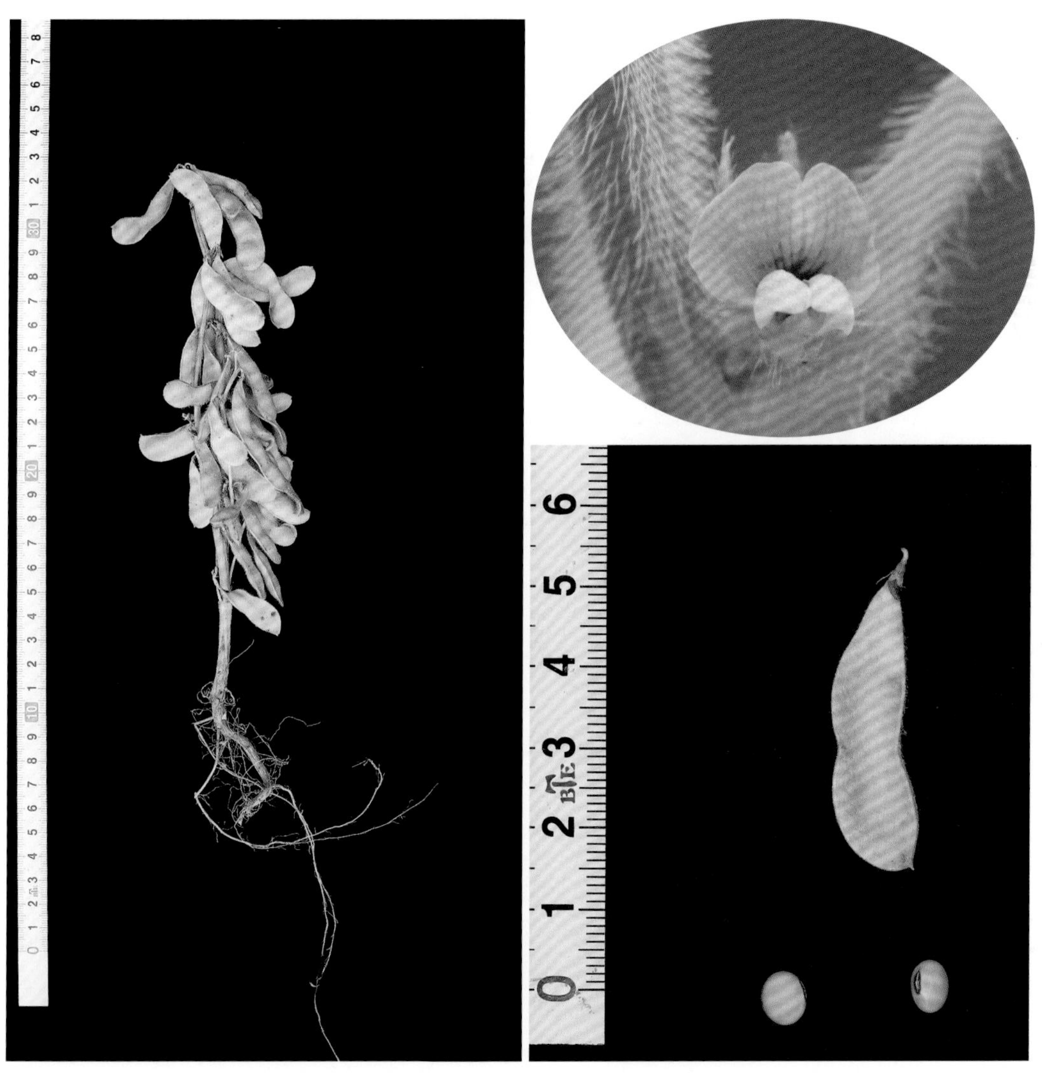

106. 天等黑大豆

【采集地】广西崇左市天等县驮堪乡孔民村雅屯。

【类型及分布】南方夏大豆类型，农家品种，分布于崇左市天等县驮堪乡及周边地区。

【主要特征特性】在南宁种植，生育期109天，有限结荚习性，株型收敛，株高98.7cm，主茎节数16.8个，有效分枝数8.2个，叶椭圆形，紫花，棕毛，荚深褐色，单株荚数90.5个，单株粒数150.3粒，单株粒重14.2g，籽粒椭圆形，种皮黑色，有微光泽，种脐黑色，百粒重12.6g，籽粒蛋白质含量为41.95%、脂肪含量为22.27%。该品种籽粒小，脂肪含量高，茎秆粗壮，结荚多，产量高；田间表现抗霜霉病，抗旱，耐贫瘠，抗倒伏，不裂荚，落叶性好。

【利用价值】可直接应用于生产，或做高油、高产、抗霜霉病、黑豆育种亲本。

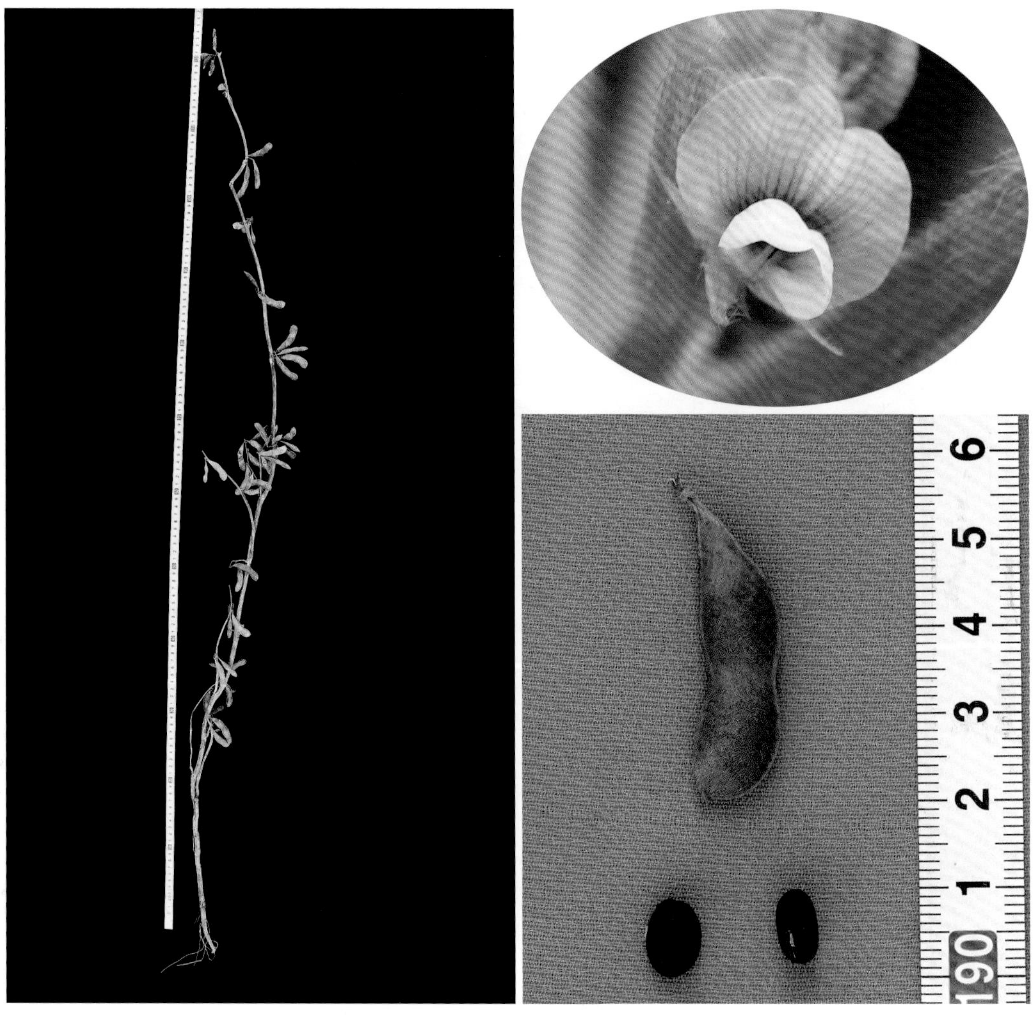

107. 古兰黑豆

【采集地】广西梧州市岑溪市糯垌镇古兰村。

【类型及分布】南方夏大豆类型，农家品种，分布于梧州市岑溪市糯垌镇及周边地区。

【主要特征特性】在南宁种植，生育期 97 天，亚有限结荚习性，株型收敛，株高 82.5cm，底荚高 15.4cm，主茎节数 13.0 个，有效分枝数 2.2 个，叶椭圆形，紫花，灰毛，荚黑色，单株荚数 46.0 个，单株粒数 97.0 粒，单株粒重 13.9g，籽粒扁圆形，种皮黑色，有微光泽，种脐黑色，百粒重 16.0g，籽粒蛋白质含量为 45.01%、脂肪含量为 21.75%。该品种田间表现中抗花叶病毒病，抗霜霉病，轻度倒伏，轻度裂荚。

【利用价值】可直接应用于生产，或做抗霜霉病、高蛋白、高油育种亲本。

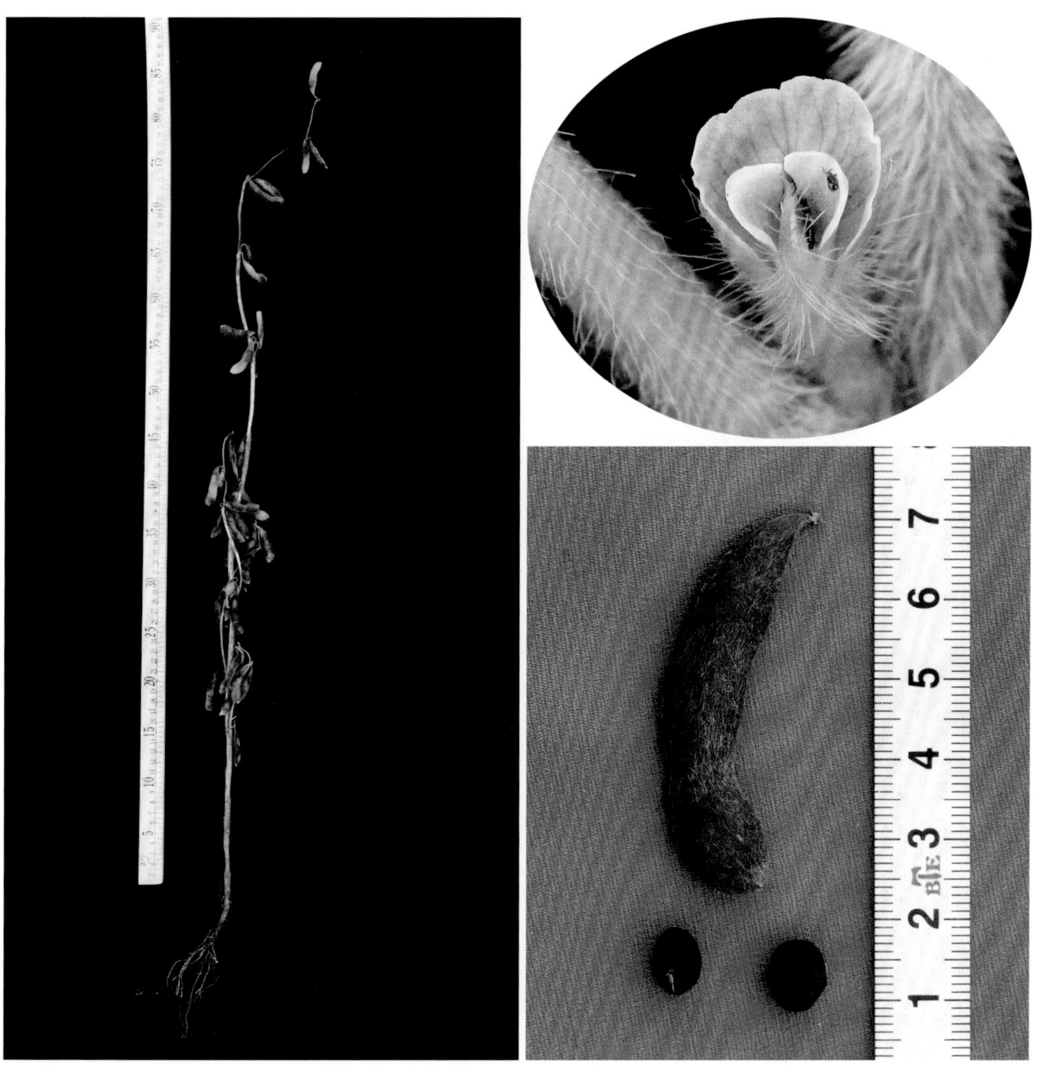

108. 那次黄豆

【采集地】广西崇左市大新县堪圩乡芦山村委那次屯。

【类型及分布】南方夏大豆类型，农家品种，分布于崇左市大新县堪圩乡及周边地区。

【主要特征特性】在南宁种植，生育期105天，有限结荚习性，株型收敛，株高67.6cm，主茎节数15.8个，有效分枝数4.4个，叶椭圆形，紫花，灰毛，荚黄褐色，单株荚数55.3个，单株粒数109.4粒，单株粒重16.5g，籽粒椭圆形，种皮黄色，有强光泽，种脐褐色，百粒重14.9g，籽粒蛋白质含量为42.52%、脂肪含量为22.33%。该品种籽粒小，脂肪含量高，结荚多，产量高；田间表现抗霜霉病，抗倒伏，不裂荚，落叶性好。

【利用价值】可直接应用于生产，或做高油、抗倒伏、抗霜霉病、高产育种亲本。

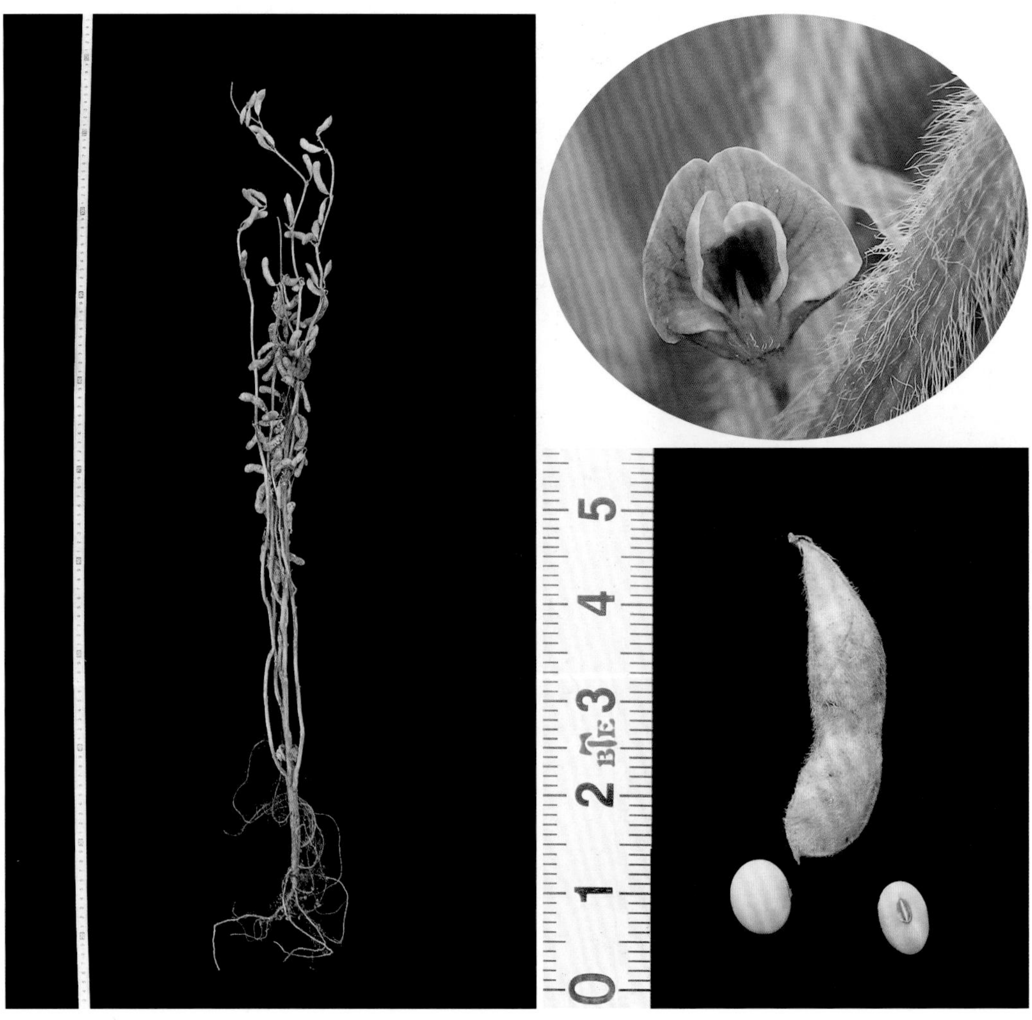

109. 上禁黑豆 1

【采集地】广西崇左市大新县恩城乡护国村上禁屯。

【类型及分布】南方夏大豆类型，农家品种，分布于崇左市大新县恩城乡及周边地区。

【主要特征特性】在南宁种植，生育期 108 天，有限结荚习性，株型收敛，株高 85.3cm，主茎节数 17.2 个，有效分枝数 4.7 个，叶椭圆形，紫花，棕毛，荚褐色，单株荚数 90.5 个，单株粒数 172.1 粒，单株粒重 18.6g，籽粒扁圆形，种皮黑色，有微光泽，种脐黑色，百粒重 9.8g，籽粒蛋白质含量为 41.83%、脂肪含量为 22.03%。该品种籽粒小，脂肪含量高，茎秆粗壮，结荚多，产量高；田间表现抗霜霉病，抗旱，耐贫瘠，抗倒伏，不裂荚，落叶性好。

【利用价值】可直接应用于生产，或做高油、抗霜霉病、抗倒伏、高产育种亲本。

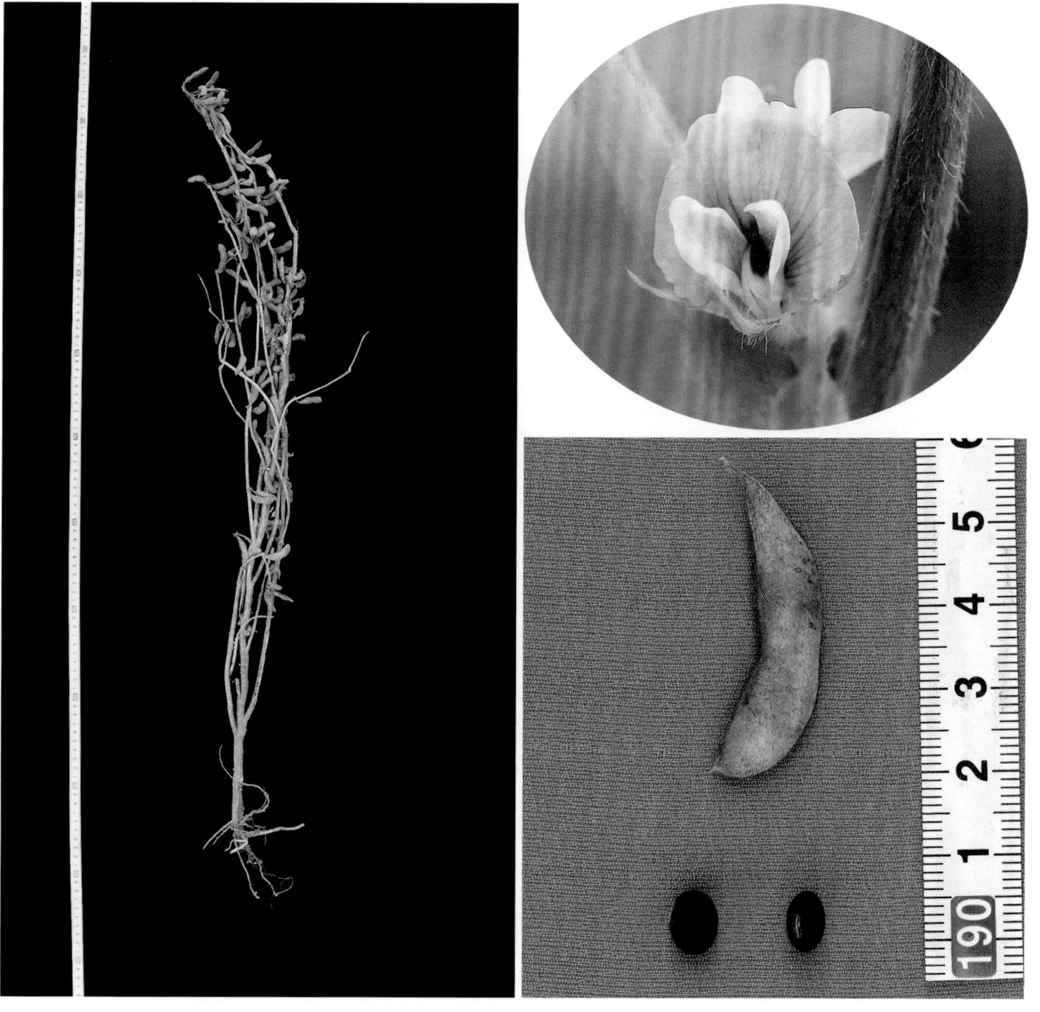

110. 上禁黑豆 2

【采集地】广西崇左市大新县恩城乡护国村上禁屯。

【类型及分布】南方夏大豆类型，农家品种，分布于崇左市大新县恩城乡及周边地区。

【主要特征特性】在南宁种植，生育期 108 天，有限结荚习性，株型半开张，株高 100.2cm，主茎节数 19.7 个，有效分枝数 5.2 个，叶椭圆形，紫花，棕毛，荚黑色，单株荚数 104.9 个，单株粒数 165.3 粒，单株粒重 16.4g，籽粒扁圆形，种皮黑色，有微光泽，种脐黑色，百粒重 11.5g，籽粒蛋白质含量为 42.39%、脂肪含量为 21.76%。该品种籽粒小，脂肪含量高，结荚多，产量高；田间表现抗霜霉病，抗旱，耐贫瘠，抗倒伏，不裂荚，落叶性好。

【利用价值】可直接应用于生产，或做小粒、高油、抗霜霉病、抗倒伏育种亲本。

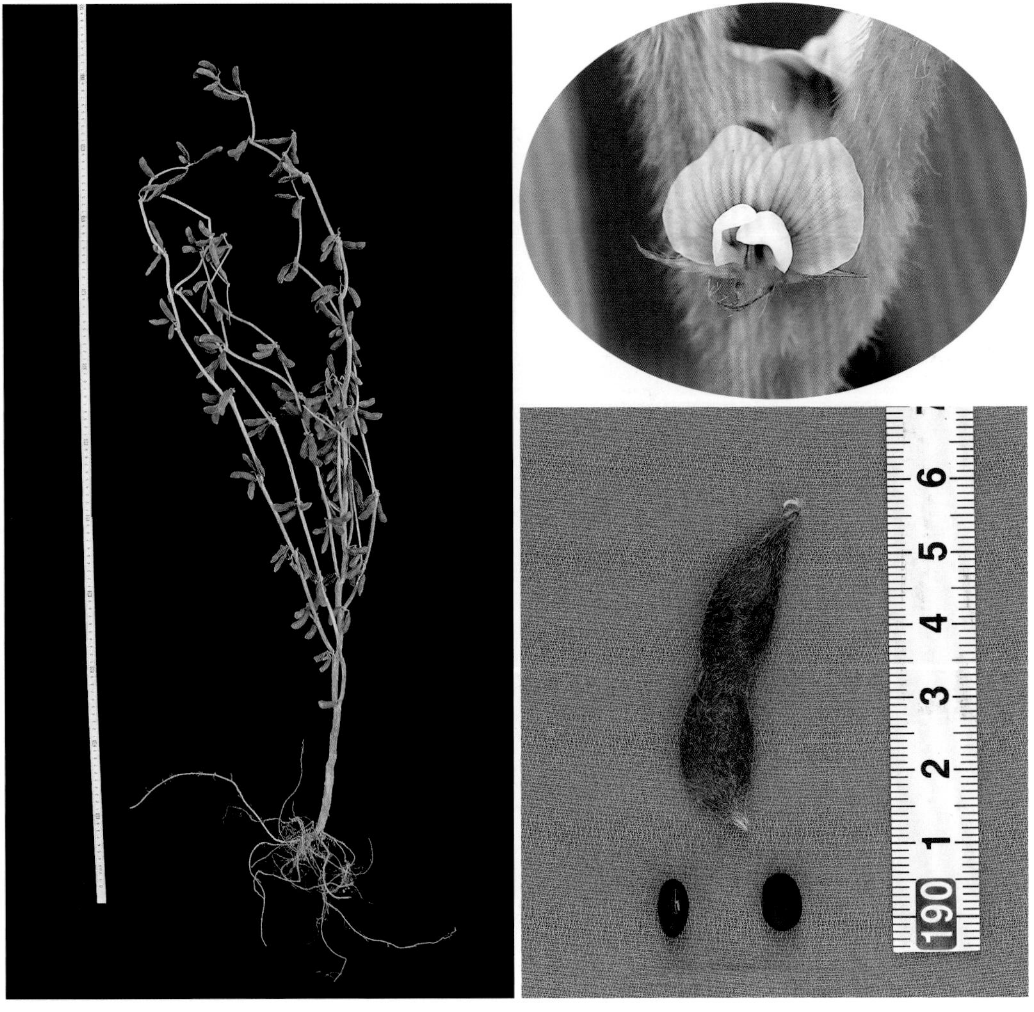

111. 上禁黑豆 3

【采集地】广西崇左市大新县恩城乡护国村上禁屯。

【类型及分布】南方夏大豆类型，农家品种，分布于崇左市大新县恩城乡及周边地区。

【主要特征特性】在南宁种植，生育期 108 天，有限结荚习性，株型半开张，株高 69.0cm，主茎节数 15.1 个，有效分枝数 3.6 个，叶椭圆形，白花，棕毛，荚深褐色，单株荚数 76.1 个，单株粒数 115.4 粒，单株粒重 18.2g，籽粒圆形，种皮黑色，有微光泽，种脐黑色，百粒重 18.1g，籽粒蛋白质含量为 41.54%、脂肪含量为 23.44%。该品种脂肪含量高，茎秆粗壮，产量高；田间表现抗霜霉病，抗旱，耐贫瘠，抗倒伏，不裂荚，落叶性好。

【利用价值】可直接应用于生产，或做高油、高产、抗倒伏、抗霜霉病育种亲本。

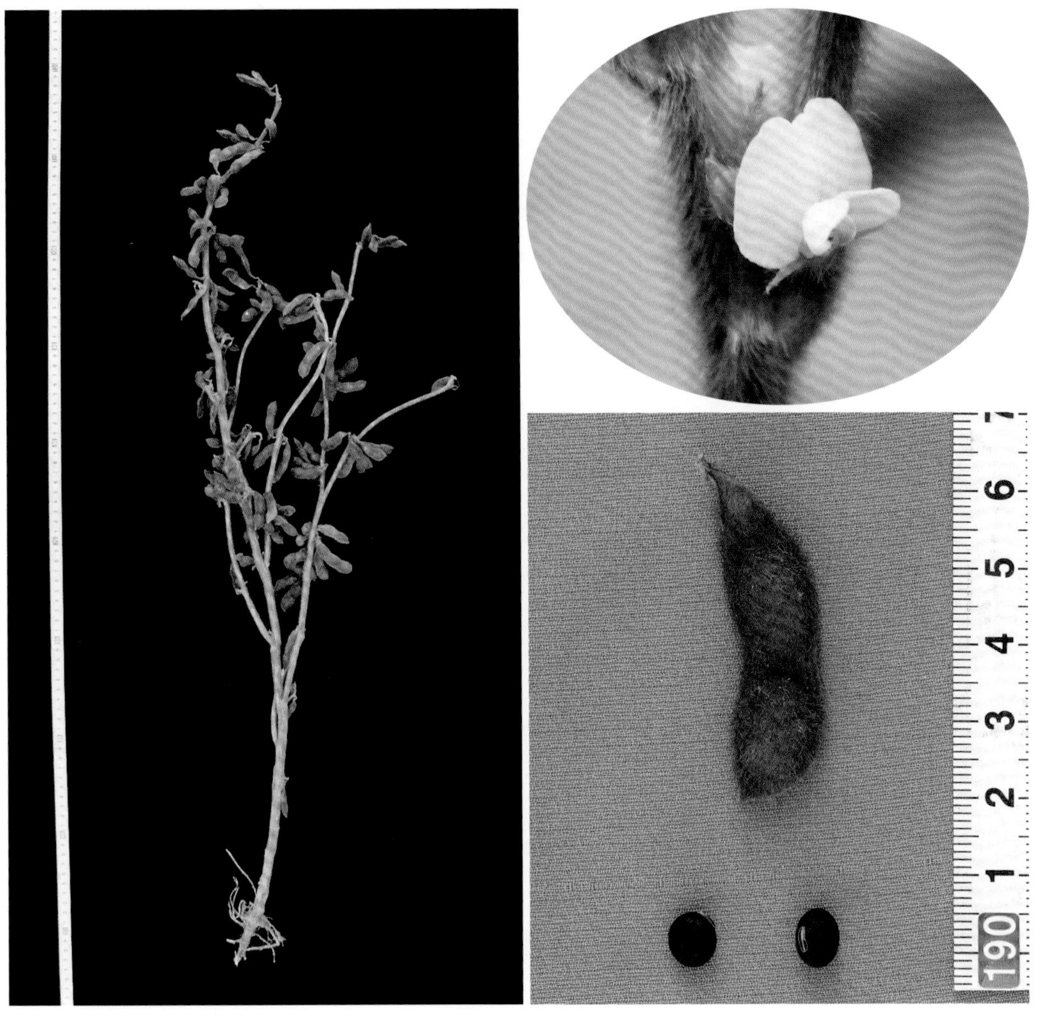

112. 上禁黄豆

【采集地】广西崇左市大新县恩城乡护国村上禁屯。

【类型及分布】南方夏大豆类型，农家品种，分布于崇左市大新县恩城乡及周边地区。

【主要特征特性】在南宁种植，生育期107天，有限结荚习性，株型收敛，株高62.9cm，主茎节数14.3个，有效分枝数3.7个，叶椭圆形，紫花，灰毛，荚深褐色，单株荚数42.3个，单株粒数80.5粒，单株粒重16.6g，籽粒圆形，种皮黄色，有强光泽，种脐褐色，百粒重23.2g，籽粒蛋白质含量为44.55%、脂肪含量为20.58%。该品种茎秆粗壮，产量高；田间表现抗霜霉病，抗旱，耐贫瘠，抗倒伏，不裂荚，落叶性好。

【利用价值】可直接应用于生产，或做抗倒伏、高产、抗霜霉病育种亲本。

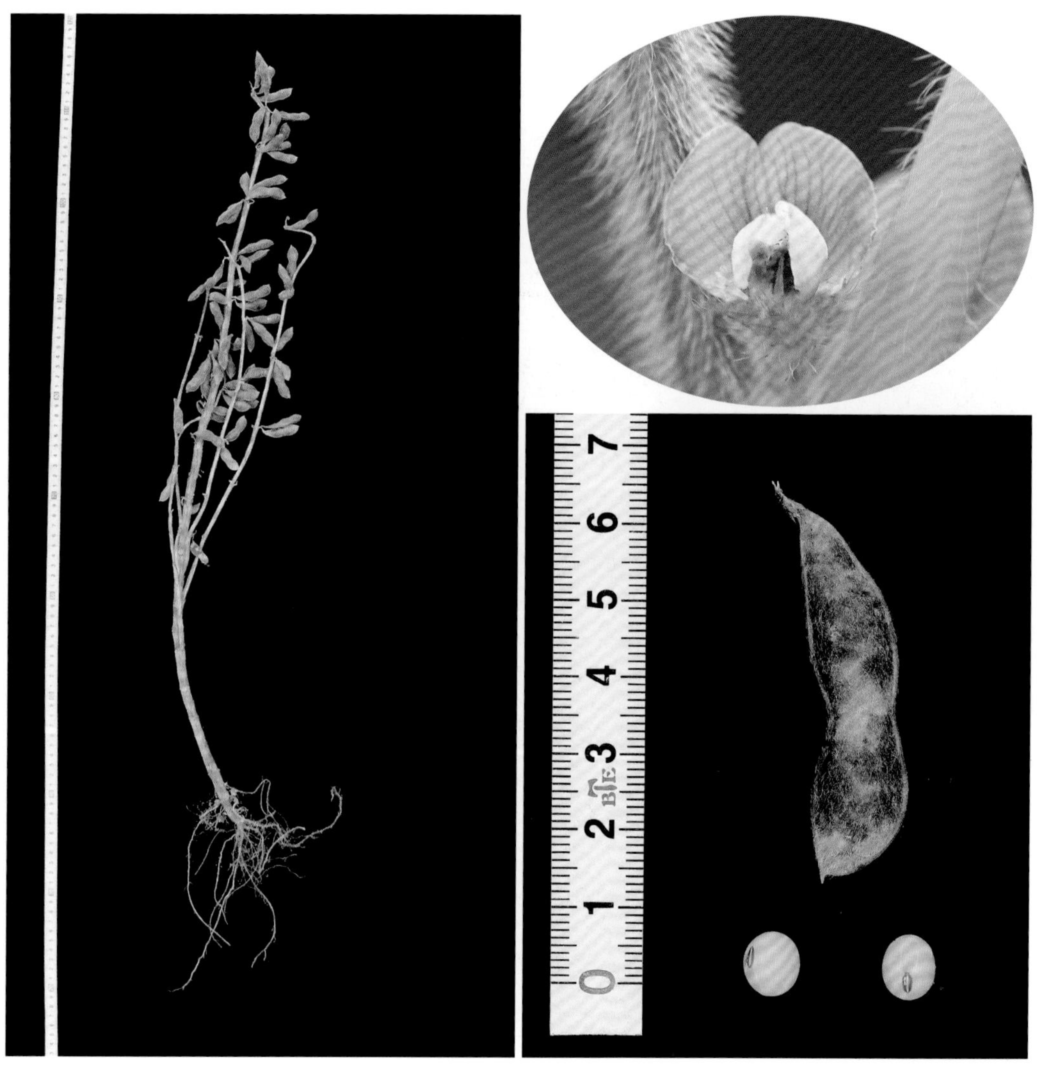

113. 陆屯黑豆 1

【采集地】广西崇左市大新县恩城乡维新村陆屯。

【类型及分布】南方夏大豆类型，农家品种，分布于崇左市大新县恩城乡及周边地区。

【主要特征特性】在南宁种植，生育期 105 天，有限结荚习性，株型收敛，株高 60.3cm，主茎节数 15.7 个，有效分枝数 5.1 个，叶椭圆形，紫花，灰毛，荚黑色，单株荚数 74.2 个，单株粒数 144.3 粒，单株粒重 18.9g，籽粒扁圆形，种皮黑色，有微光泽，种脐黑色，百粒重 12.5g，籽粒蛋白质含量为 41.30%、脂肪含量为 22.54%。该品种籽粒小，脂肪含量高，结荚多，产量高；田间表现抗霜霉病，抗旱，耐贫瘠，耐热，抗倒伏，不裂荚，落叶性好。

【利用价值】可直接应用于生产，或做高油、抗倒伏、抗霜霉病育种亲本。

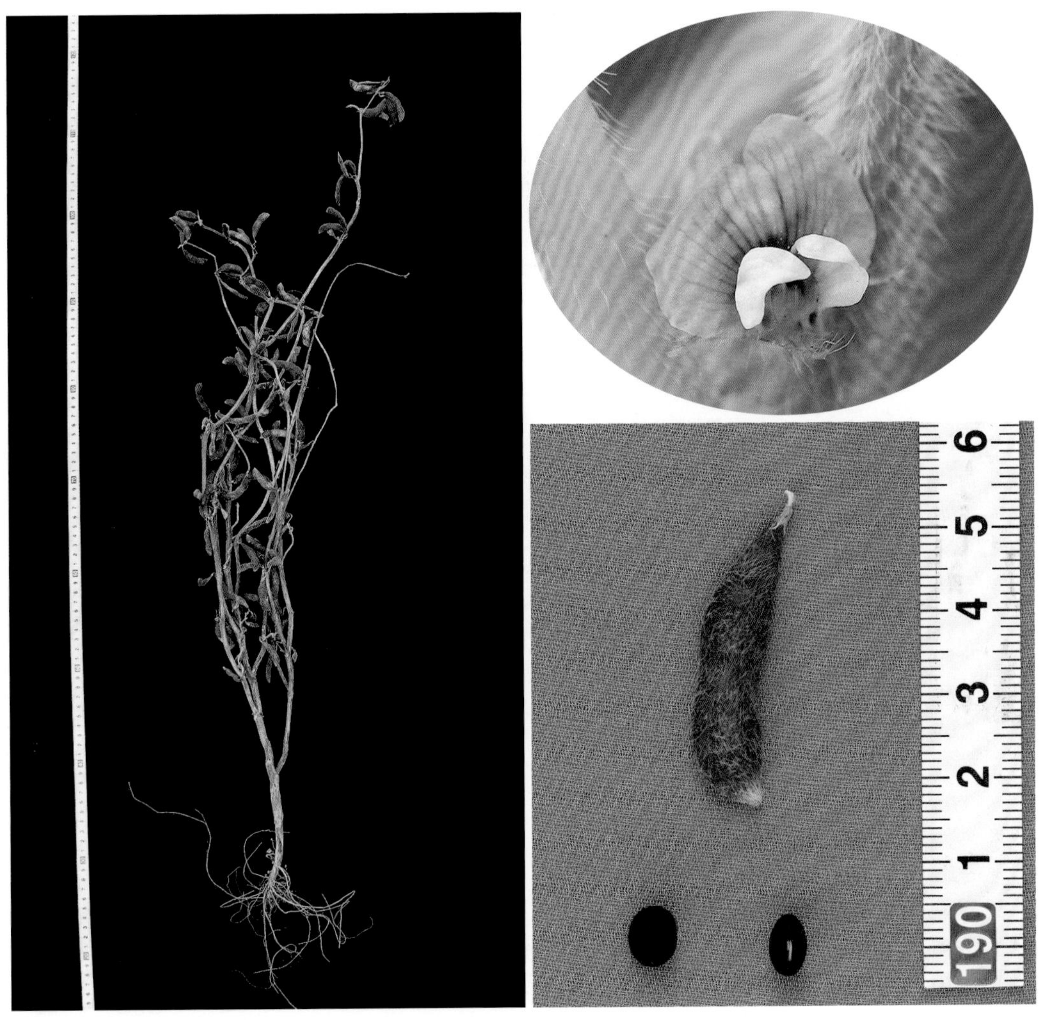

114. 陆屯黑豆 2

【采集地】广西崇左市大新县恩城乡维新村陆屯。

【类型及分布】南方夏大豆类型，农家品种，分布于崇左市大新县恩城乡及周边地区。

【主要特征特性】在南宁种植，生育期 105 天，有限结荚习性，株型收敛，株高 107.7cm，主茎节数 12.2 个，有效分枝数 2.7 个，叶椭圆形，紫花，棕毛，荚褐色，单株荚数 58.4 个，单株粒数 90.9 粒，单株粒重 17.6g，籽粒扁圆形，种皮黑色，有微光泽，种脐黑色，百粒重 20.2g，籽粒蛋白质含量为 39.91%、脂肪含量为 22.46%。该品种脂肪含量高，结荚多，产量高；田间表现抗霜霉病，抗旱，耐贫瘠，耐热，抗倒伏，不裂荚，落叶性好。

【利用价值】可直接应用于生产，或做高油、抗倒伏、抗霜霉病育种亲本。

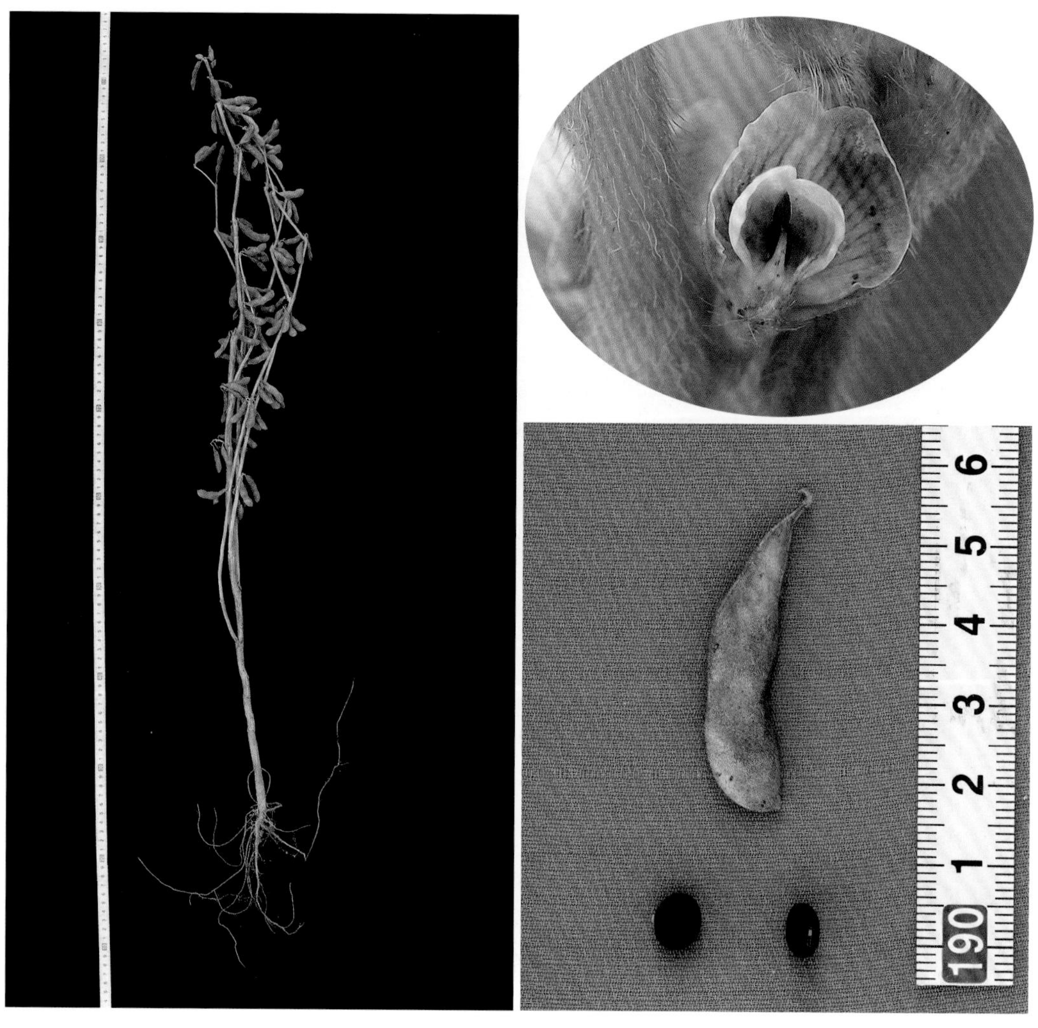

115. 桃城黄豆

【**采集地**】广西崇左市大新县桃城镇。

【**类型及分布**】南方夏大豆类型，农家品种，分布于崇左市大新县桃城镇及周边地区。

【**主要特征特性**】在南宁种植，生育期105天，有限结荚习性，株型收敛，株高100.8cm，主茎节数13.1个，有效分枝数6.2个，叶椭圆形，紫花，灰毛，荚黄褐色，单株荚数62.1个，单株粒数108.7粒，单株粒重14.8g，籽粒椭圆形，种皮黄色，有微光泽，种脐褐色，百粒重14.8g，籽粒蛋白质含量为43.26%、脂肪含量为19.30%。该品种籽粒小，茎秆粗壮，结荚多，产量高；田间表现抗霜霉病，抗旱，耐贫瘠，抗倒伏，不裂荚，落叶性好。

【**利用价值**】可直接应用于生产，或做抗倒伏、抗霜霉病育种亲本。

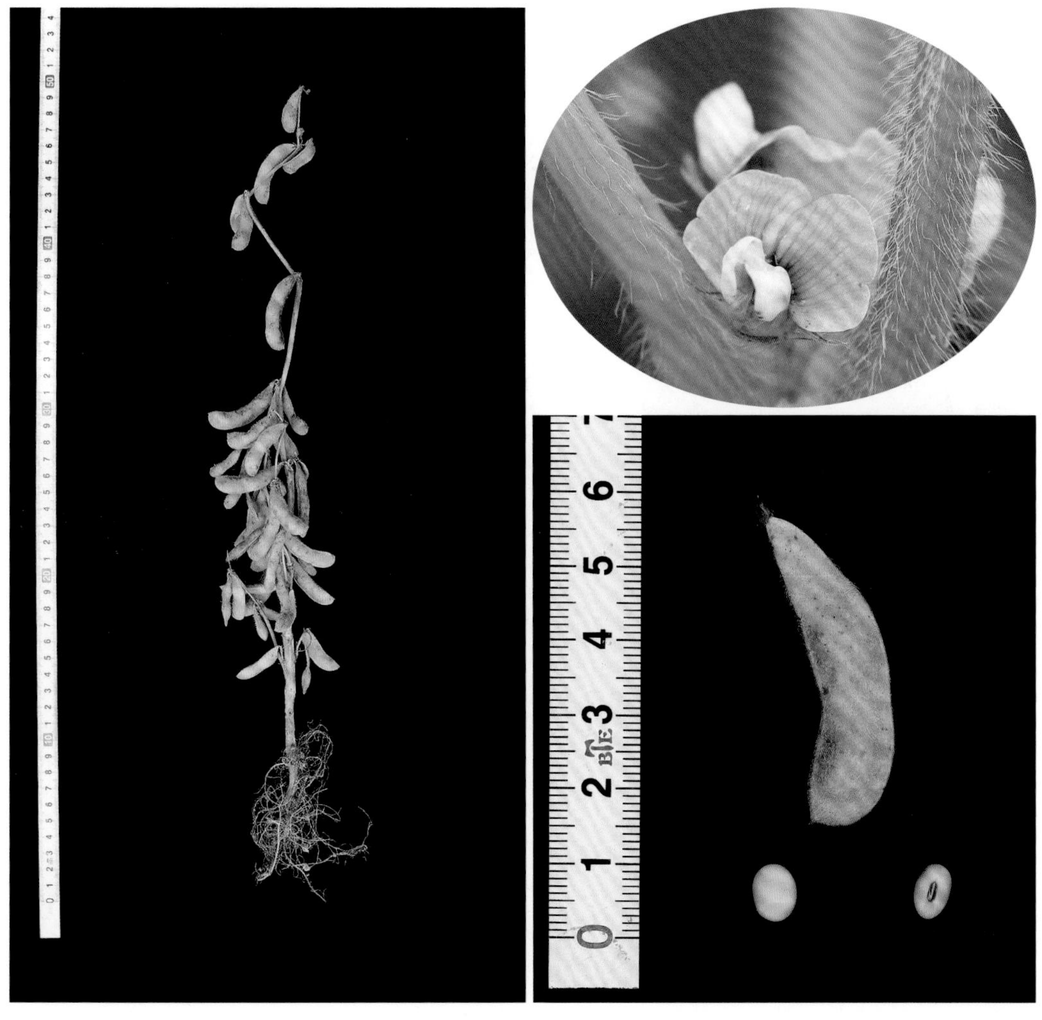

116. 那岭黄豆 1

【采集地】广西崇左市大新县那岭乡。

【类型及分布】南方夏大豆类型，农家品种，分布于崇左市大新县那岭乡及周边地区。

【主要特征特性】在南宁种植，生育期 108 天，有限结荚习性，株型收敛，株高 60.8cm，主茎节数 12.9 个，有效分枝数 3.5 个，叶椭圆形，紫花，灰毛，荚褐色，单株荚数 47.1 个，单株粒数 71.6 粒，单株粒重 12.2g，籽粒圆形，种皮黄色，有微光泽，种脐褐色，百粒重 23.2g，籽粒蛋白质含量为 43.75%、脂肪含量为 20.30%。该品种田间表现抗霜霉病，抗旱，耐贫瘠，抗倒伏，不裂荚，落叶性好。

【利用价值】可直接应用于生产，或做大粒、抗倒伏、抗霜霉病育种亲本。

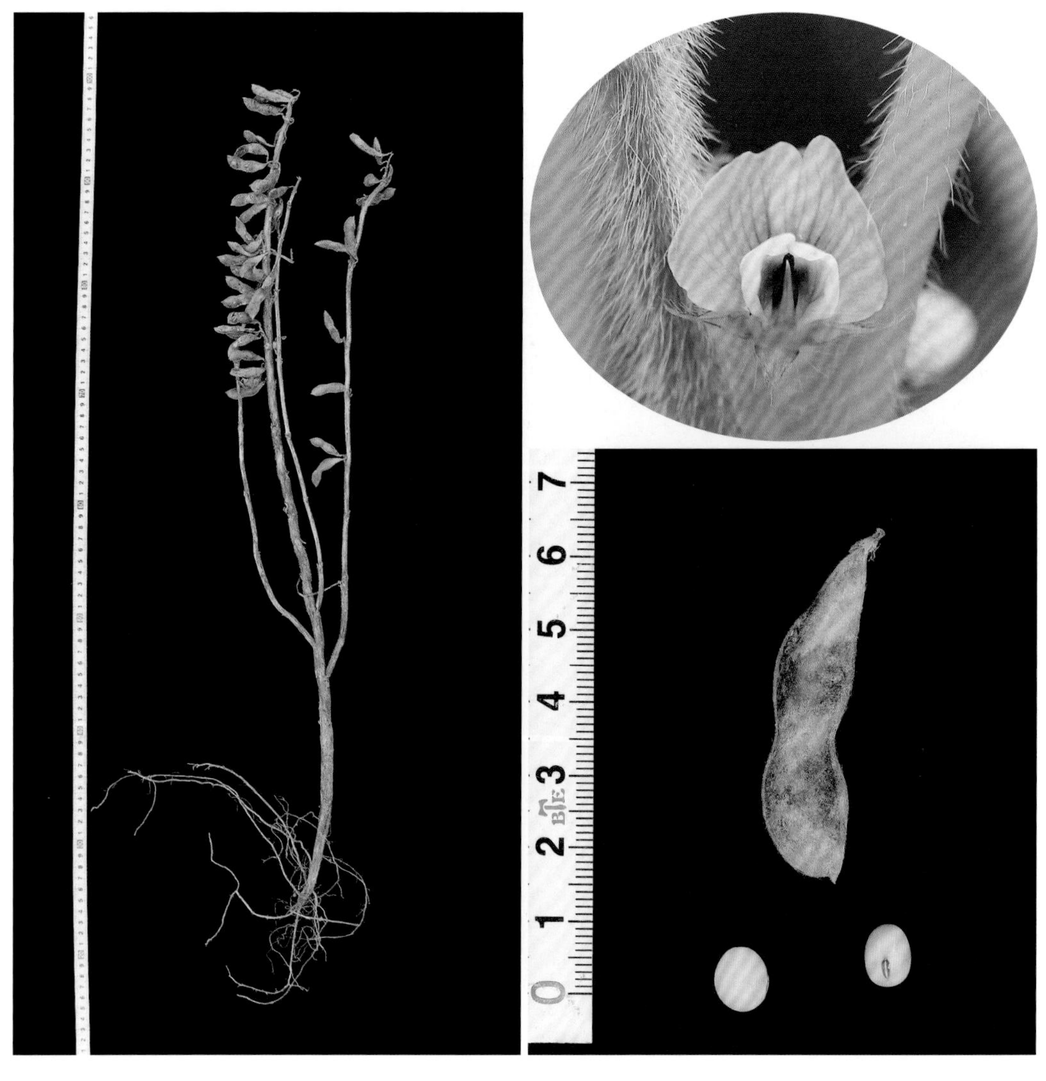

117. 那岭黄豆 2

【采集地】广西崇左市大新县那岭乡。

【类型及分布】南方夏大豆类型，农家品种，分布于崇左市大新县那岭乡及周边地区。

【主要特征特性】在南宁种植，生育期 107 天，有限结荚习性，株型收敛，株高 59.2cm，主茎节数 12.6 个，有效分枝数 5.3 个，叶椭圆形，紫花，灰毛，荚黄褐色，单株荚数 65.5 个，单株粒数 120.2 粒，单株粒重 12.2g，籽粒椭圆形，种皮黄色，有微光泽，种脐淡褐色，百粒重 10.7g，籽粒蛋白质含量为 43.12%、脂肪含量为 19.47%。该品种籽粒小，结荚多；田间表现抗霜霉病，抗旱，耐贫瘠，抗倒伏，不裂荚，落叶性好。

【利用价值】可直接应用于生产，或做小粒、抗霜霉病、抗倒伏育种亲本。

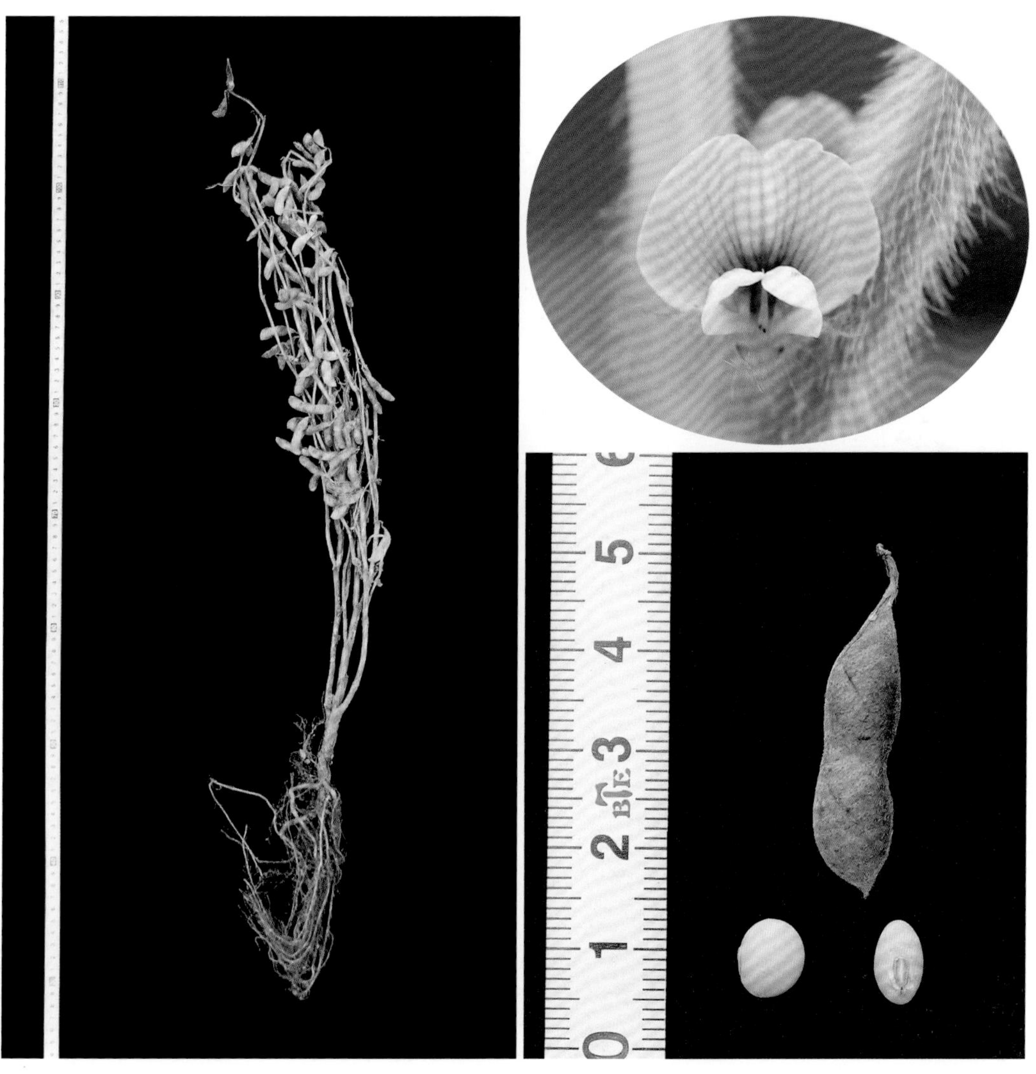

118. 那岭黑豆

【采集地】广西崇左市大新县那岭乡。

【类型及分布】南方夏大豆类型，农家品种，分布于崇左市大新县那岭乡及周边地区。

【主要特征特性】在南宁种植，生育期 107 天，有限结荚习性，株型收敛，株高 94.0cm，主茎节数 15.4 个，有效分枝数 1.5 个，叶椭圆形，紫花，棕毛，荚深褐色，单株荚数 67.5 个，单株粒数 125.5 粒，单株粒重 12.6g，籽粒扁圆形，种皮黑色，有微光泽，种脐黑色，百粒重 10.0g，籽粒蛋白质含量为 40.57%、脂肪含量为 20.69%。该品种籽粒小；田间表现抗霜霉病，抗旱，耐贫瘠，抗倒伏，不裂荚，落叶性好。

【利用价值】可直接应用于生产，或做抗霜霉病、抗倒伏育种亲本。

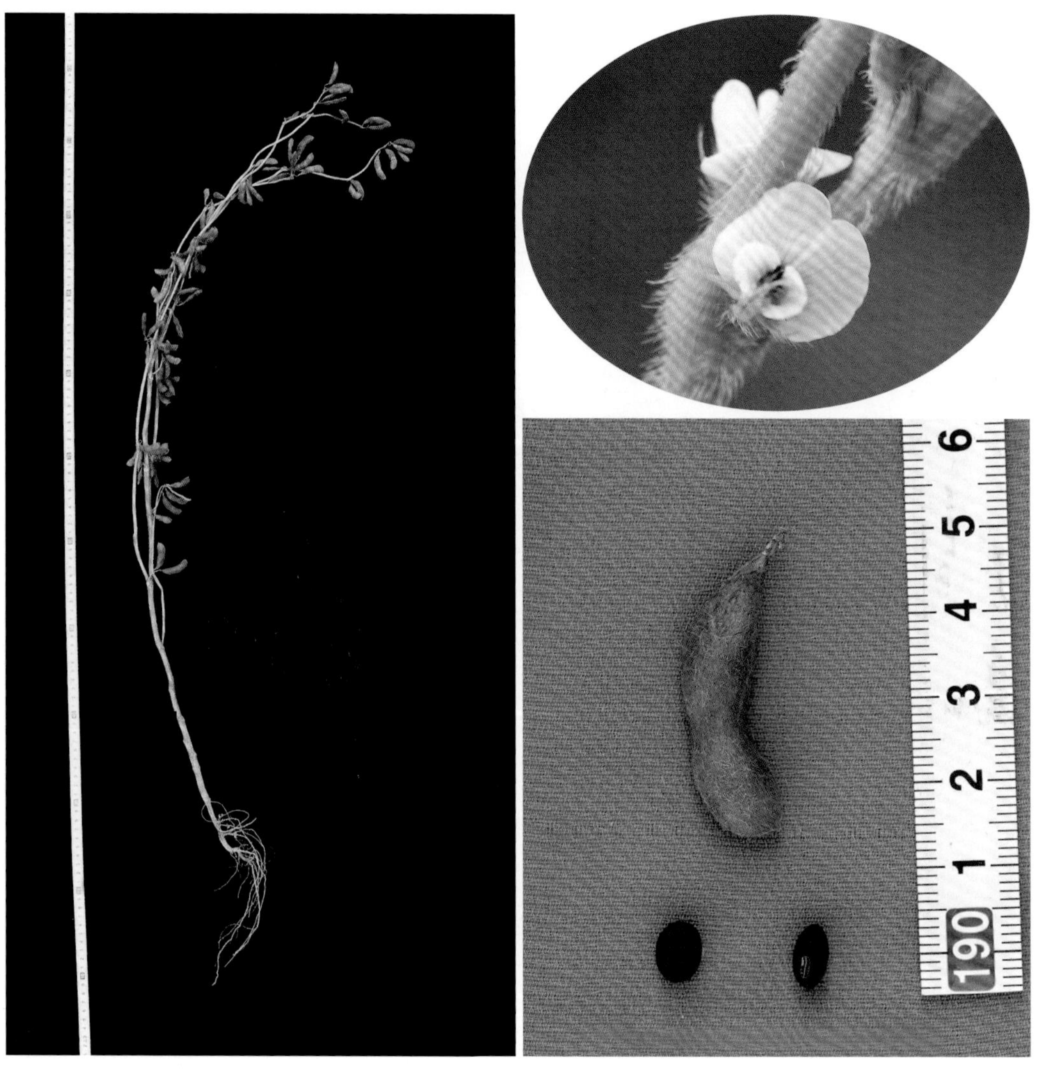

119. 伏乔黄豆

【采集地】广西崇左市大新县全茗镇全茗社区伏乔屯。

【类型及分布】南方夏大豆类型，农家品种，分布于崇左市大新县全茗镇及周边地区。

【主要特征特性】在南宁种植，生育期109天，有限结荚习性，株型收敛，株高80.3cm，主茎节数11.7个，有效分枝数4.1个，叶椭圆形，白花，灰毛，荚黄褐色，单株荚数49.7个，单株粒数77.5粒，单株粒重9.7g，籽粒椭圆形，种皮黄色，无光泽，种脐深褐色，百粒重16.4g，籽粒蛋白质含量为43.50%、脂肪含量为20.02%。该品种结荚多；田间表现抗霜霉病，抗食叶性害虫，抗倒伏，不裂荚，落叶性好。

【利用价值】可直接应用于生产，或做高产、抗倒伏、抗霜霉病育种亲本。

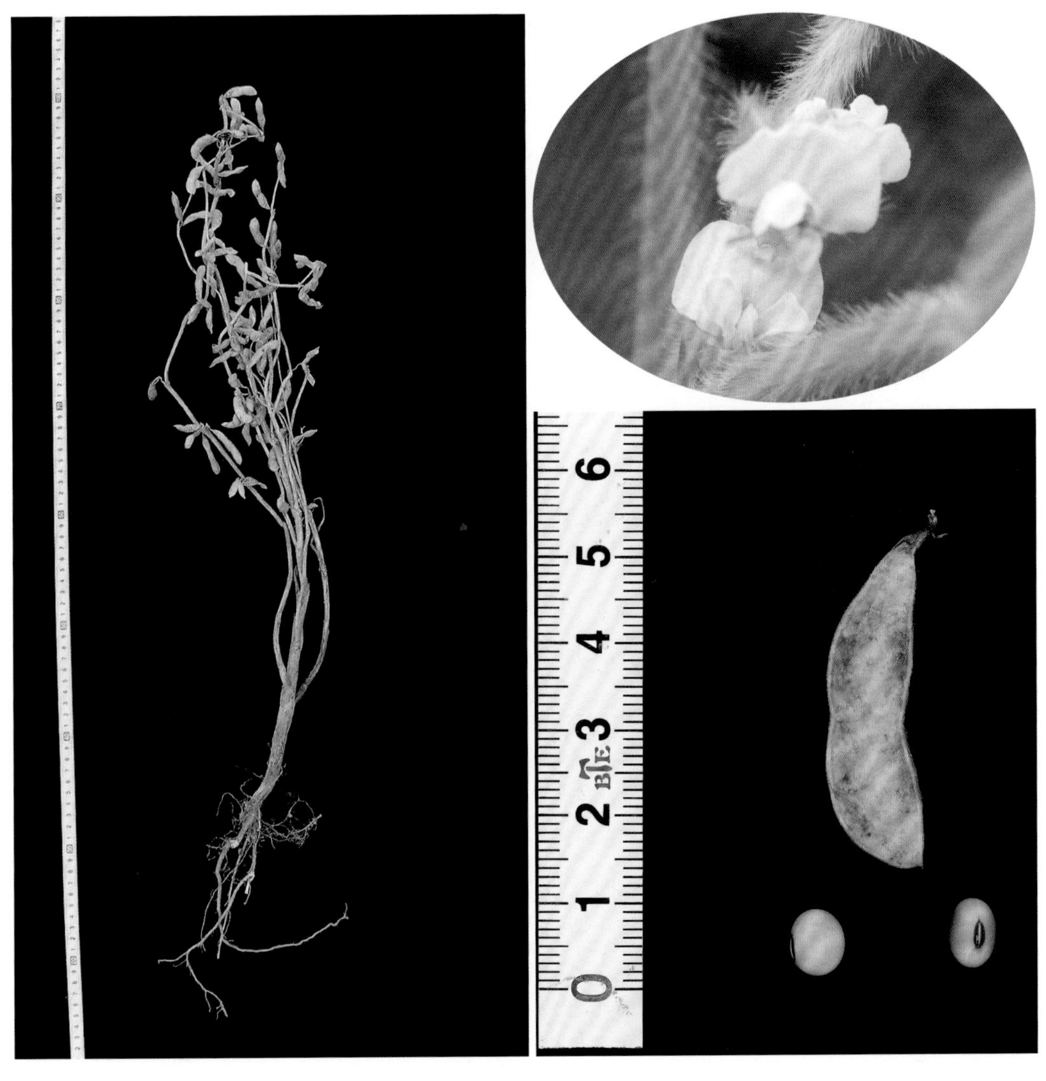

120. 武安黄豆

【采集地】广西崇左市大新县龙门乡武安村。

【类型及分布】南方夏大豆类型，农家品种，分布于崇左市大新县龙门乡及周边地区。

【主要特征特性】在南宁种植，生育期108天，有限结荚习性，株型收敛，株高79.7cm，主茎节数11.1个，有效分枝数4.8个，叶椭圆形，紫花，灰毛，荚黄褐色，单株荚数75.2个，单株粒数130.4粒，单株粒重14.5g，籽粒椭圆形，种皮黄色，有强光泽，种脐淡褐色，百粒重13.3g，籽粒蛋白质含量为44.34%、脂肪含量为19.70%。该品种籽粒小，结荚多，产量高；田间表现抗霜霉病，抗旱，耐贫瘠，抗倒伏，不裂荚，落叶性好。

【利用价值】可直接应用于生产，或做高产、抗倒伏、抗霜霉病育种亲本。

121. 新丰黄豆

【采集地】广西崇左市大新县下雷镇新丰村。

【类型及分布】南方夏大豆类型，农家品种，分布于崇左市大新县下雷镇及周边地区。

【主要特征特性】在南宁种植，生育期100天，有限结荚习性，株型收敛，株高74.1cm，主茎节数14.2个，有效分枝数3.6个，叶椭圆形，紫花，棕毛，荚褐色，单株荚数54.1个，单株粒数89.3粒，单株粒重10.7g，籽粒椭圆形，种皮黄色，有强光泽，种脐褐色，百粒重15.5g，籽粒蛋白质含量为42.62%、脂肪含量为18.90%。该品种田间表现抗霜霉病，抗旱，耐贫瘠，抗倒伏，不裂荚，落叶性好。

【利用价值】可直接应用于生产，或做抗倒伏、不裂荚、抗霜霉病育种亲本。

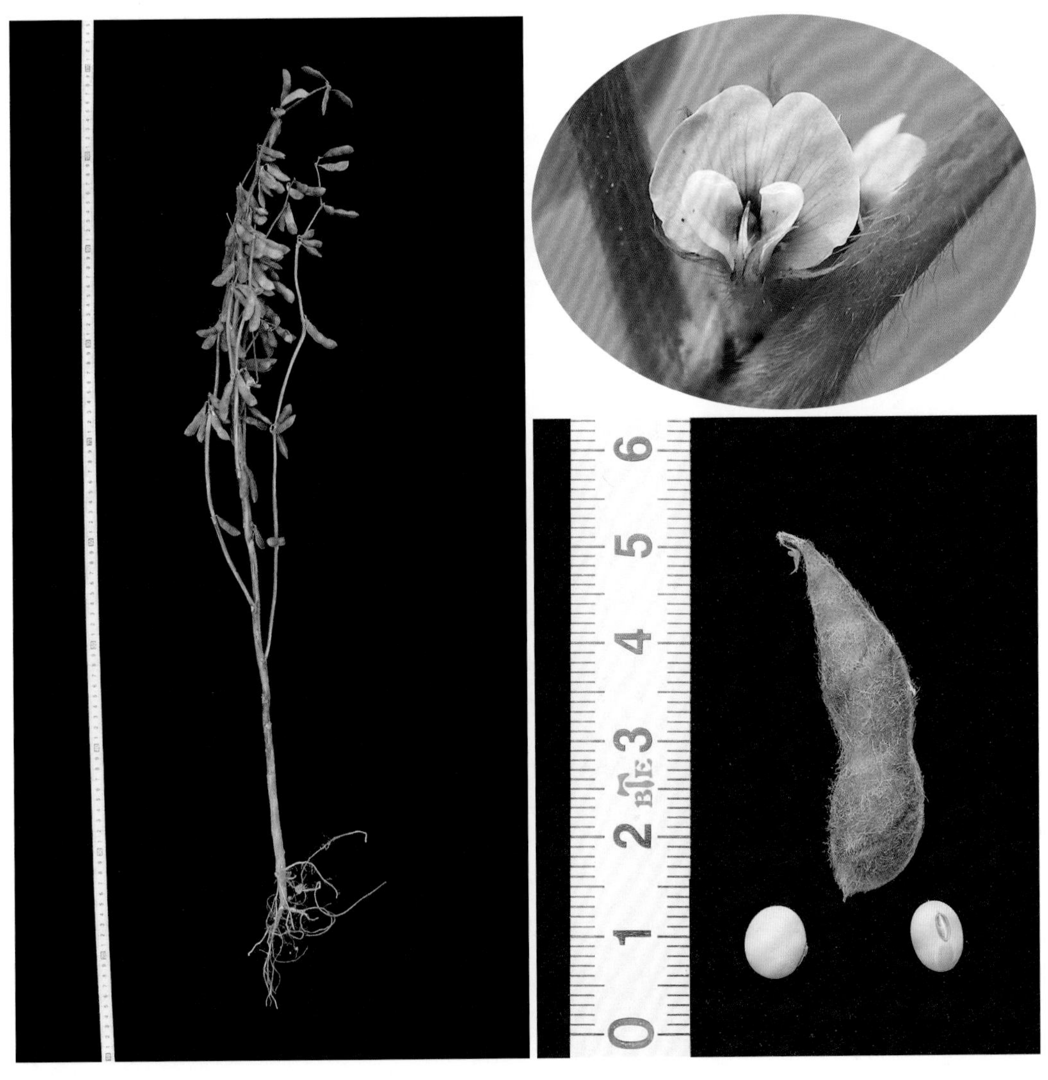

122. 陆榜黑豆

【采集地】广西崇左市大新县恩城乡陆榜村苏屯。

【类型及分布】南方夏大豆类型，农家品种，分布于崇左市大新县恩城乡及周边地区。

【主要特征特性】在南宁种植，生育期 100 天，有限结荚习性，株型收敛，株高 36.7cm，主茎节数 13.4 个，有效分枝数 4.1 个，叶椭圆形，紫花，棕毛，荚黄褐色，单株荚数 115.7 个，单株粒数 225.1 粒，单株粒重 29.4g，籽粒椭圆形，种皮黑色，有微光泽，种脐黑色，百粒重 14.0g，籽粒蛋白质含量为 41.87%、脂肪含量为 22.96%。该品种脂肪含量高，茎秆粗壮，株型收敛，结荚多，产量高；田间表现抗霜霉病，抗旱，耐贫瘠，抗倒伏，不裂荚，落叶性好。

【利用价值】可直接应用于生产，或做高油、抗倒伏、抗霜霉病育种亲本。

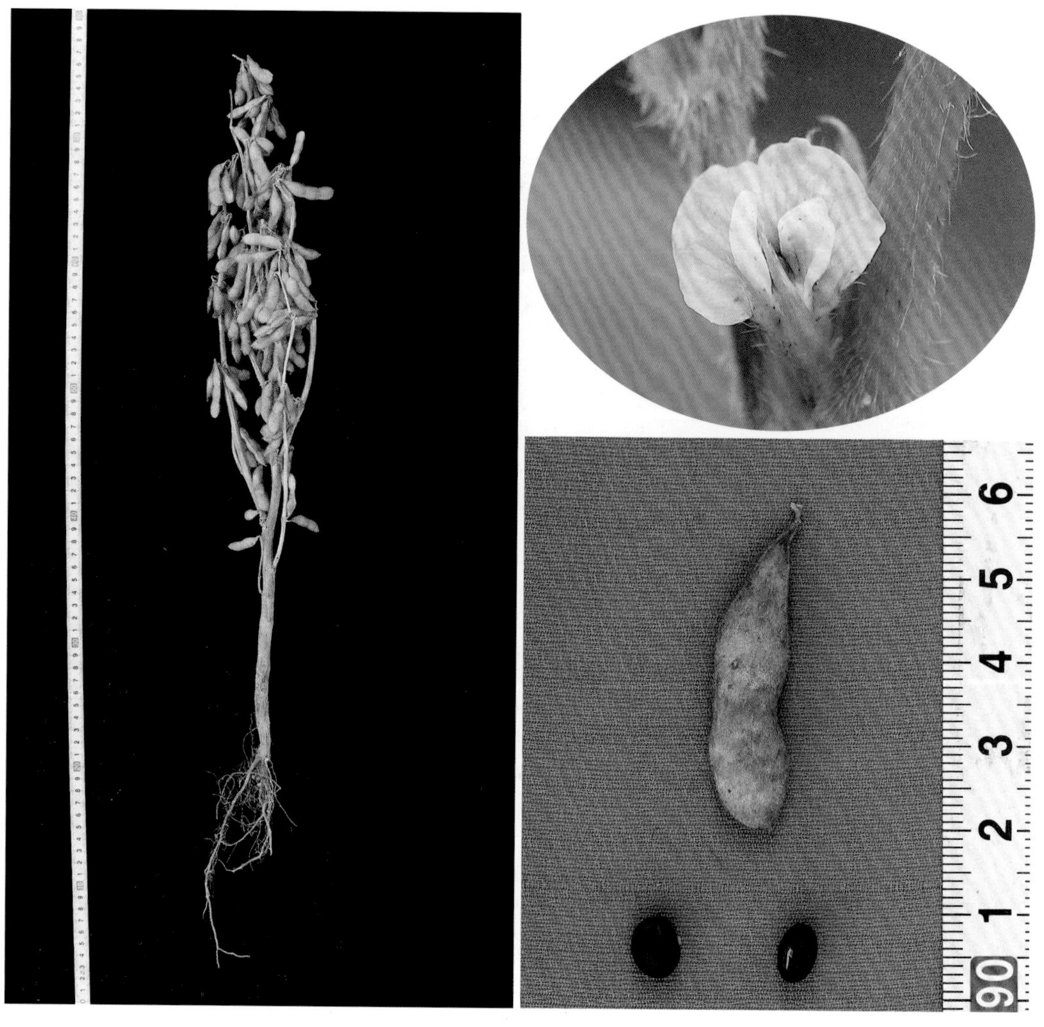

123. 陆榜黄豆

【**采集地**】广西崇左市大新县恩城乡陆榜村苏屯。

【**类型及分布**】南方夏大豆类型，农家品种，分布于崇左市大新县恩城乡及周边地区。

【**主要特征特性**】在南宁种植，生育期 105 天，有限结荚习性，株型收敛，株高 72.4cm，主茎节数 11.3 个，有效分枝数 3.5 个，叶椭圆形，紫花，灰毛，荚黄褐色，单株荚数 73.2 个，单株粒数 134.5 粒，单株粒重 18.8g，籽粒椭圆形，种皮黄色，有微光泽，种脐褐色，百粒重 15.3g，籽粒蛋白质含量为 42.84%、脂肪含量为 20.86%。该品种茎秆粗壮，结荚多，单株粒数多，产量高；田间表现抗霜霉病，抗倒伏，不裂荚，落叶性好。

【**利用价值**】可直接应用于生产，或做抗倒伏、高产育种亲本。

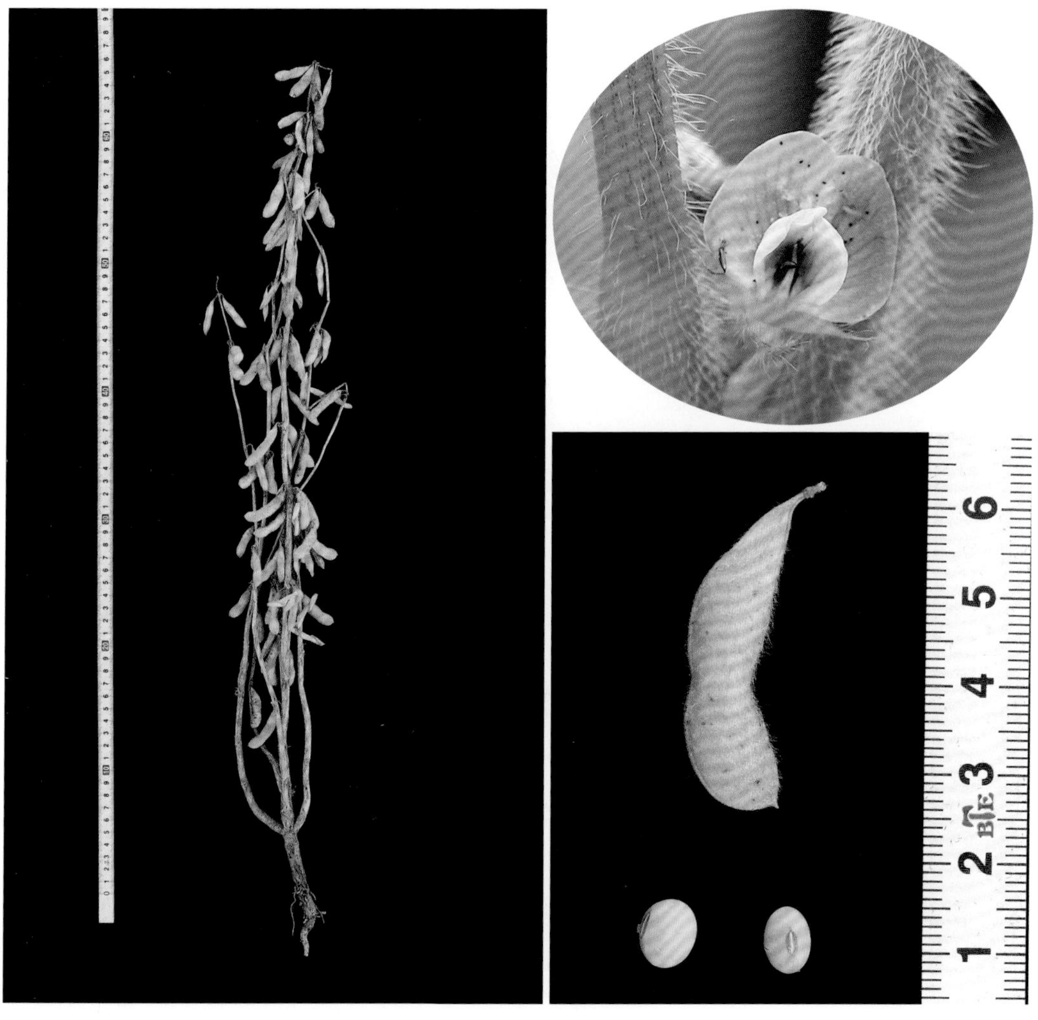

124. 塘肚本地黄豆

【采集地】广西钦州市灵山县平南镇塘肚村。

【类型及分布】南方夏大豆类型，农家品种，分布于钦州市灵山县平南镇及周边地区。

【主要特征特性】在南宁种植，生育期86天，有限结荚习性，株型收敛，株高66.2cm，主茎节数15.6个，有效分枝数1.9个，叶椭圆形，紫色，灰毛，荚黄褐色，单株荚数23.5个，单株粒数46.2粒，单株粒重7.3g，籽粒椭圆形，种皮黄色，有微光泽，种脐褐色，百粒重16.5g，籽粒蛋白质含量为43.76%、脂肪含量为20.87%。该品种早熟；田间表现抗霜霉病，抗倒伏，不裂荚，落叶性好。

【利用价值】可直接应用于生产，或做早熟、抗倒伏育种亲本。

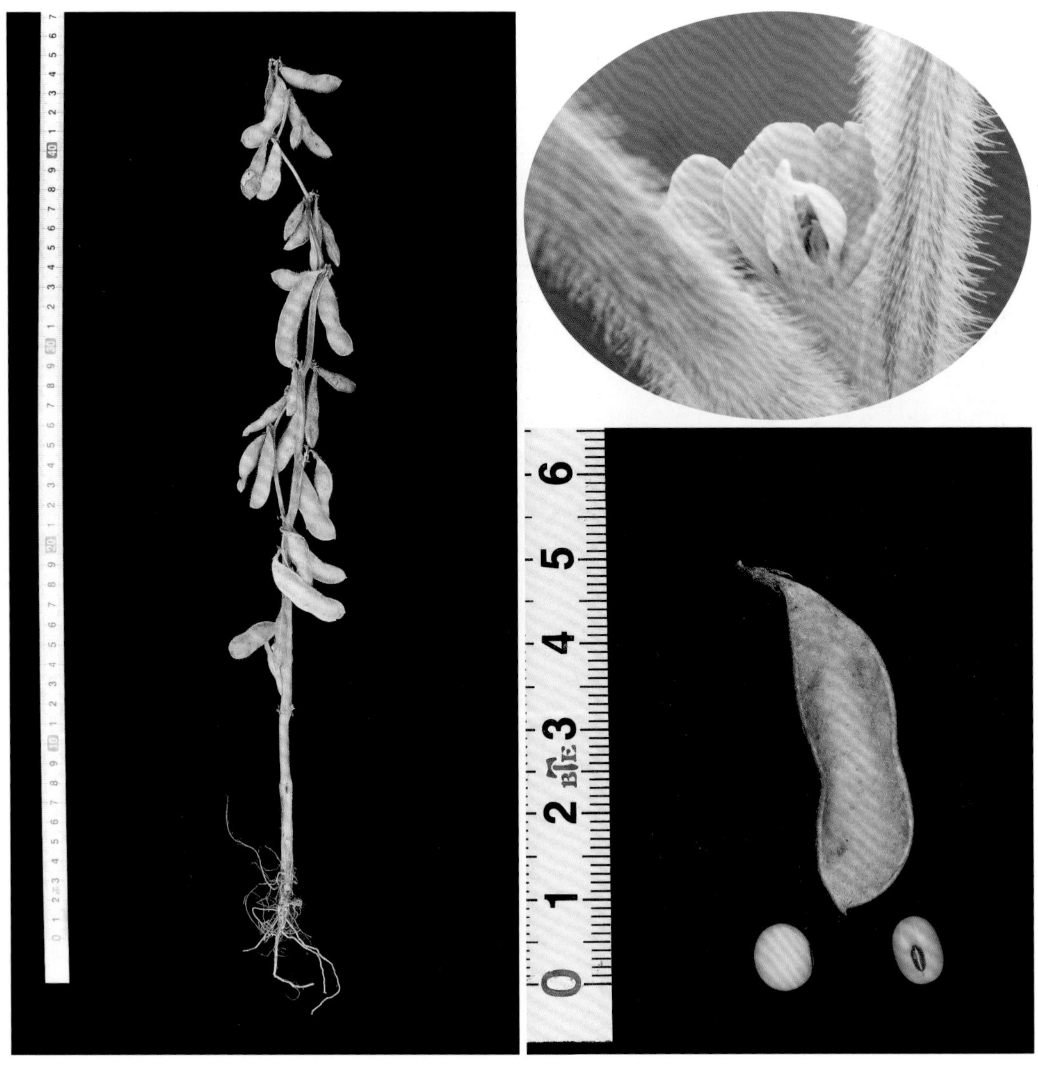

125. 晏村黄豆

【采集地】广西钦州市灵山县新圩镇晏村。

【类型及分布】南方夏大豆类型，农家品种，分布于钦州市灵山县新圩镇及周边地区。

【主要特征特性】在南宁种植，生育期89天，有限结荚习性，株型收敛，株高55.9cm，主茎节数15.4个，有效分枝数1.7个，叶椭圆形，紫花，灰毛，荚黄褐色，单株荚数24.5个，单株粒数46.4粒，单株粒重6.6g，籽粒椭圆形，种皮黄色，无光泽，种脐褐色，百粒重15.0g，籽粒蛋白质含量为41.56%、脂肪含量为20.26%。该品种早熟，籽粒小；田间表现抗霜霉病，抗倒伏，不裂荚，落叶性好。

【利用价值】可直接应用于生产，或做早熟、抗倒伏育种亲本。

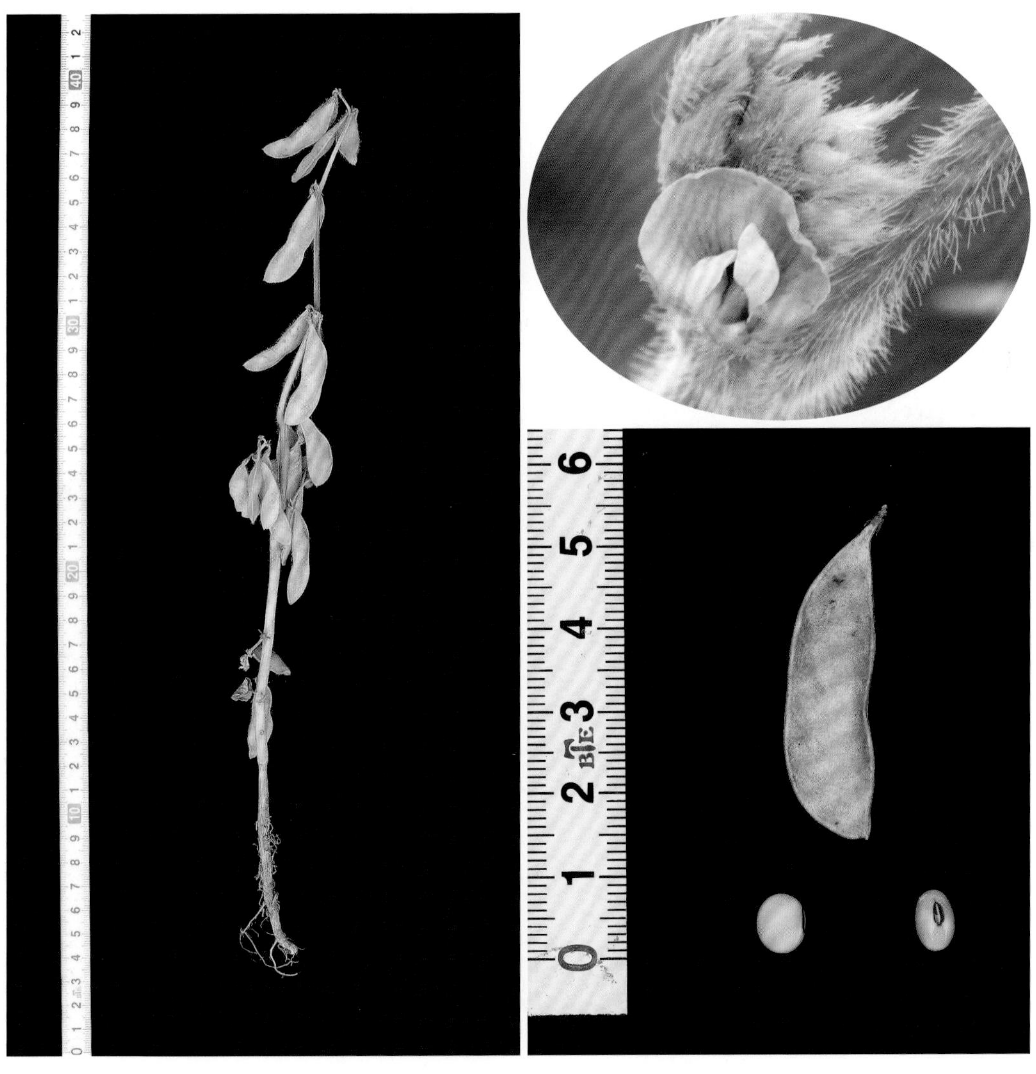

126. 烟墩黄豆 1

【采集地】广西钦州市灵山县烟墩镇烟墩村委象村。

【类型及分布】南方夏大豆类型，农家品种，分布于钦州市灵山县烟墩镇及周边地区。

【主要特征特性】在南宁种植，生育期 85 天，有限结荚习性，株型收敛，株高 41.9cm，主茎节数 11.8 个，有效分枝数 1.5 个，叶椭圆形，白花，棕毛，荚褐色，单株荚数 12.0 个，单株粒数 23.1 粒，单株粒重 3.2g，籽粒椭圆形，种皮黄色，有微光泽，种脐褐色，百粒重 13.7g，籽粒蛋白质含量为 47.72%、脂肪含量为 18.26%。该品种早熟，籽粒小，蛋白质含量高；田间表现抗霜霉病，抗倒伏，不裂荚，落叶性好。

【利用价值】可直接应用于生产，或做高蛋白、早熟、小粒、抗倒伏、抗霜霉病育种亲本。

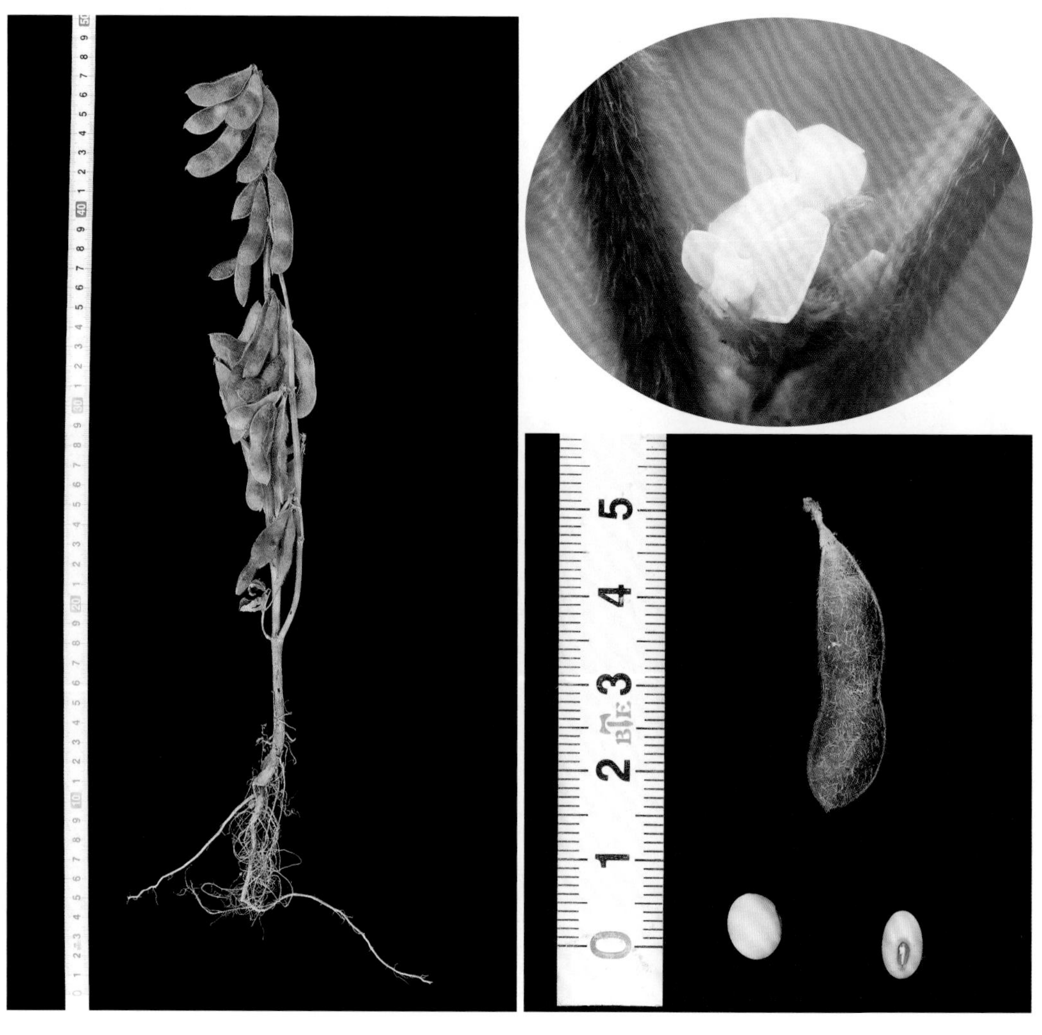

127. 烟墩黄豆 2

【采集地】广西钦州市灵山县烟墩镇烟墩村委象村。

【类型及分布】南方夏大豆类型，农家品种，分布于钦州市灵山县烟墩镇及周边地区。

【主要特征特性】在南宁种植，生育期 86 天，有限结荚习性，株型收敛，株高 61.3cm，主茎节数 15.4 个，有效分枝数 3.0 个，叶椭圆形，紫花，灰毛，荚黄褐色，单株荚数 32.2 个，单株粒数 62.6 粒，单株粒重 9.2g，籽粒椭圆形，种皮黄色，有微光泽，种脐淡褐色，百粒重 15.8g，籽粒蛋白质含量为 42.13%、脂肪含量为 21.34%。该品种早熟；田间表现抗霜霉病，抗倒伏，不裂荚，落叶性好。

【利用价值】可直接应用于生产，或做早熟、抗倒伏、不裂荚、抗霜霉病育种亲本。

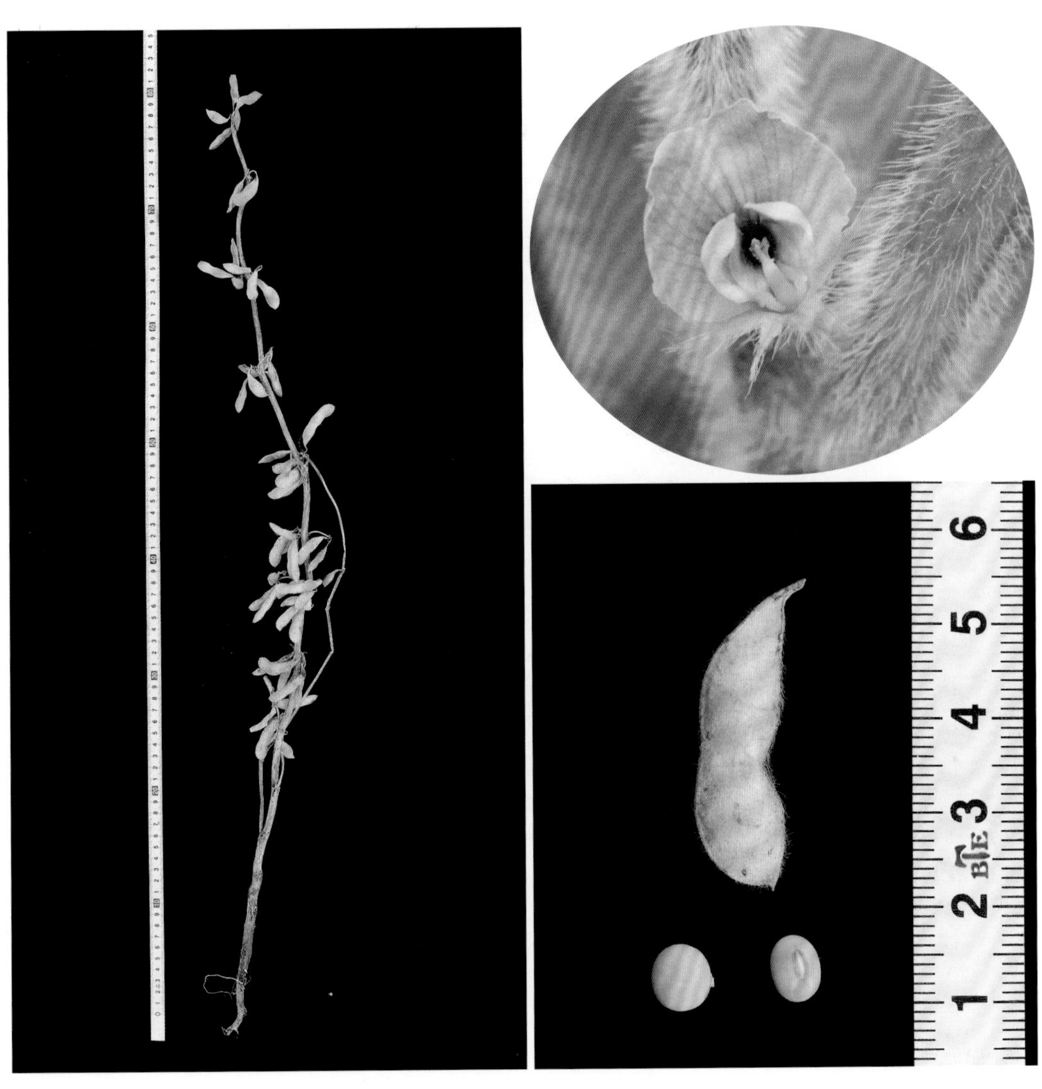

128. 烟墩青皮黄豆

【采集地】广西钦州市灵山县烟墩镇烟墩村委象村。

【类型及分布】南方夏大豆类型，农家品种，分布于钦州市灵山县烟墩镇及周边地区。

【主要特征特性】在南宁种植，生育期89天，有限结荚习性，株型收敛，株高68.0cm，主茎节数15.7个，有效分枝数2.7个，叶椭圆形，紫花，灰毛，荚黄褐色，单株荚数40.7个，单株粒数83.6粒，单株粒重11.4g，籽粒椭圆形，种皮绿色，有强光泽，种脐褐色，百粒重14.2g，籽粒蛋白质含量为41.82%、脂肪含量为21.43%。该品种早熟，籽粒小，茎秆粗壮，结荚多且比较密，产量高；田间表现抗霜霉病，抗倒伏，不裂荚，落叶性好。

【利用价值】可直接应用于生产，或做早熟、抗倒伏、不裂荚、抗霜霉病育种亲本。

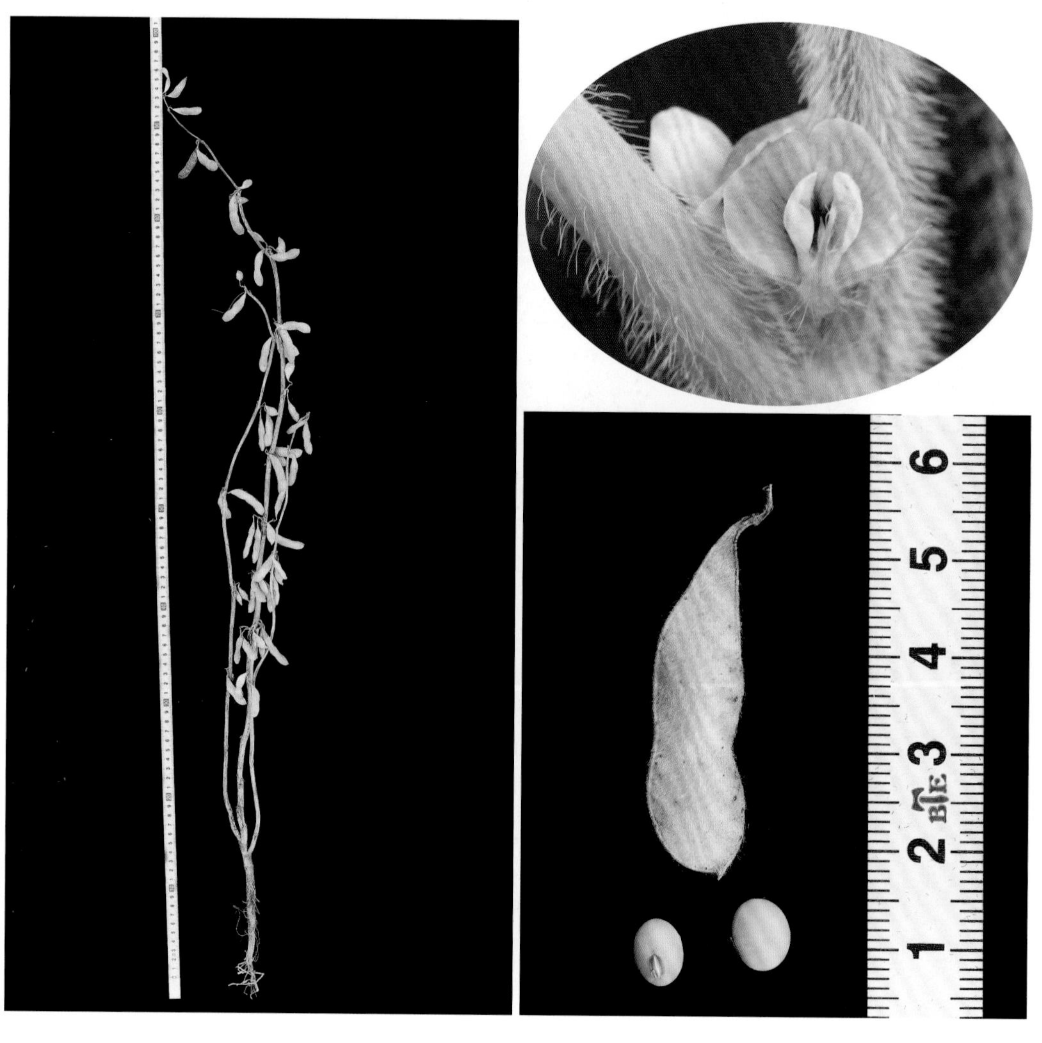

129. 后背黑豆

【采集地】广西钦州市灵山县武利镇后背村。

【类型及分布】南方夏大豆类型，农家品种，分布于钦州市灵山县武利镇及周边地区。

【主要特征特性】在南宁种植，生育期 86 天，有限结荚习性，株型收敛，株高 56.2cm，主茎节数 13.6 个，有效分枝数 2.0 个，叶椭圆形，紫花，棕毛，荚褐色，单株荚数 17.2 个，单株粒数 39.6 粒，单株粒重 6.2g，籽粒椭圆形，种皮黑色，有微光泽，种脐黑色，百粒重 17.4g，籽粒蛋白质含量为 42.24%、脂肪含量为 22.12%。该品种早熟，脂肪含量高；田间表现抗霜霉病，抗倒伏，落叶性好。

【利用价值】可直接应用于生产，或做早熟、高油、抗倒伏、抗霜霉病育种亲本。

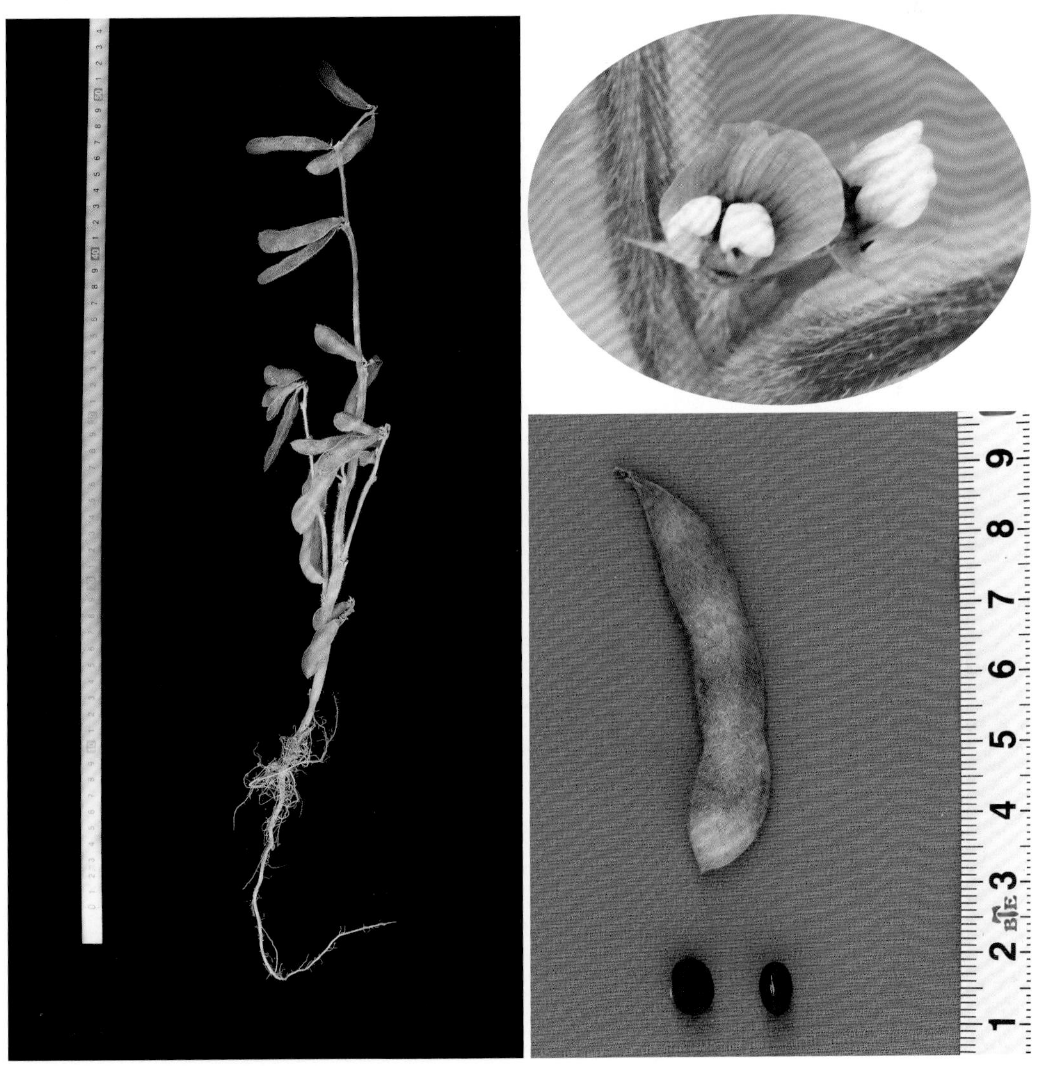

130. 岜鸭大豆

【采集地】广西崇左市龙州县龙州镇岭南村弄喜屯。

【类型及分布】南方夏大豆类型，农家品种，分布于崇左市龙州县龙州镇及周边地区。

【主要特征特性】在南宁种植，生育期105天，有限结荚习性，株型收敛，株高73.7cm，主茎节数15.2个，有效分枝数5.7个，叶椭圆形，紫花，灰毛，荚黄褐色，单株荚数56.2个，单株粒数94.7粒，单株粒重12.6g，籽粒椭圆形，种皮黄色，有微光泽，种脐褐色，百粒重15.9g，籽粒蛋白质含量为42.80%、脂肪含量为19.98%。该品种茎秆粗壮，结荚多，产量高；田间表现抗霜霉病，耐贫瘠，抗倒伏，不裂荚，落叶性好。

【利用价值】可直接应用于生产，或做抗霜霉病、抗倒伏育种亲本。

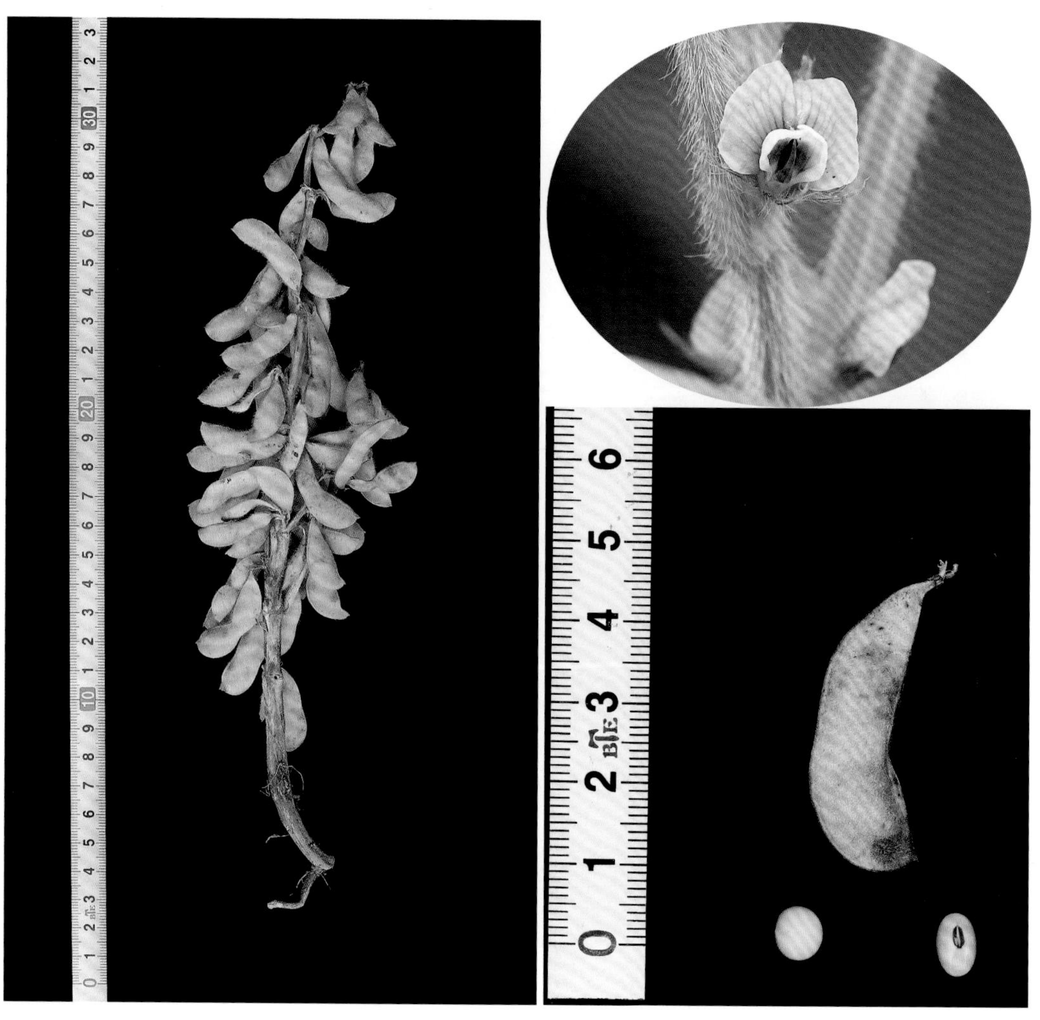

131. 那巧大豆

【采集地】广西崇左市龙州县上金乡联江村那巧屯。

【类型及分布】南方夏大豆类型，农家品种，分布于崇左市龙州县上金乡及周边地区。

【主要特征特性】在南宁种植，生育期105天，有限结荚习性，株型收敛，株高61.1cm，主茎节数14.1个，有效分枝数3.5个，叶椭圆形，紫花，灰毛，荚褐色，单株荚数40.6个，单株粒数70.3粒，单株粒重10.5g，籽粒圆形，种皮黄色，有强光泽，种脐淡褐色，百粒重22.4g，籽粒蛋白质含量为42.61%、脂肪含量为20.70%。该品种田间表现抗霜霉病，抗旱，耐贫瘠，抗倒伏，不裂荚，落叶性好。

【利用价值】可直接应用于生产，或做抗霜霉病、抗倒伏育种亲本。

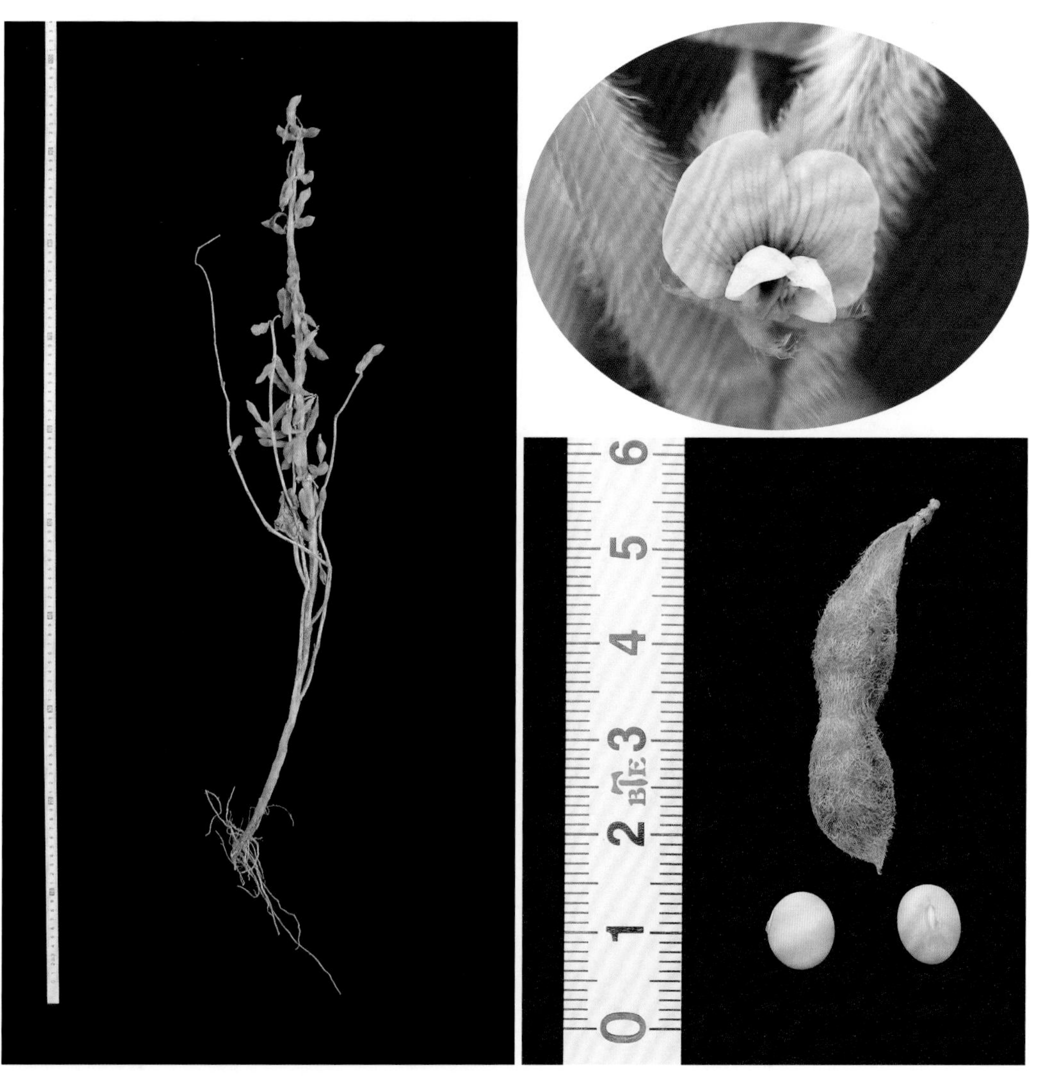

132. 上龙大豆

【采集地】广西崇左市龙州县上龙乡上龙村。

【类型及分布】南方夏大豆类型，农家品种，分布于崇左市龙州县上龙乡及周边地区。

【主要特征特性】在南宁种植，生育期110天，有限结荚习性，株型收敛，株高80.1cm，主茎节数14.7个，有效分枝数4.3个，叶椭圆形，紫花，棕毛，荚褐色，单株荚数81.3个，单株粒数165.5粒，单株粒重20.7g，籽粒扁圆形，种皮黑色，有微光泽，种脐黑色，百粒重22.4g，籽粒蛋白质含量为40.30%、脂肪含量为22.60%。该品种脂肪含量高，结荚多，产量高；田间表现抗霜霉病，抗旱，耐贫瘠，抗倒伏，不裂荚，落叶性好。

【利用价值】可直接应用于生产，或做高油、抗霜霉病、抗倒伏育种亲本。

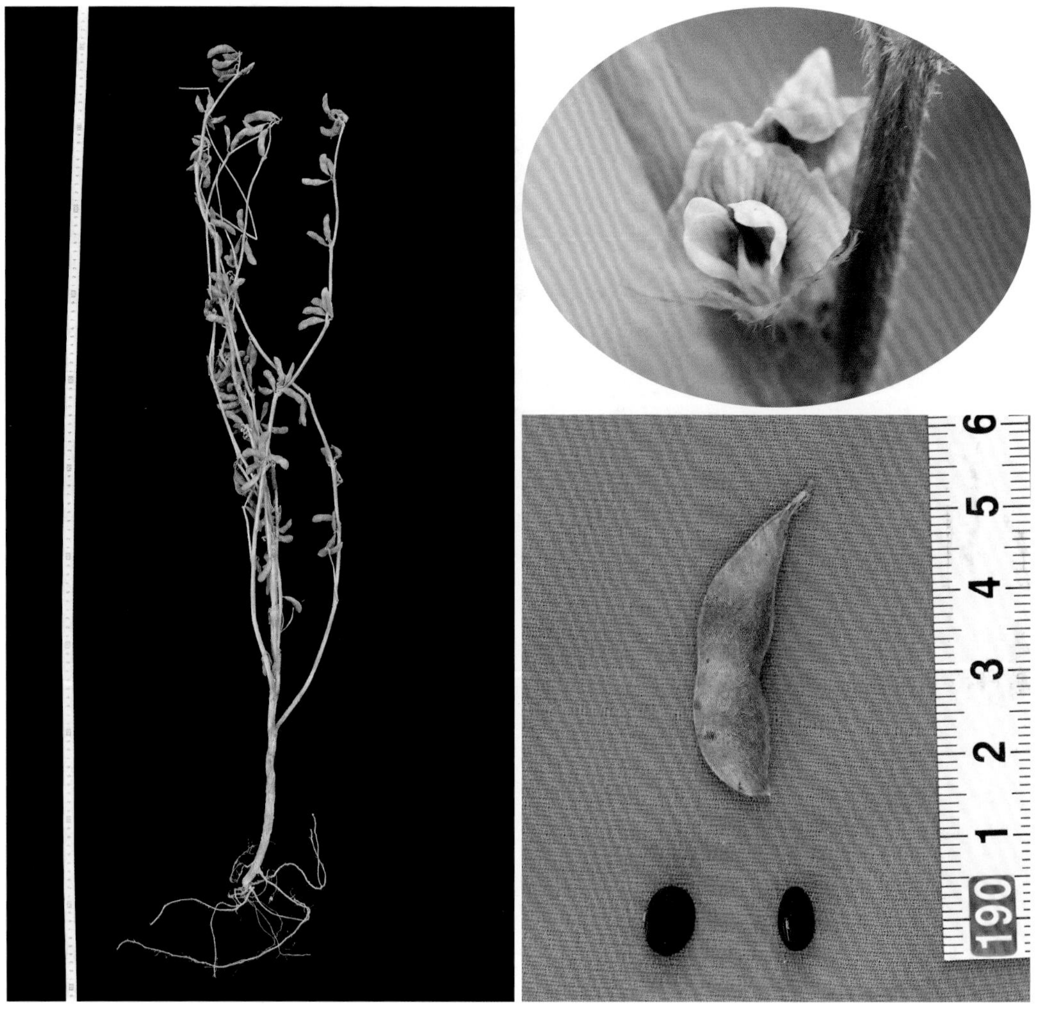

133. 岜主大豆

【采集地】广西崇左市龙州县武德乡。

【类型及分布】南方夏大豆类型，农家品种，分布于崇左市龙州县武德乡及周边地区。

【主要特征特性】在南宁种植，生育期 105 天，有限结荚习性，株型收敛，株高 67.0cm，主茎节数 15.2 个，有效分枝数 4.2 个，叶椭圆形，紫花，棕毛，荚黄褐色，单株荚数 57.9 个，单株粒数 90.7 粒，单株粒重 10.3g，籽粒椭圆形，种皮黄色，有微光泽，种脐深褐色，百粒重 16.8g，籽粒蛋白质含量为 43.51%、脂肪含量为 19.97%。该品种田间表现抗霜霉病，抗旱，耐贫瘠，抗倒伏，不裂荚，落叶性好。

【利用价值】可直接应用于生产，或做抗霜霉病、抗倒伏育种亲本。

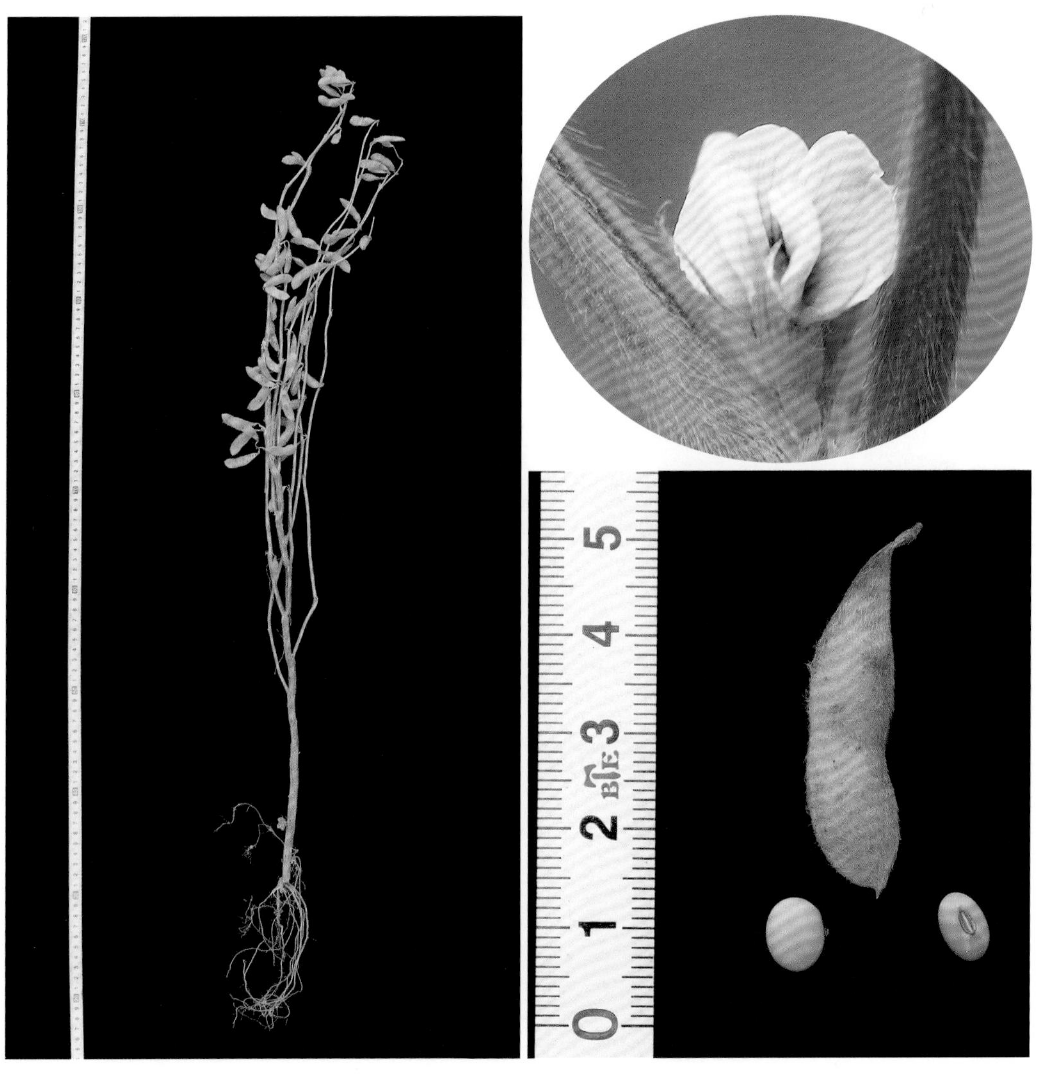

134. 坡采大豆

【采集地】广西崇左市龙州县武德乡农干村坡采屯。

【类型及分布】南方夏大豆类型，农家品种，分布于崇左市龙州县武德乡及周边地区。

【主要特征特性】在南宁种植，生育期 107 天，有限结荚习性，株型收敛，株高 52.3cm，主茎节数 14.9 个，有效分枝数 2.9 个，叶椭圆形，紫花，灰毛，荚褐色，单株荚数 41.2 个，单株粒数 80.6 粒，单株粒重 15.4g，籽粒圆形，种皮黄色，有微光泽，种脐褐色，百粒重 21.6g，籽粒蛋白质含量为 42.58%、脂肪含量为 20.63%。该品种结荚多，产量高；田间表现抗霜霉病，抗旱，耐贫瘠，抗倒伏，不裂荚，落叶性好。

【利用价值】可直接应用于生产，或做抗霜霉病、抗倒伏育种亲本。

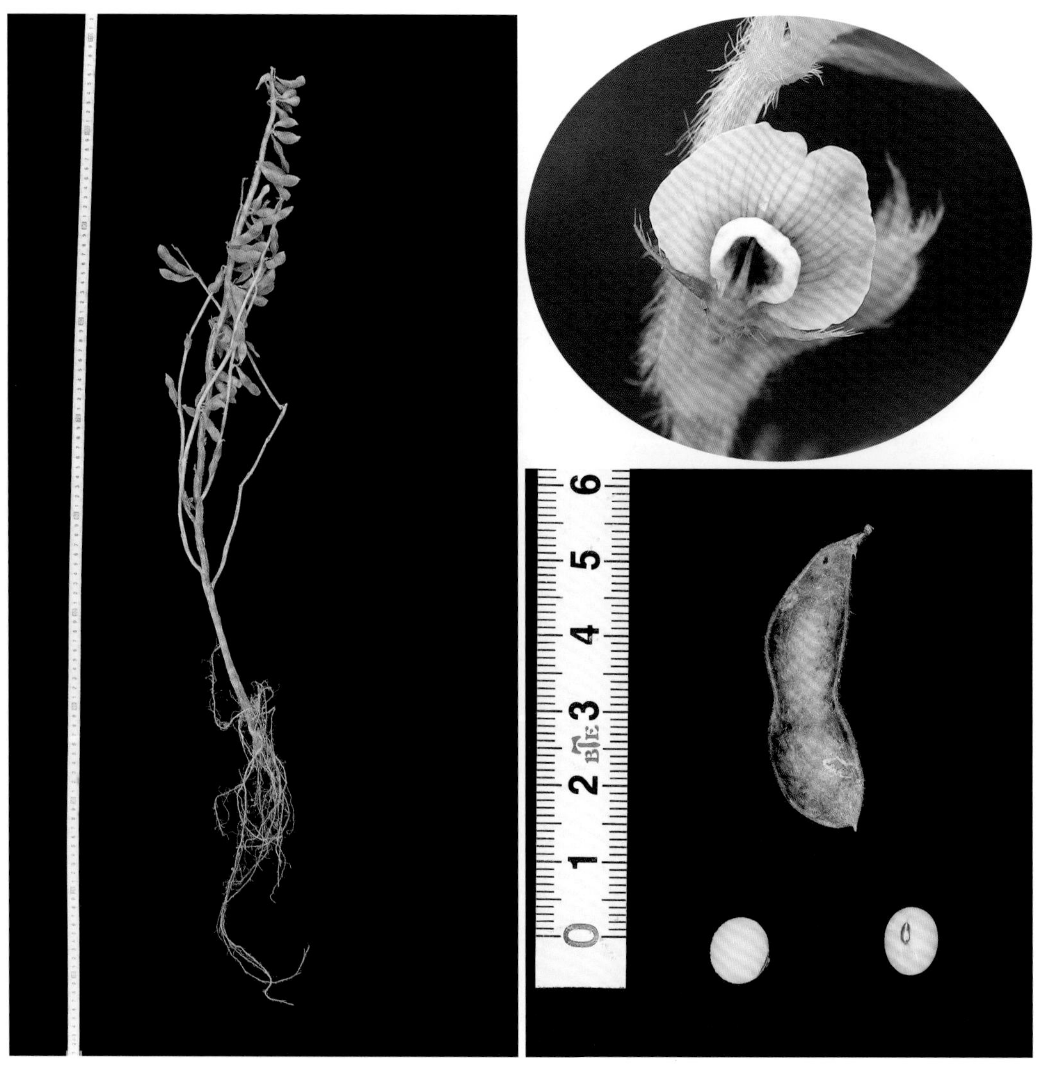

135. 板江大豆 1

【采集地】广西崇左市龙州县武德乡保卫村板江屯。

【类型及分布】南方夏大豆类型，农家品种，分布于崇左市龙州县武德乡及周边地区。

【主要特征特性】在南宁种植，生育期 105 天，有限结荚习性，株型收敛，株高 73.5cm，主茎节数 15.3 个，有效分枝数 4.7 个，叶椭圆形，紫花，灰毛，荚黄褐色，单株荚数 67.7 个，单株粒数 110.8 粒，单株粒重 15.4g，籽粒椭圆形，种皮黄色，有微光泽，种脐褐色，百粒重 16.6g，籽粒蛋白质含量为 42.40%、脂肪含量为 20.53%。该品种茎秆粗壮，结荚多，产量高；田间表现抗霜霉病，抗旱，耐贫瘠，抗倒伏，不裂荚，落叶性好。

【利用价值】可直接应用于生产，或做抗倒伏、高产育种亲本。

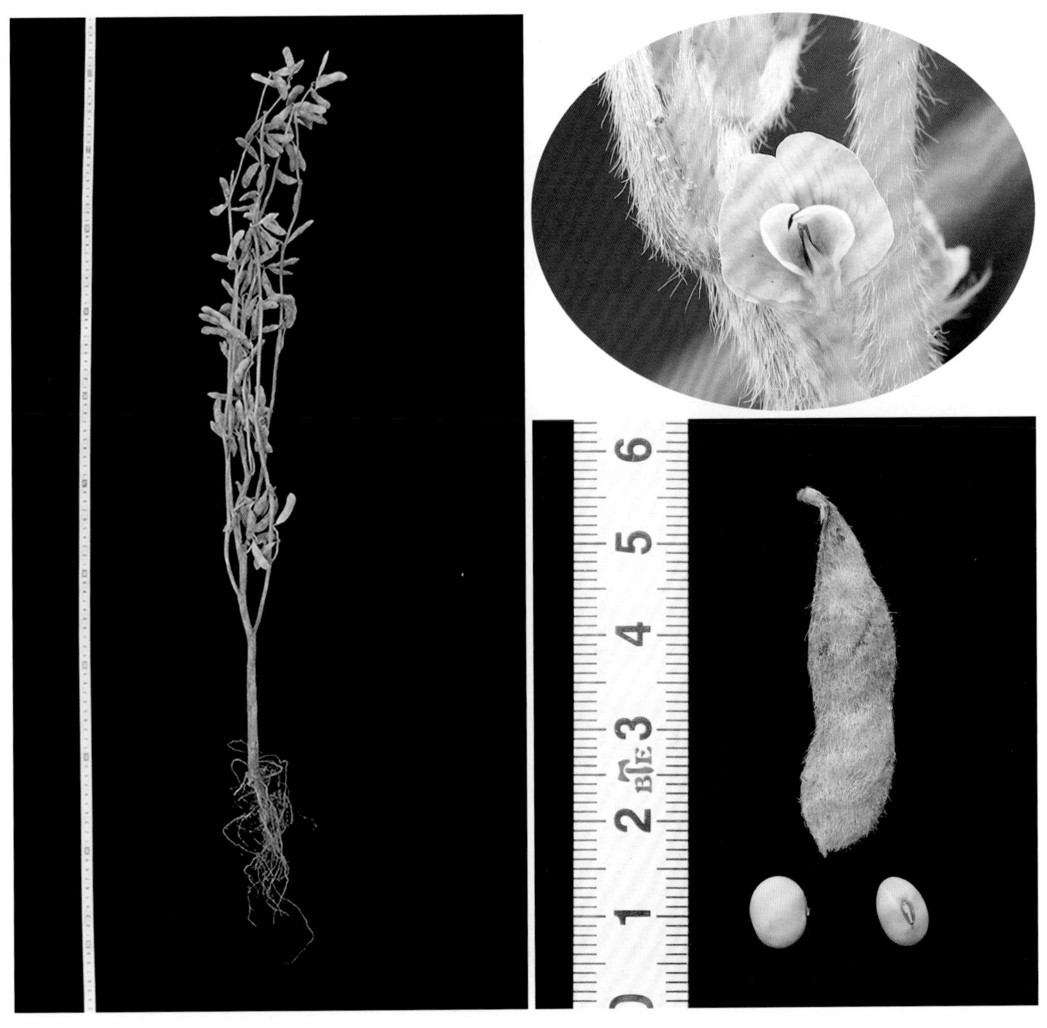

136. 板江大豆 2

【采集地】广西崇左市龙州县武德乡保卫村板江屯。

【类型及分布】南方夏大豆类型，农家品种，分布于崇左市龙州县武德乡及周边地区。

【主要特征特性】在南宁种植，生育期 105 天，有限结荚习性，株型收敛，株高 72.5cm，主茎节数 12.6 个，有效分枝数 3.8 个，叶椭圆形，紫花，灰毛，荚黄褐色，单株荚数 43.1 个，单株粒数 79.3 粒，单株粒重 13.9g，籽粒椭圆形，种皮黄色，有微光泽，种脐褐色，百粒重 15.6g，籽粒蛋白质含量为 45.57%、脂肪含量为 20.34%。该品种蛋白质含量高；田间表现抗霜霉病，抗旱，耐贫瘠，抗倒伏，不裂荚，落叶性好。

【利用价值】可直接应用于生产，或做高蛋白、抗倒伏、抗霜霉病育种亲本。

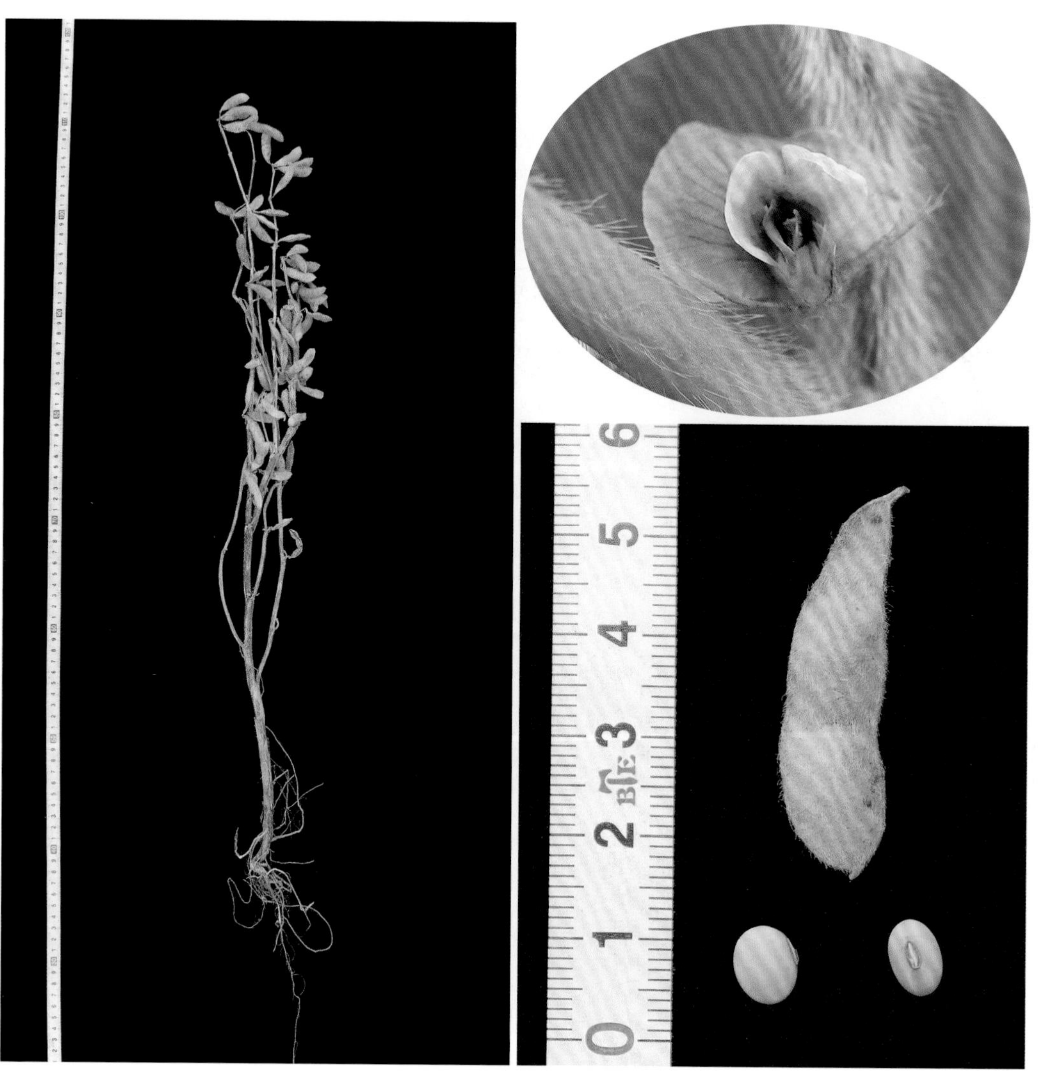

137. 告内黄豆

【采集地】广西崇左市龙州县武德乡武德村告内屯。

【类型及分布】南方夏大豆类型，农家品种，分布于崇左市龙州县武德乡及周边地区。

【主要特征特性】在南宁种植，生育期 105 天，有限结荚习性，株型收敛，株高 56.9cm，主茎节数 13.5 个，有效分枝数 5.1 个，叶椭圆形，紫花，棕毛，荚黄褐色，单株荚数 80.7 个，单株粒数 150.9 粒，单株粒重 18.3g，籽粒椭圆形，种皮黄色，有微光泽，种脐褐色，百粒重 12.3g，籽粒蛋白质含量为 42.26%、脂肪含量为 20.92%。该品种籽粒小，茎秆粗壮，结荚多，产量高；田间表现抗霜霉病，抗旱，耐贫瘠，抗倒伏，不裂荚，落叶性好。

【利用价值】可直接应用于生产，或做抗倒伏、高产、抗霜霉病育种亲本。

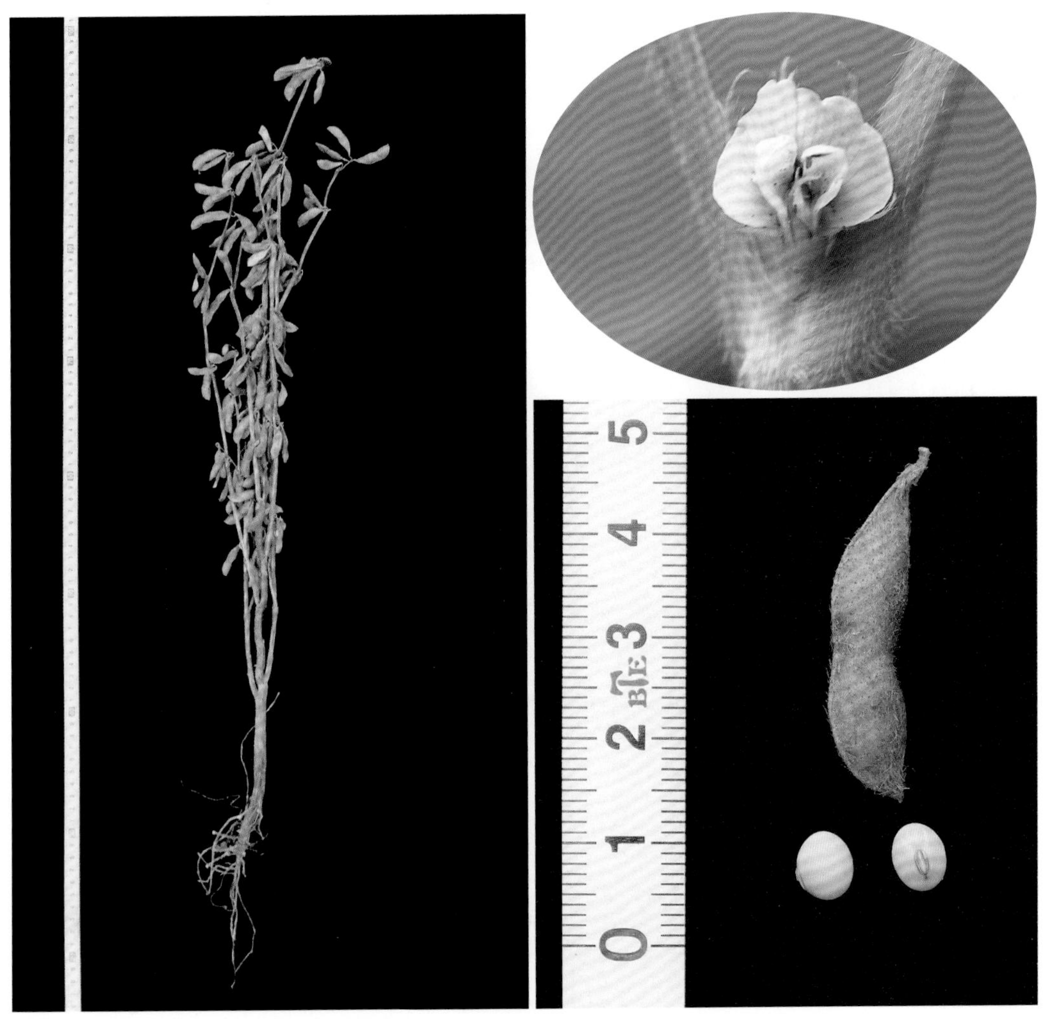

138. 龙州黄豆

【采集地】广西崇左市龙州县。

【类型及分布】南方夏大豆类型，农家品种，分布于崇左市龙州县及周边地区。

【主要特征特性】在南宁种植，生育期89天，有限结荚习性，株型收敛，株高83.7cm，底荚高25.3cm，主茎节数14.0个，有效分枝数1.5个，叶椭圆形，紫花，棕毛，荚深褐色，单株荚数63.6个，单株粒数140.2粒，单株粒重16.2g，籽粒扁圆形，种皮黄色，有微光泽，种脐淡褐色，百粒重12.9g，籽粒蛋白质含量为43.60%、脂肪含量为20.01%。该品种田间表现高抗花叶病毒病，高感霜霉病，免疫细菌性斑点病，中度倒伏，不裂荚。

【利用价值】可直接应用于生产，或做高底荚、抗花叶病毒病、抗细菌性斑点病育种亲本。

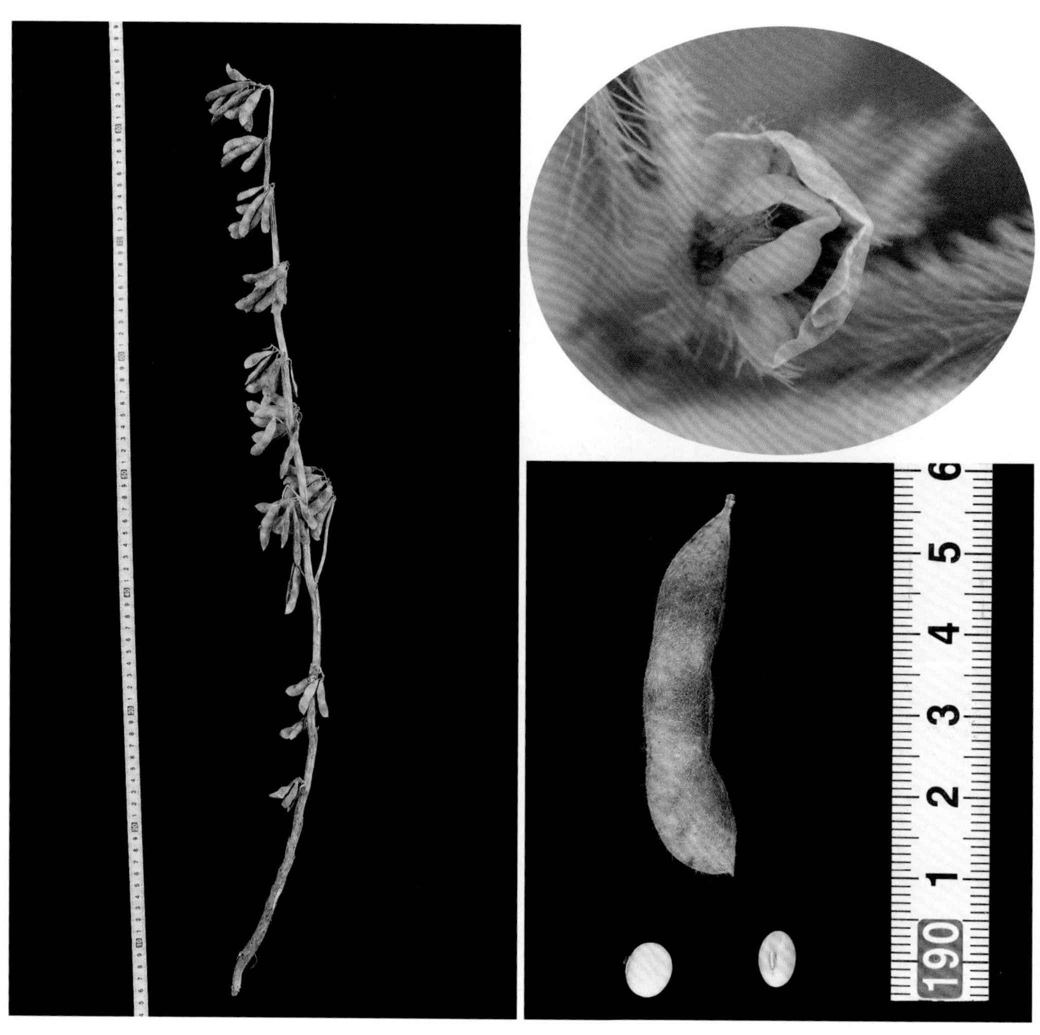

139. 松柏黄豆

【采集地】广西防城港市上思县叫安乡松柏村平何屯。

【类型及分布】南方夏大豆类型，农家品种，分布于防城港市上思县叫安乡及周边地区。

【主要特征特性】在南宁种植，生育期88天，有限结荚习性，株型收敛，株高57.1cm，主茎节数15.7个，有效分枝数1.5个，叶椭圆形，紫花，灰毛，荚黄褐色，单株荚数18.9个，单株粒数39.4粒，单株粒重5.0g，籽粒椭圆形，种皮黄色，有微光泽，种脐褐色，百粒重13.1g，籽粒蛋白质含量为42.24%、脂肪含量为20.78%。该品种早熟，籽粒小；田间表现抗霜霉病，抗倒伏，不裂荚，落叶性好。

【利用价值】可直接应用于生产，或做早熟、抗倒伏、抗霜霉病育种亲本。

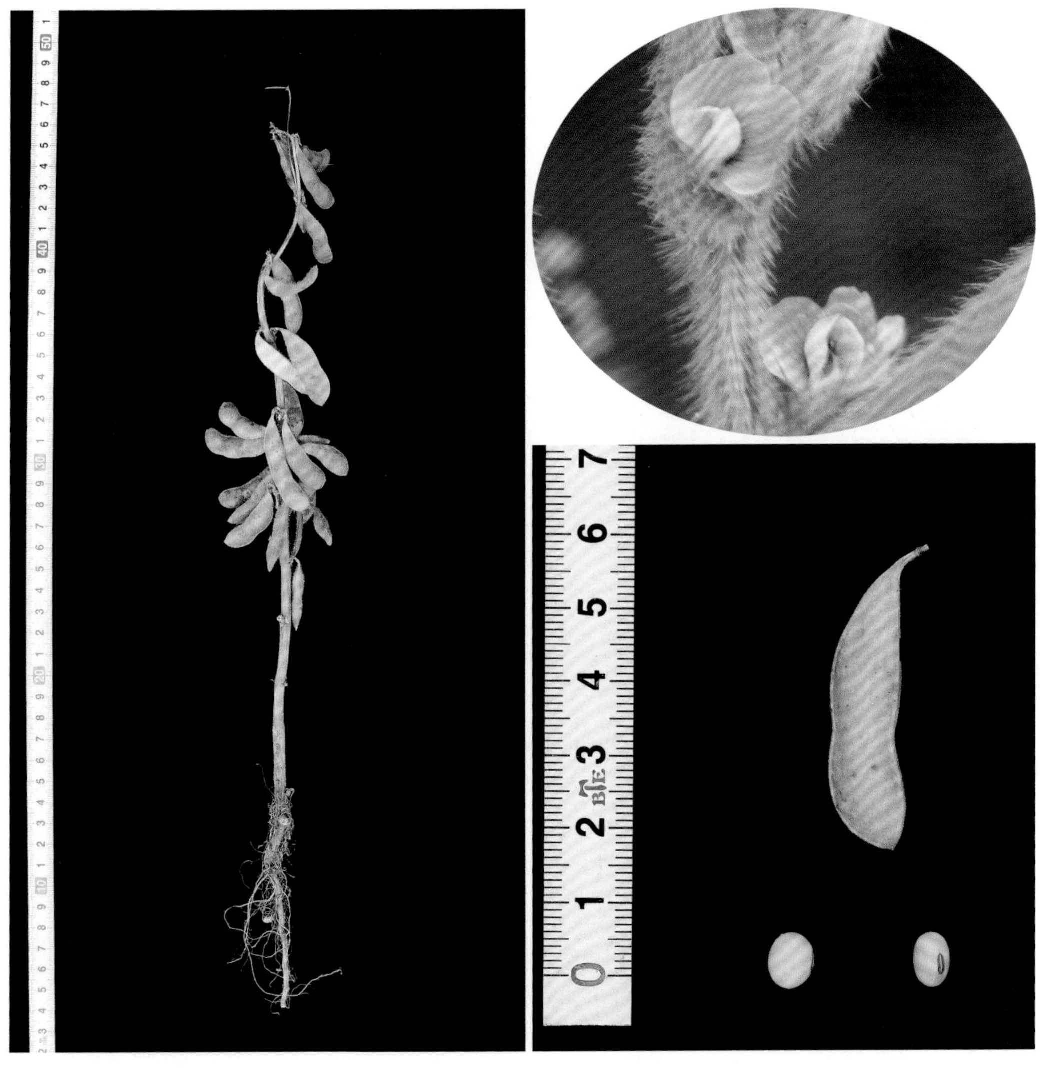

140. 公正黄豆

【采集地】广西防城港市上思县公正乡公正村婆相屯。

【类型及分布】南方夏大豆类型，农家品种，分布于防城港市上思县公正乡及周边地区。

【主要特征特性】在南宁种植，生育期87天，有限结荚习性，株型收敛，株高79.9cm，主茎节数15.9个，有效分枝数1.7个，叶椭圆形，紫花，灰毛，荚褐色，单株荚数31.1个，单株粒数54.2粒，单株粒重8.0g，籽粒椭圆形，种皮绿色，有微光泽，种脐深褐色，百粒重15.2g，籽粒蛋白质含量为43.00%、脂肪含量为19.82%。该品种早熟，籽粒小；田间表现抗霜霉病，抗旱，抗倒伏，不裂荚，落叶性好。

【利用价值】可直接应用于生产，或做早熟、抗倒伏、抗霜霉病育种亲本。

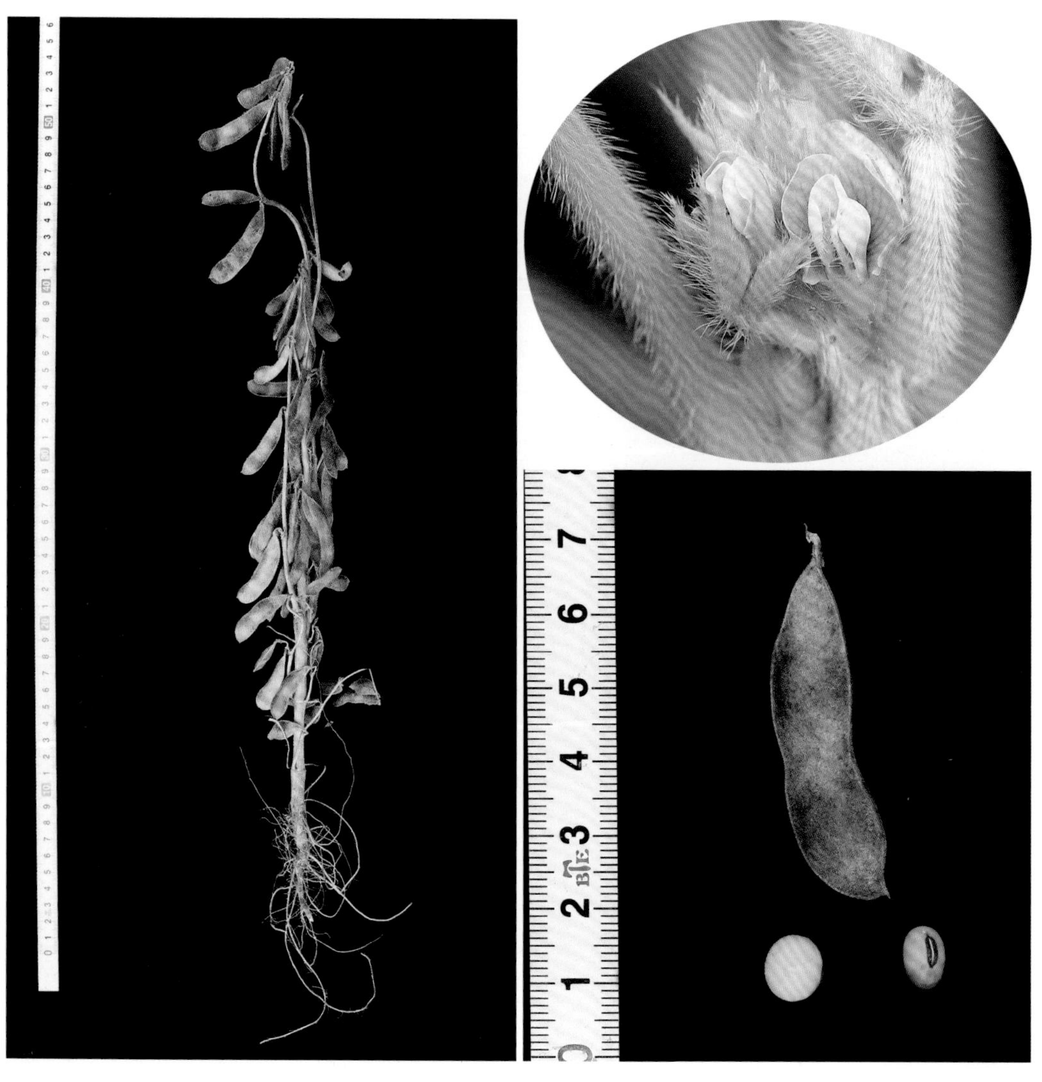

141. 枯娄青皮黄豆 1

【采集地】广西防城港市上思县公正乡枯娄村枯娄屯。

【类型及分布】南方夏大豆类型，农家品种，分布于防城港市上思县公正乡及周边地区。

【主要特征特性】在南宁种植，生育期 87 天，有限结荚习性，株型收敛，株高 82.4cm，主茎节数 16.9 个，有效分枝数 1.8 个，叶椭圆形，紫花，灰毛，荚黑色，单株荚数 37.8 个，单株粒数 71.9 粒，单株粒重 11.0g，籽粒椭圆形，种皮绿色，有强光泽，种脐淡褐色，百粒重 15.2g，籽粒蛋白质含量为 42.77%、脂肪含量为 20.55%。该品种早熟，籽粒小，茎秆粗壮，结荚多，产量高；田间表现抗霜霉病，抗旱，抗倒伏，不裂荚，落叶性好。

【利用价值】可直接应用于生产，或做早熟、抗倒伏、抗霜霉病、高产育种亲本。

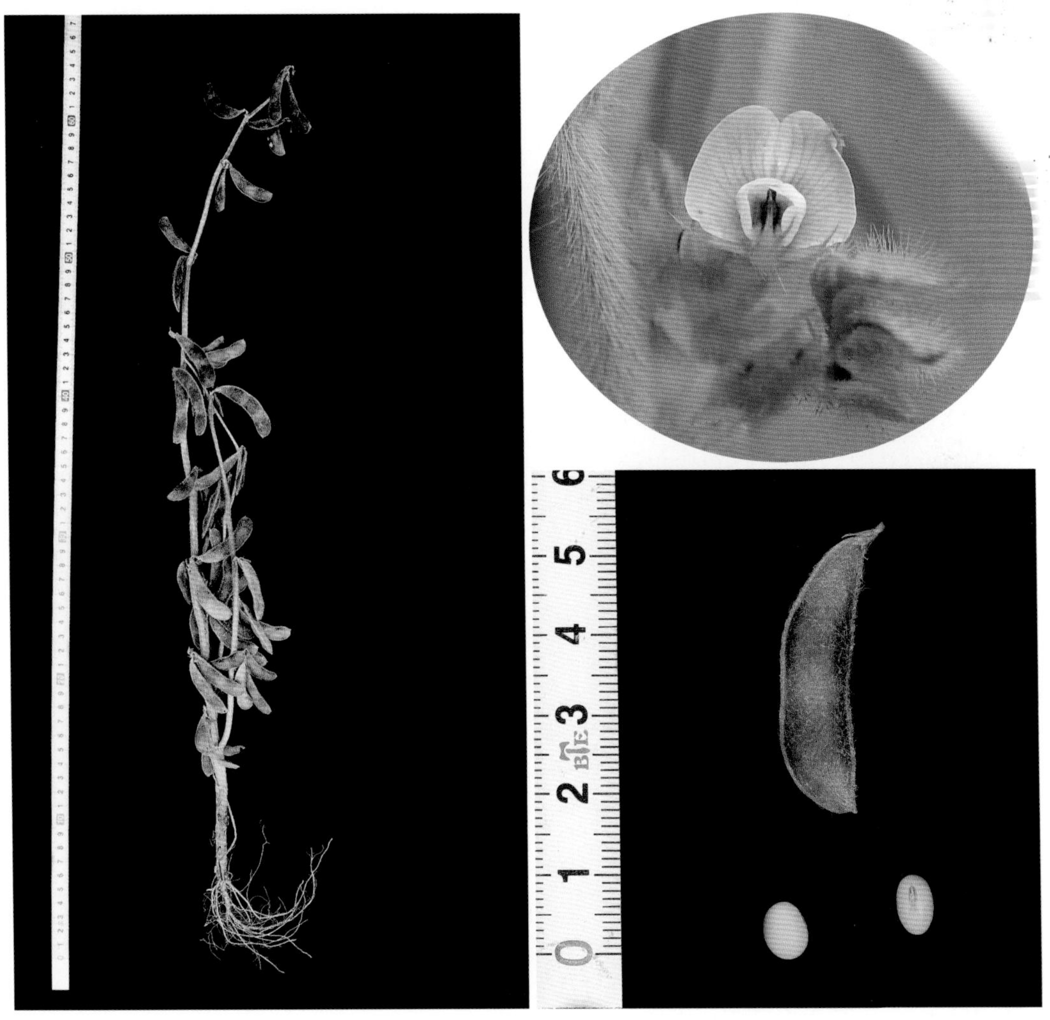

142. 枯娄青皮黄豆 2

【采集地】广西防城港市上思县公正乡枯娄村枯娄屯。

【类型及分布】南方夏大豆类型，农家品种，分布于防城港市上思县公正乡及周边地区。

【主要特征特性】在南宁种植，生育期 101 天，有限结荚习性，株型半开张，株高 54.6cm，主茎节数 12.3 个，有效分枝数 1.2 个，叶椭圆形，紫花，灰毛，荚黄褐色，单株荚数 12.7 个，单株粒数 19.8 粒，单株粒重 3.0g，籽粒椭圆形，种皮淡绿色，有微光泽，种脐褐色，百粒重 15.1g，籽粒蛋白质含量为 41.51%、脂肪含量为 19.70%。该品种田间表现抗霜霉病，抗旱，抗倒伏，不裂荚，落叶性好。

【利用价值】可直接应用于生产，或做抗霜霉病、抗倒伏育种亲本。

143. 浦东黄豆 1

【采集地】广西崇左市凭祥市上石镇浦东村浦东屯。

【类型及分布】南方夏大豆类型，农家品种，分布于崇左市凭祥市上石镇及周边地区。

【主要特征特性】在南宁种植，生育期 86 天，有限结荚习性，株型收敛，株高 45.6cm，主茎节数 13.7 个，有效分枝数 3.2 个，叶椭圆形，紫花，灰毛，荚黄褐色，单株荚数 34.6 个，单株粒数 64.9 粒，单株粒重 8.5g，籽粒椭圆形，种皮黄色，有微光泽，种脐褐色，百粒重 13.7g，籽粒蛋白质含量为 41.43%、脂肪含量为 21.09%。该品种早熟；田间表现抗霜霉病，抗倒伏，落叶性好。

【利用价值】可直接应用于生产，或做早熟、抗霜霉病、抗倒伏育种亲本。

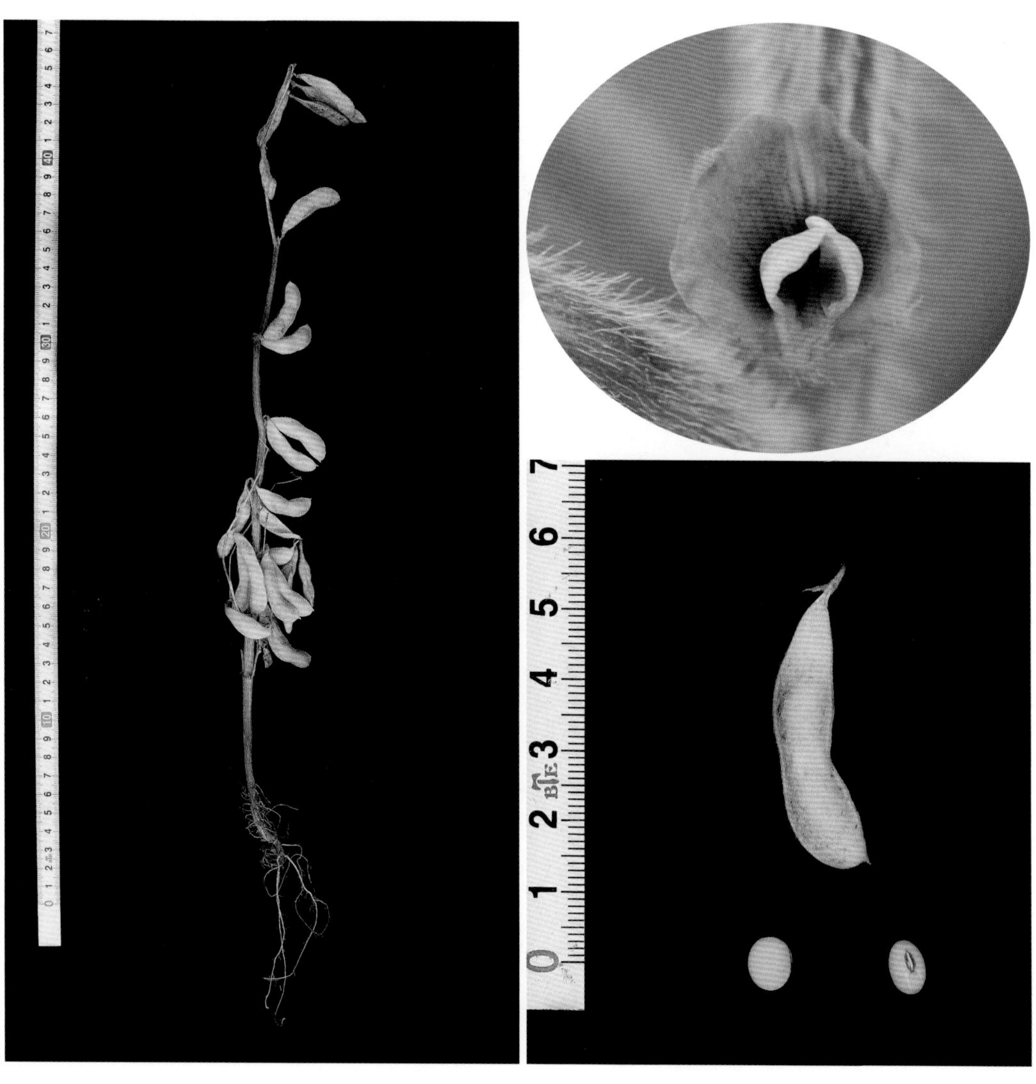

144. 浦东黄豆 2

【采集地】广西崇左市凭祥市上石镇浦东村浦东屯。

【类型及分布】南方夏大豆类型，农家品种，分布于崇左市凭祥市上石镇及周边地区。

【主要特征特性】在南宁种植，生育期 86 天，有限结荚习性，株型收敛，株高 49.5cm，主茎节数 14.6 个，有效分枝数 3.8 个，叶椭圆形，紫花，灰毛，荚黄褐色，单株荚数 31.9 个，单株粒数 64.5 粒，单株粒重 7.5g，籽粒椭圆形，种皮黄色，有微光泽，种脐深褐色，百粒重 12.3g，籽粒蛋白质含量为 42.42%、脂肪含量为 21.21%。该品种早熟，籽粒小；田间表现抗霜霉病，抗倒伏，落叶性好。

【利用价值】可直接应用于生产，或做早熟、抗倒伏、抗霜霉病育种亲本。

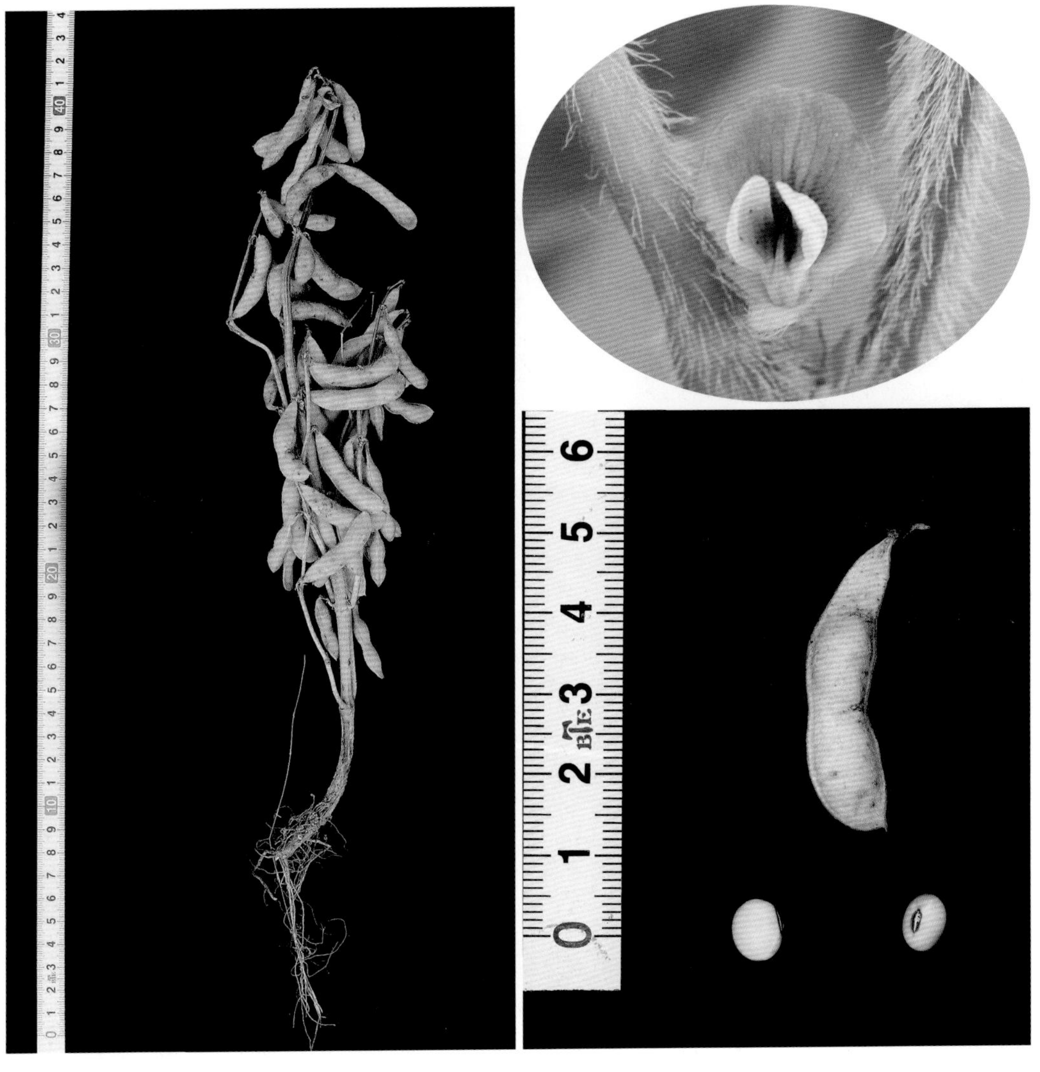

145. 下敖黄豆

【采集地】广西崇左市凭祥市上石镇下敖村下敖屯。

【类型及分布】南方夏大豆类型，农家品种，分布于崇左市凭祥市上石镇及周边地区。

【主要特征特性】在南宁种植，生育期 82 天，有限结荚习性，株型收敛，株高 46.3cm，主茎节数 13.7 个，有效分枝数 3.2 个，叶椭圆形，白花，棕毛，荚深褐色，单株荚数 38.8 个，单株粒数 74.1 粒，单株粒重 7.5g，籽粒椭圆形，种皮黄色，有微光泽，种脐褐色，百粒重 10.7g，籽粒蛋白质含量为 43.37%、脂肪含量为 19.88%。该品种早熟，籽粒小；田间表现抗霜霉病，抗倒伏，落叶性好。

【利用价值】可直接应用于生产，或做早熟、抗倒伏、抗霜霉病育种亲本。

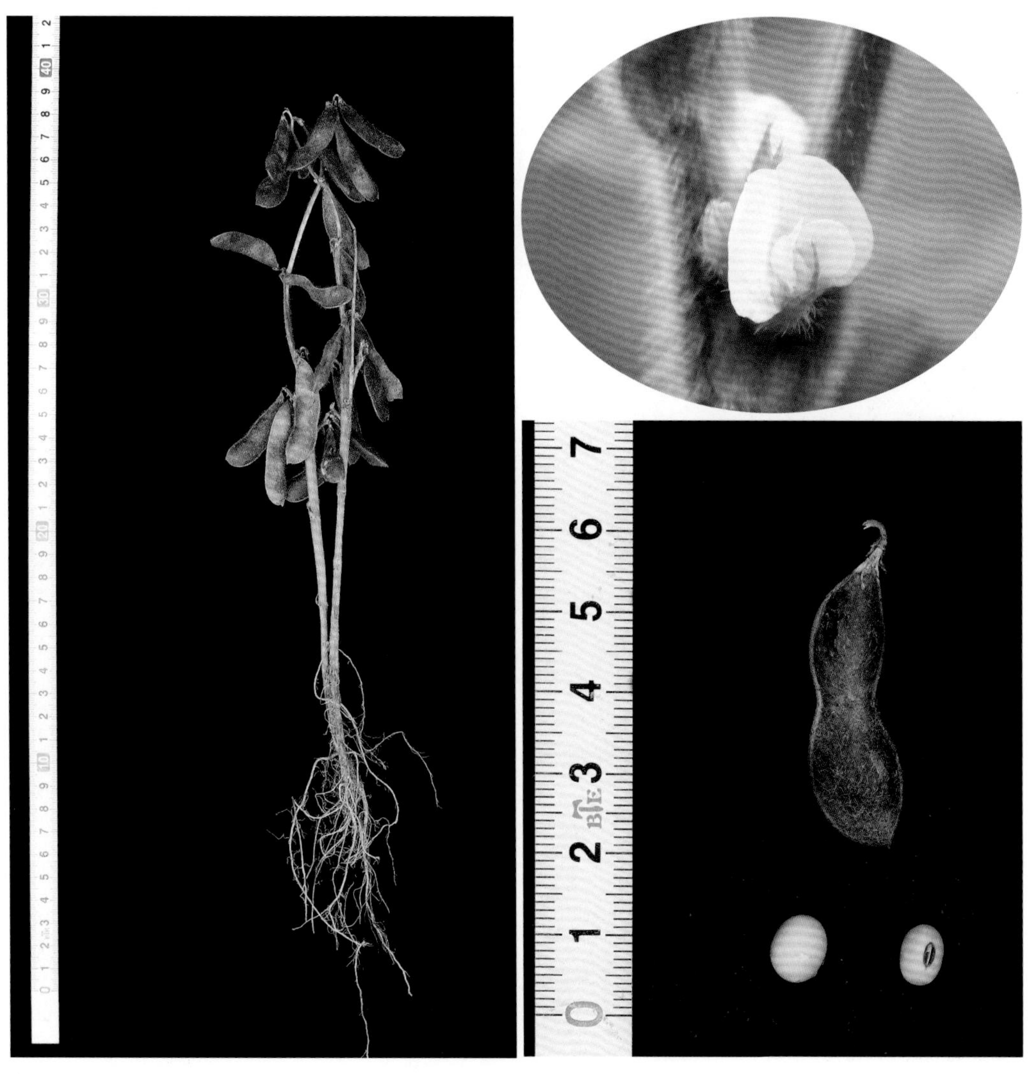

146. 礼茶黄豆

【采集地】广西崇左市凭祥市友谊镇礼茶村曙光屯。

【类型及分布】南方夏大豆类型，农家品种，分布于崇左市凭祥市友谊镇及周边地区。

【主要特征特性】在南宁种植，生育期86天，有限结荚习性，株型收敛，株高32.1cm，主茎节数11.4个，无有效分枝，叶椭圆形，白花，灰毛，荚深褐色，单株荚数15.0个，单株粒数27.0粒，单株粒重3.7g，籽粒椭圆形，种皮黄色，有微光泽，种脐黄色，百粒重15.5g，籽粒蛋白质含量为39.97%、脂肪含量为20.46%。该品种早熟；田间表现抗霜霉病，抗倒伏，不裂荚，落叶性好。

【利用价值】可直接应用于生产，或做早熟、抗倒伏、抗霜霉病育种亲本。

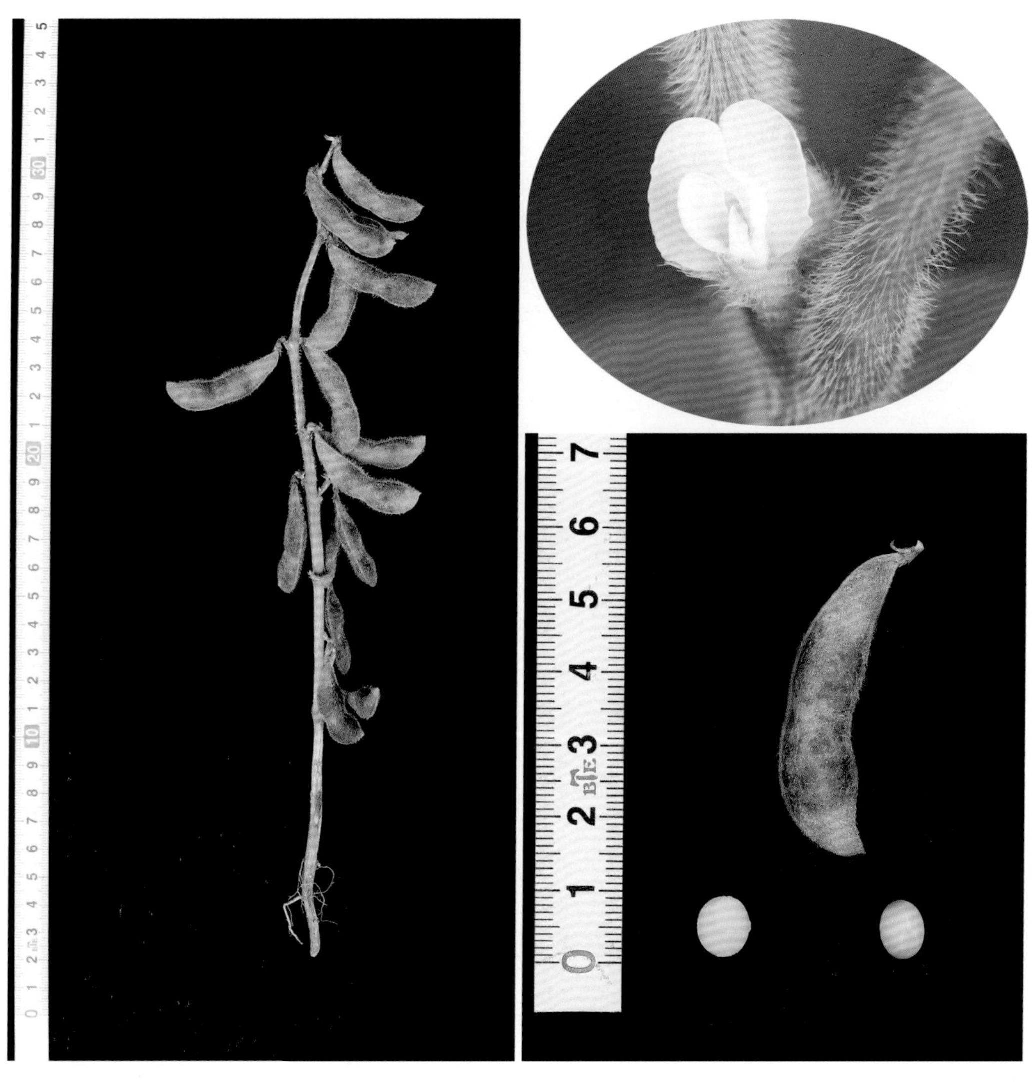

147. 宋城黄豆

【采集地】广西崇左市凭祥市友谊镇宋城村叫果屯。

【类型及分布】南方夏大豆类型，农家品种，分布于崇左市凭祥市友谊镇及周边地区。

【主要特征特性】在南宁种植，生育期86天，有限结荚习性，株型收敛，株高58.4cm，主茎节数14.1个，有效分枝数2.5个，叶椭圆形，紫花，灰毛，荚黄褐色，单株荚数24.6个，单株粒数45.5粒，单株粒重6.8g，籽粒椭圆形，种皮黄色，有微光泽，种脐褐色，百粒重15.3g，籽粒蛋白质含量为42.85%、脂肪含量为20.75%。该品种早熟；田间表现抗霜霉病，抗倒伏，不裂荚，落叶性好。

【利用价值】可直接应用于生产，或做早熟、抗倒伏、抗霜霉病育种亲本。

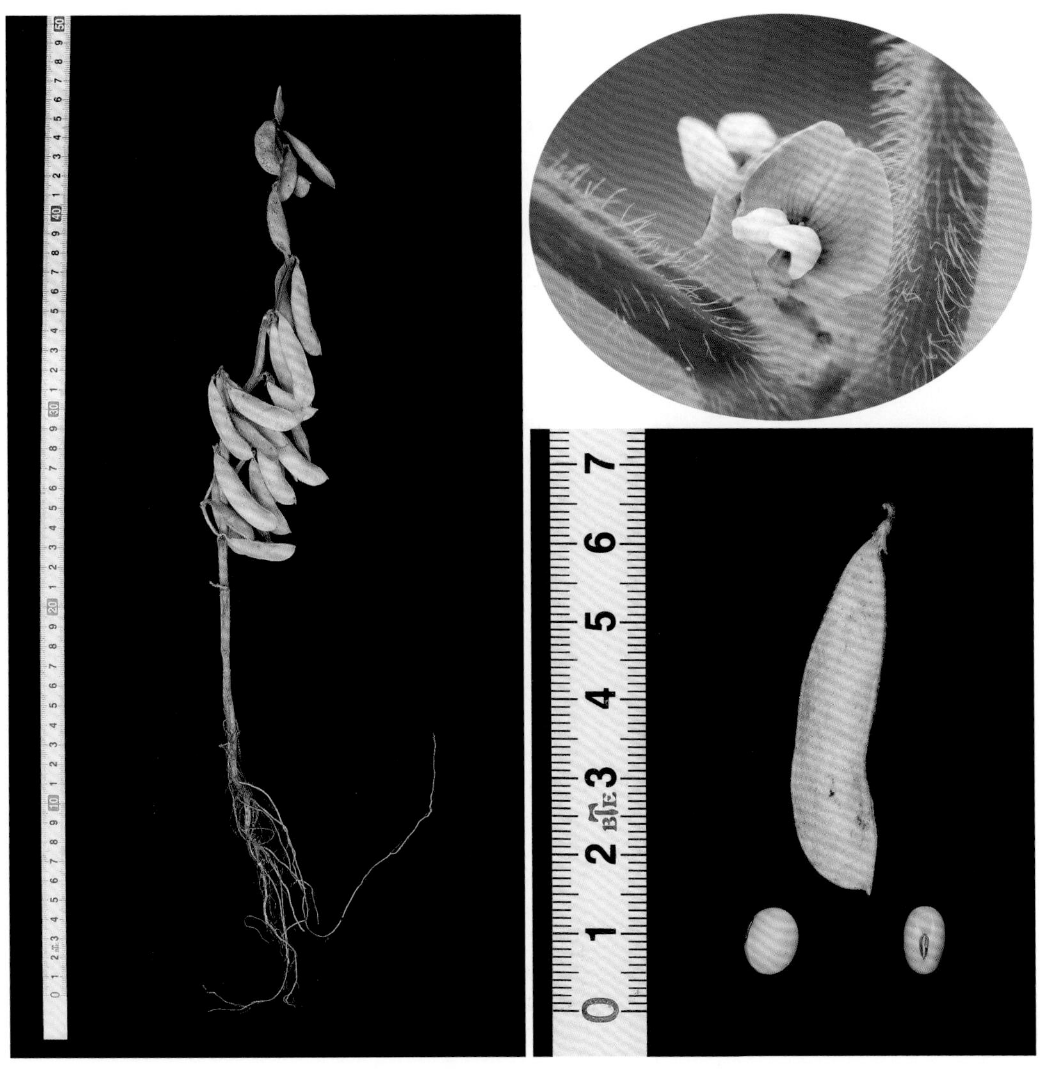

148. 夏桐黄豆 1

【采集地】广西崇左市凭祥市夏石镇夏桐村那也屯。

【类型及分布】南方夏大豆类型，农家品种，分布于崇左市凭祥市夏石镇及周边地区。

【主要特征特性】在南宁种植，生育期 84 天，有限结荚习性，株型收敛，株高 55.3cm，主茎节数 13.6 个，有效分枝数 2.2 个，叶椭圆形，紫花，棕毛，荚黄褐色，单株荚数 33.6 个，单株粒数 74.8 粒，单株粒重 12.2g，籽粒椭圆形，种皮黄色，有微光泽，种脐褐色，百粒重 17.2g，籽粒蛋白质含量为 43.00%、脂肪含量为 20.05%。该品种早熟，茎秆粗壮，结荚多，产量高；田间表现抗霜霉病，抗倒伏，不裂荚，落叶性好。

【利用价值】可直接应用于生产，或做早熟、抗倒伏、抗霜霉病、高产育种亲本。

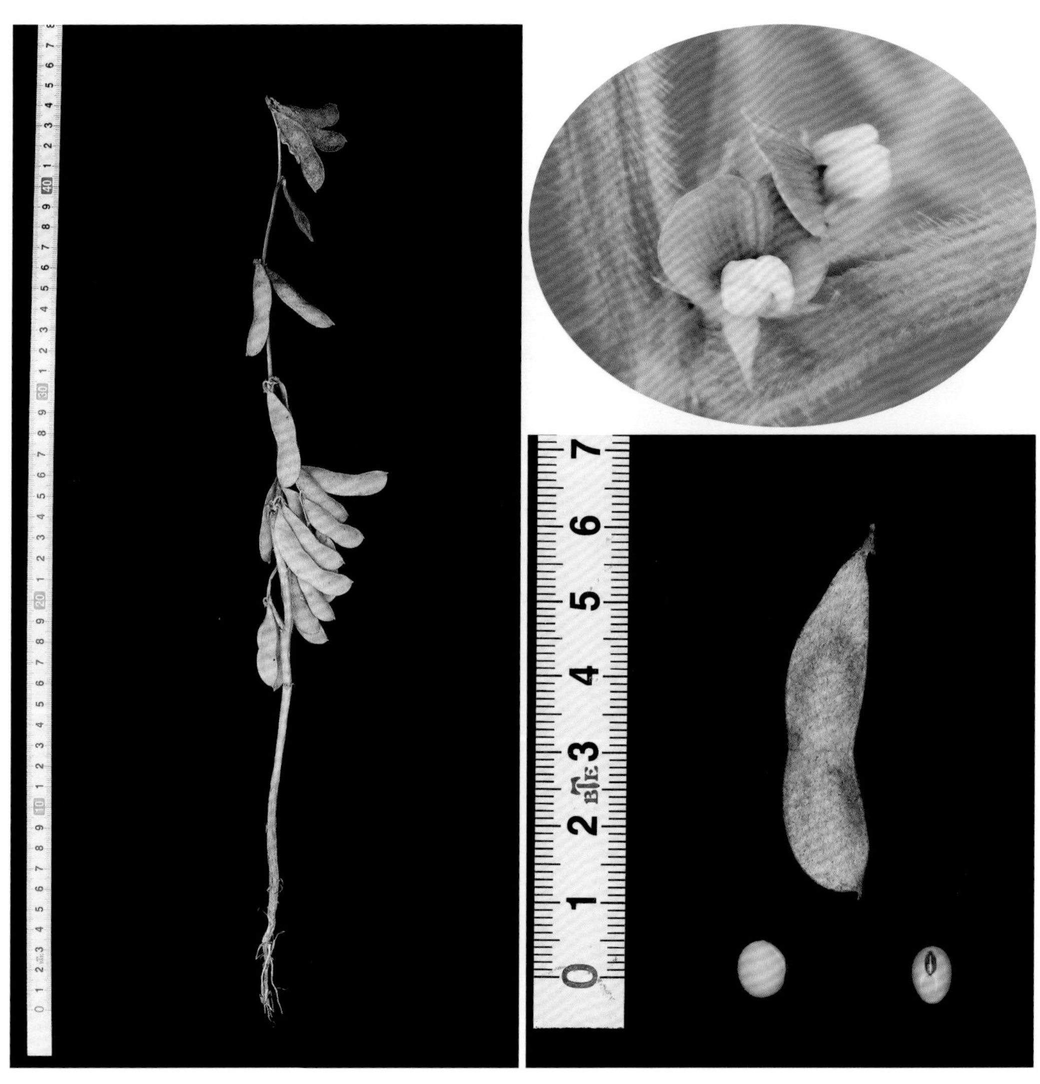

149. 夏桐黄豆 2

【采集地】广西崇左市凭祥市夏石镇夏桐村那也屯。

【类型及分布】南方夏大豆类型，农家品种，分布于崇左市凭祥市夏石镇及周边地区。

【主要特征特性】在南宁种植，生育期 86 天，有限结荚习性，株型收敛，株高 67.5cm，主茎节数 15.1 个，有效分枝数 3.7 个，叶椭圆形，紫花，灰毛，荚黄褐色，单株荚数 39.2 个，单株粒数 79.1 粒，单株粒重 12.5g，籽粒椭圆形，种皮黄色，有微光泽，种脐褐色，百粒重 16.9g，籽粒蛋白质含量为 42.35%、脂肪含量为 20.85%。该品种早熟，茎秆粗壮，结荚多，产量高；田间表现抗霜霉病，抗倒伏，不裂荚，落叶性好。

【利用价值】可直接应用于生产，或做早熟、抗霜霉病、抗倒伏、高产育种亲本。

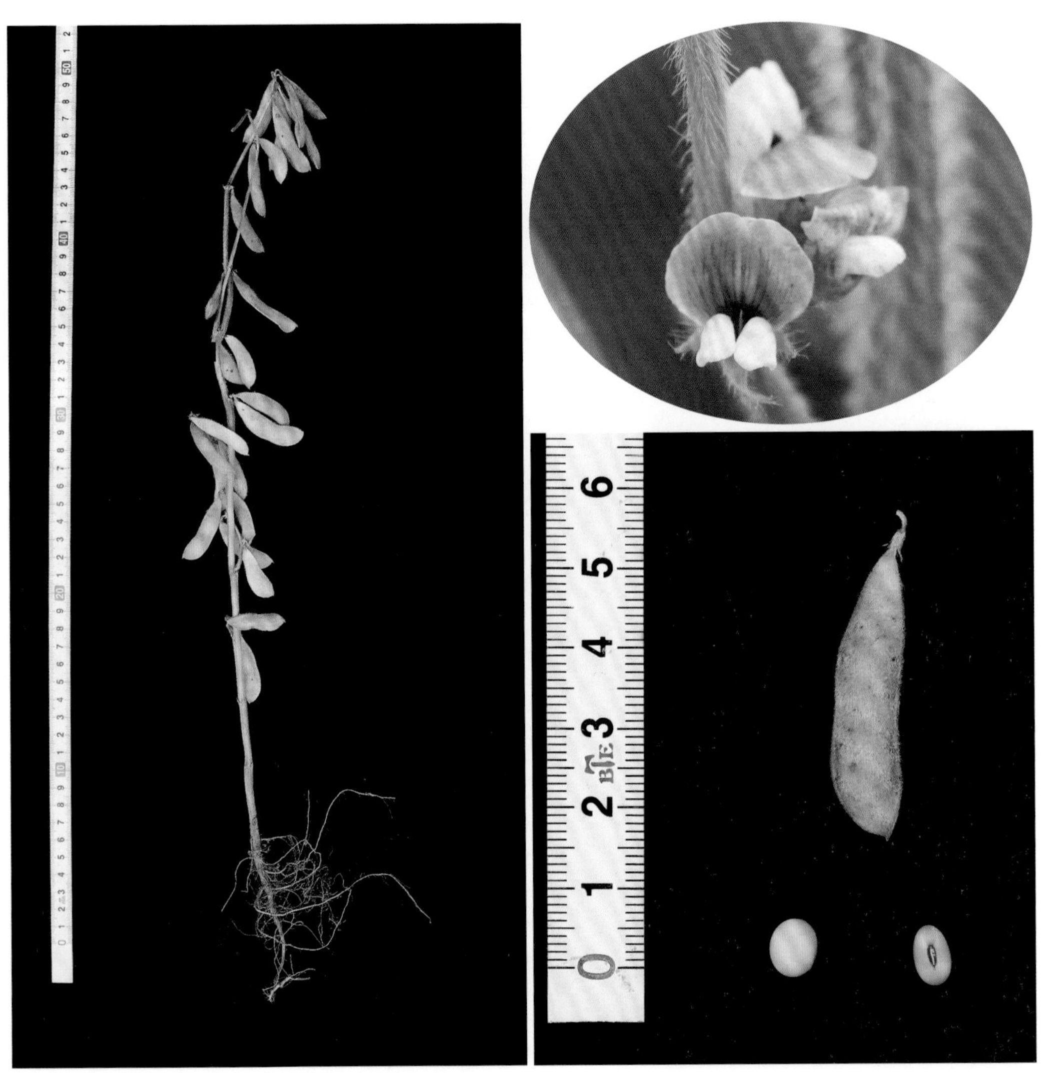

150. 丰乐黄豆 1

【采集地】广西崇左市凭祥市夏石镇丰乐村板丰屯。

【类型及分布】南方夏大豆类型，农家品种，分布于崇左市凭祥市夏石镇及周边地区。

【主要特征特性】在南宁种植，生育期 85 天，有限结荚习性，株型收敛，株高 63.7cm，主茎节数 14.4 个，有效分枝数 3.4 个，叶椭圆形，紫花，棕毛，荚褐色，单株荚数 40.1 个，单株粒数 79.1 粒，单株粒重 10.5g，籽粒椭圆形，种皮黄色，有微光泽，种脐褐色，百粒重 12.0g，籽粒蛋白质含量为 42.35%、脂肪含量为 20.85%。该品种早熟，籽粒小；田间表现抗霜霉病，抗倒伏，不裂荚，落叶性好。

【利用价值】可直接应用于生产，或做早熟、抗霜霉病、抗倒伏育种亲本。

151. 丰乐黄豆 2

【采集地】广西崇左市凭祥市夏石镇丰乐村板乐屯。

【类型及分布】南方夏大豆类型，农家品种，分布于崇左市凭祥市夏石镇及周边地区。

【主要特征特性】在南宁种植，生育期 85 天，有限结荚习性，株型收敛，株高 71.5cm，主茎节数 16.3 个，有效分枝数 3.5 个，叶椭圆形，紫花，棕毛，荚深褐色，单株荚数 51.9 个，单株粒数 105.9 粒，单株粒重 13.8g，籽粒椭圆形，种皮黄色，无光泽，种脐深褐色，百粒重 14.3g，籽粒蛋白质含量为 43.12%、脂肪含量为 19.93%。该品种早熟，籽粒小，茎秆粗壮，结荚多，产量高；田间表现抗霜霉病，抗倒伏，不裂荚，落叶性好。

【利用价值】可直接应用于生产，或做早熟、抗倒伏、抗霜霉病、高产育种亲本。

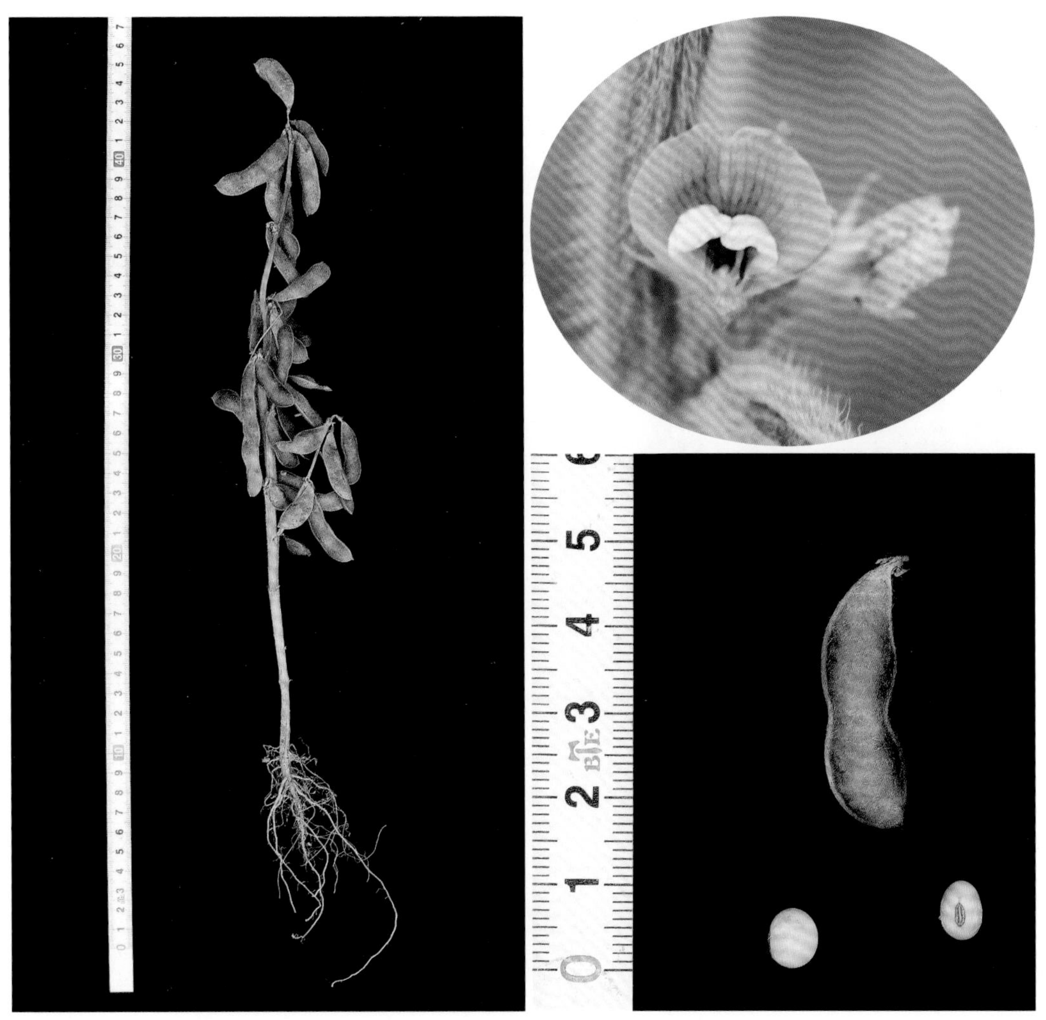

152. 暗江夏豆

【采集地】广西钦州市钦南区那丽镇那务塘村委暗江村。

【类型及分布】南方夏大豆类型，农家品种，分布于钦州市钦南区那丽镇及周边地区。

【主要特征特性】在南宁种植，生育期84天，有限结荚习性，株型收敛，株高82.5cm，底荚高13.7cm，主茎节数13.6个，有效分枝数2.5个，叶椭圆形，紫花，棕毛，荚黄褐色，单株荚数49.8个，单株粒数103.5粒，单株粒重14.6g，籽粒扁圆形，种皮黄色，有微光泽，种脐淡褐色，百粒重15.8g，籽粒蛋白质含量为43.71%、脂肪含量为20.39%。该品种田间表现抗花叶病毒病，抗霜霉病，轻度倒伏，中度裂荚，落叶性较好。

【利用价值】可直接应用于生产，或做早熟、抗花叶病毒病、抗霜霉病育种亲本。

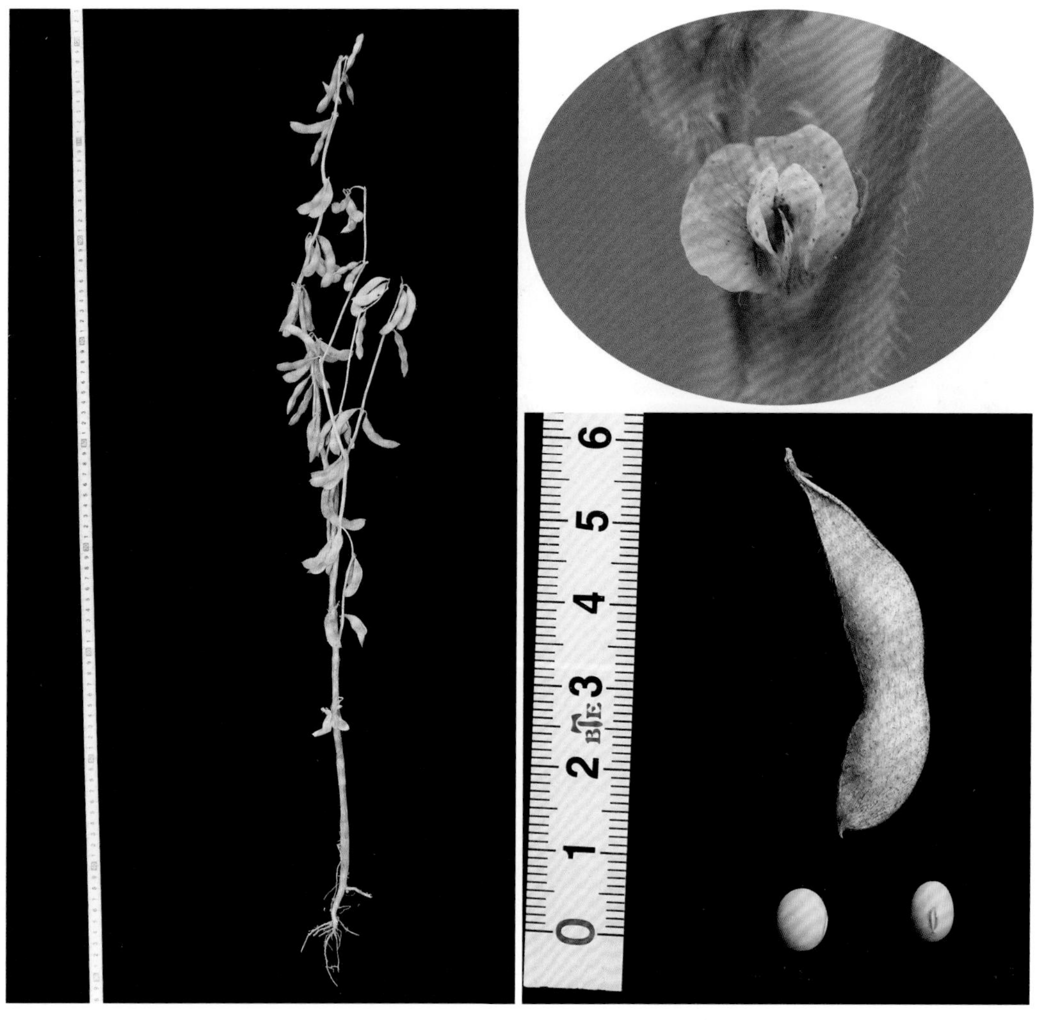

153. 大菉夏豆

【采集地】广西防城港市防城区大菉镇大菉村。

【类型及分布】南方夏大豆类型，农家品种，分布于防城港市防城区大菉镇及周边地区。

【主要特征特性】在南宁种植，生育期 94 天，亚有限结荚习性，株型半开张，株高 120.5cm，底荚高 33.3cm，主茎节数 17.5 个，有效分枝数 2.6 个，叶椭圆形，紫花，棕毛，荚褐色，单株荚数 49.7 个，单株粒数 93.9 粒，单株粒重 12.2g，籽粒扁圆形，种皮绿色，有微光泽，种脐淡黑色，百粒重 14.6g，籽粒蛋白质含量为 44.80%、脂肪含量为 19.87%。该品种田间表现抗花叶病毒病，抗霜霉病，轻度倒伏，轻度裂荚。

【利用价值】可直接应用于生产，或做高底荚、抗花叶病毒病、抗霜霉病育种亲本。

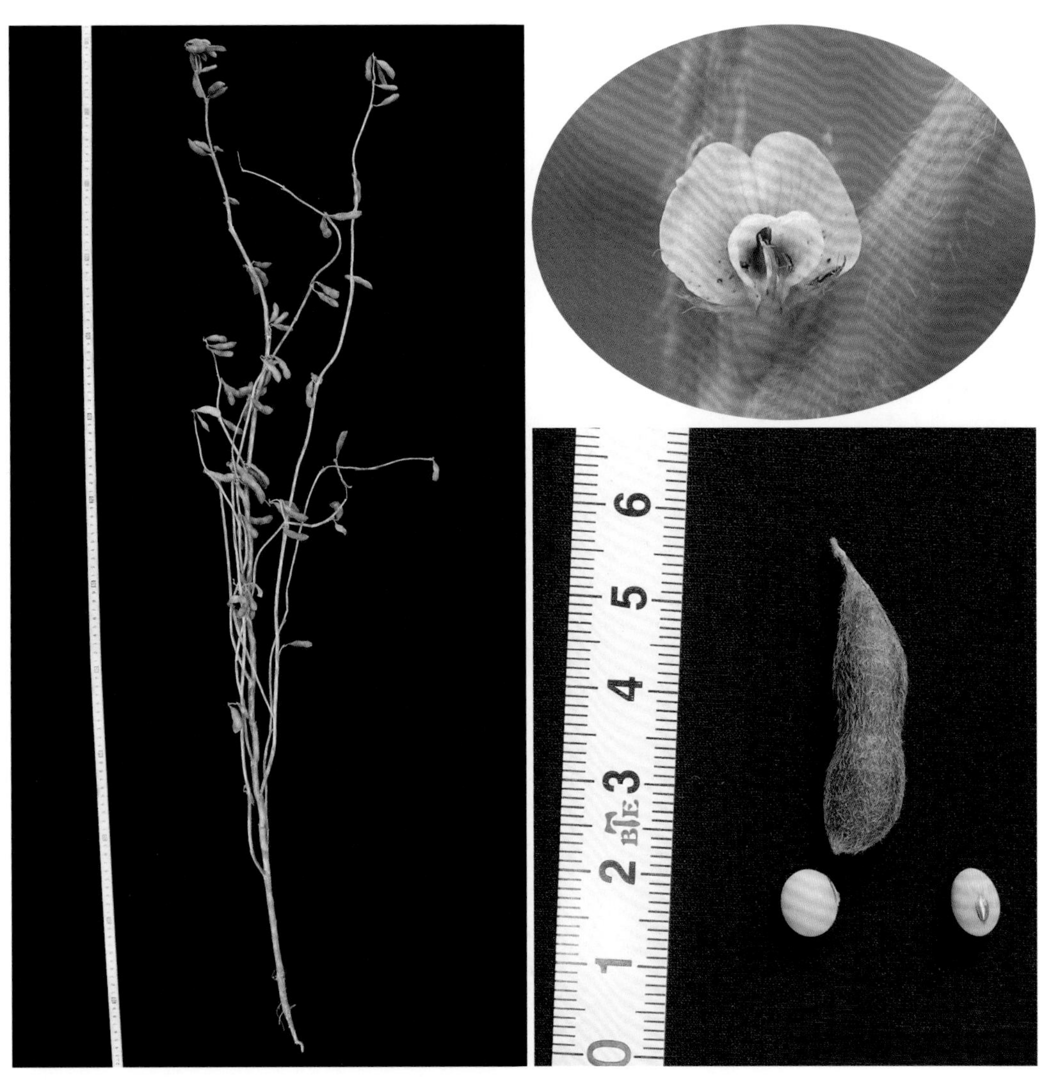

154. 光坡黄豆

【采集地】广西防城港市港口区光坡镇光坡村官山迈组。

【类型及分布】南方夏大豆类型，农家品种，分布于防城港市港口区光坡镇及周边地区。

【主要特征特性】在南宁种植，生育期87天，有限结荚习性，株型收敛，株高100.0cm，底荚高29.9cm，主茎节数16.6个，有效分枝数2.3个，叶椭圆形，紫花，灰毛，荚褐色，单株荚数38.3个，单株粒数75.3粒，单株粒重10.9g，籽粒扁圆形，种皮绿色，有微光泽，种脐淡褐色，百粒重16.2g，籽粒蛋白质含量为42.74%、脂肪含量为20.95%。该品种田间表现抗花叶病毒病，抗霜霉病，中抗细菌性斑点病，轻度倒伏，轻度裂荚。

【利用价值】可直接应用于生产，或做高底荚、早熟、抗花叶病毒病、抗霜霉病育种亲本。

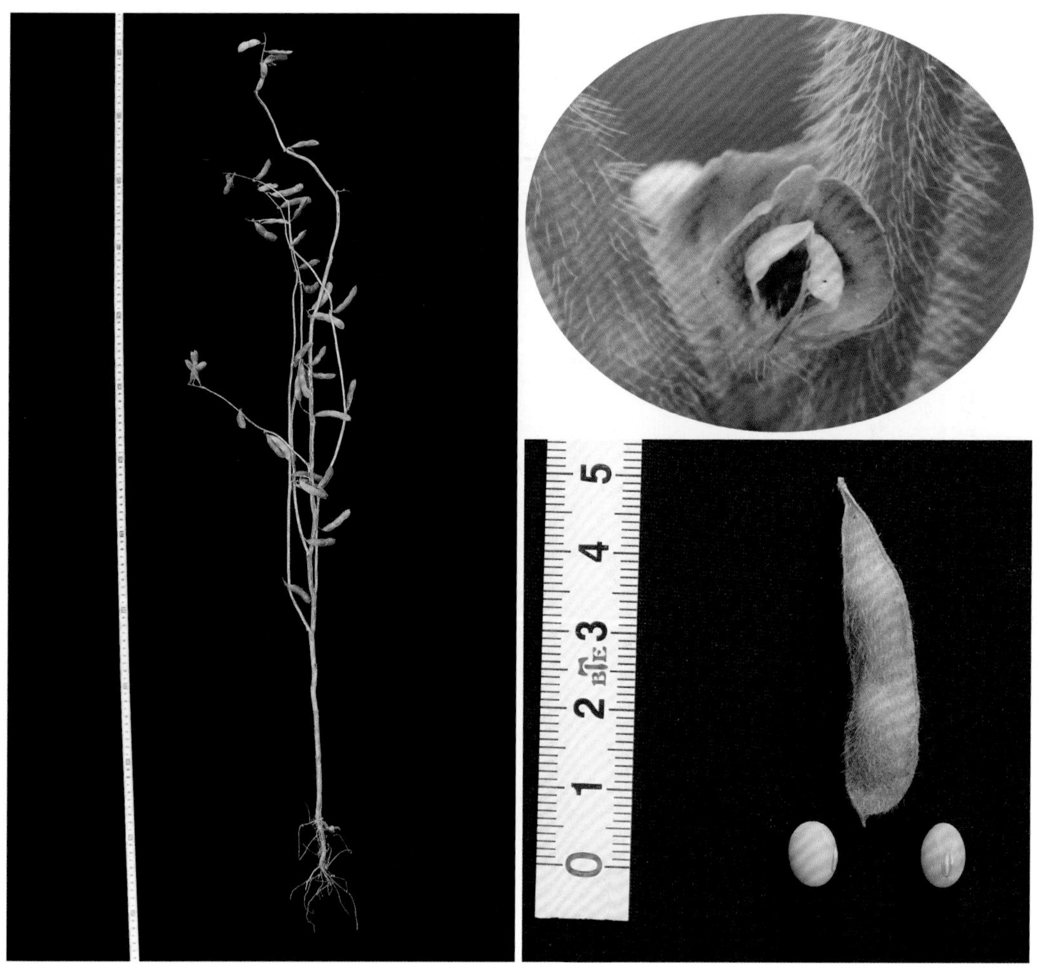

155. 百牛黄豆

【采集地】广西来宾市金秀瑶族自治县罗香乡罗运村委百牛村。

【类型及分布】南方夏大豆类型，农家品种，分布于来宾市金秀瑶族自治县罗香乡及周边地区。

【主要特征特性】在南宁种植，生育期 103 天，有限结荚习性，株型收敛，株高 46.5cm，主茎节数 14.8 个，有效分枝数 2.1 个，叶椭圆形，紫花，灰毛，荚深褐色，单株荚数 37.4 个，单株粒数 73.6 粒，单株粒重 9.3g，籽粒椭圆形，种皮黄色，有微光泽，种脐褐色，百粒重 15.0g，籽粒蛋白质含量为 41.32%、脂肪含量为 22.33%。该品种脂肪含量高；田间表现抗霜霉病，抗食叶性害虫，抗倒伏，不裂荚，落叶性好。

【利用价值】可直接应用于生产，或做高油、抗倒伏、抗霜霉病育种亲本。

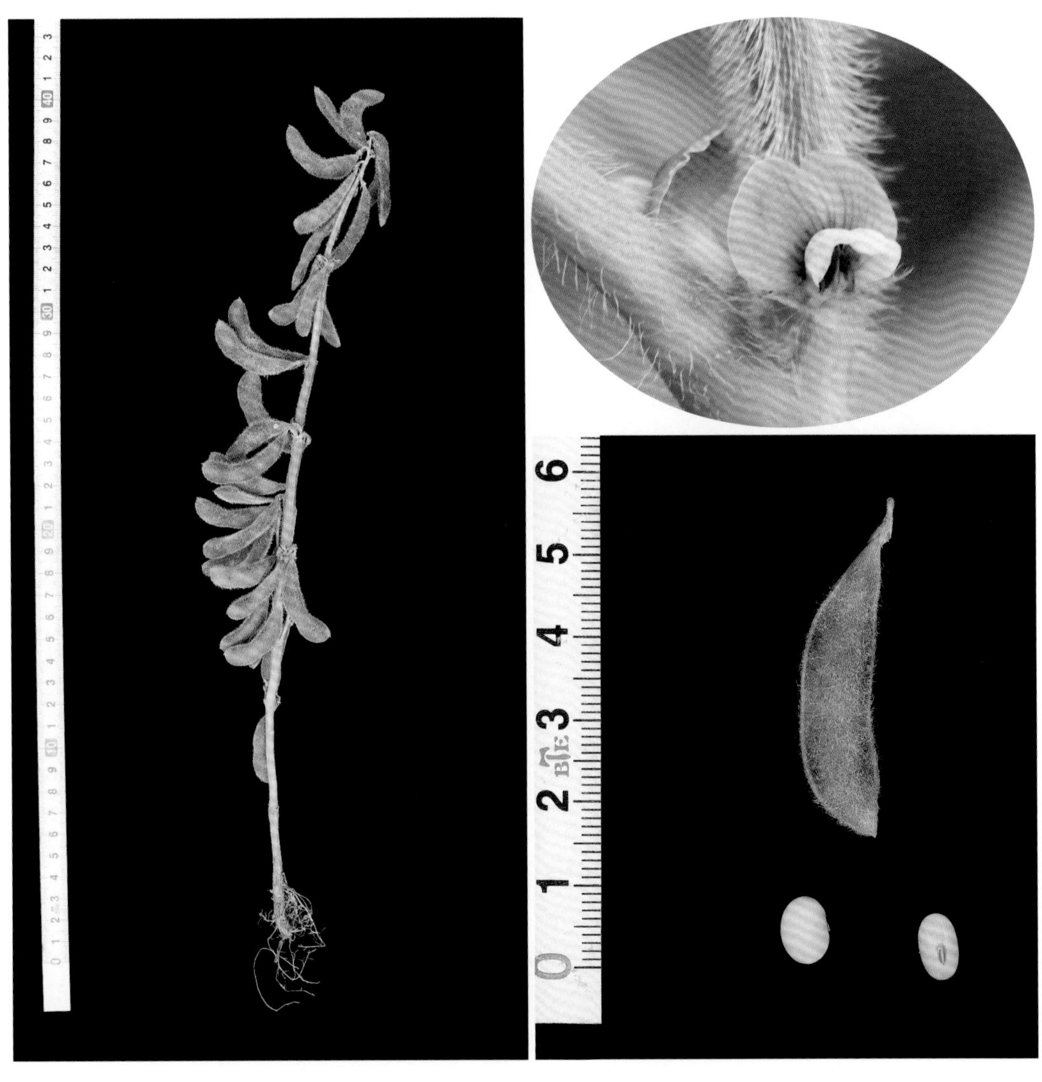

156. 隆福大豆

【采集地】广西河池市都安瑶族自治县隆福乡隆福村。

【类型及分布】南方夏大豆类型，农家品种，分布于河池市都安瑶族自治县隆福乡及周边地区。

【主要特征特性】在南宁种植，生育期97天，有限结荚习性，株型收敛，株高81.8cm，主茎节数15.5个，有效分枝数2.1个，叶椭圆形，紫花，灰毛，荚深褐色，单株荚数30.9个，单株粒数78.8粒，单株粒重22.7g，籽粒椭圆形，种皮绿色，有微光泽，种脐褐色，百粒重17.4g，籽粒蛋白质含量为43.76%、脂肪含量为19.57%。该品种田间表现抗霜霉病，抗旱，耐贫瘠，抗倒伏，不裂荚，落叶性好。

【利用价值】可直接应用于生产，或做抗倒伏、抗霜霉病、高产育种亲本。

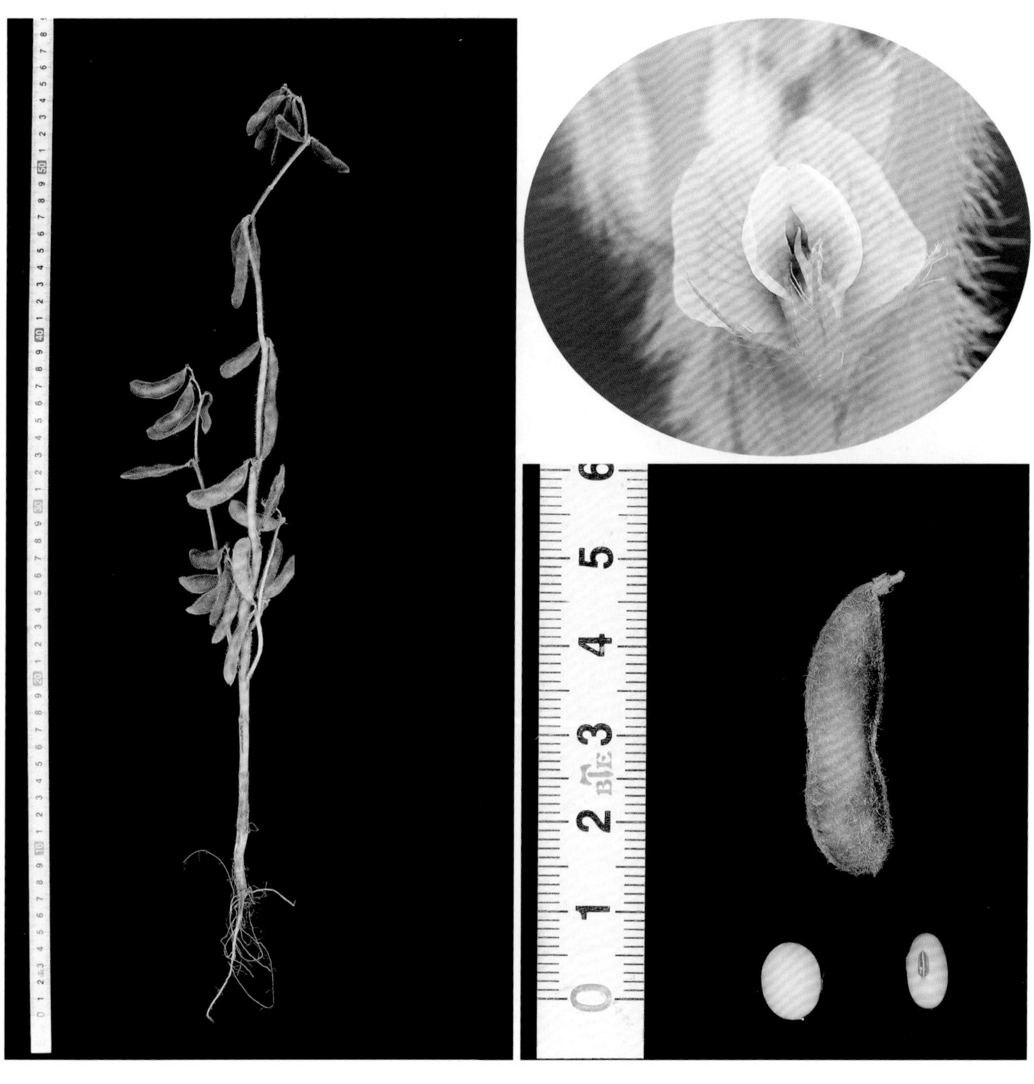

157. 共合黄豆

【采集地】广西百色市那坡县龙合镇共合村旦鲁屯。

【类型及分布】南方夏大豆类型，农家品种，分布于百色市那坡县龙合镇及周边地区。

【主要特征特性】在南宁种植，生育期 103 天，有限结荚习性，株型收敛，株高 62.4cm，主茎节数 14.6 个，有效分枝数 1.6 个，叶椭圆形，紫花，灰毛，荚深褐色，单株荚数 69.8 个，单株粒数 123.6 粒，单株粒重 22.7g，籽粒椭圆形，种皮黄色，有微光泽，种脐褐色，百粒重 19.1g，籽粒蛋白质含量为 46.24%、脂肪含量为 20.52%。该品种茎秆粗壮，单株结荚多，产量高，蛋白质含量高；田间表现抗霜霉病，抗食叶性害虫，抗倒伏，不裂荚，落叶性好。

【利用价值】可直接应用于生产，或做高蛋白、抗霜霉病、抗倒伏、高产育种亲本。

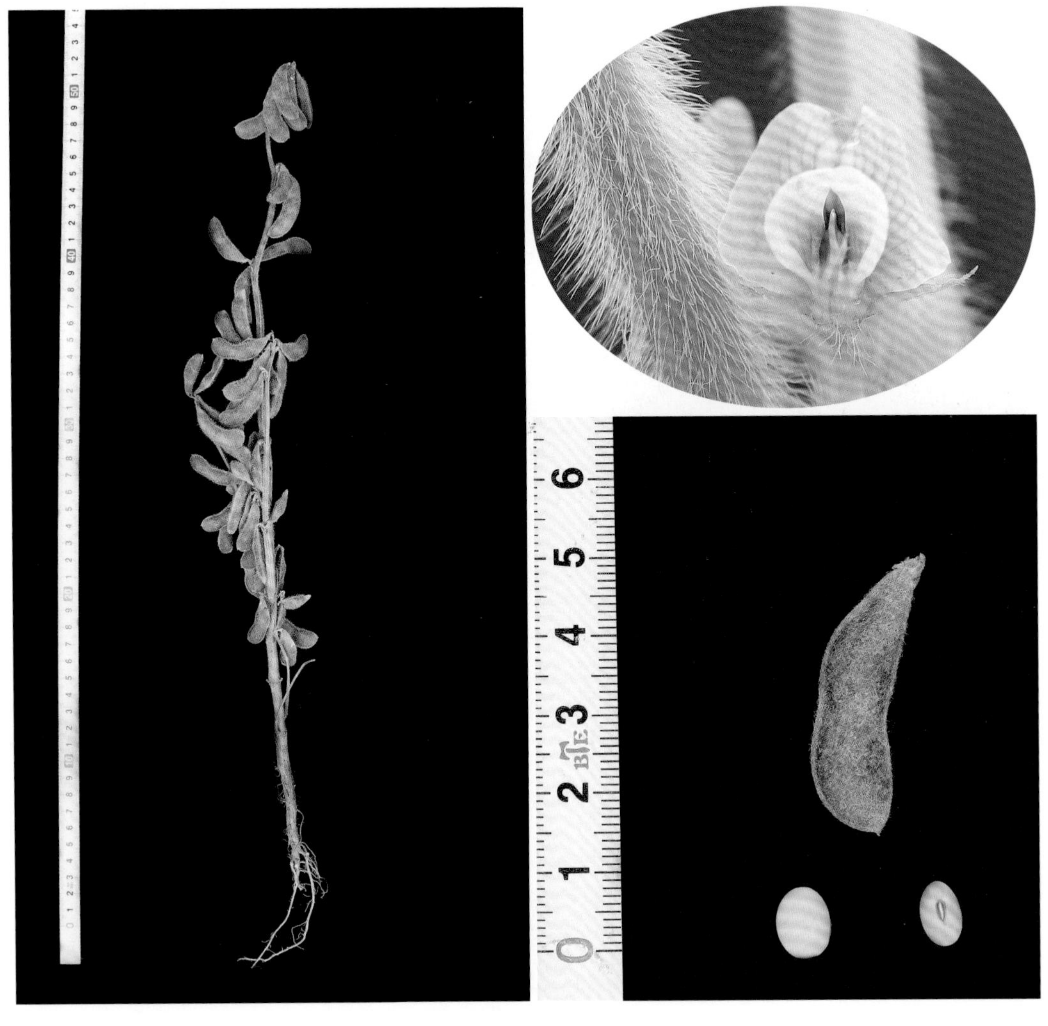

158. 彩林大豆

【采集地】广西防城港市上思县公正乡彩林村北林屯。

【类型及分布】南方夏大豆类型，农家品种，分布于防城港市上思县公正乡及周边地区。

【主要特征特性】在南宁种植，生育期92天，有限结荚习性，株型收敛，株高82.9cm，主茎节数15.8个，有效分枝数3.0个，叶椭圆形，紫花，灰毛，荚黄褐色，单株荚数35.0个，单株粒数76.8粒，单株粒重11.8g，籽粒椭圆形，种皮黄色，有微光泽，种脐褐色，百粒重15.8g，籽粒蛋白质含量为41.79%、脂肪含量为21.75%。该品种茎秆粗壮，结荚多，产量高，脂肪含量高；田间表现抗霜霉病，抗倒伏，不裂荚，落叶性好。

【利用价值】可直接应用于生产，或做高油、抗倒伏、抗霜霉病、高产育种亲本。

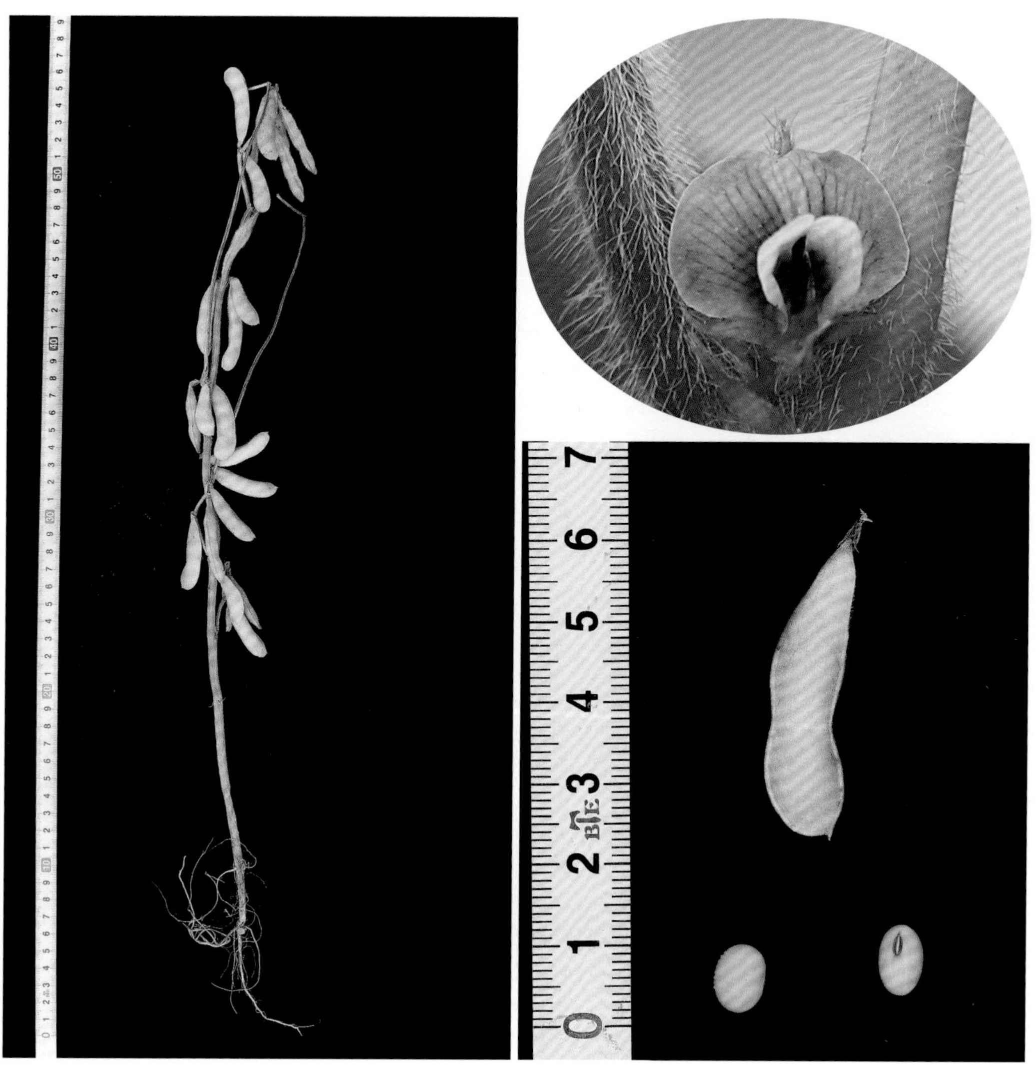

159. 合浦本地早黄豆

【采集地】广西北海市合浦县星岛湖镇上洋村。

【类型及分布】南方夏大豆类型，农家品种，分布于北海市合浦县星岛湖镇及周边地区。

【主要特征特性】在南宁种植，生育期108天，有限结荚习性，株型收敛，株高57.9cm，主茎节数16.4个，有效分枝数1.7个，叶椭圆形，紫花，灰毛，荚黄褐色，单株荚数30.1个，单株粒数66.8粒，单株粒重7.4g，籽粒椭圆形，种皮黄色，有微光泽，种脐褐色，百粒重12.5g，籽粒蛋白质含量为40.07%、脂肪含量为21.41%。该品种早熟，籽粒小；田间表现抗霜霉病，抗旱，耐贫瘠，抗倒伏，不裂荚，落叶性好。

【利用价值】可直接应用于生产，或做早熟、抗霜霉病、抗倒伏育种亲本。

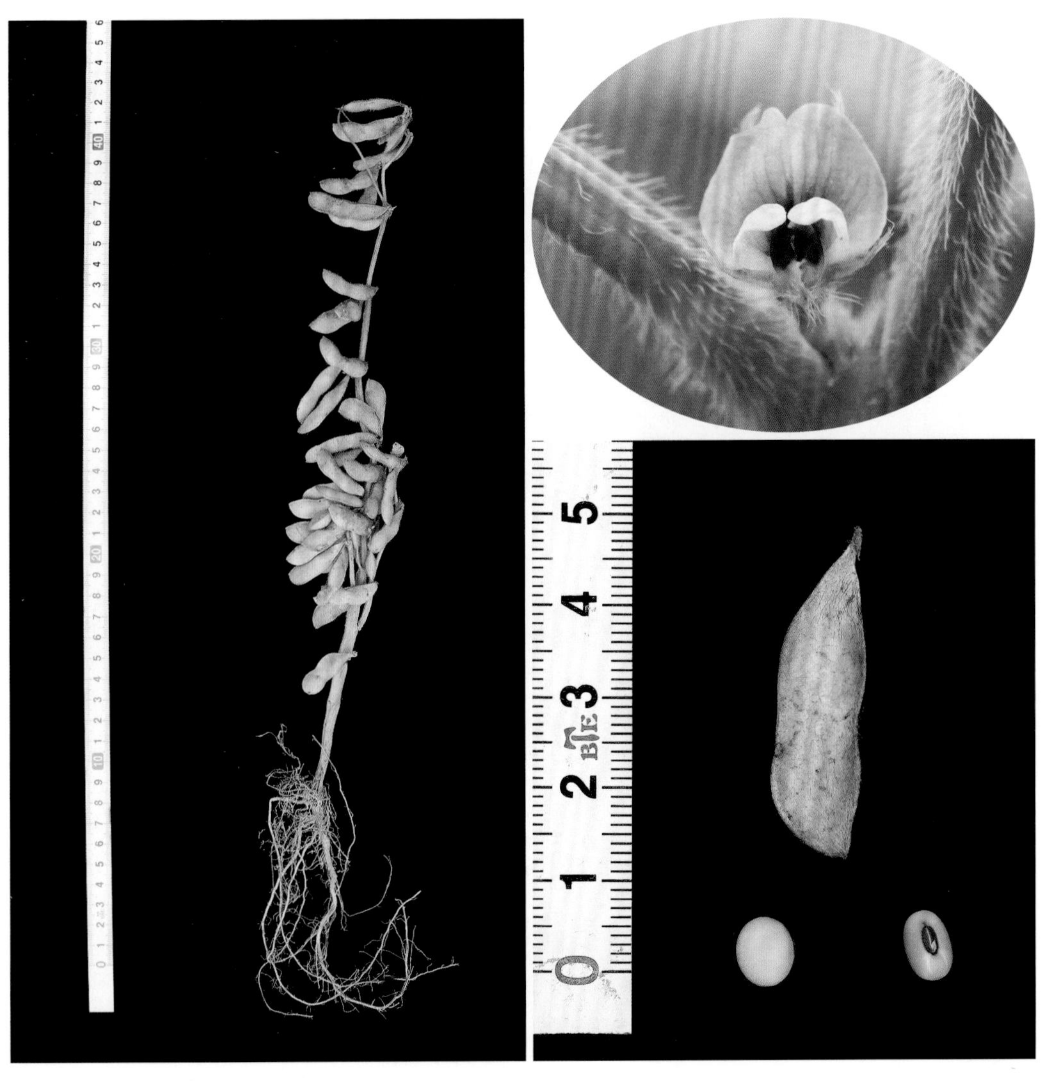

160. 西隆黄豆

【采集地】广西河池市都安瑶族自治县三只羊乡西隆村加头队。

【类型及分布】南方夏大豆类型，农家品种，分布于河池市都安瑶族自治县三只羊乡及周边地区。

【主要特征特性】在南宁种植，生育期121天，有限结荚习性，株型收敛，株高47.0cm，主茎节数13.7个，有效分枝数1.8个，叶椭圆形，紫花，灰毛，荚褐色，单株荚数36.6个，单株粒数72.4粒，单株粒重12.6g，籽粒椭圆形，种皮黄色，有微光泽，种脐褐色，百粒重19.5g，籽粒蛋白质含量为44.70%、脂肪含量为19.07%。该品种茎秆粗壮，结荚多，产量高；田间表现抗霜霉病，耐贫瘠，抗倒伏，不裂荚，落叶性好。

【利用价值】可直接应用于生产，或做抗倒伏、抗霜霉病、高产育种亲本。

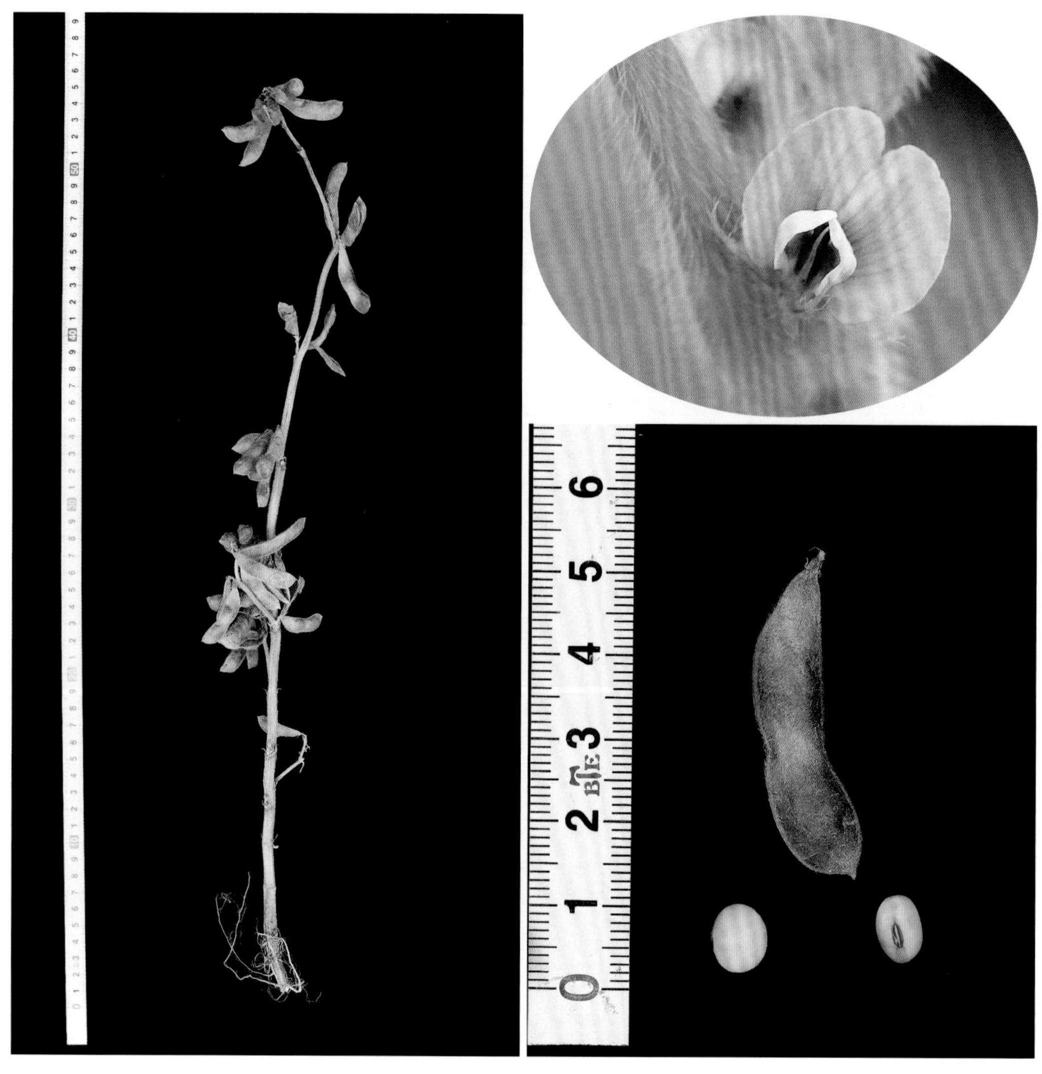

第三节　秋　大　豆

1. 白石黄豆 2

【采集地】广西桂林市龙胜各族自治县龙脊镇白石村。

【类型及分布】南方秋大豆类型，农家品种，分布于桂林市龙胜各族自治县龙脊镇及周边地区。

【主要特征特性】在南宁种植，生育期 105 天，有限结荚习性，株型收敛，株高 68.3cm，主茎节数 11.2 个，有效分枝数 5.4 个，叶椭圆形，紫花，灰毛，荚黄褐色，单株荚数 75.6 个，单株粒数 133.2 粒，单株粒重 17.3g，籽粒圆形，种皮黄色，有强光泽，种脐淡褐色，百粒重 17.9g，籽粒蛋白质含量为 43.54%、脂肪含量为 20.63%。该品种茎秆粗壮，结荚多，产量高；田间表现抗霜霉病，抗旱，耐贫瘠，抗倒伏，不裂荚，落叶性好。

【利用价值】可直接应用于生产，或做抗倒伏、抗霜霉病、高产育种亲本。

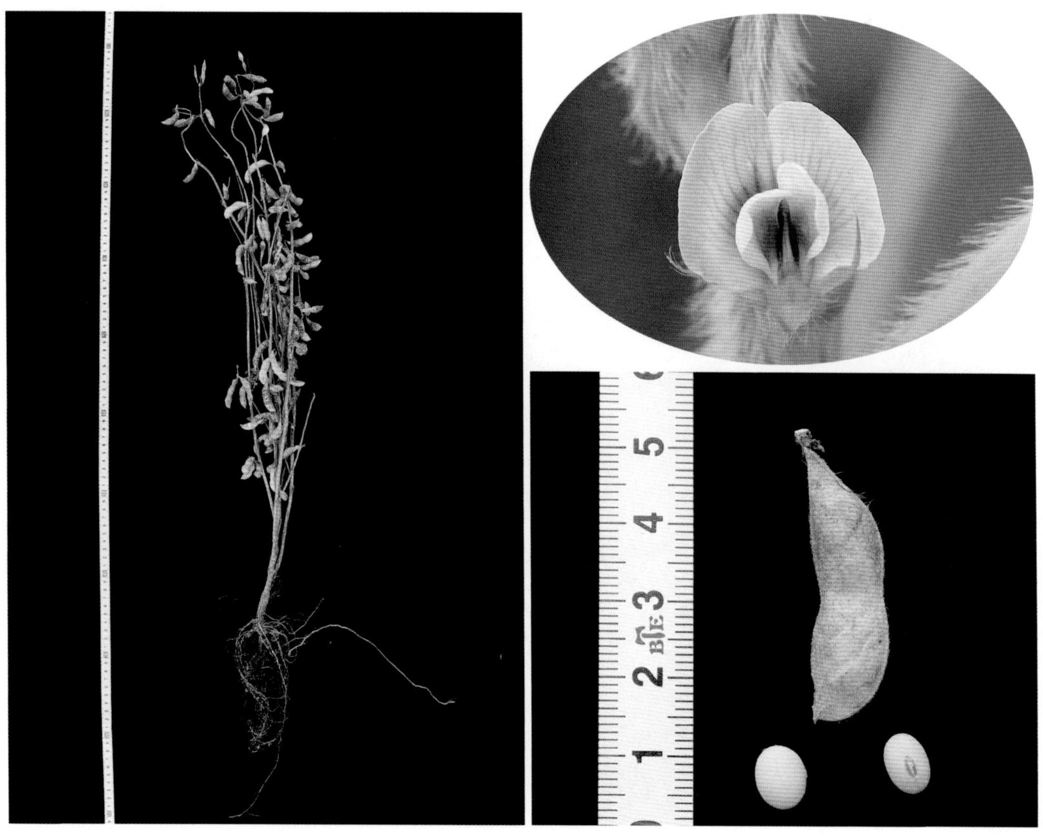

2. 灵川黄豆

【采集地】广西桂林市灵川县潭下镇老街村。

【类型及分布】南方秋大豆类型，农家品种，分布于桂林市灵川县潭下镇及周边地区。

【主要特征特性】在南宁种植，生育期81天，有限结荚习性，株型收敛，株高41.1cm，主茎节数11.3个，有效分枝数1.2个，叶椭圆形，紫花，棕毛，单株荚数24.3个，荚黄褐色，单株粒数43.2粒，单株粒重10.8g，籽粒椭圆形，种皮绿色，有微光泽，种脐黑色，百粒重27.2g，籽粒蛋白质含量为43.26%、脂肪含量为22.76%。该品种早熟，脂肪含量高，茎秆粗壮，产量高；田间表现抗霜霉病，抗旱，抗倒伏，不裂荚，落叶性好。

【利用价值】可直接应用于生产，或做高油、抗霜霉病、抗倒伏、高产育种亲本。

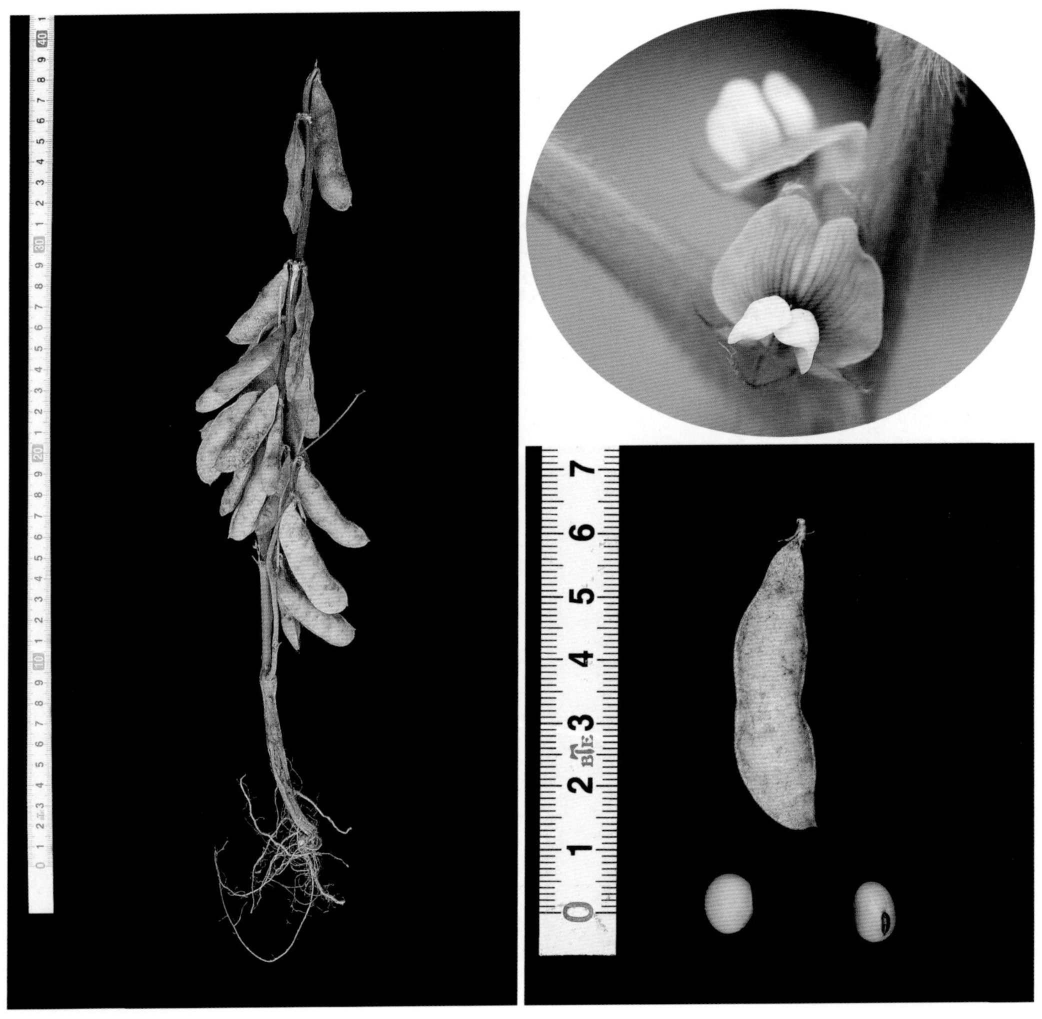

3. 老街黄豆

【采集地】广西桂林市灵川县潭下镇老街村。

【类型及分布】南方秋大豆类型，农家品种，分布于桂林市灵川县潭下镇及周边地区。

【主要特征特性】在南宁种植，生育期 87 天，有限结荚习性，株型收敛，株高 44.0cm，主茎节数 11.2 个，有效分枝数 0.7 个，叶椭圆形，紫花，灰毛，荚黄褐色，单株荚数 14.0 个，单株粒数 27.2 粒，单株粒重 9.3g，籽粒椭圆形，种皮淡绿色，有微光泽，种脐深褐色，百粒重 36.1g，籽粒蛋白质含量为 45.66%、脂肪含量为 21.29%。该品种早熟，籽粒大，在当地作为鲜食大豆种植；田间表现抗旱，抗倒伏，不裂荚，落叶性好。

【利用价值】可直接应用于生产，或做菜用大豆育种亲本。

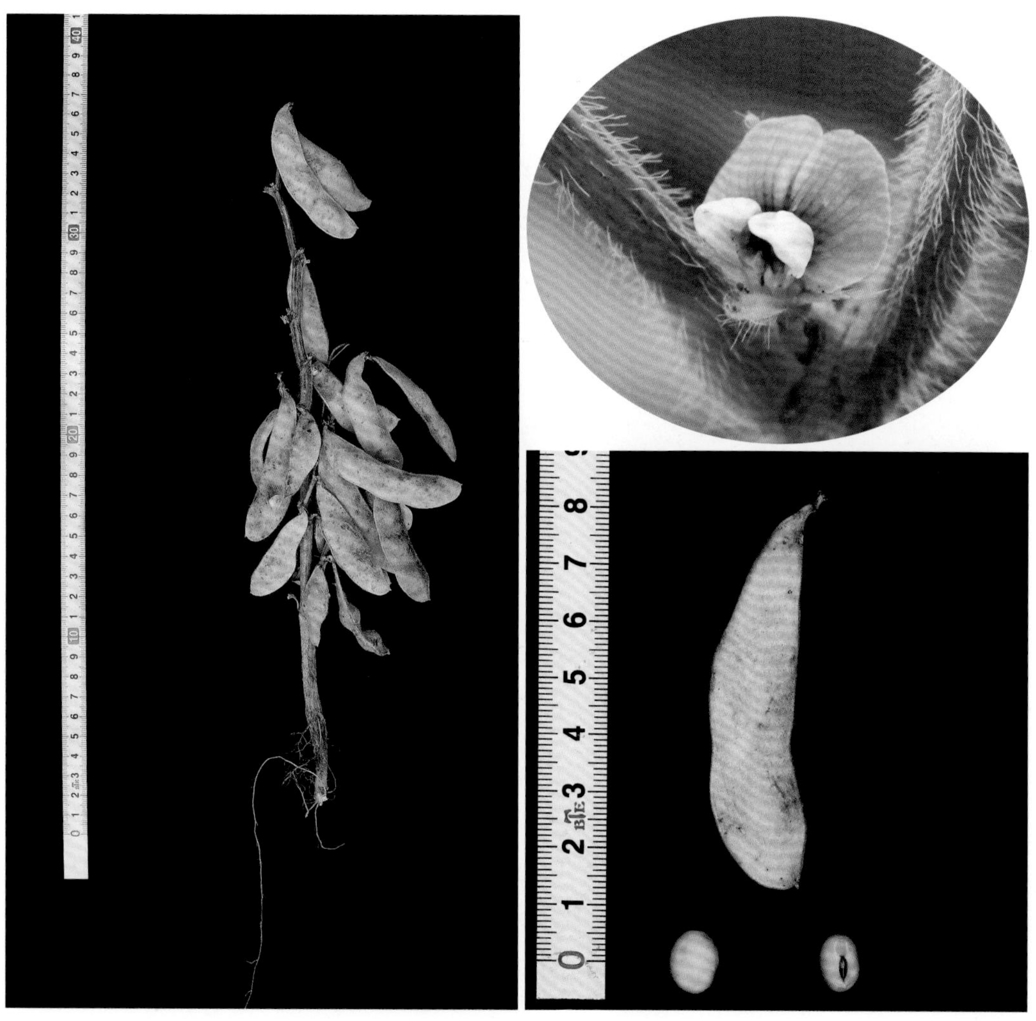

4. 源口大豆

【采集地】广西桂林市灵川县潭下镇庄屋村委源口村。

【类型及分布】南方秋大豆类型，农家品种，分布于桂林市灵川县潭下镇及周边地区。

【主要特征特性】在南宁种植，生育期88天，有限结荚习性，株型收敛，株高51.9cm，主茎节数12.3个，有效分枝数2.3个，叶椭圆形，紫花，灰毛，荚黄褐色，单株荚数26.6个，单株粒数51.8粒，单株粒重20.3g，籽粒椭圆形，种皮黄色，有微光泽，种脐淡褐色，百粒重42.8g，籽粒蛋白质含量为43.72%、脂肪含量为23.30%。该品种早熟，籽粒大，脂肪含量高，茎秆粗壮，产量高；田间表现抗霜霉病，抗旱，抗倒伏，不裂荚，落叶性好。

【利用价值】可直接应用于生产，或做大粒、高油、抗倒伏育种亲本。

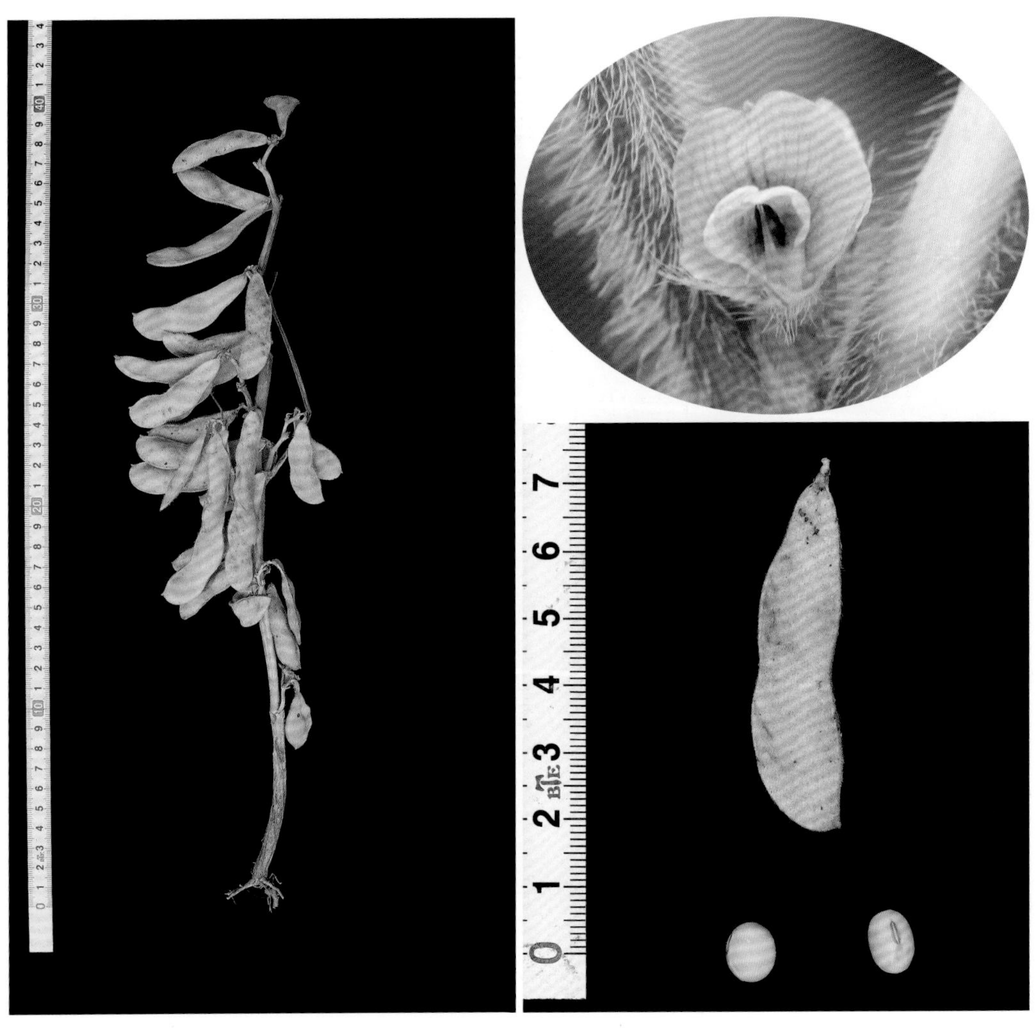

5. 八月豆（黄豆）

【采集地】广西桂林市灵川县潭下镇合群村委江洲村。

【类型及分布】南方秋大豆类型，农家品种，分布于桂林市灵川县潭下镇及周边地区。

【主要特征特性】在南宁种植，生育期87天，有限结荚习性，株型收敛，株高65.0cm，主茎节数13.3个，有效分枝数0.8个，叶椭圆形，紫花，灰毛，荚黄褐色，单株荚数15.5个，单株粒数31.4粒，单株粒重11.8g，籽粒椭圆形，种皮黄色，有微光泽，种脐淡褐色，籽粒大，百粒重39.6g，籽粒蛋白质含量为44.46%、脂肪含量为22.08%。该品种早熟，茎秆粗壮，高油，高产；田间表现抗霜霉病，抗旱，抗倒伏，不裂荚，落叶性好。

【利用价值】可直接应用于生产，或做高油、菜用大豆育种亲本。

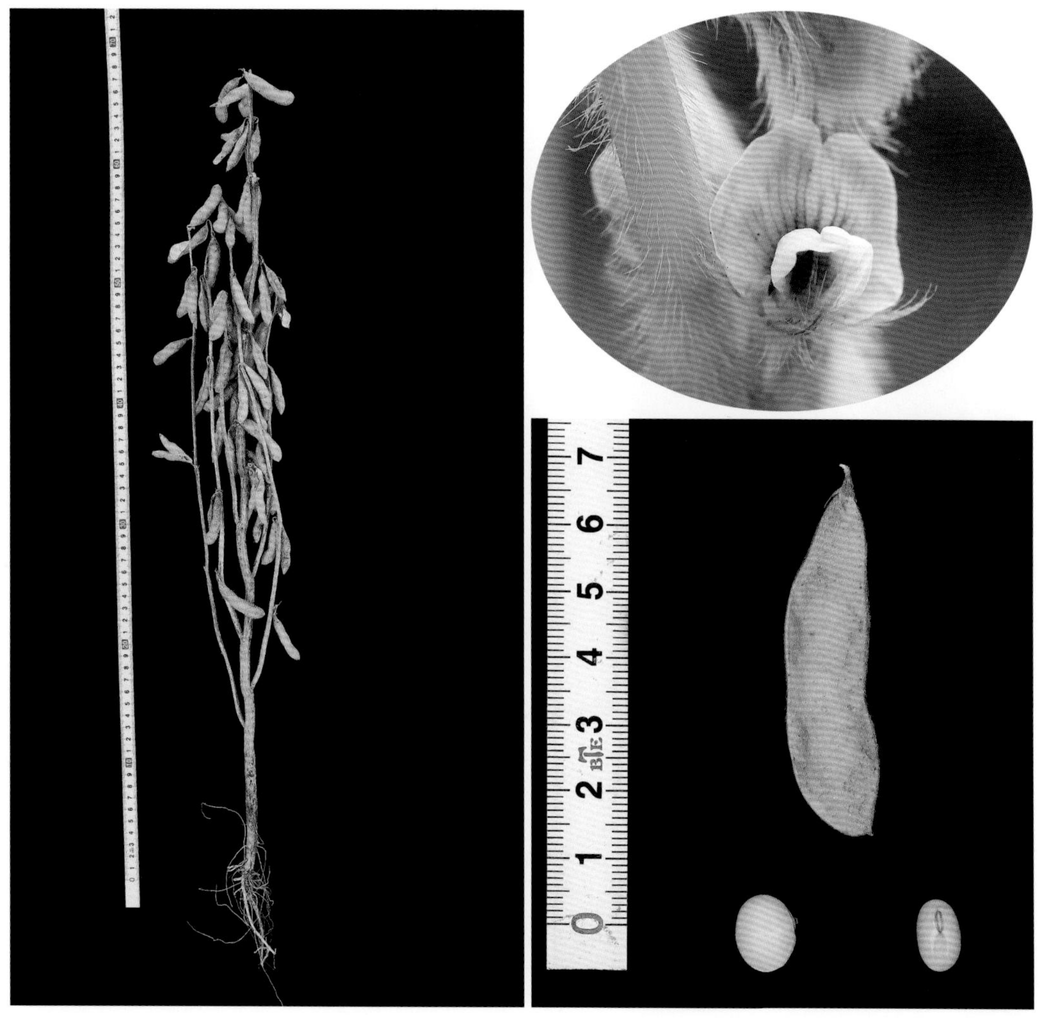

6. 黄豆（鸡窝豆）

【采集地】广西桂林市阳朔县高田镇下山村。

【类型及分布】南方秋大豆类型，农家品种，分布于桂林市阳朔县高田镇及周边地区。

【主要特征特性】在南宁种植，生育期82天，有限结荚习性，株型收敛，株高57.8cm，主茎节数14.4个，有效分枝数3.8个，叶椭圆形，紫花，棕毛，荚深褐色，单株荚数50.9个，单株粒数104.2粒，单株粒重13.3g，籽粒圆形，种皮黄色，有微光泽，种脐褐色，百粒重13.0g，籽粒蛋白质含量为40.45%、脂肪含量为21.65%。该品种早熟，籽粒小，脂肪含量高，茎秆粗壮，结荚多，产量高；田间表现抗霜霉病，抗倒伏，不裂荚，落叶性好。

【利用价值】可直接应用于生产，或做早熟、高油、抗倒伏育种亲本。

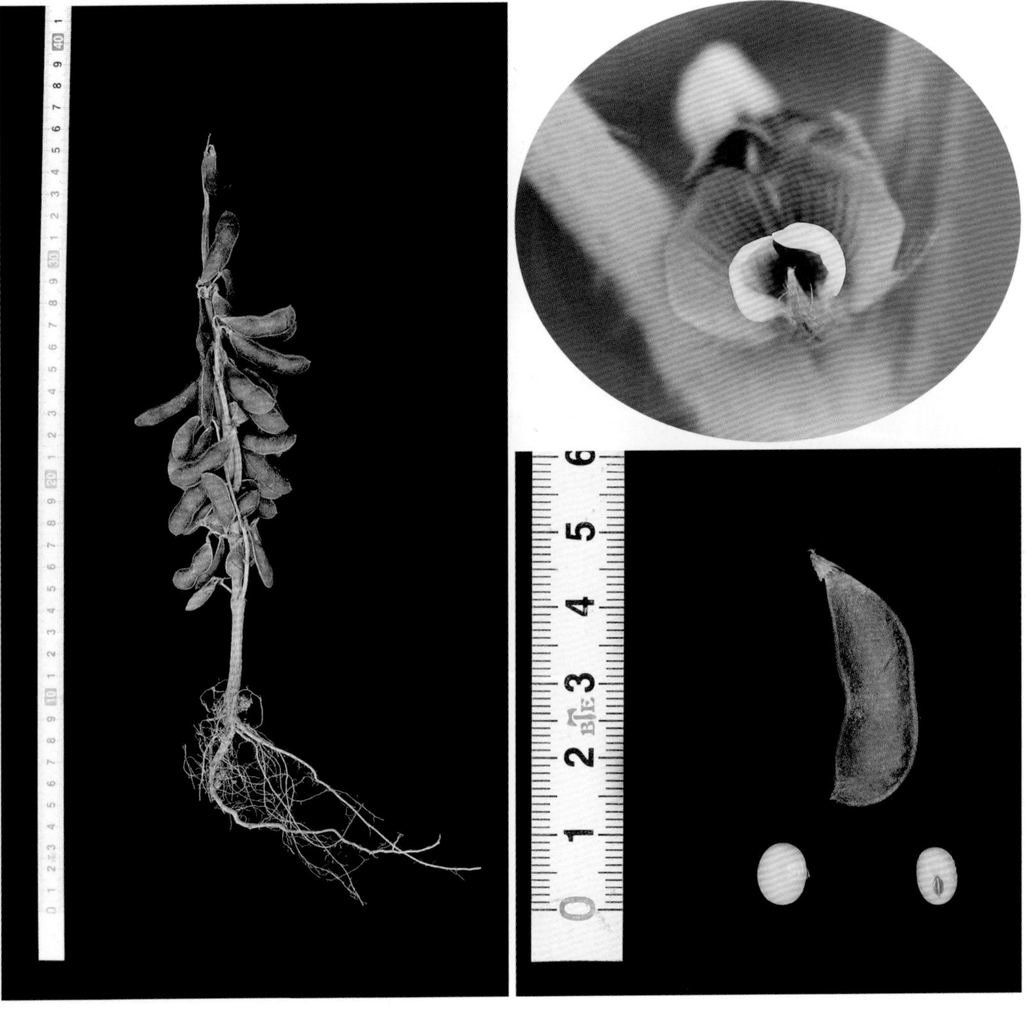

7. 黄豆（九月黄）

【采集地】广西桂林市阳朔县葡萄镇马岚村。

【类型及分布】南方秋大豆类型，农家品种，分布于桂林市阳朔县及周边地区。

【主要特征特性】在南宁种植，生育期 82 天，有限结荚习性，株型收敛，株高 59.7cm，主茎节数 12.0 个，有效分枝数 0.9 个，叶椭圆形，紫花，灰毛，荚黄褐色，单株荚数 14.2 个，单株粒数 27.2 粒，单株粒重 9.6g，籽粒椭圆形，种皮黄色，有微光泽，种脐褐色，百粒重 35.6g，籽粒蛋白质含量为 43.96%、脂肪含量为 21.84%。该品种早熟，籽粒大，高油，茎秆粗壮，结荚多且比较密，产量高；田间表现抗霜霉病，抗倒伏，不裂荚，落叶性好。

【利用价值】可直接应用于生产，或做大粒、高油育种亲本。

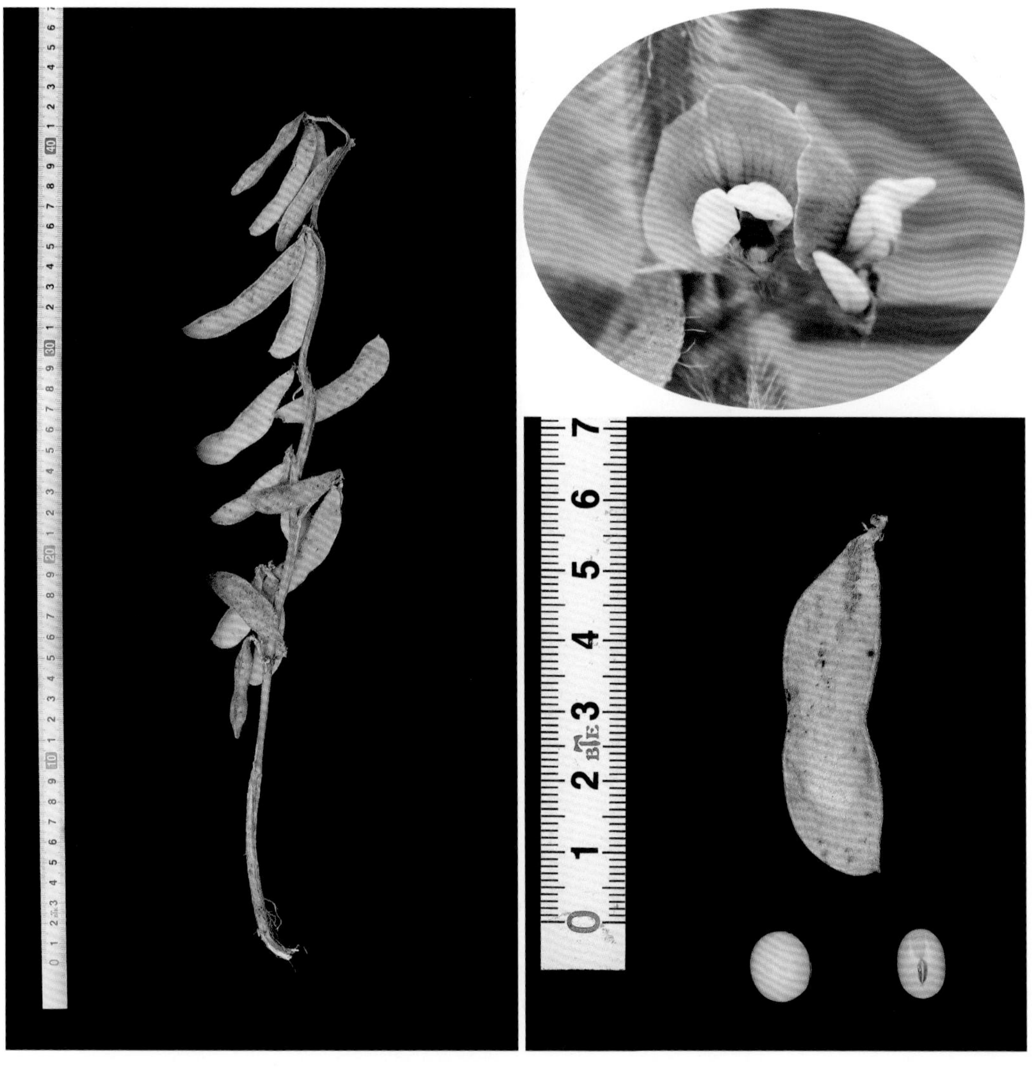

8. 秋黄豆

【采集地】广西桂林市平乐县平乐镇马滑村。

【类型及分布】南方秋大豆类型，农家品种，分布于桂林市平乐县平乐镇及周边地区。

【主要特征特性】在南宁种植，生育期93天，有限结荚习性，株型收敛，株高62.5cm，主茎节数14.6个，有效分枝数3.0个，叶椭圆形，紫花，棕毛，荚深褐色，单株荚数26.1个，单株粒数51.5粒，单株粒重10.2g，籽粒椭圆形，种皮黄色，有微光泽，种脐黑色，百粒重20.3g，籽粒蛋白质含量为47.65%、脂肪含量为19.54%。该品种蛋白质含量高；田间表现抗霜霉病，抗倒伏，不裂荚，落叶性好。

【利用价值】可直接应用于生产，或做抗霜霉病、抗倒伏、高蛋白育种亲本。

第三章 广西野生大豆种质资源

1. 野生大豆 001

【采集地】广西来宾市象州县。

【类型】普通野生大豆，一年生草本。

【主要特征特性】蔓生，主茎不明显。生育期在 4～11 月，花期在 7～10 月。花紫色，短花序；茸毛棕色、直立、密度中等，叶披针形；荚黑色，弯镰形；种皮黑色（黑绿花或黑褐），有泥膜；籽粒椭圆形，无光泽，百粒重约为 0.6g。

【利用价值】可用于大豆起源和演化研究，或做育种亲本。

2. 野生大豆 002

【采集地】广西来宾市象州县。

【类型】普通野生大豆，一年生草本。

【主要特征特性】蔓生，主茎不明显。生育期在 4～11 月，花期在 7～10 月。花紫色，短花序；茸毛棕色、倾斜、密度中等，叶披针形；荚黑色，弯镰形；种皮黑色（黑绿花或黑褐），有泥膜；籽粒椭圆形，无光泽，百粒重约为 0.6g。

【利用价值】可用于大豆起源和演化研究，或做育种亲本。

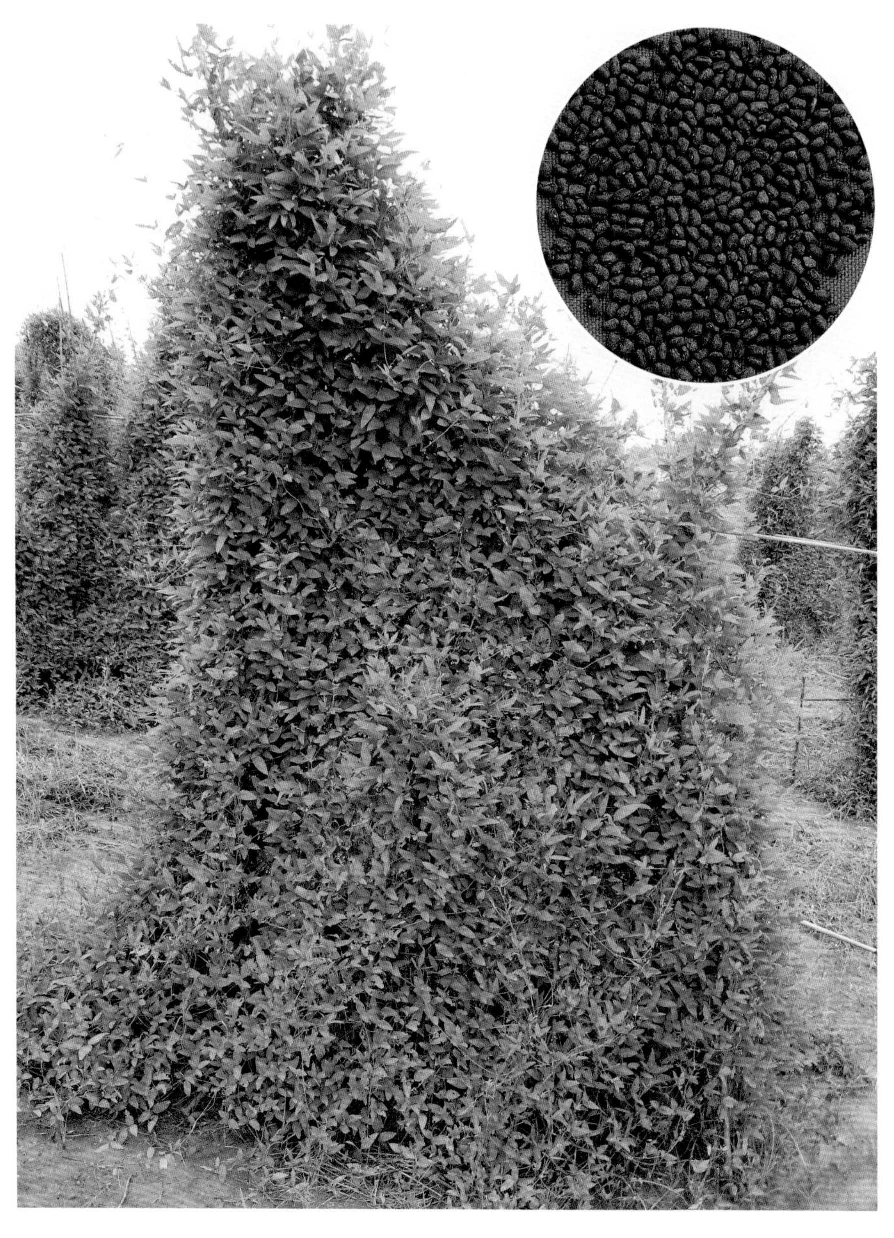

3. 野生大豆 003

【采集地】广西桂林市灵川县。

【类型】普通野生大豆，一年生草本。

【主要特征特性】蔓生，主茎不明显。生育期在 4～11 月，花期在 7～10 月。花紫色，短花序；茸毛棕色、倾斜、密度中等，叶卵圆形；荚黑色，弯镰形；种皮黑色（黑绿花或黑褐），有泥膜；籽粒椭圆形，无光泽，百粒重约为 0.6g。

【利用价值】可用于大豆起源和演化研究，或做育种亲本。

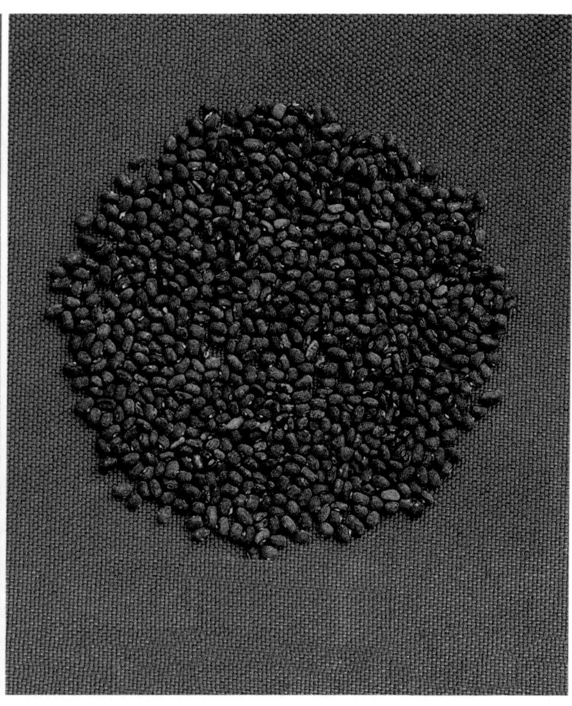

4. 野生大豆 004

【采集地】广西桂林市灌阳县。

【类型】普通野生大豆，一年生草本。

【主要特征特性】蔓生，主茎不明显。生育期在 4～11 月，花期在 7～10 月。花紫色，中花序；茸毛棕色、倾斜、密度中等，叶卵圆形；荚黑色，弯镰形；种皮黑色（黑绿花），有泥膜；籽粒椭圆形，无光泽，百粒重约为 0.9g。

【利用价值】可用于大豆起源和演化研究，或做育种亲本。

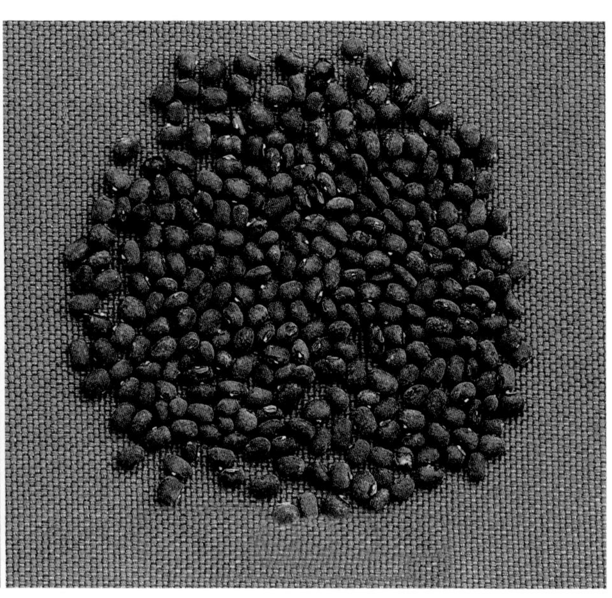

5. 野生大豆 005

【采集地】广西桂林市灌阳县。

【类型】普通野生大豆，一年生草本。

【主要特征特性】蔓生，主茎不明显。生育期在4～11月，花期在7～10月。花紫色，短花序；茸毛棕色、倾斜、密度中等，叶披针形；荚黑色，弯镰形；种皮黑色（黑绿花），有泥膜；籽粒椭圆形，无光泽，百粒重约为0.8g。

【利用价值】可用于大豆起源和演化研究，或做育种亲本。

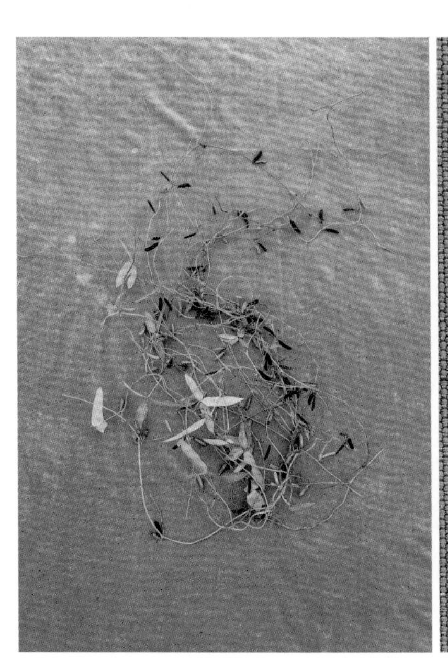

6. 野生大豆 006

【采集地】广西桂林市灌阳县。

【类型】普通野生大豆，一年生草本。

【主要特征特性】蔓生，主茎不明显。生育期在 4～11 月，花期在 7～10 月。花紫色，中花序；茸毛棕色、倾斜、密度中等，叶卵圆形；荚黑色，弯镰形；种皮黑色（黑绿花），有泥膜；籽粒椭圆形，无光泽，百粒重约为 1.0g。

【利用价值】可用于大豆起源和演化研究，或做育种亲本。

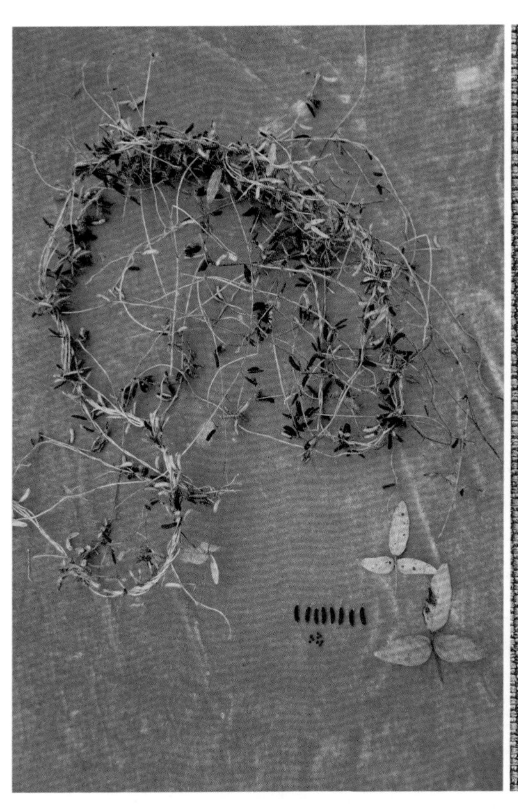

7. 野生大豆 007

【采集地】广西桂林市灌阳县。

【类型】普通野生大豆，一年生草本。

【主要特征特性】蔓生，主茎不明显。生育期在 4～11 月，花期在 7～10 月。花紫色，短花序；茸毛棕色、倾斜、密度中等，叶披针形；荚黑色，弯镰形；种皮黑色（黑绿花），有泥膜；籽粒椭圆形，无光泽，百粒重约为 1.0g。

【利用价值】可用于大豆起源和演化研究，或做育种亲本。

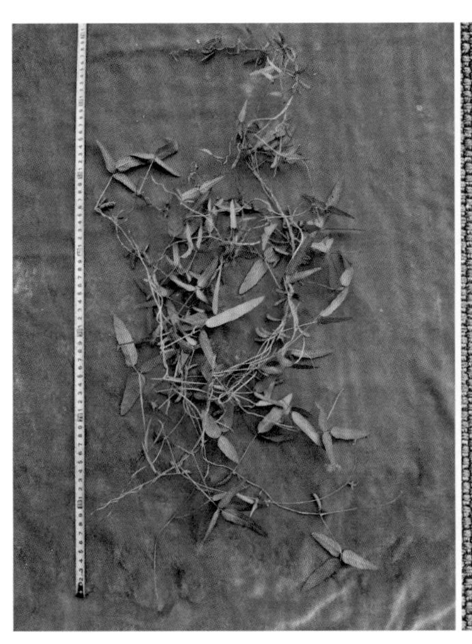

8. 野生大豆 008

【采集地】广西桂林市灌阳县。

【类型】普通野生大豆，一年生草本。

【主要特征特性】蔓生，主茎不明显。生育期在 4～11 月，花期在 7～10 月。花紫色，短花序；茸毛棕色、倾斜、密度中等，叶卵圆形；荚黑色，弯镰形；种皮黑色（黑绿花），有泥膜；籽粒椭圆形，无光泽，百粒重约为 0.7g。

【利用价值】可用于大豆起源和演化研究，或做育种亲本。

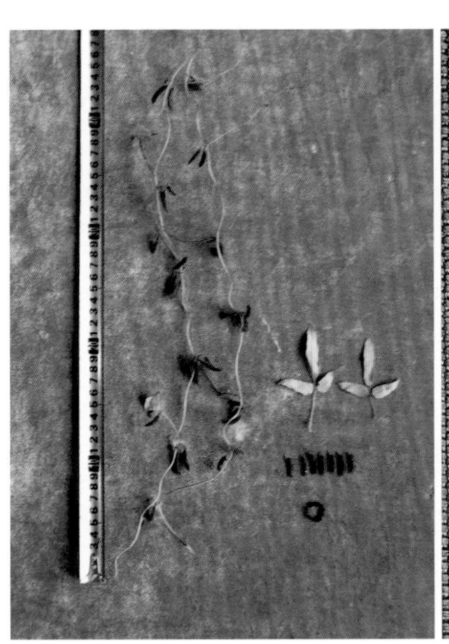

9. 野生大豆 009

【采集地】广西桂林市灌阳县。

【类型】普通野生大豆，一年生草本。

【主要特征特性】蔓生，主茎不明显。生育期在4～11月，花期在7～10月。花紫色，中花序；茸毛棕色、倾斜、密度中等，叶披针形；荚黑色，弯镰形；种皮黑色（黑绿花），有泥膜；籽粒椭圆形，无光泽，百粒重约为0.9g。

【利用价值】可用于大豆起源和演化研究，或做育种亲本。

10. 野生大豆 010

【采集地】广西桂林市灌阳县。

【类型】普通野生大豆，一年生草本。

【主要特征特性】蔓生，主茎不明显。生育期在4～11月，花期在7～10月。花紫色，短花序；茸毛棕色、倾斜、密度中等，叶披针形；荚黑色，弯镰形；种皮黑色（黑绿花），有泥膜；籽粒椭圆形，无光泽，百粒重约为0.9g。

【利用价值】可用于大豆起源和演化研究，或做育种亲本。

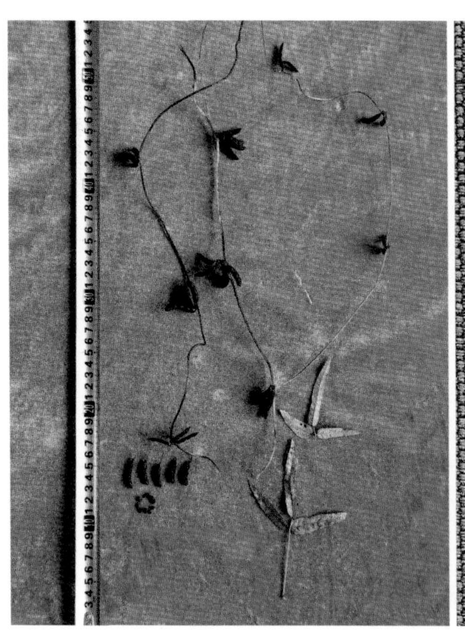

11. 野生大豆 011

【采集地】广西桂林市灌阳县。

【类型】普通野生大豆，一年生草本。

【主要特征特性】蔓生，主茎不明显。生育期在 4～11 月，花期在 7～10 月。花紫色，短花序；茸毛棕色、倾斜、密度中等，叶卵圆形；荚黑色，弯镰形；种皮黑色（黑绿花），种脐黑色，有泥膜；籽粒椭圆形，无光泽，百粒重约为 1.0g。

【利用价值】可用于大豆起源和演化研究，或做育种亲本。

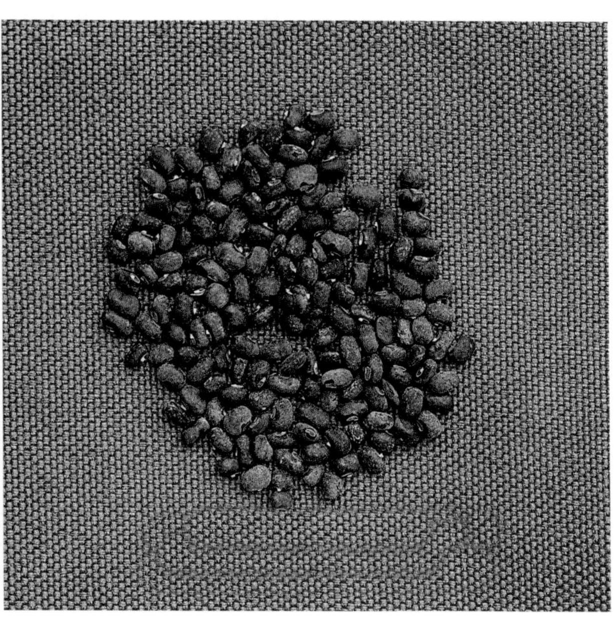

12. 野生大豆 012

【采集地】广西桂林市全州县。

【类型】普通野生大豆，一年生草本。

【主要特征特性】蔓生，主茎不明显。生育期在 3～9 月，花期为 5～7 月。花紫色，长花序；茸毛棕色、倾斜、密度中等，叶披针形；荚黑色，弯镰形；种皮黑色（黑绿花或黑褐），种脐黑色，有泥膜；籽粒椭圆形，无光泽，子叶黄色，百粒重约为 0.8g。

【利用价值】可用于大豆起源和演化研究，或做育种亲本。

13. 野生大豆 013

【采集地】广西桂林市全州县。

【类型】普通野生大豆，一年生草本。

【主要特征特性】蔓生，主茎不明显。生育期在 3～10 月，花期在 5～8 月。花紫色，中花序；茸毛棕色、倾斜、密度中等，叶披针形；荚黑色，弯镰形；种皮黑色（黑绿花），种脐黑色，有泥膜；籽粒椭圆形，无光泽，子叶黄色，百粒重约为 0.7g。

【利用价值】可用于大豆起源和演化研究，或做育种亲本。

14. 野生大豆 014

【采集地】广西桂林市全州县。

【类型】普通野生大豆，一年生草本。

【主要特征特性】蔓生，主茎不明显。生育期在3～10月，花期在5～8月。花紫色，长花序；茸毛棕色、倾斜、密度中等，叶披针形；荚黑色，弯镰形；种皮黑色（黑绿花或黑褐），种脐黑色，有泥膜；籽粒椭圆形，无光泽，子叶黄色，百粒重约为0.7g。

【利用价值】可用于大豆起源和演化研究，或做育种亲本。

15. 野生大豆 015

【采集地】广西桂林市永福县。

【类型】宽叶野生大豆，一年生草本。

【主要特征特性】半蔓生，主茎明显。生育期在 4～11 月，花期在 5～9 月。花紫色，长花序；茸毛棕色、倾斜、密度中等，叶椭圆形；荚褐色，弯镰形；种皮双色（青底褐花），种脐褐色，无泥膜；籽粒椭圆形，有光泽，子叶黄色，百粒重约为 2.5g。

【利用价值】可用于大豆起源和演化研究，或做育种亲本。

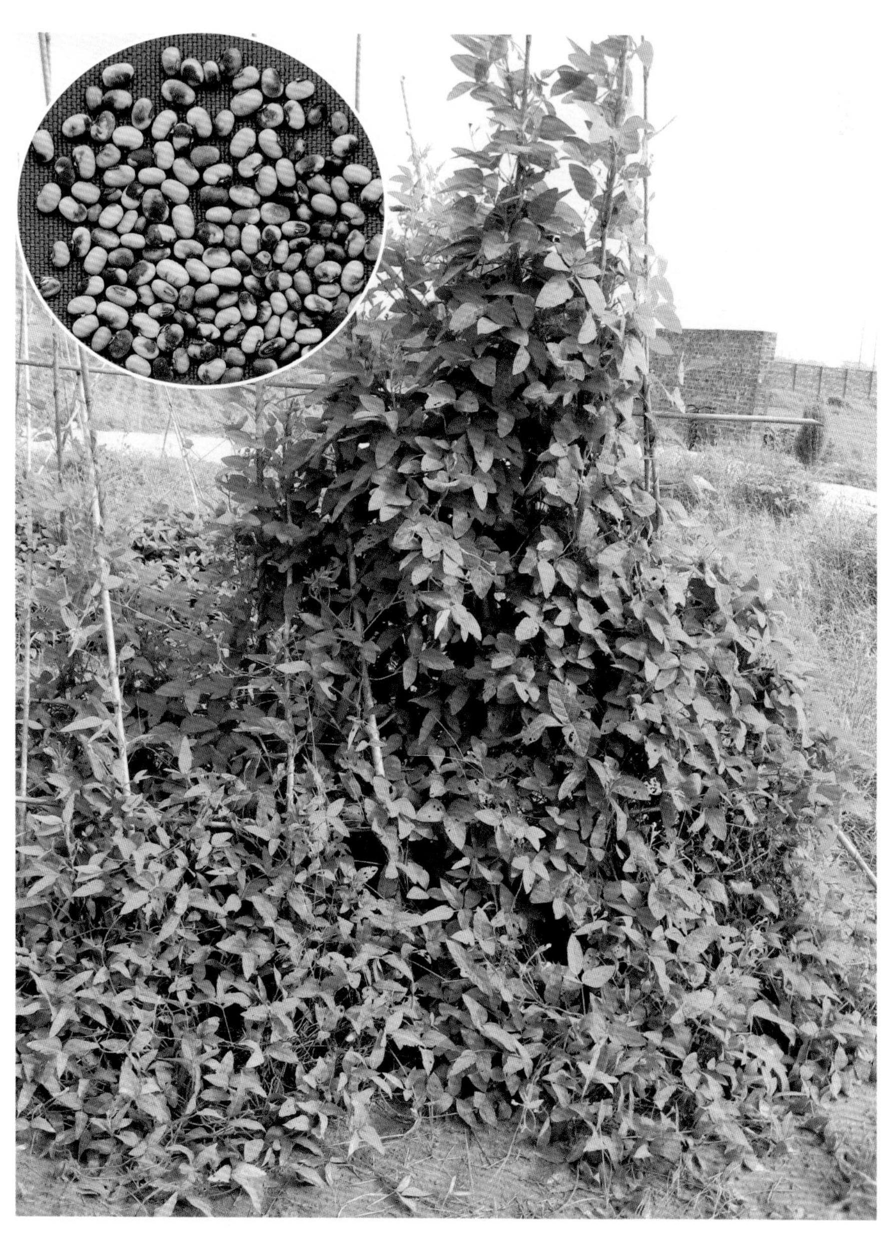

16. 野生大豆 016

【采集地】 广西桂林市永福县。

【类型】 普通野生大豆，一年生草本。

【主要特征特性】 蔓生，主茎不明显。生育期在 4～11 月，花期在 5～9 月。花紫色，中花序；茸毛棕色、倾斜、密度中等，叶披针形；荚黑色，弯镰形；种皮黑色（黑绿花或黑褐），种脐褐色，有泥膜；籽粒椭圆形，无光泽，子叶黄色，百粒重约为 0.8g。

【利用价值】 可用于大豆起源和演化研究，或做育种亲本。

17. 野生大豆 017

【采集地】广西桂林市永福县。

【类型】普通野生大豆，一年生草本。

【主要特征特性】蔓生，主茎不明显。生育期在 4～11 月，花期在 5～9 月。花紫色，长花序；茸毛棕色、倾斜、密度中等，叶披针形；荚黑色，弯镰形；种皮黑色（黑绿花），种脐黑色，有泥膜；籽粒椭圆形，无光泽，子叶黄色，百粒重约为 0.7g。

【利用价值】可用于大豆起源和演化研究，或做育种亲本。

18. 野生大豆 018

【**采集地**】广西柳州市三江侗族自治县。

【**类型**】普通野生大豆，一年生草本。

【**主要特征特性**】蔓生，主茎不明显。生育期在4～10月，花期在5～9月。花紫色，长花序；茸毛棕色、倾斜、密度中等，叶披针形；荚深褐色，弯镰形；种皮双色，种脐褐色，无泥膜；籽粒椭圆形，有光泽，子叶黄色，百粒重约为1.6g。

【**利用价值**】可用于大豆起源和演化研究，或做育种亲本。

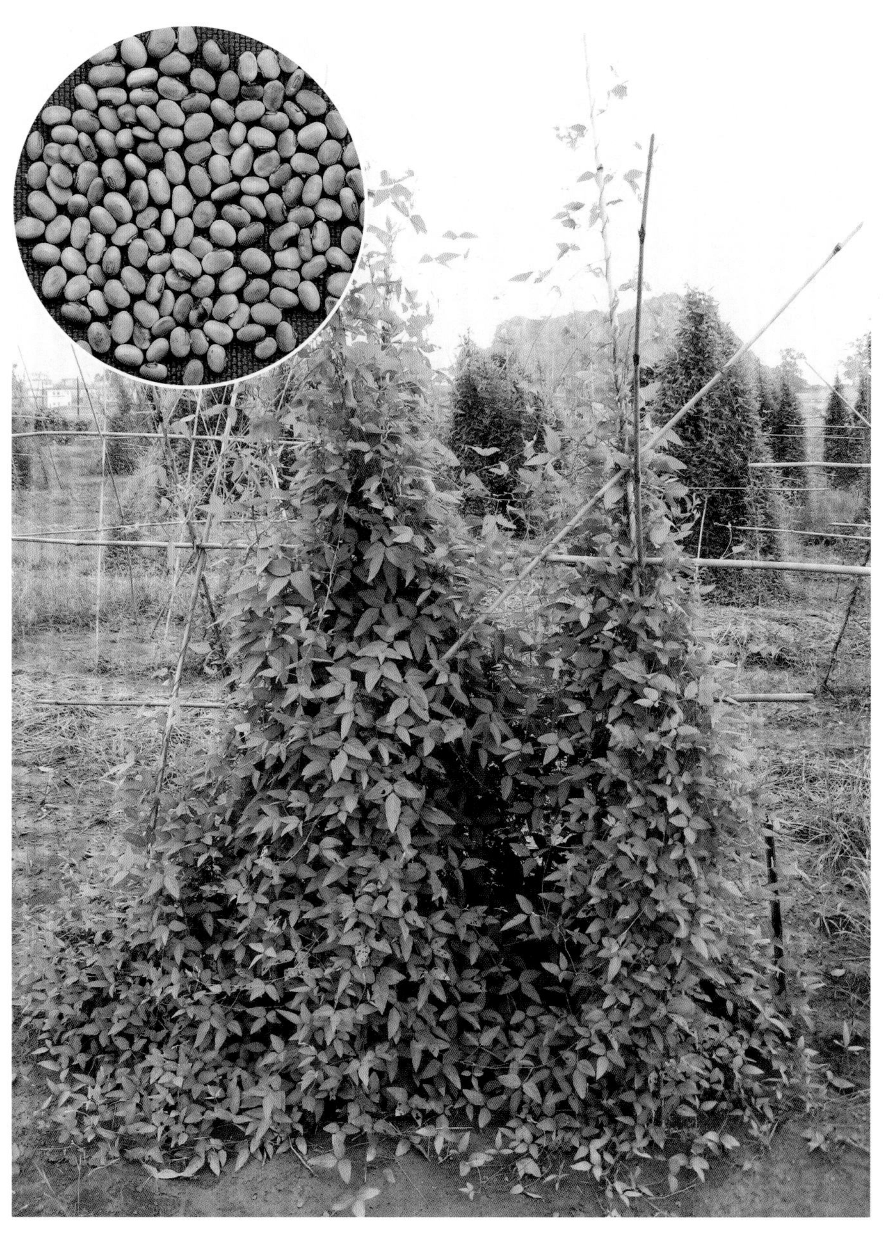

19. 野生大豆 019

【采集地】广西桂林市灵川县。

【类型】宽叶野生大豆，一年生草本。

【主要特征特性】半蔓生，主茎明显。生育期在3～10月，花期在6～9月。花紫色，长花序；茸毛棕色、倾斜、密度中等，叶椭圆形；荚深褐色，弯镰形；种皮黑色，种脐褐色，无泥膜；籽粒椭圆形，有光泽，子叶黄色，百粒重约为2.9g。

【利用价值】可用于大豆起源和演化研究，或做育种亲本。

20. 野生大豆 020

【采集地】广西桂林市灵川县。

【类型】普通野生大豆，一年生草本。

【主要特征特性】蔓生，主茎不明显。生育期在3～10月，花期在6～9月。花紫色，中花序；茸毛棕色、倾斜、密度中等，叶卵圆形；荚黑色，弯镰形；种皮黑色（黑绿花或黑褐），种脐褐色，有泥膜；籽粒椭圆形，无光泽，百粒重约为1.1g。

【利用价值】可用于大豆起源和演化研究，或做育种亲本。

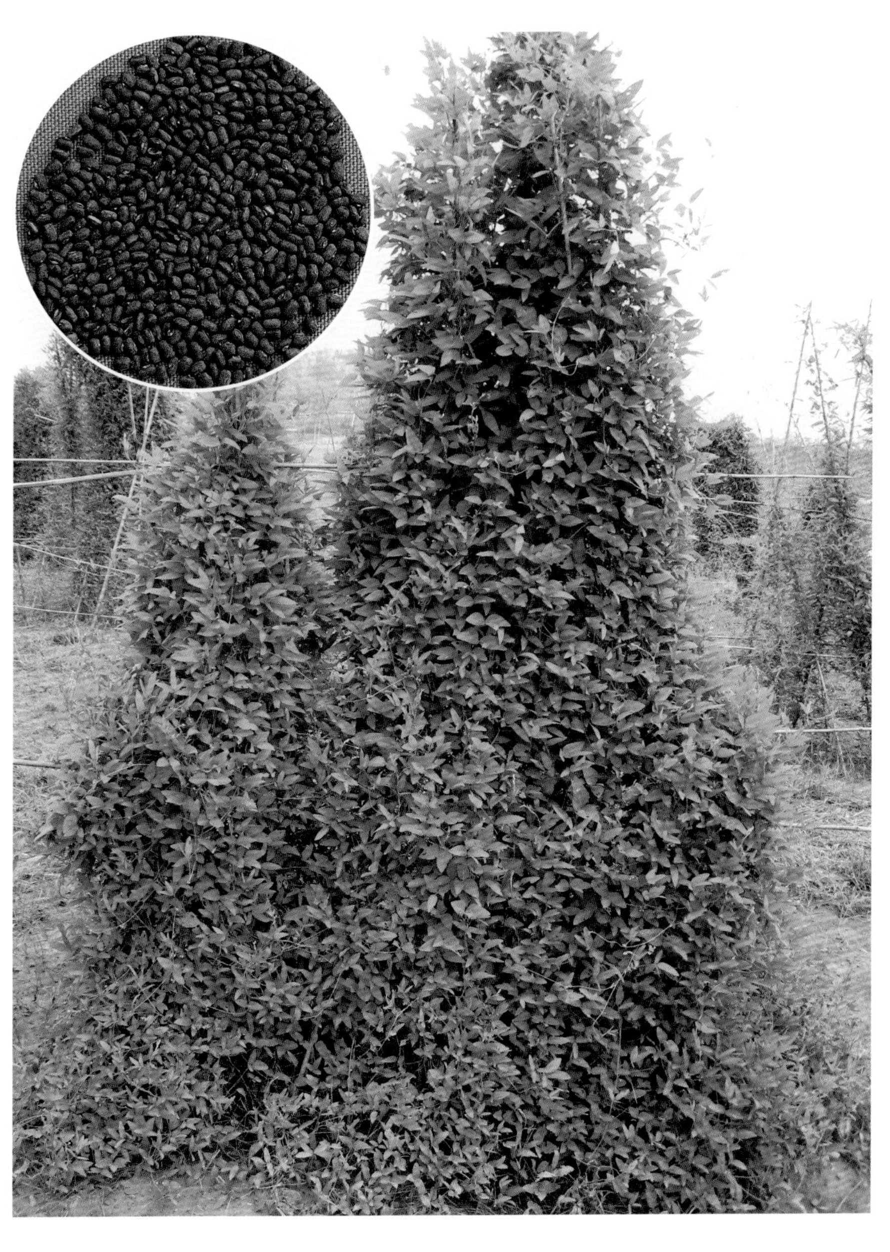

参 考 文 献

广西野生大豆资源考察组 . 1983. 广西野生大豆资源考察报告 . 广西农业科学 , (3): 14-18.

广西壮族自治区地方志编纂委员会 . 2016. 广西年鉴 · 2016. 南宁 : 广西年鉴社 .

广西壮族自治区统计局 . 2018. 广西统计年鉴 · 2018. 北京 : 中国统计出版社 .

梁耀懋 . 1984. 广西作物品种资源调查征集概况 . 广西农业科学 , (4): 23-26.

覃初贤 , 陆平 , 王一平 . 1996. 桂西山区食用豆类种质资源考察 . 广西农业科学 , (1): 26-28.

邱丽娟 , 常汝镇 . 2006. 大豆种质资源描述规范和数据标准 . 北京 : 中国农业出版社 .

徐昌 . 1982. 广西野生大豆资源考察初报 . 广西农业科学 , (7): 8-10.

曾维英 , 梁江 , 陈渊 , 等 . 2010. 广西野生大豆的考察与收集 . 广西农业科学 , 41(4): 390-392.

索　引